工业清洁生产
关键共性技术案例
（2015 年版）

工业和信息化部节能与综合利用司　编著

北　京
冶金工业出版社
2015

内 容 简 介

当前，我国环境污染和节能减排降碳约束性目标都面临十分严峻的形势，2015年1月1日起新的《环境保护法》开始实施，将"国家促进清洁生产和资源循环利用"正式纳入法规。

为提升能源资源利用效率、减少污染物排放，自2009年以来，财政部、工业和信息化部设立了中央财政清洁生产专项资金，支持了一批工业领域重点行业关键共性清洁生产技术产业化应用和推广，本书以此为基础集中优选了70个典型清洁生产技术案例，共涉及12个行业。

本书介绍的70项涉及各行的清洁生产技术，均具有先进性、实用性、可行性、适用性，既节能减排又可创造很高的经济效益，是各行业先进技术的典范，有学习推广价值。

本书可供国内钢铁、有色、建材、电力、化工、轻工、纺织、电子、医药、包装等工业行业的企业管理者、技术人员，从事工业行业工艺、设备研发的研究院所、科技公司的研发人员，以及各地方负责清洁生产管理的人员阅读。

图书在版编目(CIP)数据

工业清洁生产关键共性技术案例：2015年版/工业和信息化部节能与综合利用司编著 . —北京：冶金工业出版社，2015.6
ISBN 978-7-5024-6842-2

Ⅰ.①工… Ⅱ.①工… Ⅲ.①工业生产—无污染工艺—案例—中国 Ⅳ.①X7

中国版本图书馆 CIP 数据核字(2015)第 003559 号

出 版 人　谭学余
地　　址　北京市东城区嵩祝院北巷 39 号　邮编　100009　电话　(010)64027926
网　　址　www.cnmip.com.cn　电子信箱　yjcbs@cnmip.com.cn
责任编辑　张 卫　美术编辑　吕欣童　版式设计　孙跃红
责任校对　卿文春　责任印制　牛晓波
ISBN 978-7-5024-6842-2
冶金工业出版社出版发行；各地新华书店经销；三河市双峰印刷装订有限公司印刷
2015 年 6 月第 1 版，2015 年 6 月第 1 次印刷
787mm×1092mm　1/16；31.25 印张；661 千字；481 页
126.00 元
冶金工业出版社　投稿电话　(010)64027932　投稿信箱　tougao@cnmip.com.cn
冶金工业出版社营销中心　电话　(010)64044283　传真　(010)64027893
冶金书店　地址　北京市东四西大街 46 号(100010)　电话　(010)65289081(兼传真)
冶金工业出版社天猫旗舰店　yjgycbs.tmall.com
(本书如有印装质量问题，本社营销中心负责退换)

工业清洁生产
关键共性技术案例
（2015 年版）

主　编

毛伟明

编 写 人 员

高云虎　　周长益　　杨铁生

高东升　　毕俊生　　黄建忠

（以下按姓氏笔画为序）

马　勇	王文远	王孝洋	王崇光	王　颖
王福清	王　璠	尤　勇	尹　洁	白艳英
刘文强	齐　涛	闫　鹏	杜海鹰	李子秀
李　丹	李永智	李旭华	李宇涛	李洪良
李晓燕	李　梓	邱　华	何　勇	沈　忱
宋忠奎	张卫豪	张　红	张红玲	张亦飞
张岩男	张临峰	陈小寰	邵朱强	罗晓丽
周长波	赵　燕	郝立顺	秦立东	袁　令
莫虹频	党春阁	徐红彬	郭丰源	郭亚静
郭庭政	黄　导	黄国鑫	黄　波	曹国庆
曹绍涛	程言君	谢成屏	雷　文	慕　颖
潘涔轩	薛天艳			

序

党的十八大做出了大力推进生态文明建设的战略部署，明确提出要树立尊重自然、顺应自然、保护自然的生态文明理念，坚持生产发展、生活富裕、生态良好的文明发展道路。人民群众对环境质量的要求和期待也越来越高，绿色发展已成为经济社会发展的战略任务。

工业既是资源能源消耗和污染物排放的重点领域，也是为全社会提供技术装备产品的产业，是节能减排和绿色发展的主战场。按照"中国制造2025"提出的"创新驱动、绿色发展"要求，加快实施工业绿色发展战略，推进产品设计生态化、生产过程清洁化、产业耦合一体化、资源利用高效化、环境影响最小化，实现工业绿色、低碳、循环发展，是工业转型升级的必由之路。

清洁生产是通过不断采取改进设计、使用清洁的能源和原料、采用先进的工艺技术与设备、改善管理、综合利用等措施，从源头削减污染，提高资源利用效率，减少或者避免生产、服务和产品使用过程中污染物的产生和排放，减轻或者消除对人类健康和环境的危害，实现环境效益和经济效益双赢的可行措施。从发达国家污染预防经验看，清洁生产的作用最大，从源头和生产过程中削减下来的污染物，远多于末端治理削减的污染物，也减轻了末端治理的压力。要实现工业转型升级的目标，必须把清洁生产作为推动工业绿色发展的重要手段和措施。

为加快推进工业清洁生产，2009年，财政部、工业和信息化部设立了中央财政清洁生产专项资金，支持工业领域重点行业关键共性清洁生产技术产业化应用和推广。六年来，利用中央财政专项资金支持的项目涵盖了化工、轻工、钢铁、有色、机械、纺织、建材等重点行业，一批重大关键共性技术取得了产业化突破，产生了良好的示范带动效应，达到了经济和环境效应"双赢"。同时，建立产业化和推广相衔接的实施模式，形成了部门配合共同推进清洁生产的格局，在产业政策、财政政策的共同作用下，实现了财政资金"小投入，大产出"，带动社会投资，对加快工业绿色发展起到了积极的促进作用。

加快推进工业绿色发展，建设生态文明，是关系到人民福祉、关乎民族未来的长远大计，是一项长期、艰巨的战略任务。我们必须牢固树立生态文明理念，坚持节约资源和保护环境的基本国策，坚定不移地走新型工业化道路，依法推进清洁生产，促进工业绿色转型升级，为建设美丽中国作出更大的贡献！

工业和信息化部　副部长

2015 年 5 月

前　言

　　近年来，我国在推动工业节能降耗、资源综合利用、清洁生产、污染防治等方面，取得了积极进展。当前，我国仍处于工业化、城镇化加快发展的关键时期，重工业所占的比重仍保持较高水平，资源消耗总量进一步增加，加快发展方式转变，走工业绿色发展道路，显得更为迫切。

　　为应对我国环境污染和节能减排降碳面临的严峻形势，新修订的《环境保护法》在理念、制度、保障措施等方面都体现出重大突破和创新。我国的清洁生产工作从无到有、从小到大已历经20多年。在全国上下大力推行清洁生产工作的今天，越来越多的有识之士认识到，当前清洁生产工作已由"管理型"逐步向"技术型"转变，应用和推广清洁生产技术、工艺革新、技术进步、设备更新换代是推行清洁生产的关键，也是实现资源合理利用、能源节能、污染物减排的有效手段，更是实现经济与环境协调发展的重要举措。

　　《工业清洁生产关键共性技术案例》一书集中优选了70个典型清洁生产技术案例，共涉及12个行业。对于普及清洁生产知识、推广新型清洁生产技术、提高工业企业的清洁生产意识水平等方面具有重大意义。本书充分发挥先进关键共性清洁生产技术的行业引导示范作用，对于企业的管理者和技术人员、特别是高层管理者了解行业先进技术有比较大的帮助；同时本书在宣传行业共性清洁生产技术、促进行业内交流、促进行业清洁生产水平整体提升有重要的引导作用。希望本书成为同行之间学习、交流和技术借鉴的平台，全面促进企业先进技术推广应用，实现行业共同进步。

　　本书在编写过程中得到了中国环境科学研究院清洁生产中心（国家清洁生产中心）、中国节能协会的鼎力支持，同时得到了中国钢铁工业协会、中国有色金属工业协会、中国化工环保协会、中国建筑材料联合会、中国医药企业管理协会、中国轻工业联合会、中国纺织工业联合会、中国肉类综合食品研究中心、中国电子质量管理协会等行业协会的密切配合，此外本书案例中所涉及的各个企业和科研单位也积极地响应，在此一并表示衷心的感谢。

本书所涉及的各个案例由行业协会或企业提供，案例来源广泛，如在案例汇编过程中出现遗漏、编写错误之处，敬请有关专家和广大读者批评指正。

2015 年 5 月

目　录

行业检索目录

第三章 建材（筑）行业

第四章 化工行业

第五章　轻工行业

第六章　电力行业

第七章　制造行业

第八章　纺织行业

第九章　电子信息行业

第十章　医药行业

第十一章　屠宰及肉类行业

第十二章　包装行业

第一章　钢铁行业

案例1　1号机组烟气脱硫及脱硝系统改造技术
——钢铁行业清洁生产关键共性技术案例

一、案例概述

技术来源：中钢集团天澄环保科技股份有限公司

技术示范承担单位：武汉钢电股份有限公司

武汉钢电股份有限公司现有两台200MW燃用低品位燃料综合利用机组。2007年两台机组烟气脱硫项目建成投产，采用两炉一塔"石灰石-石膏湿法"脱硫工艺，年减少SO_2排放8000t。2008年通过技改实现每台锅炉达到掺烧焦炉煤气$2 \times 10^4 m^3/h$●、掺烧高炉煤气$(16 \sim 20) \times 10^4 m^3/h$的能力；同时实现利用焦炉煤气进行机组启停，大大降低了助燃油的消耗。2号锅炉实现全烧高炉煤气和焦炉煤气带120MW左右的电负荷，充分利用钢铁生产的二次资源发电。

该项目实施前，锅炉烟气NO_x平均排放浓度为$700mg/m^3$（标准❷）以上，随着新版标准《火电厂大气污染物排放标准》（GB 13223—2011）颁布实施，锅炉烟气NO_x排放浓度限值由$1100mg/m^3$（标准）降至$200mg/m^3$（标准）以内，特别地区排放标准低于$100mg/m^3$（标准），钢电公司原有尾气处理系统将不能实现NO_x的达标排放。近年来原煤品质不断恶化，原煤硫分增加，原烟气中的SO_2浓度也随之升高，原有脱硫设施的脱硫效率和出口SO_2排放浓度将无法达标。

为满足烟气排放标准要求，该项目2012年9～11月在1号发电机组停机大修期间，实施脱硫系统"一炉一塔"、锅炉低氮燃烧器和脱硝系统改造工程。其建设内容包括两台锅炉脱硫系统共用一套浆液制备系统、工艺水系统和废水处理系统，新增一套吸收系统供1号机组使用，改造原有1号和2号机组烟气系统及旁路系统、新增一套石膏脱水系统主要供新建的1号吸收系统使用，并能实现新旧脱水系统互为切换备用。对部分能共用的辅助设备系统考虑共用以减少投资，节约建设成本。该改造工程

●此处"焦炉煤气$2 \times 10^4 m^3/h$"，也可表述为"2万立方米/时"。下同。

❷标准状态，以下简称"标准"。

项目的实施，对钢铁企业的火力电厂脱硫脱硝工程改造具有积极的指导与示范意义。

二、技术内容

（一）基本原理

1. "石灰石-石膏湿法" 脱硫工艺

该工艺（图1）采用价廉易得的石灰石粉作脱硫吸收剂，石灰石粉与水混合搅拌制成吸收浆。在吸收塔内，吸收浆液与烟气接触混合，烟气中的 SO_2 与浆液中的 $CaCO_3$ 以及鼓入的氧化空气进行反应，完成脱硫过程，最终反应物为石膏。脱硫后的烟气经除雾器除去携带的细小液滴后排入烟囱。脱硫石膏浆液离开吸收塔，经脱水制成脱硫石膏后利用。

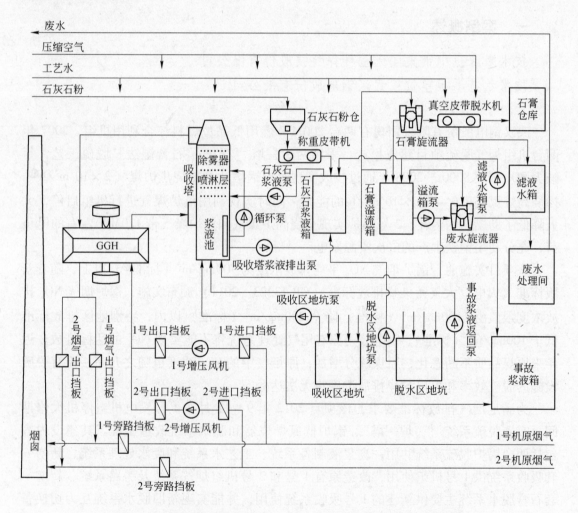

图1　武汉钢电股份有限公司 2×200MW 机组烟气脱硫工艺流程图

2. "三梯度低氮燃烧技术" 技术原理

通过合理配置燃料供给方式及供风方式，在炉膛内部沿垂直方向形成两个独立的燃烧区域，使炉内燃烧气经过还原—氧化—还原—氧化四个阶段，燃料与空气当量浓度比在四个不同阶段之间形成三级梯度过程变化，同时燃烧温度在三级梯度变化中发生转变，炉内整个燃烧过程均在偏离常规理论燃烧当量比下进行，从而实现深度分级，而且上部燃烧区的再燃燃料兼具有还原作用，再结合动态监测控制系统实时进行监测和控制，从而使锅炉长期稳定运行，同时实现更低的 NO_x 减排成本。

3. 选择性催化还原（SCR）技术

该技术是目前应用最多而且最有成效的烟气脱硝技术。SCR 技术是在金属催化剂作用下，以 NH_3 作为还原剂，将 NO_x 还原成 N_2 和 H_2O。NH_3 不和烟气中的残余的 O_2 反应，而如果采用 H_2、CO、CH_4 等还原剂，它们在还原 NO_x 的同时会与 O_2 作用，因此这种方法称为"选择性还原技术"。

其工作原理如图 2 所示，主要反应方程式为：

$$4NH_3 + 4NO + O_2 \longrightarrow 4N_2 + 6H_2O \tag{1}$$

$$8NH_3 + 6NO_2 \longrightarrow 7N_2 + 12H_2O \tag{2}$$

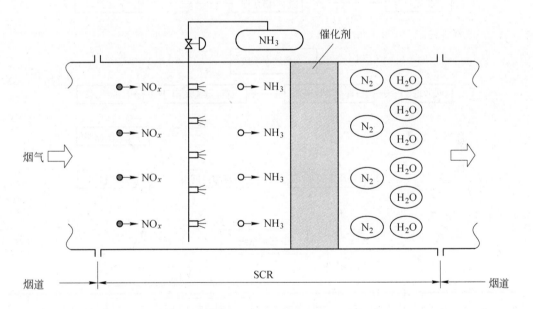

图 2　SCR 工作原理图

（二）技术工艺

该项目改造分为两部分，分别为脱硫系统改造和脱硝系统改造。

1. 脱硫系统改造

在原有脱硫装置的基础上，将两炉一塔脱硫装置改造成一炉一塔的脱硫处理流程，改造后烟气脱硫仍采用目前技术成熟、先进、脱硫效率高的石灰石-石膏湿法工艺（图3）。改造完成后，脱硫装置的检查、检修与机组同步，有利于脱硫系统正常连续运行，达到进一步节能减排的目的。

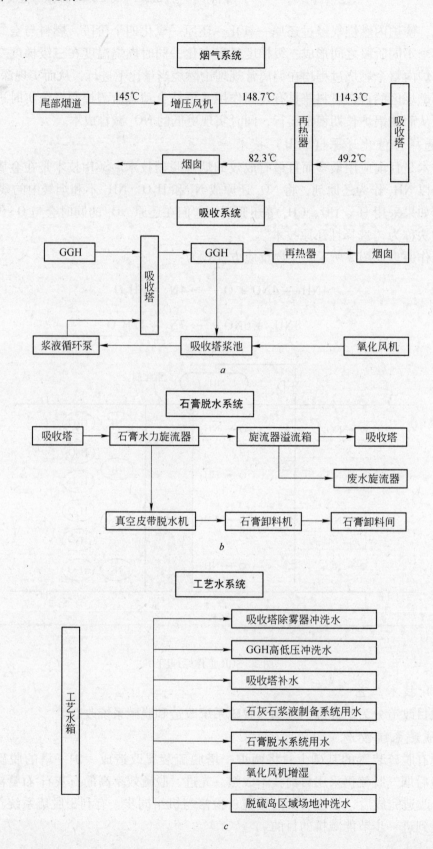

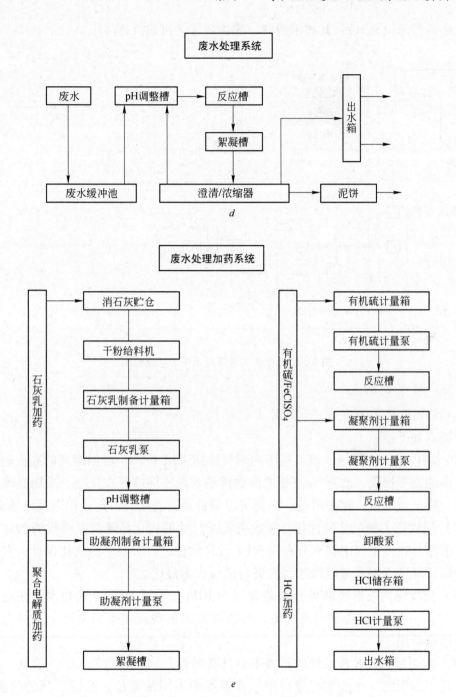

图3　脱硫工艺分系统流程简图（烟气系统）

a—吸收系统；b—石膏脱水系统；c—工艺水系统；d—废水处理系统；e—废水加药系统

2. 脱硝系统改造

对1号机组燃煤锅炉进行烟气脱硝技术改造，主要包括低NO_x燃烧部分和烟气脱硝部分。低NO_x燃烧采用煤粉直流低氮燃烧技术＋空气分级技术；烟气脱硝采用选择性催化还原技术（SCR），其技术成熟、先进，工艺可靠（图4）。

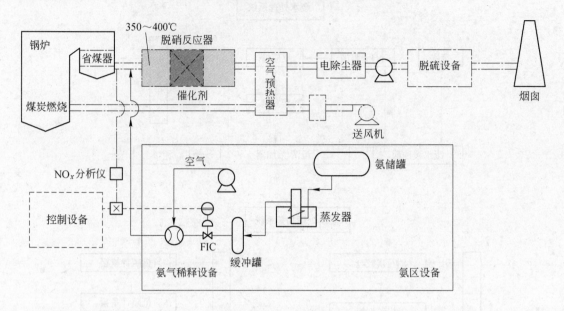

图4　选择性催化还原脱硝法工艺流程图

（三）技术创新点

1. 该项目采用石灰石-石膏湿法脱硫技术

其特点如下：

（1）塔内烟气高流速。该工程塔内烟气流速采用4m/s。塔内烟气的高流速能引起液滴表面的剧烈振动，改善气-液相之间的传质效果，促进吸收反应。采用高流速吸收塔技术，降低液气比，缩小塔径，从而可以降低运行费用、占地面积以及设备造价。

（2）吸收塔关键尺寸的优化。吸收塔关键尺寸的优化是降低工程投资与运行费用的技术措施，在该工程中将充分利用 MET 设计软件进行吸收塔的优化设计，对脱硫率与吸收塔压降进行综合考虑以达到投资与运行成本最优。

（3）吸收塔内喷淋浆液再分布装置（ALRD）。采用 MET 专利技术，在塔内设置ALRD 装置，用于消除边壁滑落现象。可以在要求的脱硫效率的基础上，极大地降低投资与运行费用。

（4）防腐材料。脱硫系统的浆液不但具有酸性，同时还含有 Cl⁻。因此一般的耐酸钢材是不适用的。在该工程设计中，在系统中不同的部位，采用不同的防腐措施，特别在关键部位（如吸收塔入口烟道）采用 C276 合金，使设备的可靠性更高。

2. 低氮燃烧技术（LNB）

目前国内低氮燃烧器普遍采用低氮分级燃烧技术。该技术存在以下问题：炉膛出口烟温偏高，尤其在燃用低灰熔点烟煤时过热器超温导致喷水量过大；飞灰含碳量增加导致机械不完全燃烧损失增大；排烟温度升高导致尾部辅助设备受损和排烟损失增大。针对目前低氮分级燃烧技术存在的问题，该项目采用拥有自主知识产权的最新型低氮燃烧器，其具有三梯度低氮燃烧技术，很好地解决了目前分级燃烧技术存在的问题。

三梯度低氮燃烧技术特点：

（1）低氧量燃烧，炉膛出口过氧量低至3%以下；

（2）多煤种适应性，可燃基挥发分大于10%的煤种均可以稳定良好燃烧；

（3）更低负荷稳燃，根据不同煤种实现30% ~50%低负荷稳燃；

（4）更低q_4损失，飞灰含碳量一般可以维持在3%以下；

（5）更低氮氧化物排放，根据不同煤种可实现氮氧化物排放200 ~300mg/m³（标准）；

（6）炉膛出口烟温不出现升高的问题。

3. SCR 反应系统热段/高灰布置

该工程SCR反应系统采用热段/高灰布置的方案，即SCR反应器放置在锅炉省煤器出口与空气预热器出口烟道中。

反应器布置（图5）在省煤器和空气预热器之间，此时烟气中所含有的全部飞灰和SO₂均通过SCR反应器，反应器的工作条件是在"不干净"的高尘烟气中。由于这种布置方案的烟气温度在310~410℃的范围内，适合于多数催化剂的反应温度，因而它被广泛采用。

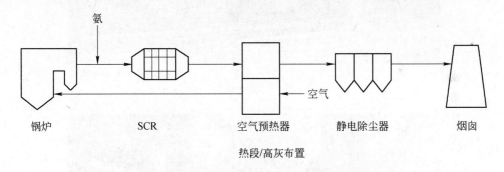

图5　SCR反应系统的布置方式

三、实施效果

（一）环境效益

项目实施后排放浓度能达到《火电厂大气污染物排放标准》要求：NO_x < 100mg/m³（标准）；SO_2 < 100mg/m³（标准）。项目改造完成后，每年大约可减少NO_x排放3300t，减少SO_2排放1925t。

（二）经济效益

1号机组烟气脱硫脱硝装置投产运行后，按照国家规定可享受到脱硫脱硝电价补贴，分别为0.015元/kW·h、0.01元/kW·h，是该改造项目投资带来的直接经济效益。另外就是减排方面带来的效益，本次按单台炉NO_x的设计排放水平450mg/m³

（标准）（6%氧量）计算，每小时每台炉排放 NO_x 约 0.411t。NO_x 排放水平下降 80%，则每小时每台炉排放量将减少约 0.329t。两台机组年减少排放 NO_x 约 3290t（按 5000h 计）。按照国务院令字第 369 号《排污费征收使用管理条例》及《排污费征收标准管理办法》，在现行 $450mg/m^3$（标准）、NO_x 排放水平下降 80% 排放标准范围内，排放收费按 631.58 元/t 计算，钢电公司每年共减少排污费用约 207.8 万元。

（三）关键技术装备

关键技术装备分别见图 6～图 10。

图 6　增压风机

图 7　烟气换热器

图 8 脱硫塔

图 9 脱硝反应器

1. 回转式烟气换热器（GGH）

回转式烟气换热器转子采用全模数仓格结构，蓄热元件制成较小的组件，以便检修和更换，更换时不会影响其他换热元件。所有与腐蚀介质接触的设备、部件都进行防腐。

图 10　液氨存储供应系统

2. 吸收塔

该改造工程新设吸收塔一座，吸收塔采用喷淋塔，设计为喷淋、吸收和氧化为一体的单塔。

（四）水平评价

该项目采用的各项主要技术，在理论依据和实际应用效果上均得到了良好的评价，其技术先进、工艺成熟，设备可靠，属于引进消化吸收再创新，其中低 NO_x 燃烧技术拥有自主知识产权。

四、行业推广

（一）技术适用范围

该项目的示范、推广没有明显的技术和应用门槛，可为全国同类机组的环保改造提供一种适合国情的污染减排示范工程，对加快我国脱硫脱硝技术应用步伐、发展适合国情的烟气净化产业、扭转 SO_2、NO_x 失控局面、保护环境及国民经济可持续发展战略的实施具有积极的意义。该项目的实施符合国家行业标准及政策导向，能够起到很好的示范作用。

（二）技术投资分析

该项目建设期 1 年，生产期 30 年。设备年利用小时数按照工程投产后设备年利用小时数 5000h 计算；

方案一：液氨耗量 0.358t/h、液氨价格 3500 元/t，蒸汽耗量 0.240t/h、蒸汽价格：72.5 元/t，脱硝厂用电量 68.2kW·h、厂用电价格 0.52 元/kW·h。

方案二：尿素耗量 0.65t/h、尿素价格 2500 元/t，蒸汽耗量 0.180t/h、蒸汽价格 72.5 元/t，脱硝厂用电量 838.2kW·h、厂用电价格 0.52 元/kW·h。

岗位定员按 5 人计算，年人均工资（含福利及劳保）60000 元/年，大修理费按固定资产的 2.5%，催化剂每 3 年更换、两台炉每次更换量为 208.4m³、单价按照 4 万元/m^3,年费用折合计算为 277.87 万元/年;折旧率按照固定资产折旧直线法,净残值率为 5%、折旧年限取 15 年。

烟气脱硫、脱硝系统改造工程主要技术经济指标分别如表 1 和表 2 所示。

表 1 烟气脱硫系统改造工程主要技术经济指标

序 号	名 称	指 标
1	脱硫装置规模	2×200MW 机组燃煤锅炉（一炉一塔）
2	处理烟气量/$m^3 \cdot h^{-1}$	2×1000000
3	烟气 SO_2 浓度/$mg \cdot m^{-3}$（干基,6%O_2）	3000
4	脱硫出口烟气含硫量/$mg \cdot m^{-3}$	≤100
5	脱硫塔年运行时间/$h \cdot a^{-1}$	5000
6	脱硫装置排烟温度/℃	>80
7	工艺用水量/$t \cdot h^{-1}$	106.8（两炉）
8	增加用电量/$kW \cdot h$	1420
9	$CaCO_3$ 用量/$t \cdot h^{-1}$	9.274（两炉）
10	废水排放量/$t \cdot h^{-1}$	6.8（两炉）
11	石膏产量/$t \cdot h^{-1}$	16.768（两炉）

表 2 烟气脱硝系统改造工程主要技术经济指标

序 号	名 称	数 量
1	脱硝工程静态总投资/万元	4977
2	单位千瓦投资/$元 \cdot kW^{-1}$	249.9
3	年利用小时数/$h \cdot a^{-1}$	5000
4	处理烟气量（湿烟气）/$m^3 \cdot h^{-1}$	1×1000000
5	脱硝效率/%	≥80
6	脱除千克 NO_x 还原剂液氨用量/kg	0.454
7	年脱除 NO_x 量/$t \cdot a^{-1}$	3500
8	脱硝厂用电率（液氨）/%	0.016
9	氨区占地面积/m^2	500
10	脱硝成本/$元 \cdot kg^{-1}(NO_x)$	20.968

（三）技术行业推广情况分析

截至 2012 年年底,累计已投运火电厂烟气脱硫机组总容量约 6.8 亿 kW,占全国现役燃煤机组容量 90%;已投运火电厂烟气脱硝机组总容量超过 2.3 亿 kW,占全国现役火电机组容量的 28%。随着《火电厂大气污染物排放标准》（GB 13223—2011）的颁布实施,我国对火力发电行业大气污染物排放做了更为严格的规定,提高了 SO_2

及 NO_x 的排放标准（一般地区现役锅炉：$SO_2 < 200mg/m^3$、$NO_x < 100mg/m^3$）；同时国家《节能减排"十二五"规划》规定：到 2015 年，火电行业 SO_2 及 NO_x 的排放总量将分别控制在 800 万 t[1]、750 万 t，较 2010 年分别下降 16%、29%。该项目作为对现役机组进行脱硝系统的改造，同时采用低 NO_x 燃烧技术，可从源头削减氮氧化物的排放，对企业自身清洁生产水平提升有推动作用，对行业内控制 NO_x 排放可起到一定的示范作用，在行业内具有推广空间和推广意义。

---

[1] "万 t"，亦可表述为"万吨"。下同。

案例2 烧结机烟气氨法脱硫清洁工艺技术
——钢铁行业清洁生产关键共性技术案例

一、案例概述

技术来源：武汉都市环保工程技术股份有限公司
技术示范承担单位：安阳钢铁股份有限公司

"十一五"规划以来，继火力发电行业之后，钢铁工业二氧化硫排放已成为国家高度关注的减排重点，而在钢铁联合企业中，烧结工序二氧化硫排放量占到企业排放总量70%以上，是钢铁工业的二氧化硫减排重点。目前烧结烟气脱硫法是治理烧结烟气二氧化硫污染的最有效方法之一。为达到标准排放要求，环保部门要求在"十二五"期间烧结机全部完成烟气脱硫。

2011年安钢开始着手360m^{2}烧结机烟气脱硫的总体研究，遵循经济有效、安全可靠、资源节约、综合利用的原则，在大量调查、对比、分析研究基础上，最终确定采用氨法工艺，并联合武汉都市环保工程技术股份有限公司，结合安钢实际，吸取该项技术以前的应用效果，开发了一批新的关键技术，推动了烧结烟气脱硫技术进步，实现了二氧化硫总量削减。

该项目总投资1.5亿元，工艺为氨-硫铵法三段双循环双塔脱硫工艺，弥补了常规单塔和多塔组合设计的不足，利用高温烟气对副产物硫酸铵进行浓缩，同时使原烟气温度降低到有利于吸收的温度，在避免吸收液与高温烟气直接接触提高脱硫效率的同时，收到了很好的节能减排效果。

该工艺实施后，能有效地降低SO_2、NO_x、烟尘排放总量，并产生硫铵化肥副产品，既形成局部循环经济，又达到清洁生产效果，不产生新的二次污染，对企业清洁生产、可持续发展和区域环境改善具有重大意义。

二、技术内容

（一）基本原理

氨法烟气脱硫技术，以液氨、氨水为脱硫剂对烟气中的SO_2进行吸收脱除。烟气经过吸收塔，其中的SO_2被吸收剂吸收，生成亚硫酸铵与硫酸氢铵。

以液氨或氨水作脱硫剂的吸收化学反应为：

$$H_2O + SO_2 \longrightarrow H_2SO_3$$

$$NH_3 + H_2SO_3 \longrightarrow NH_4HSO_3$$

$$2NH_3 + H_2O + SO_2 \longrightarrow (NH_4)_2SO_3$$

$$(NH_4)_2SO_3 + SO_2 + H_2O \longrightarrow 2NH_4HSO_3$$

$$NH_4HSO_3 + NH_3 \longrightarrow (NH_4)_2SO_3$$

因此，用氨将烟气中的 SO_2 脱除，得到亚硫酸铵中间产品。采用空气对亚硫铵直接氧化，可将亚硫铵氧化为硫铵，反应为：

$$(NH_4)_2SO_3 + 1/2O_2 \Longrightarrow (NH_4)_2SO_4$$

高浓度的硫酸铵先经过沉淀罐除去灰尘等杂质，再通过浓缩结晶生产硫铵。

（二）工艺技术

该技术采用外购无水液氨加水稀释至18%稀氨水作为吸收剂与烟气中的 SO_2 进行酸碱中和反应，脱除 SO_2。

主要工艺流程：主风机后经过增压风机取出烟气，先经过降温塔利用脱硫塔内母液使烟气降温至60℃左右，进入吸收塔，以氨水为脱硫剂与二氧化硫反应，经过脱水除雾后烟气由塔顶玻璃钢烟囱排放；反应后母液鼓入空气使亚硫酸铵氧化成硫酸铵，进入硫胺结晶系统，结晶出硫酸铵。脱硫系统工艺流程如图1所示，硫铵系统工艺流程如图2所示。

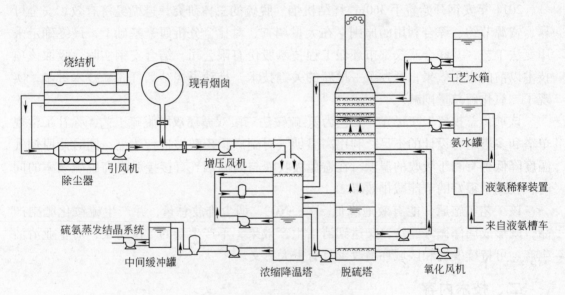

图1 氨法脱硫系统工艺流程

（三）技术创新点及特色

1. 利用高效脱硫剂大幅提高烟气脱硫效率

针对目前国内其他烧结烟气脱硫工艺中普遍存在的脱硫效率不高的问题，该项目采用氨水作为主要脱硫剂，对烟气中的二氧化硫进行脱除。氨是良好的 SO_2 吸收剂，其溶解度远高于钙基等吸收剂，用氨吸收烟气中的二氧化硫是气-液或气-气相反应，反应速度快，脱硫效率高，脱硫效率可从一般脱硫工艺的70%~80%提高到95%以

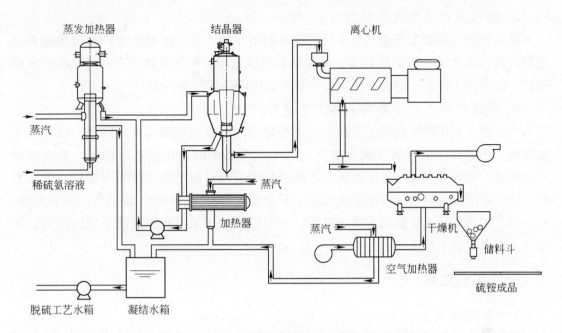

图 2 硫铵系统工艺流程

上，吸收剂利用率大幅提高。表 1 为几种典型脱硫剂的反应性能比较（排序从 1 到 5 代表从好到差）。

表 1 几种典型脱硫剂的反应性能

脱硫剂	氨	氢氧化镁	氢氧化钙	氢氧化钙	碳酸钙
反应状态	湿态	湿态	湿态	半干半湿	湿态
反应性能排序	1	2	3	4	5

2. 集脱硫、脱硝、除尘于一体

与其他脱硫工艺相比，氨法脱硫是在脱硫的同时，同步脱除氮氧化物的脱硫工艺。目前国内脱硝工艺一般选用选择性催化还原法，简称 SCR 脱硝技术。SCR 脱硝技术是以氨为还原剂，在催化剂作用下将 NO_x 还原为 N_2 和水。反应过程如下：

$$2NO + O_2 \Longrightarrow 2NO_2$$

$$2NO_2 + H_2O \Longrightarrow HNO_3 + HNO_2$$

$$NH_3 + HNO_3 \Longrightarrow NH_4NO_3$$

$$NH_3 + HNO_2 \Longrightarrow NH_4NO_2$$

$$4(NH_4)_2SO_3 + 2NO_2 \Longrightarrow N_2 + 4(NH_4)_2SO_4$$

其主要作用的脱硝反应是对亚硫酸铵的脱除反应，亚硝酸铵脱硝的同时，自身被氧化成硫酸铵。由于该工程采用的是湿法脱硫脱硝，对烧结电除尘后的细粉尘还有 30% ~ 40% 的除尘效率。

3. 脱硫副产物的有效利用

烧结机烟气脱硫工程建成有专门的硫铵制备车间,生成的脱硫副产物硫酸铵为白色颗粒物,氮含量达到21%以上,品质达到国家农用肥料标准要求,既可以作为农用氮肥,也可用于探矿、冶金、化工、皮革、纺织印染等工业行业。

4. 氨法脱硫工艺不影响主体工艺运行

一方面,相比钙法脱硫工艺在运行中经常出现的系统堵塞、负压降低,以及半干法脱硫工艺运行中由于烟气流量变化过大引起吸收剂的流化状态不稳定,造成的堵塞、失流、塌床等现象,氨法脱硫工艺副产物硫酸铵易溶于水,结垢和堵塞在吸收系统、循环系统和喷淋系统中都很少出现,不会出现影响烧结机的正常运行。另一方面,氨法烟气脱硫系统设在烧结主抽风机后,并单独设增压风机克服脱硫系统的阻力,不改变主抽风机的工作负荷。

三、实施效果

(一) 环境效益

安钢氨法烟气脱硫设施建成稳定运行后,烧结机外排烟气中 SO_2 浓度从目前的平均 $750mg/m^3$ 降到 $100mg/m^3$ 以下,NO_x 浓度从目前的 $600mg/m^3$ 降到 $400mg/m^3$ 以下,烟粉尘浓度从目前的 $50mg/m^3$ 降到 $30mg/m^3$ 以下,年减排二氧化硫约 7500t,极大改善周边环境质量,环境效益显著,可实现脱硫副产物的综合利用和零排放。

(二) 经济效益

1. 直接经济效益

$360m^2$ 烧结烟气量为 $2400000m^3/h$,进口 SO_2 含量平均 $750mg/m^3$(标准),95%的脱硫效率,净烟气 SO_2 排放浓度小于 $100mg/m^3$(标准),每年可脱除烧结烟气中 SO_2 约 7500t/a,副产硫铵产品 $1.47 \times 10^4 t/a$。

目前市场硫酸铵单价约为 600 元/t,按照市场价格,每年烧结机硫铵制备系统销售硫酸铵可创效约 880 万元。

2. 运行成本分析

按照当前市场价格,氨法脱硫成本分析见表2。从表中可看出,每年氨法脱硫成本支出约为2800.6万元,直接经济效益为880万元,因此烧结烟气脱硫项目年总运行成本为1920.6万元。正常情况下,烧结机年产量约为 $410 \times 10^4 t$ 烧结矿,吨烧结矿增加费用约为 1920.6 万元 ÷ 410 万 t = 4.7 元/t,处理成本在行业处于较低水平。

表 2　氨法脱硫成本分析

序号	项　目	单　位	数　量	单　价	合价/万元
1	液氨费	t/a	7037	2300 元/t	-1618.5
2	低压蒸汽	t/a	27400	100 元/t	-274
3	压缩空气	m^3(标准)	25.2×10^4	0.1 元/m^3(标准)	-2.5

续表 2

序号	项　目	单　位	数　量	单　价	合价/万元
4	动力费	kW·h	1359.83×10^4	0.55 元/kW·h	-747.9
5	工业净化水费	万 m^3	43.69×10^4	0.95 元/m^3	-41.5
6	工资及福利费	人	16	42000 元/人·年	-67.2
7	维修费	项	1	40 万元/年	-40
8	其他费用	项	1	10 万元/年	-10
	支出总计				-2800.6

（三）关键技术装备

该技术的关键装备包括：（1）三段双循环双塔脱硫工艺；（2）高效的硫酸铵结晶制备装备；（3）钢支架吊挂湿烟囱技术。双塔脱硫装备及钢支架吊挂湿烟囱技术装备如图 3 所示，硫铵制备系统如图 4 所示。

图 3　双塔脱硫及钢支架吊挂湿烟囱技术装备

图 4　硫铵制备系统

（四）水平评价

该技术为武汉都市环保公司自有专利技术，拥有多项中国发明专利及实用新型专利，技术水平属国内领先水平。

四、行业推广

（一）技术使用范围

氨法烟气脱硫工艺在烧结烟气 SO_2 出口浓度为 500～3000mg/m³（标准）范围内普遍适用，具有脱硫效率高、稳定性好、副产物可有效利用、运行成本较低、占地面积小等优点，应用前景良好。

（二）技术投资分析

按照建设一台360m² 烧结机烟气脱硫系统计，约需投入资金1.5亿元，装置建成后可生产硫酸铵化肥1.47万t，实现年销售收入880万元。

（三）技术行业推广情况分析

目前应用该技术的安阳钢铁股份有限公司于2013年建成了360m² 烧结机烟气氨法脱硫示范性工程，近一年基本保持了连续稳定运行。该工艺脱硫效率高，并兼具脱硝、除尘作用，脱硫副产物可有效利用，符合"以废制废"的发展趋势，是一种兼顾经济效益及环境效益并且值得应用示范的清洁生产项目，在全行业有一定的推广意义。预计氨法脱硫行业在未来三年将呈爆发式增长。

案例 3　烧结烟气循环工艺与成套设备技术（BSFGR）
——钢铁行业清洁生产关键共性技术案例

一、案例概述

技术来源：宝山钢铁股份有限公司研究院

技术示范承担单位：宝山钢铁股份有限公司、宁波钢铁有限公司

烧结废气温度偏低、废气量大、污染物含量高且成分复杂，是钢铁行业低温余热利用和废气治理的难点和重点。据统计，烧结工序能耗约占整个钢铁生产总能耗的 12%，SO_2、NO_x、CO_2、粉尘排放分别占钢企总排放量的 40% ~ 60%、50% ~ 55%、12% ~ 15% 和 15% ~ 20%。随着《钢铁烧结、球团工业大气污染物排放标准》（GB 28661—2012）的实施，对钢企烧结工序的节能减排和达标排放提出了更严格的要求。

国外烧结废气除用作助燃空气、生产蒸汽、发电、混合料预热外，近年来所开发的 EPOSINT（奥地利 Linz、韩国 POSCO 和中国台湾中龙钢铁）、LEEP（德国 HKM）、EOS（荷兰 Hoogoven）等烧结废气循环工艺引起广泛关注，而国内烧结机主烟道烟气余热利用尚无先例。针对烧结废气治理行业空白和烧结区域污染的共性难题，2011 年宝钢股份对烧结废气的特性，结合未来脱硫脱硝一体化、二噁英深度净化、烧结低品质余热高效利用的行业前瞻要求及企业实际条件，在前期科研成果基础上，深入开展技术路线比选、关键设备和工艺开发、烧结锅试验和过程模拟、工业试验装置设计、生产操作技术开发、示范工程实施等系统研究开发工作，形成了宝钢烧结烟气循环工艺与成套设备技术（BSFGR）。

2012 年 10 月，宝钢不锈钢 132m² 烧结机废气循环中试装置（废气循环量 20 × $10^4 m^3/h$❶，以下简称"中试装置"）建成投运；2013 年 5 月，宁波钢铁 486m² 烧结机废气循环示范工程（废气循环量 110 × $10^4 m^3/h$，以下简称"示范工程"）建成投运。中试装置和示范工程累计两年半的运行实践表明，烧结废气循环不但可以显著减少烧结工艺的废气排放总量（削减 20% ~ 40%）及污染物排放量，还可以提高烧结机产能、回收烟气中的低温（100 ~ 300℃）余热、节省烧结工序能耗（3% 以上），具有较大的节能减排和推广应用价值。

---

❶"废气循环量 20 × $10^4 m^3/h$"，亦可表述为"废气循环量 20 万立方米/时"。下同。

二、技术内容

（一）基本原理

部分烧结烟气被再次引至烧结料层表面，进行循环烧结的过程中，废气中 CO 及其他可燃有机物在通过烧结燃烧带重新燃烧，二噁英、PAHs、VOC 等有机污染物及 HCl、HF、颗粒物等被激烈分解，NO_x 部分高温破坏，SO_2 得以富集，由此带来以下积极效果：（1）烟气余热（100～300℃显热）被料层吸收从而降低烧结固体燃耗；（2）烧结料床上部热量增加及保温效应，表层烧结矿质量得以提高；（3）废气总量排放减少 20%～40%，可以显著降低后续除尘、脱硫脱硝装置投资和运行费用，废气中污染物被有效富集、转化，可以降低烧结烟气处理成本。

（二）工艺技术

与传统烧结废气由风箱支管进入主抽烟道，进而全烟气量静电除尘、脱硫的工艺不同，该技术将烧结机主抽烟道和/或环冷机的部分热废气取出，除尘后，再次引入到烧结料层表面。废气在通过烧结料层循环烧结时，因热交换和烧结料层的自动蓄热作用可以将废气的低温显热（100～300℃）全部供给烧结混合料，废气中的 CO 及其他可燃有机物重新燃烧；热废气中的二噁英、PAHs、VOC 等有机污染物等物质在经过烧结料层中高达 1300℃以上的烧结带时被激烈分解，NO_x 在通过高温烧结带时也可被部分破坏。废气循环烧结后，不仅兼具工艺节能、低品质显热回收和污染物减排效果，而且有利于提高烧结生产率和烧结矿质量，还将显著减少最终废气排放量、SO_2 得以富集，由此带来后续除尘、脱硫装置投资和运行成本的大幅降低。

工艺流程 1（图 1）：取自烧结机主抽烟道风箱支管和环冷机的部分热废气，经分别除尘后混合，混合废气被再次引入到烧结料层表面。

工艺流程 2（图 2）：取自烧结机主抽烟道头部若干风箱和尾部若干风箱的烧结废气，经除尘后，被再次引入到烧结料层表面。

（三）技术创新点及特色

（1）烟气循环烧结工艺操作技术；

（2）烟气循环烧结提高烧结矿产能及质量的工艺技术；

（3）多种污染物同步脱除的烧结废气节能减排技术；

（4）循环烧结新增关键设备及装备集成技术；

（5）大型烧结机节能模型技术；

（6）烧结废气循环系统与除尘、脱硫系统耦合技术；

（7）循环烧结二噁英强化脱除技术；

（8）循环烧结条件下配矿结构优化技术；

（9）循环烧结系统的在线控制和优化设计；

（10）大型烧结机循环烧结工艺操作控制成套技术；

（11）循环烧结烟气减量后"两机一塔"脱硫技术。

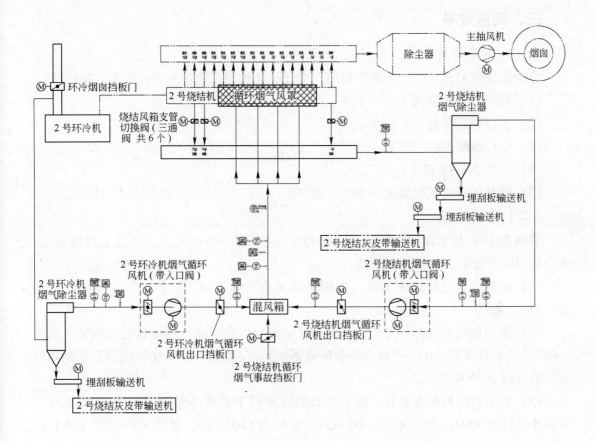

图 1 宝钢不锈钢 132m² 烧结废气循环中试装置工艺流程

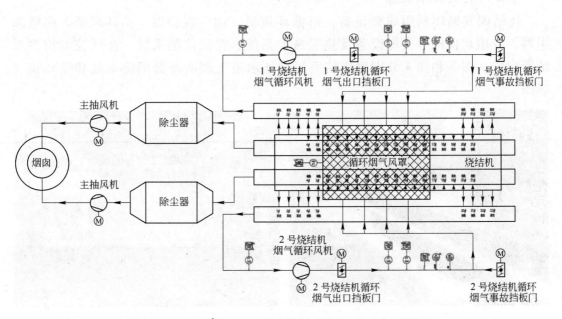

图 2 宁钢 430m² 烧结机废气循环产业化示范工程工艺流程

三、实施效果

（一）环境效益

与传统烧结工艺（废气未循环利用）对比，实施该工艺后，收到以下效果：

（1）烧结产量可提高 15% ~ 20%；

（2）工序能耗降低 3% ~ 4%；

（3）CO_2 减排 3% ~ 4%；

（4）二噁英减排 35%；

（5）烧结外排废气总量减少 20% ~ 40%。

（二）经济效益

宝钢 BSFGR 技术在宁钢的产业化示范工程投资约 4500 万元，示范工程投运后，至少取得以下收益（包括投资收益）：

（1）按外排烟气量减少 30%，选用主排风机可采用国产设备，节省投资约 1500 万 ~ 2000 万元。

（2）采用烧结烟气循环工艺后，因烟气量减少，宁钢烧结脱硫装置实现了"双机一塔"（两台烧结机共用一套吸收塔及附属系统），仅脱硫装置一次性投资，宁钢每台烧结机可减少 3500 万元。

（3）从节省燃料角度来看，每生产 1t 烧结矿可节省固体燃料约 2.0kg，每年可节省固体燃料约 9000t，按照平均 1000 元/t（焦粉为 1200 元/t，煤为 800 ~ 900 元/t）估算，每年可节省约 900 万元。

（三）关键技术装备

烧结烟气循环利用成套设备：由循环风机、烟气混合器、循环风罩、高效除尘器、专用切换阀等关键设备及热工自控系统、在线监测系统、在线控制模型系统等组成。图 3 和图 4 分别为烧结废气循环示范工程的外部烟道系统和循环烟气罩图。

图 3　示范工程外部实景　　　　图 4　示范工程台车上方循环烟气罩

（四）水平评价

在烧结废气循环成套技术和设备开发过程中，宝钢针对行业空白破解难题，在循环烧结工艺开发、高效除尘、烟道切换、系统联动控制、烟气混合、循环烟气罩密封、风量氧量调节、计算模型优化等方面取得技术突破，共申报专利 30 项，已授权 10 项，初步形成国内首套烧结废气循环和深度净化自有技术和装备，达到国内首创，国际领先水平。

四、行业推广

（一）技术适用范围

宝钢烧结烟气循环工艺技术 BSFGR（Baosteel sintering flue gas recirculation）适用于带式烧结机工艺的新建烧结机和老烧结机技术改造，尤其适用以下领域：

（1）旧烧结机提产改造，采用 BSFGR 技术，可提高烧结产能 15% ~ 20%，并可使外排废气量不变或减小，可维持原有老系统的机头除尘及后续脱硫设施的处理能力不变；

（2）新建烧结机，采用 BSFGR 技术，可降低烧结机的烟气排放总量 20% ~ 40%，相应减小后续烧结烟气脱硫脱硝脱二噁英除尘设备规模 20% ~ 40%，节省烟气净化固定设备投资和运行费用（预计采用 BSFGR 技术的新建烧结机的总投资低于常规烧结机的总投资）；

（3）特殊烧结原料（如红土矿烧结、铬矿烧结等）的烧结提效，采用 BSFGR，可显著改善表层烧结矿质量，消除烧结自动蓄热的负面影响；

（4）采用 BSFGR 技术，可为烧结烟气综合治理创造更有利的废气参数条件；耦合活性炭脱硫、脱硝、脱二噁英一体化烧结烟气净化技术，为烧结工序的绿色发展提供良好的路径。

（二）技术投资分析

一台 430m² 烧结机总投资约 4500 万元，烟气循环系统包括循环管道、热风罩、多管除尘器、循环风机、切换阀、补偿器、变频设备等。若按外排烟气量为 70%，选用主排风机可采用国产设备，节省投资约 1500 万元。考虑到烧结工序能耗节省、后续除尘脱硫设施固定投资和运行成本节省等收益 4000 万 ~ 6000 万元，投资回收期约 1 年。

（三）技术行业推广情况分析

宝钢烧结烟气循环工艺技术（BSFGR）与成套设备在行业内已引起广泛关注，目前已在宝钢不锈钢 132m² 烧结机、宁波钢铁有限公司 430m² 烧结机、江苏沙钢集团宏昌公司 360m² 烧结机上应用，并且多家企业已有技术改造意向，推广前景广阔。该技术在 250 余台烧结机上实施，按照烧结工序能耗节省 3% 计算，即可降低能耗折合标煤 96.2 万 t/a，产生直接经济效益约 12.1 亿元/a，同时减少 CO_2 排放 767 万 t/a。

案例4　贫赤铁矿提铁降硅选矿新工艺技术

——铁矿行业清洁生产关键共性技术案例

一、案例概述

技术来源：鞍钢集团矿业公司矿山设计研究院

技术示范承担单位：鞍钢集团矿业公司齐大山铁矿

近些年铁矿石产业作为目前钢铁生产的主要原材料得到了较快的发展，但其数量和质量还满足不了钢铁工业的需求。尤其是长期以来对降低铁精矿中 SiO_2 含量的重要性认识不够，选矿工艺单纯重视提铁，而忽视降硅，导致国产铁精矿铁品位低，SiO_2 含量高，直接影响着产品生产的能力、质量和效益，是当前钢铁行业困境的主要原因之一。到"十一五"末期，全国国产铁精矿平均品位为64.49%，其中赤铁精矿平均品位为61.81%，二氧化硅含量一般为 8% ~ 11%，致使烧结矿铁品位仅有53% ~ 56%，造成高炉炼铁高渣比、高焦比，从而导致全国高炉利用系数仅1.6 ~ 2.0，与国外铁精矿平均品位66%以上、SiO_2 含量4%以下、高炉利用系数2.4 ~ 3.4 相比，高炉炼铁主要技术指标、能源消耗指标和经济效益存在明显差距。

鞍山地区铁矿石具有贫、细、杂的特点，常规的重选-磁选矿工艺造成铁精矿品位低、成本高，导致企业经营多年亏损。低品位铁精矿长期制约着鞍钢炼铁入炉品位的提高和炼铁技术经济指标的改善。在借鉴以往选矿技术攻关过程中所积累经验的基础上，针对鞍山地区贫铁矿特点，鞍钢集团矿业公司矿山设计研究院进行了选矿新工艺、贫磁铁矿提铁降硅、新设备、齐大山铁矿选矿投产后的技术攻关、新药剂等一系列试验研究工作。通过试验室内试验将阶段磨矿、粗细分级与阴离子反浮选进行有机的结合，研究出新的工艺流程，取得了先进的选别指标。最终确定齐大山铁矿改造采用阶段磨矿、粗细分级、重选—磁选—阴离子反浮选的新工艺。贫赤铁矿提铁降硅选矿新工艺在工业生产上取得了高质量铁精矿的优异成绩，在国内外处于领先地位。2013 年齐大山铁矿在原矿品位27.31%的情况下，获得精矿品位67.65%、尾矿品位10.66%、金属回收率78.26%、SiO_2 含量4.01%的良好指标。

二、技术内容

（一）基本原理

利用齐大山铁矿物嵌布粒度粗细不均的特点，将"连续磨矿"改为"阶段磨矿"流程。阶段磨矿工艺实现在粗磨条件下得精抛尾，减少过磨造成的金属流失，提高铁回收率。粗细分级工艺实现物料窄级别入选,充分满足选别设备适宜入选粒度范围的要求,有利于提高其分选效果。粗粒选别采用重选—扫中磁—细筛工艺对已单体解离的矿物提前分选出来,细粒选别采用弱磁—强磁—阴离子反浮选工艺,确保获得高品位精矿,更加适应原矿 FeO 波动。

（二）工艺技术

鞍钢集团矿业公司齐大山铁矿选矿工艺原采用"连续磨矿、弱磁—强磁—阴离子反浮选"工艺流程（见图1）。2007年,选矿工艺扩建后改造为"阶段磨矿、粗细分

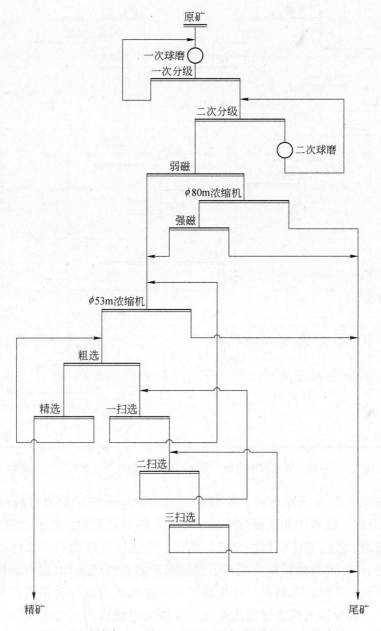

图1 "连续磨矿、弱磁—强磁—阴离子反浮选"工艺流程

级、重选—磁选—阴离子反浮选"工艺流程（见图2），形成了破碎、磨磁、浮选、输送、过滤、药剂等6个主体生产作业区。

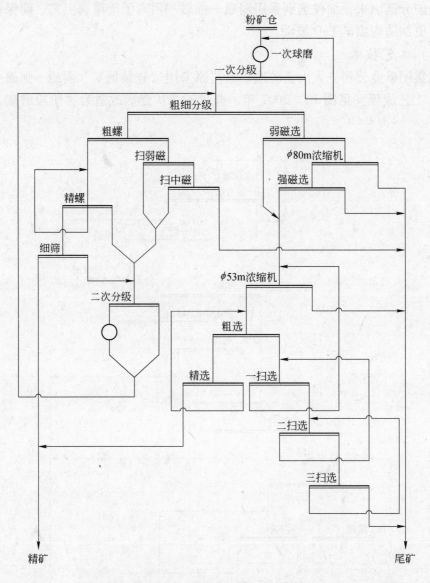

图2 "阶段磨矿、粗细分级、重选—磁选—阴离子反浮选"工艺流程

采场采出的矿石进行粗破碎，粗破碎后0~300mm的矿石通过胶带运输机送至φ24m圆筒矿仓内，破碎作业区经过中破、细破、筛分处理后，产品粒度为0~12mm，送到磨磁区选别，经过磨矿、粗细分级、磁选、重选作业选别后，获得重选精矿（综合精矿产品之一）、混合磁精矿（弱磁、强磁精矿的混合产品）。混合磁精矿送到浮选作业区进行浮选，获得浮选精矿，浮选精矿与重选精矿合成综合精矿产品。综合精矿经过浓缩后，一部分输送到老过滤作业区，经浓缩过滤后用皮带输出。另一部分送到新过滤作业区，过滤后的精矿由铁路送给鞍钢。尾矿经大井浓缩后经过泵站送至风水

沟尾矿库。

破碎工艺由两部分组成（图3）：

（1）老破碎工艺流程：破碎筛分工艺为二段一闭路破碎流程。储存在 $\phi24m$ 圆筒矿仓粗破产品（粒度 0～300mm），给入中破机进行中破。中破排矿产品给入振动筛筛分，筛上产品送至细破矿仓后，用皮带运输机给入细破筛分作业进行闭路破碎，筛下产品与中破筛分后的筛下产品一起送到磨磁作业区粉矿仓。

（2）新厂房破碎工艺流程：破碎筛分工艺仍为二段一闭路破碎流程。采场的粗破产品（粒度 0～300mm）通过胶带运输机送至 $\phi24m$ 圆筒矿仓，经胶带机进入中破矿仓，通过给矿皮带给入中破碎机，中破产品给入振动筛筛分，筛上产品送细破矿仓，用皮带运输机给入细破筛分进行闭路破碎，筛下产品与细破筛分后的筛下产品一起送到磨磁作业区粉矿仓；细破后的筛上产品再返回筛分。

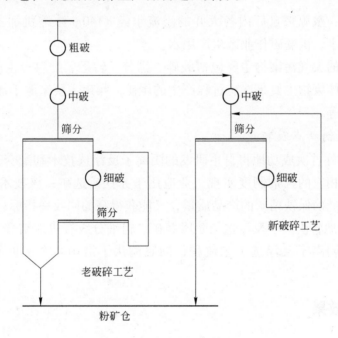

图3　破碎作业区工艺流程图

磨矿仓内矿石经集矿皮带、球磨给矿皮带机给入一次球磨机。一次磨矿与一次旋流器组成闭路磨矿，一次旋流器溢流给入粗细分级旋流器进行粗细分级。粗细分级旋流器沉砂给入重选作业进行选别，螺旋溜槽精矿经振动细筛，筛下产品为重选精矿；粗选螺旋溜槽尾矿给入扫弱磁机，扫弱磁尾矿再经扫中磁机选别，扫中磁尾为重选尾矿。中矿给入二次分级旋流器，其沉砂给入二次球磨机，二次球磨为开路磨矿，二次球磨机排矿和二次分级旋流器溢流返回粗细分级旋流器。

粗细分级溢流给入弱磁机，弱磁尾给入 $\phi80m$ 浓缩机进行浓缩，其底流经过平板除渣筛除渣后给入强磁选作业，强磁尾矿进入终尾。弱磁精、强磁精矿合并形成混磁精矿，给入 $\phi53m$ 浓缩机浓缩后，给入浮选作业，浮选作业由一次粗选、一次精选、三次扫选形成浮选回路，浮选尾矿进入终尾，重选精矿与浮选精矿合为最终精矿。

重选精矿用泵送浮选精矿槽，和浮选精矿混合自流至精矿浓缩机，浓缩机底流用泵输送到过滤间过滤，过滤后的精矿皮带或装车外运。扫中磁、强磁尾矿自流至尾矿浓缩机浓缩，用泵送尾砂泵池，浮选尾矿自流至尾砂泵池，尾矿通过尾矿串级泵送风水沟尾矿库。

磨磁作业区 $\phi80m$ 浓缩机溢流水、浮选作业区 $\phi53m$ 浓缩机溢流水、输送作业区 $\phi45m$、$\phi53m$ 浓缩机溢流水经过 $\phi140m$ 浓缩机净化处理后，作为环水利用。

净环水泵站：水源来自鞍钢净环水。主要供浮选作业区生产用水、各泵站水封水、厂内过滤生产用水等。

综合泵站：水源来自尾矿坝回水。主要供破碎作业区和磨磁作业区除尘用水、冷却用水等。

循环水泵站：水源来自厂内各大井的溢流水经 $\phi140m$ 浓缩机加药处理后的溢流水，作为厂内环水，供磨磁作业区生产用水。

该流程产生的大气污染物主要包括破碎、筛分、转运、配料等生产过程产生的微细金属颗粒；固体废物主要是选矿过程产生的尾矿；噪声主要来源于球磨机、破碎机、真空泵、空压机等。

（三）技术创新点及特色

（1）在国内外首次成功地将自主研发的阴离子反浮选技术和配套开发的新型高效阴离子捕收剂和相应的药剂制度实现工业应用于赤铁矿选矿；该技术浮选选择性好，分选效率高，既能确保铁精矿的产品质量，又能获得高的回收率指标；

（2）创造性地将阴离子反浮选与阶段磨矿、粗细分级有机地结合起来，形成独特的重选—磁选—阴离子反浮选工艺流程，彻底淘汰了沿用半个多世纪的焙烧—磁选工艺。

三、实施效果

（一）环境效益

选矿工艺实施技术改造后，铁精矿质量有了明显改善，鞍山地区高炉生产入炉品位得到大幅度提高。从高炉生产统计结果看，高炉入炉品位从55%提高到59%后，高炉除尘灰产量减少了10.34%。选矿厂改造前后技术指标对比见表1。

表1 选厂攻关改造前后技术指标对比

选 厂 名 称		原矿品位/%	精矿品位/%	尾矿品位/%	金属回收率/%
齐大山选厂	改造前	28.74	63.51	10.66	75.65
	改造后	29.68	67.42	10.83	75.67
齐大山铁矿	攻关前	30.07	65.39	11.23	75.64
	攻关后	29.86	67.53	11.78	73.37

选厂名称		原矿品位/%	精矿品位/%	尾矿品位/%	金属回收率/%
弓长岭选厂	改造前	32.50	65.55	9.95	81.80
	改造后	32.50	68.89	10.15	80.65

选矿工艺改造后，铁精矿含铁率提高，硅含量下降。鞍钢对此选矿工艺改造命名铁精矿"提铁降硅"技术改造。

铁精矿经过人造富矿进入高炉后，高炉主要经济技术指标发生变化。变化指标汇总见表2。

表2　提铁降硅前后鞍钢高炉主要技术指标对比

项　目		选矿工艺改造前	选矿工艺改造后	对比
自产精矿/%	TFe	64.65	67.65	+3.00
	SiO_2	7.63	4.42	-3.21
高炉入炉品位/%		54.79	59.24	+4.45
高炉利用系数/t·$(m^3·d)^{-1}$		1.89	1.95	+0.06
矿耗/kg·t^{-1}		1830	1646	-184
渣铁比/kg·t^{-1}		470	310	-160
入炉焦比/kg·t^{-1}		432	386	-46
燃料比/kg·t^{-1}		577	540	-37
除尘灰/万t·a^{-1}		5.32	4.77	-10.34

由表2可以看出，铁精矿品位提高3个百分点，SiO_2下降3.21个百分点。高炉入炉品位提高4.45个百分点，矿耗下降184kg/t，渣铁比下降160kg/t。

资源效益：该项目的研究及应用，突破了只在选矿厂范围内讨论"合理精矿品位与回收率"的传统思维模式，将铁精矿质量放到选矿、烧结、炼铁这一大范围来讨论研究，以实现铁厂生产成本最低、集团利润最大化。国产铁精矿质量的提高有力地推动了高炉炉料"精料方针"的实现和发展，减少了高炉废气、废渣的排放，降低了煤和焦炭的使用量，提高了炼铁的经济效益，有效地实现高炉炼铁的节能降耗及高效化。

目前，进口铁矿石在全国生铁产量中的比重已超过60%，受供需矛盾的影响，进口矿供应价格持续高位。该研究成果的应用，对开发和合理利用国内贫铁矿资源，对我国钢铁企业经济安全运行、增加税收、增加就业岗位、提高和增强钢铁企业参与国内外两个市场的竞争能力具有重要的战略意义。

环境效益：

(1) 相对高炉生产而言，从原料源头入手贯彻清洁生产思想和"精料方针"。选矿工艺实现"提铁降硅"后，铁精矿含铁品位提高，相应地提高了高炉原料的入炉品位，减少了高炉渣量。

(2) 相对选矿工艺改造而言，输出"精品"铁精矿，并从现场工艺全过程贯彻清洁生产。

（3）结合选矿工艺技术改造，实现了选矿废水不外排。各种工业废水以"资源化原则"就近利用。

（4）尾矿输出实现高浓度，节约了水资源。尾矿库溢流水作为生产补水返回生产系统。

（二）经济效益

鞍钢矿业公司所属三个矿山共投资约 2.6 亿元，形成处理 3945 万 t/a 原矿能力，产生直接经济效益约 3.14 亿元，平均投入产出比达 1：1.2，且为后续的炼铁工序以及能源、环保等带来利好条件，其经济效益是实施应用选矿厂的 2 倍以上，直接和间接经济效益显著，投资收益率高。经济效益见表 3。

表 3　经济效益　　　　　　　　　　　　　　　（亿元）

项　目	齐大山选厂	齐大山铁矿	弓长岭选厂	合　计
选厂效益	0.80	1.25	1.09	3.14
炼铁效益	0.58	2.80	2.06	5.44
能源置换	1.00			1.00
合　计	2.38	4.05	3.15	9.58
节省煤气管道大修费用	0.56			

（三）关键技术装备

齐大山铁矿改造前后选矿关键技术装备见表 4 和图 4 ~ 图 11。

表 4　齐大山铁矿改造前后选矿关键技术装备明细表

设备分类	设备型号		技术参数	图　号
	改造前原有	改造后新增		
破碎设备（中破机）	HP800 标准型圆锥破碎机	未　变	台时处理量：900t/h 最大给矿粒度：300mm 排矿粒度：0 ~ 80mm	图 4
破碎设备（细破机）		单缸液压圆锥破碎机 H8800-EFX	台时处理量：750t/h 最大给矿粒度：300mm 排矿粒度：0 ~ 12mm	图 5
磨矿设备	$\phi 5.49m \times 8.83m$ 溢流型球磨机	未　变	台时能力：363t/h 有效容积：206m³ 磨机转速：13.72r/min 主电机功率：4410kW	图 6
分级设备	FX660×5-GT-HW 渐开线旋流器组	新增粗细分级旋流器组，型号未变	工作压力：0.11 ~ 0.15MPa 溢流管直径：300mm 沉砂口直径：127mm 溢流管深度：420mm	图 7

续表 4

设备分类	设备型号		技术参数	图号
	改造前原有	改造后新增		
重选设备		ϕ1.5m 螺旋溜槽	处理能力：16t/h 给矿粒度：0.03~0.2mm 给矿浓度：40%~45%	图 8
磁选设备	Slon-2000 立环脉动高梯度 强磁机	扫中磁增加设备，型号 未变	处理量：50~80t/h 激磁电流：0~1400A 给矿粒度上限：1.3mm 给矿浓度：10%~40%	图 9
浮选设备	JJF-20 浮选机	未变	生产能力：20m³/min 叶轮直径：700mm 叶轮转速：180r/min 给矿浓度：40%~50%	图 10
过滤设备	ZPG-72 盘式真空过滤机	未变	过滤面积：72m² 真空度：-0.04~-0.09MPa 卸矿风压：0.03~0.04MPa 底流浓度：66%~69%	图 11

图 4　选矿破碎设备（中破机）

图 5　选矿破碎设备（细破机）

图 6　选矿磨矿设备

图 7　选矿分级设备

图 8　重选设备

图 9　磁选设备

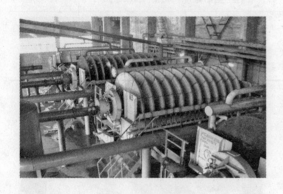

图 10　浮选设备

图 11　过滤设备

（四）水平评价

该成果应用实施后，铁精矿品位提升到 67.65%，达到国际领先水平。

四、行业推广

（一）技术适用范围

我国的铁矿产资源多数处于含铁品位 30% 以下的贫矿资源。鞍钢研发了针对低品位铁矿产出高品位铁精矿的贫赤铁矿提铁降硅选矿新工艺。该项目研究的技术对鞍山式铁矿石和脉石以含 SiO_2 为主的铁矿石具有普遍意义，为国产铁精矿的"提铁降硅"提供了技术支撑与成功范例。该项技术在鞍钢所属选矿厂得到快速推广。目前该项目成果正在全国推广，如太钢尖山铁矿、山东鲁中冶金矿山公司、武钢矿业公司、本钢矿业公司等。

（二）技术投资分析

鞍钢集团矿业公司应用该项技术投资 9967 万元，对齐大山铁矿选矿"连续磨矿、弱磁—强磁—阴离子反浮选"工艺流程进行改造，原矿生产能力 1440 万 t/a，铁精矿产量 480 万 t/a，利润 1.25 亿元/a。

应用该项技术投资 6285 万元，对齐大山选矿厂进行了工艺技术总体改造和扩大生产能力的改造，原矿生产能力达到 1000 万 t/a，铁精矿产量 300 万 t/a，利润 0.80 亿元/a。

应用该项技术投资 9800 万元，对辽阳地区弓长岭选矿厂选矿工艺进行改造，原矿生产能力 1545 万 t/a，铁精矿产量 510 万 t/a，利润 1.09 亿元/a。

（三）技术行业推广情况分析

该成果研究应用前，国内贫赤铁矿采用正浮选工艺，精矿品位仅达到 63.5%。美国蒂尔登选矿厂采用絮凝阳离子反浮选，精矿品位为 65.0%，美国共和选矿厂采用热浮选工艺，精矿品位也仅达到 66.0%。该成果应用后，铁精矿品位为 67.65%，达到国际领先水平。通过采用新工艺、新药剂、新设备对齐大山选矿厂、弓长岭选矿厂、齐大山铁矿三个选矿厂进行技术攻关改造，使鞍钢集团公司的自产铁精矿质量有了显著提高，综合铁精矿品位由改造前的 64.65% 提高到 67.65%，升幅达 3 个百分点；SiO_2 含量由改造前的 7.63% 降低到 4.42%，降幅达 3.21 个百分点；高炉入炉品位由改造前的 54.79% 提高到 59.24%，升幅达 4.45 个百分点。

鞍钢集团公司根据已研究成功的该项技术成果，对东鞍山烧结厂一选车间进行了投资改造，使其铁精矿品位由改造前的不到 60% 跃升到 64.8% 以上，极大地改善了东鞍山烧结厂烧结原料结构，直接促进了烧结矿质量的提高；应用该项技术，集团公司先后投资建设了生产能力分别为 1000 万 t 和 300 万 t 的鞍千矿业有限公司、弓长岭选矿厂三选车间，精矿品位分别达到 67.54% 和 67.66%，满足了集团公司炼铁生产需要。下一步拟建的关宝山选矿厂、黑石砬子选矿厂以及东鞍山烧结厂二选车间改造均准备采用该项技术成果。

国内太钢尖山铁矿采用该技术进行了磁选选矿工艺技术改造，精矿品位由 65.30% 提高到 68.5%，河钢矿业司家营选厂采用该项技术进行了选矿厂建设，精矿品位由 64.89% 提高到 66.50%。

案例5　钢渣辊压破碎-余热有压热闷技术与装备
——钢铁行业清洁生产关键共性技术案例

一、案例概述

技术来源：中冶建筑研究总院有限公司
　　　　　中冶节能环保有限责任公司
技术示范承担单位：河南济源钢铁（集团）有限公司

钢渣是炼钢生产的必然产物，每炼 1t 钢会产生 120～140kg 的钢渣。钢渣处理及金属回收是炼钢生产的重要环节。据统计：2013 年粗钢产量为 7.7904 亿 t，钢渣产生量约 1.0127 亿 t；钢渣利用率仅为 30%，高炉渣利用率为 82%；离国家"十二五"资源综合利用规划要求"到 2015 年冶炼渣综合利用率达到 70% 的目标"相差甚远。

钢渣中蕴含着丰富的资源：（1）10% 左右的废钢；（2）含有与水泥成分相似的硅酸二钙、硅酸三钙等水硬性矿物；（3）蕴含有大量的热能，1t 1600℃ 的钢渣中所蕴含的热量相当于 68kg 标准煤所散发的热量。随着现代大型转炉炼钢的发展，既要快速消解钢渣中 f-CaO，改善钢渣稳定性，满足快速排渣、安全、清洁生产要求，又要从"资源化"的角度，完成降本增效的重要研究课题。

国内外钢渣处理方法有热闷法、粒化法（滚筒法、风淬法、水淬法）、日本住友的蒸汽陈化法、热泼法，主要技术参数见表 1。

表 1　国内外钢渣处理主要技术参数比较

工艺技术	热闷法	日本住友蒸汽陈化法	滚筒法	风淬法
适应性	液态、半固态和固态	冷渣	液态	液态
f-CaO 质量分数/%	<2	—	3～5	5～6
浸水膨胀率/%	<1.5	<1.5	2.93	1.42
吨渣主机能耗/kg（标煤）	0.4	12.03	1.616	4.44
尾渣利用率/%	100	100	途径少	途径少

通过对国内外各种钢渣处理技术的分析和研究，中冶建筑研究总院有限公司在已有专利技术常压池式热闷技术基础上，研发出有压热闷工艺及成套专用装备，实现了钢渣处理过程的装备化、高效化、自动化和洁净化，且热闷蒸汽以一定压力稳定输出，钢渣显热得以回收利用。

二、技术内容

（一）基本原理

该技术基于钢渣热闷基本工艺原理。钢渣中有 5.80%～11.64% 的 f-CaO，1650℃

形成的 f-CaO 为死烧石灰，结晶致密，常温下 f-CaO 水化缓慢，数年才能消解。10% ~ 35% 硅酸三钙（C_3S）、20% ~ 40% 硅酸二钙（C_2S）。硅酸二钙在 675℃ 会发生晶型转变，体积膨胀 10%。

f-CaO 消解速度取决于水蒸气浓度。密闭容器内蒸汽浓度为 100%，是自然条件下的 25 ~ 33 倍。钢渣辊压破碎-余热有压热闷技术通过提高热闷工作压力，促进 f-CaO、f-MgO 消解反应的进行，提高水蒸气在钢渣体系中的渗透速率，加快水蒸气与钢渣的充分接触，实现钢渣稳定化处理。

（二）工艺技术

目前国内市场占有率最高的池式热闷工艺流程见图 1。

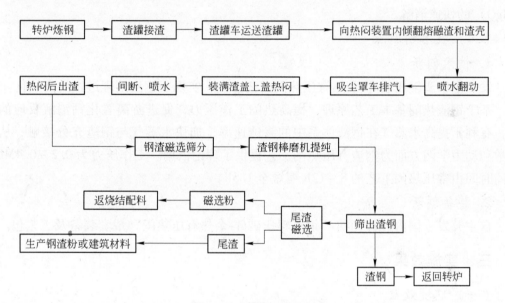

图 1　池式热闷工艺流程

钢渣辊压破碎-余热有压热闷技术工艺流程见图 2。

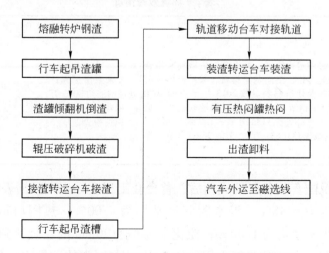

图 2　钢渣辊压破碎-余热有压热闷技术工艺流程

与池式热闷法比，钢渣辊压破碎-余热有压热闷技术在钢渣处理工序、钢渣稳定化处理方式上有新的突破和创新。

装有转炉熔融钢渣的渣罐由过跨车运至钢渣处理生产线，用铸造桥式起重机将渣罐吊起放入倒罐车中，倒罐车沿着预定轨道移动至倾翻区，通过倒罐车自带的倾翻机构将熔渣缓慢地倾翻入钢渣预处理破碎槽中，钢渣辊压破碎机启动，对熔融钢渣进行一次干拌冷却，之后再进行雾化打水、搅拌冷却破碎，重复三次，将钢渣温度冷却至 600 ~ 800℃，粒度破碎至 300mm 以后，由钢渣辊压破碎机将其推至卸料口处，卸入到渣槽中，之后通过转运台车将渣槽转运入钢渣热闷罐中，关闭罐门后，由计算机控制进行自动雾化打水，经过约 1.5h 的有压热闷后，完成对钢渣中不稳定物质（f-CaO 和 f-MgO）的快速消解。

（三）技术创新点

1. 技术创新

发明了钢渣辊压破碎-余热有压热闷工艺方法，实现了钢渣处理过程的高效化。

基于钢渣热闷基本工艺原理，提高热闷工作压力，促进游离氧化钙消解反应的进行，有利于提高水蒸气在钢渣体系中的渗透速率，加快水蒸气与钢渣充分接触，从热力学和动力学两方面为钢渣有压热闷工艺提供了理论依据。工作压力为 0.2 ~ 0.4MPa，热闷时间由常压热闷工艺的 8 ~ 12h 缩短至 1.5h。

2. 装备创新

自主开发了国内外首创的"钢渣辊压破碎-余热有压热闷"成套装备及工艺包。

三、实施效果

（一）环境效益

环境效益情况见表 2。

表 2　环境效益情况

改善环境	资源利用、节能减排	金属回收	实现国家整体资源综合利用目标
减少排渣占地、环境污染和生态破坏，改善了厂区操作环境	经稳定化处理，可生产钢渣微粉和钢铁渣复合粉，路面基层材料、采矿充填胶凝材料及建筑材料。按 2013 年形成的 1020 万 t/a 钢渣粉生产能力，等量取代水泥后可节省石灰石 1132 万 t、节省黏土 182 万 t、减排 CO_2 831 万 t、节能 369 万 t 标准煤	按未来市场累计处理钢渣约 3000 万 t，回收废钢 195 万 t，磁选粉 282 万 t	为实现国家"十二五"冶炼渣综合利用率达到 70% 的目标提供技术支持

在工艺技术及配套装备研发成功后，首台套工程实际生产数据表明，稳定性情况：原渣的 f-CaO 含量为 6.48%，浸水膨胀率平均为 4.00%；热闷后钢渣 f-CaO 含量为 2.12%，浸水膨胀率平均为 1.00%；粉化率为小于 20mm 的粒级达到 72.5%；能耗为吨渣电耗约 7.25kW·h，吨渣新水用量约 0.35t，与同类技术相比，节能约 40%。

（二）经济效益

1. 工程应用分析

以首台套应用工程——河南济源钢铁项目炼钢工程 60 万 t/a 钢渣处理生产线为例，工程一次性投资 5000 万元，自 2012 年 8 月投产至 2014 年 2 月，运行成本为 2001.60 万元/a，综合经济效益：14599.5 万元/a，直接经济效益：2584.3 万元/a，投资回收年限为 1.92 年。

2. 增量效益分析（以钢渣处理规模为 100 万 t/a 计）

（1）钢渣处理成本降低。该工艺单位运营成本为 24 元/t 渣，现有的常压池式热闷工艺运营成本为 40 元/t 渣，运营成本同比降低 40%；以年处理 100 万 t 钢渣计，每年可节约运营成本 1600 万元。

（2）钢渣余热得以回收利用。钢渣辊压破碎-余热有压热闷技术与装备，实现钢渣处理过程的装备化、高效化、自动化和洁净化，且热闷蒸汽以一定压力稳定输出，通过热闷压力非线性微差压控制系统（通过模糊-PID 串级控制方式），实现了恒压热闷，获得了 0.2 ~ 0.4MPa 稳定输出的蒸汽，为钢渣余热的回收利用创造了条件。

依据现有低温低压蒸汽螺杆发电效率测算，采用该工艺，1t 熔融钢渣产生 0.2t 压力为 0.2MPa 的蒸汽，净发电量约 20kW·h；以年处理 100 万 t 钢渣计，年发电量为 2000 万 kW·h；按每 1kW·h 0.60 元计，其总值达 1200 万元。

通过钢渣处理成本降低和钢渣余热回收利用，可以为企业实现综合增效 2800 万元/a。

（三）关键技术装备

在实验模拟及中试试验基础上，进行装备结构的设计，自主开发了国内外首创的"钢渣辊压破碎-余热有压热闷"成套装备。

1. 渣罐倾翻车

渣罐倾翻装置（图 3）的功能：主要用来将熔融钢渣运至密闭体系下进行定点倾

图 3　渣罐倾翻装置

倒；为了能够实现该装置行走和倾翻倒渣的两大功能，主要进行了该装置行走机构和倾翻机构的设计。避免了采用行车、抱罐车等设备进行敞开式倒渣造成的扬尘，为实现钢渣清洁化生产创造了条件。

2. 辊压破碎机

钢渣辊压破碎装置的功能：主要用于熔融钢渣的快速冷却固化、推渣卸料。

为了能够实现该装置以上两大功能，主要进行了该装置破碎辊及行走台车的结构设计；破碎辊结构见图4。破碎辊为圆柱状筒体，可正反旋转，表面带有辊齿，辊齿呈"V"形布置。

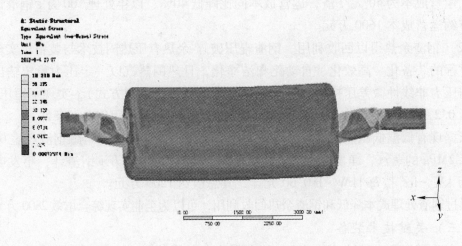

图4　破碎辊结构

通过该装置破碎辊回转运动和行走机构直线运动的合理匹配，可实现多相态并存钢渣的快速固化和推渣落料两种功能，为后续进行钢渣有压热闷创造了条件。

3. 钢渣热闷罐

钢渣有压热闷装置的功能：在一密闭的高温高压饱和水蒸气体系下，快速完成钢渣中游离氧化钙的消解，实现钢渣的稳定化处理；为了能够实现该装置上述功能，进行了其结构的设计，详见图5；该装置为一端带快开门式的压力容器，内部采用了隔热水冷设计结构，顶部设有多组雾化喷头，同时在顶部还设有排气阀、放散阀和防爆阀等。

钢渣有压热闷装置设计压力为0.7MPa，内部采用隔热、水冷结构，避免了装置反复受热变冷所产生的蠕变效应，顶部三种排气阀保证了有压热闷装置的安全性、可靠性；该装置不仅可实现钢渣的快速稳定化处理，同时通过采用非线性微差压控制系统，可稳定输出一定压力（0.2~0.4MPa）的低温蒸汽；为钢渣余热回收利用奠定了基础。

4. 转运台车及渣槽

转运台车的功能：完成钢渣在不同作业位置的转运；为了能够实现该设备上述功

图 5   有压热闷装置外形图

能，进行了其结构的设计，详见图 6；该设备主要由横、纵两个台车组成（类似铸造桥式起重机的大、小车结构），可沿轨道在横向和纵向方向上运动。

图 6   转运台车及渣槽

渣槽的功能：盛放固态钢渣；渣槽为一顶部可开启的蛤状槽形容器，最大装渣量 50t；通过对其进行荷载变形分析，加劲板渣槽底部受应力最大，但变形量在可控范围内，可满足实际工况要求。

（四）水平评价

钢渣辊压破碎-余热有压热闷技术与装备成果于 2013 年 10 月 9 日通过由中国钢铁工业协会组织的科学技术成果鉴定（中钢协鉴字［2013］第 1010 号），鉴定委员会一致认为，该技术在钢渣处理领域具有开拓性，技术水平达到国际领先水平。

四、行业推广

（一）技术适用范围

该技术主要适用于钢铁企业，规模或处理能力为年处理钢渣 10 万 t 以上的钢渣资源化利用领域。

（二）技术投资分析

以首台套应用工程——河南济源钢铁项目炼钢工程 60 万 t/a 钢渣处理生产线为例，工程一次性投资 5000 万元，自 2012 年 8 月投产至 2014 年 2 月，运行成本为 2001.60 万元/a，综合经济效益为 14599.5 万元/a，直接经济效益为 2584.3 万元/a，投资回收年限为 1.92 年。

（三）技术行业推广情况分析

随着我国钢铁工业的不断发展，钢渣产量在不断增加，2013 年中国以 7.7904 亿 t 的粗钢产量位居世界第一，占全球粗钢产量的 48.5%，钢渣的年产量约 1 亿 t。采用中冶建筑研究总院有限公司钢渣热闷处理工艺虽已完成了约 33%（3341 万 t）钢渣的处理，滚筒法等工艺处理 700 万 t，但仍有约 6000 万 t 的钢渣采用简单、粗放式的工艺方式进行处理，处理效率低下，环境污染严重。在国家日益严格的环保政策要求和引导下，迫切需要一种洁净、高效、先进的钢渣处理方式进行剩余部分钢渣的处理。

钢渣辊压破碎-余热有压热闷技术作为一种新型钢渣处理技术，与现有同类技术相比，其处理效率高，生产过程洁净，运营成本低，且为钢渣余热回收利用创造了条件。该技术于 2010 年年底研发成功，现已在河南济源钢铁（集团）有限公司成功完成了首台套工程应用（60 万 t/a），吨渣电耗 7.25kW·h；吨渣新水用量 0.35t。与同类工艺相比，运营成本节约 40%。热闷后钢渣产品浸水膨胀率 1%；游离氧化钙（f-CaO）含量 2.12%；粉化率（粒度小于 20mm 的钢渣含量）达到 72.5%。综上所述，若尚待处理的钢渣 50% 采用该项技术装备，按单条生产线$(25\sim30)\times10^4$t/a 的规模计，则需约 100 套，工程总投资将达到 50 亿元左右，其市场推广应用前景广阔。

案例 6　黑体强化辐射传热技术
——钢铁行业清洁生产关键共性技术案例

一、案例概述

技术来源：浙江西华节能技术有限公司

技术示范承担单位：莱芜钢铁股份有限公司棒材厂

（一）工业能耗现状

（1）2010 年工业能源消耗 24 亿 t 标准煤。

（2）工业能源消耗占社会总能耗的比例由 2005 年的 70.9% 上升到了 2010 年的 73%。

（3）高能耗行业采取了能耗限额措施。

（二）节能规划与行动

（1）到 2015 年，单位 GDP 能耗比 2010 年降低 16%。

（2）到 2015 年，单位工业增加值（规模以上）能耗比 2010 年下降 21%。

（3）开展"十二五"万家企业节能低碳行动，实现节能 2.5 亿 t 标准煤。

目前，我国共有各类大型工业炉（窑）约 13 万台和工业锅炉 60 万台。广泛应用于电石、铁合金、钢铁、化工、建材、有色金属等工业领域。我国的工业窑炉存在着量多、面广、能效低的问题，年耗能达到了 2.5 亿 t 标煤，占全国总能耗的 25%，占工业能耗的 60% 以上。而工业窑炉的平均热效率约为 30%，而国际上先进国家的工业窑炉的平均热效率达到了 50% 以上，因此我国的工业窑炉的能源浪费比较严重。

近期国务院发布的《节能减排"十二五"规划》，对未来节能行业的发展提出了清晰的路线图，并明确了九大节能减排工程的范围和指标。工业（锅）窑炉节能改造工程被列为九大节能减排工程的首位，并提出到 2015 年工业锅炉、窑炉平均运行效率分别比 2010 年提高 5 个和 2 个百分点。运营效率提高 5~2 个百分点。

在"十二五"规划中，工业（锅）窑炉节能改造工程投资需求 900 亿元，节能量要求 4500 万 t 标煤。其中适用黑体技术并具有一定规模以上的工业窑炉约 5000 台，每台的平均改造费用约为 150 万元，因此在"十二五"期间约有 75 亿元的总市场规模，每年平均市场容量为 15 亿元。

国家发改委等部门联合发布了《"十二五"万家企业节能行动的实施方案》，要求万家企业节能管理水平显著提升，长效节能机制基本形成，能源利用效率大幅度提高，主要产品单位能耗达到国内同行业先进水平，部分企业达到国际先进水平，要在"十二五"期间实现节能 2.5 亿 t 标煤的节能目标。各个企业都被分配有一定的节能指标，尤其是那些重点用能单位。在国家日趋严格的节能环保标准下，节能的要求将会越来越高，而工业窑炉的能耗水平占到了工业总能耗的 60% 以上，因此工业窑炉的节能改造需求将会越来越大。

针对传统加热炉热效率不高、能源浪费多等情况，该技术产品能够快速高效地将工业窑炉中燃料燃烧产生的散乱无序的热射线吸收，再通过合理布置在工业窑炉中的黑体元件，使得热射线能够快速到达所要加热的工件，提高了辐射传热效果，提高了燃料利用率，从而提高了工业窑炉的能效水平。黑体元件在炉膛中形成了一个个"温柔烧嘴"，通过热量的快速吸收传递，可改善工业窑炉内的温度均匀性，保护炉衬，延长工业窑炉的寿命。为此，随着黑体技术的实施与推广，黑体技术优异的节能减排效果会得到充分体现，进而对推进我国绿色产业革命具有重要的引领和带动作用。

二、技术内容

（一）基本原理

热量传递主要有三种方式，分别是热传导、热对流和热辐射。在不同的工况下，会有多种传热方式并存的，但主要的传递方式会有所不同。在工业窑炉中，一般采用燃料燃烧方式来获取热量，且炉温一般比较高，在高于 700℃ 以上时，工业窑炉中的热量传递将以热辐射为主，此时辐射传热是对流传热的 15 倍以上，占总热量的 80% 以上。因此，对于工业窑炉来说，强化辐射传热效果将会有利于提高工业窑炉的热效率。

工业窑炉中的工件受热分析如图 1 所示。

工件辐射受热量 Q：

$$Q = Q_w \varphi (1 - \varepsilon_g) + Q_{gm} - Q_{mw}(1 - \varepsilon_g) \tag{1}$$

式中，炉墙辐射热量 Q_w：

$$Q_w = \varepsilon_w C_0 F_w \left(\frac{T_w}{100}\right)^4 \tag{2}$$

式中，C_0 为黑体辐射系数，$5.67 W/(m^2 \cdot K^4)$。

由式（1）和式（2）可见，增加炉墙的黑度（即发射率）、传热面积，改善炉墙与工件的传热角度系数，就可以强化炉墙的辐射传热能力，提高工件的受热量。

根据炉膛内工件的受热分析，黑体技术原理如图 2 所示。

目前筑炉材料主要有重型耐火材料、轻

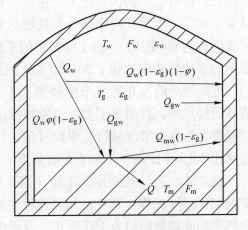

图 1　受热分析

图中：w 下标表示炉衬；Q_w 为炉墙辐射的热量；
g 下标表示炉气；Q_{gm} 为炉气辐射给工件的热量；
m 下标表示工件；Q_{mw} 为工件辐射出去的热量；
ε 为黑度；φ 为炉墙对工件的角度系数

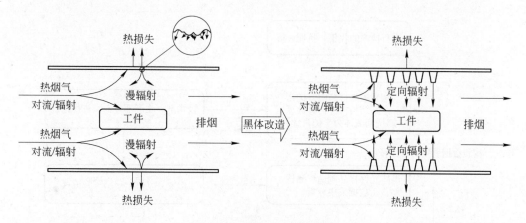

图2 黑体技术原理示意图

型耐火材料、轻型浇注料、耐火纤维等。但是其黑度（发射率）一般在0.8以下，导致蓄热损失和散热损失。黑体技术的核心部件是黑体元件，其黑度达到了0.95，安装在炉膛中充当热量中转站，能够快速吸收炉膛中的热射线再快速发射出来，可以减少炉衬的蓄热损失和散热损失。

由于工业窑炉的高温、烟气冲刷腐蚀等作用，炉衬表面容易形成凹凸不平的表面，而热射线的传播是遵循光的传播原理的，所以热射线容易在炉膛中形成无序的漫辐射状态，导致热射线往往不能到达工件，造成了热量的浪费。安装在炉膛内壁的具有高发射率的黑体元件能够快速吸收无序热射线，按照一定布置要求的黑体元件能够将吸收的热射线定向辐射到工件。

黑体元件安装在炉膛内壁后，在不改变炉膛结构的情况下，可以大大地增加炉膛的换热面积，大幅提高高温热射线的传热效率。

所以，应用黑体技术以后，能够提高炉衬黑度，增大传热面积，改善炉衬与工件之间的角度系数（可增加热射线的到位率）。

（二）工艺技术

1. 技术路线

（1）黑体元件研制：该项目围绕着高性能陶瓷耐火材料的配方优化，黑体元件空间结构特性和定向辐射特性三项研究开发内容，采用理论分析指导、仿真计算、实验、实践应用相结合的方法，通过四个步骤完成该项目的黑体元件制造测试应用工艺的优化，然后制定相关标准，完成该项目的开发。黑体技术研究开发与产业化技术路线如图3所示。

（2）总体思路：黑体技术从一个具有广泛应用前景的科技成果，转化为备受冶金企业欢迎的优秀实用增产节能技术，其间经历了不断发展与完善的过程，总体思路是：

1）将物理学中"绝对黑体"的概念加以技术化形成的工业标准黑体——黑体元件。

2）将科技成果转化为生产力，形成黑体元件自主生产。

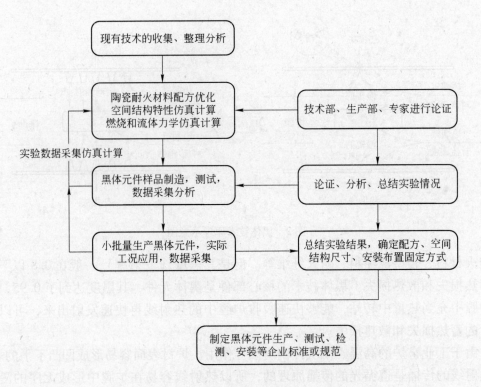

图3 黑体技术研究开发与产业化技术路线图

3）优化黑体元件的几何形状、优选黑体元件的材料材质来达到长效的、不衰减的高发射率。

4）完成黑体元件"轻型化"的研究和开发。

5）寻找延长黑体元件寿命的技术方案。

6）解决黑体元件可靠粘接无脱落的技术措施。

7）建立适应冶金企业各种苛刻条件（钢种频繁变化、施工作业周期极短）的工作方式。

2. 项目实施及黑体元件安装工艺流程

黑体技术节能改造项目实施及工艺流程见图4。

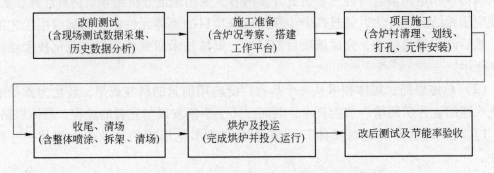

图4 黑体技术节能改造项目实施及工艺流程图

3. 黑体技术主要技术指标

黑体技术主要技术指标见表1。

表1 黑体技术主要技术指标

序号	指 标 项 目	指标值/%	备 注
1	节能率	1. 燃气：10 ~ 20 2. 燃油：10 ~ 15 3. 电热：15 ~ 25 4. 乙烯裂解：4 ~ 6 5. 工业锅炉：4 ~ 8	1. 节能率一般以单耗为测算依据； 2. 实测节能率一般为8% ~ 15%
2	加热能力及升温速度	加热能力提高、升温速度加快	
3	炉膛保温性能	保温性能增强，热能散失减少	
4	炉温均匀性	改善，钢温均匀性提高	
5	氧化烧损	降低	
6	炉衬寿命	延长（3 ~ 5 年）	
7	生产能力增加	10	视后续设备能力情况

（三）技术创新点及特色

（1）通过对炉膛内热传递的深入研究，发现加热炉现存的热效率不高的本质原因是热射线到位率不高。

（2）针对以辐射传热为主的高温轧钢加热炉炉膛内传热数学模型的分析，发现强化辐射传热有大幅度提高热能利用率的潜力。

（3）黑体技术的核心是黑体元件，我们对纯粹的物理学的"绝对黑体"的概念、自然界并不存在的理想追求目标，进行技术化开发，研制成功"工业标准黑体"，成为该技术的关键。

（4）深入挖掘黑体元件的优异特性，并赋予它适应轧钢加热炉"连续高温"条件下工作的性能，为将众多的黑体元件引入炉膛参与提高传热效率创造条件。

（5）充分发挥黑体元件的功能，让它们把热能加速输送给钢坯。

（6）开发牢固安装众多黑体元件的技术秘密，成为实施黑体技术的保证。

三、实施效果

（一）环境效益

西华节能作为具备合同能源管理企业能力的节能服务公司，在合同能源管理项目上主要采用节能效益分享型和节能量保证型两种方式为企业提供节能服务。前期主要通过节能量保证型方式进行合作，现已重点转向节能效益分享型方式。从而进一步加快了黑体技术的推广与应用，进而达到节能、环保的目的，对节约能源、防止污染、改善环境等社会效益也有十分重要的意义，以下为黑体技术节能改造主要项目所产生的环境效益分析（见表2）。

表2　黑体技术节能改造主要项目环境效益分析

序号	项目名称	投产时间	设计产能/万 t	节能率/%	年节约标煤/万 t	年减少 CO_2 排放/万 t
1	首秦金属	2008-01-27	150	16.55	0.9950	2.4875
2	沙钢润忠	2010-07-23	60	25.00	0.4622	1.1555
3	沙钢淮二轧	2011-01-13	70	13.368	0.4680	1.1700
4	莱钢棒材	2011-07-03	100	16.00	0.5630	1.4075
5	沙钢淮一轧	2011-10-18	70	11.3	0.4500	1.125
6	云南德盛	2011-11-26	70	14.0	0.1230	0.3075
7	冷钢三轧	2013-09-05	70	18.03	0.3200	0.8
8	江泉管业	2013-12-18	140	12.0	0.4100	1.025
9	东北特钢1	2014-01-02	10	7.89	0.0600	0.15
10	攀成钢	2014-01-09	50	8.0	0.3840	0.96
11	亿鑫钢铁	2014-02-03	80	12.46	0.4400	1.1
12	首钢迁钢	2014-04-05	140	10.55	0.5680	1.4200
13	包钢无缝	2014-04-12	50	9.11	0.4050	1.0125
14	东北特钢2	2014-06-04	60	待测	0.4050	1.0125
15	合　计	—	—	—	6.0532	15.1330

以上仅仅是该技术主要的节能改造项目所产生的直接的环保效益,达到年节约标煤约6.0万 t,减排 CO_2 约15.0万 t,减排 SO_2 约4500t,减排 NO_x 约2250t、粉尘约6.0万 t,同时该项目的实施还将减少氧化烧损及提高生产能力,所以这个项目是一种环境友好型、资源节约型的项目,值得大力推广。

（二）经济效益

该技术的实施不仅取得了良好的社会环境效益,同时也创造了优良的经济效益,以下为黑体技术节能改造主要项目所产生的直接经济效益分析（见表3）。

表3　黑体技术节能改造主要项目经济效益分析

序号	项目名称	投产时间	设计产能/万 t	节能率/%	年节能效益/万元	备　注
1	首秦金属	2008-01-27	150	16.55	800	宽厚板
2	沙钢润忠	2010-07-23	60	25.00	500	高线
3	沙钢淮二轧	2011-01-13	70	13.368	620	棒材
4	莱钢棒材	2011-07-03	100	16.00	494.4	螺纹钢
5	沙钢淮一轧	2011-10-18	70	11.3	580	棒材
6	云南得胜	2011-11-26	70	14.0	480	高线
7	冷钢三轧	2013-09-05	70	18.03	300	棒材
8	江泉管业	2013-12-18	140	12.0	470.4	棒材
9	东北特钢1	2014-01-02	10	7.89	127	模具钢
10	攀成钢	2014-01-09	50	8.0	583.2	无缝管

续表3

序号	项目名称	投产时间	设计产能/万t	节能率/%	年节能效益/万元	备 注
11	亿鑫钢铁	2014-02-03	80	12.46	396	棒 材
12	首钢迁钢	2014-04-05	140	10.55	465.75	热 带
13	包钢无缝	2014-04-12	50	9.11	647.21	无缝管
14	东北特钢2	2014-06-04	60	待测	909.6	棒 材
15	合 计	—	—	—	7373.5	—

（三）关键技术装备

黑体技术的核心是高性能的黑体元件，"黑体技术"是对纯粹的物理学的"绝对黑体"的概念，进行技术开发，研制成功"工业标准黑体"，成为该技术的关键；同时开发稳定、可靠、牢固安装众多黑体元件的技术手段，成为实施黑体技术实施的保证。

其关键点技术装备见图5和图6。

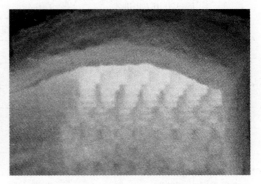

图5 黑体元件安装图　　　图6 黑体元件运行图

（四）水平评价

黑体技术属国内外首创，为西华节能所独享，在所有完成黑体技术节能改造项目中均取得了15%左右的节能率；该技术共拥有一项发明专利及6项实用新型专利，通过了科技成果鉴定并于2011年被录入国家发改委第四批重点节能技术推广目录，同年被中国化工节能技术协会评选为《优秀节能技术》，2014年该技术被列入国家"十二五"重点规划图书（工信部《能源管理负责人培训钢铁行业教材》）并得到广泛推广，目前已处于国际领先水平（目前连世界上比较著名的钢铁加热炉炉窑公司均不掌握这门技术）。

四、行业推广

（一）技术使用范围

黑体技术主要解决工业窑炉节能提升问题，已经推广到钢铁行业、石化行业、陶瓷行业以及机械行业。主要产品为黑体元件，以及用黑体元件进行黑体技术节能改造。

其中黑体元件可部分作为商品出售，可以应对不同行业、不同炉型，目前已具备完整的黑体元件生产线3条，检测设施4套，科研所2家的整体实力，能充分满足轧钢加热炉、石化裂解炉、制氢转换炉及工业锅炉黑体节能技术服务的需要，市场占有率90%，市场推广率达到了20%。

目前应用该技术的企业单位遍布全国，我们针对各个行业各种炉型都进行了推广应用，部分服务的行业客户见表4。

表4　黑体技术节能改造主要项目工程示例

应用领域	规格型号	加热方式	产品种类	使用单位
轧钢加热炉	100万t步进式	混合煤气	型钢	山钢莱芜分公司型钢厂
	70万t推钢式	发生炉煤气	角钢	唐山盛财钢铁
	60万t推钢式	高焦混合煤气	棒材	云南德胜钢铁轧钢厂
	70万t步进式	焦炉煤气+焦油	特钢棒材	沙钢集团淮钢特钢一轧
	100万t步进式	高焦混合煤气	棒材	莱钢棒材厂二轧
	120万t步进式	高焦转混合煤气	大型H型钢	莱钢大型型钢
	70万t	高焦混合煤气	棒材	沙钢集团淮钢特钢二轧
	60万t蓄热式	高炉煤气	高线	沙钢集团润忠高线厂
乙烯裂解炉	4万t乙烯裂解炉	甲烷+氢	乙烯	天津石化烯烃部乙烯车间
陶瓷辊道窑	陶瓷加热炉	天然气	陶瓷	重庆陶瓷
电阻炉	镀锌车间5500kW	电热	彩板	山东淄博彩板厂
	1×75kW+1×45kW	电热	热处理	二重
	150kW台车式	电热	热处理	东方汽轮机厂
	75kW	电热	热处理	武钢公司大冶铁矿
	倾倒式180kW淬火炉	电热	热处理	淄博长城电缆
	105kW	电热	热处理	四川成都成工工程机械
	100kW箱式	电热	热处理	中外建发展股份

（二）技术投资分析

根据对黑体技术节能改造项目的经济效益与投资分析，进而可以获得投资风险评估（见表5）。

表5　黑体技术节能改造主要项目效益与投资分析

序号	项目名称	设计产能/万t	节能率/%	投资/万元	年节约标煤/万t	年节能效益/万元	单位节能量投资额/元·t^{-1}（标煤）	投资回收期（年-月）
1	首秦金属	150	16.55	350	0.9950	800	351	0-5.5
2	沙钢润忠	60	25.00	250	0.4622	500	540	0-6
3	沙钢淮二轧	70	13.368	280	0.4680	620	598	0-5.5
4	莱钢棒材	100	16.00	320	0.5630	494.4	568	0-7.8

序号	项目名称	设计产能/万t	节能率/%	投资/万元	年节约标煤/万t	年节能效益/万元	单位节能量投资额/元·t^{-1}（标煤）	投资回收期（年-月）
5	沙钢淮一轧	70	11.3	350	0.4500	580	777	0-7.2
6	云南得胜	70	14.0	320	0.1230	480	2601	0-8
7	冷钢三轧	70	18.03	350	0.3200	300	1093	1-2
8	江泉管业	140	12.0	400	0.4100	470.4	975	0-10.2
9	东北特钢1	10	7.89	150	0.0600	127	2500	1-2.2
10	攀成钢	50	8.0	320	0.3840	583.2	833	0-6.6
11	亿鑫钢铁	80	12.46	300	0.4400	396	681	0-9
12	首钢迁钢	140	10.55	380	0.5680	465.75	669	0-9.8
13	包钢无缝	50	9.11	350	0.4050	647.21	864	0-6.5
14	东北特钢2	60	待测	320	0.4050	909.6	790	0-4.3
合　计		—	—	4440	6.0532	7373.5	733	0-7.2

（1）与基准情景相比的单位节能量投资额（见表5）：从现有14个案例看其单位节能量投资额为351～2601元/t（标煤），平均为733元/t（标煤），并可以看出产能越大、基准能耗越高及耗能越多的炉子，其投资效益越好。

（2）与基准情景相比的静态投资回收期（见表5）：从现有14个案例看其投资回收期在一年零两个月到5个月之间，平均为7个月，并可以看出产能越大、基准能耗越高及耗能越多、节能效益越好的炉子，其投资回收期越短，其投资回报越快。

（3）项目实际投资动态回收期一般为3年甚至5年（与合同能源管理节能分享期3年或5年是一致的）。

（三）技术行业推广情况分析

1. 节能能力分析

中国工程院院长徐匡迪在中国发展高层论坛上指出，我国能源消耗为13亿t标煤。按工业炉能耗占总能耗1/4计，若全国25%的工业炉窑采用黑体技术进行节能改造，其平均节能率以8%计，每年就可节省能源3250万t标煤，同时减少SO_2、CO_2以及粉尘废物的排放，减轻运输压力，可见其经济效益和社会效益都十分显著；而钢铁行业作为加热炉的主体行业，根据目前的实际达产产能初步统计，轧钢加热炉在2000台左右（以中等产能50万t/a计），所以轧钢加热炉黑体技术改造前景广阔，预计至2015年市场推广比例占20%时其节能能力将达到80万t(标煤)/a；至2020年市场推广比例占40%时其节能能力将达到220万t(标煤)/a。

2. 黑体技术节能改造项目运行情况（见表6）

表6 黑体技术节能改造主要项目运行时间汇总分析

序号	项目名称	投产时间	设计产能/万 t	使用年限（年-月）	目前运行状况	备 注
1	首秦金属	2008-01-27	150	6-6	维护 2 次	宽厚板
2	沙钢润忠	2010-07-23	60	3-11	维护 1 次	高 线
3	沙钢淮二轧	2011-01-13	70	3-6	维护 1 次	棒 材
4	莱钢棒材	2011-07-03	100	3-0	运行良好	螺纹钢
5	沙钢淮一轧	2011-10-18	70	2-8	运行良好	棒 材
6	云南得胜	2011-11-26	70	2-7	维护 1 次	高 线
7	冷钢三轧	2013-09-05	70	1-10	运行良好	棒 材
8	江泉管业	2013-12-18	140	0-7	运行良好	棒 材
9	东北特钢 1	2014-01-02	10	0-6	运行良好	模具钢
10	攀成钢	2014-01-09	50	0-6	运行良好	无缝管
11	亿鑫钢铁	2014-02-03	80	0-5	运行良好	棒 材
12	首钢迁钢	2014-04-05	140	0-3	运行良好	热 带
13	包钢无缝	2014-04-12	50	0-3	运行良好	无缝管
14	东北特钢 2	2014-06-04	60	0-1	运行良好	棒 材
合 计		—	—	—		

3. 推广计划

（1）预计至 2015 年和 2020 年推广总投入：根据公司未来 5～8 年的中、长期发展规划，目前采取"3（2013～2015 年）+5（2016～2020 年）"模式分两个阶段来完成，在未来 3 年公司将继续秉承企业创新发展宗旨，深入地研发工业窑炉节能产品和技术，与国内科研院所、行业领先技术团队结成紧密的战略合作伙伴关系，并立足于企业实际，营造企业与员工共同成长的组织氛围，充分发挥团队精神，规划企业的发展前景；在随后的 5 年，公司将以黑体技术为核心，整合行业内先进有效的工业窑炉节能产品和技术，专注于能为客户提供高可靠性、高适应性和实用性的应用产品以及整体解决方案，以求研发材料及工艺功能创新为重点，以提供优质售后服务为手段，以提高企业盈利能力和用户满意度为目标，加强产品研发和升级换代，加强与大专院校及科研单位的技术合作与交流，切实提高企业的技术水平与整合能力，进一步发挥企业市场拓展能力上的明显优势，成为行业龙头，通过资源整合，实现企业跨越式发展。

为此公司确定了今后三年发展规划（2013～2015 年）及五年发展规划（2016～2020 年），分别见表7、表8。

表 7　三年发展规划（2013～2015 年）

目标内容	2013 年	2014 年	2015 年	—	—
销售收入/万元	400	900	1600		
净利润/万元	22	110	180		
人员规模/人	42	45	50		
资产总额/万元	1050	1200	1800		
市场推广率/%	15	15	20		
行业应用数/个	2	2	3		
投资计划/万元	200	300	200		

表 8　五年发展规划（2016～2020 年）

目标内容	2016 年	2017 年	2018 年	2019 年	2020 年
销售收入/万元	2200	2400	3000	4000	5500
净利润/万元	300	410	500	900	1500
人员规模/人	50	50	55	60	60
资产总额/万元	2000	3000	3600	3800	4450
市场推广率/%	18	20	20	25	30
行业应用数/个	4	4	4	5	5
投资计划/万元	300	500	400	1000	500

所以，根据表 7 预计至 2015 年共投资 700 万元。

根据表 7、表 8，经三年、五年发展规划预计至 2020 年累计投资共 3400 万元。

（2）建议推广该技术的支撑措施。为实现"3＋5"规划并实现上述目标，公司将采取以下主要措施：

1）进一步加快技术创新步伐，保障技术研发费用的投入，完善企业内部科技创新体制和活力，提高企业持续创新能力。

2）以人才培养和绩效管理改善为重点，以建立实现公司发展规划需要的人才队伍为目标，加快人才引进和人员培训步伐，改善人员结构和完善激励体系，从而提高公司技术创新能力和市场竞争能力。

3）进一步加强和大专院校、研究院所的技术交流和合作，推动行业技术发展和应用。

4）继续完善营销网络建设，充分利用公司已积累的市场优势、品牌优势和服务优势，逐步改变低价竞争的模式，转向以产品和服务取胜的市场运作模式，强化对重点行业、重点大客户的售后服务和客户关系管理，提高单位用户贡献率。

5）加强资本运作，筹划上市规划，通过资本市场融资渠道，谋求实现公司资产规模和经营规模的跳跃式增长。

第二章　有色金属行业

案例 7　低浓度 SO_2 烟气高效无废渣脱硫与酸性金属废水深度综合回收技术

——低浓度 SO_2 烟气治理和资源利用技术案例

一、案例概述

技术来源：云南云铜锌业股份有限公司

北京矿冶研究总院

技术示范承担单位：云南云铜锌业股份有限公司

云南铜业（集团）有限公司

低浓度二氧化硫烟气的治理，一直是工业企业和环保界面临的一个难题，同时也是锌、铜和铅等冶炼行业高度关注的问题。国外对低浓度二氧化硫的治理较早，技术相对成熟，但其保密性强，技术转让费昂贵。国内技术研发和产业化起步较晚，核心技术处于研发阶段，国内外烟气脱硫技术的技术比较和应用现状见表 1。2010 年 9 月 27 日发布的《铅、锌工业污染物排放标准》，进一步限制了铅、锌生产企业尾气中二氧化硫和颗粒物的排放量，从标准实施之日起，新建的铅、锌企业二氧化硫污染物排放浓度限值为 $400mg/m^3$（标准），颗粒物的排放浓度限值为 $80mg/m^3$（标准）。2012 年 1 月 1 日，现有铅、锌企业二氧化硫污染物及颗粒污染物排放浓度全部达到这一限值。可见，国家对新建、现有铅锌行业低浓度二氧化硫的治理要求越来越严格，现亟待建立引领低浓度 SO_2 行业的清洁生产标准化技术。

云南云铜锌业股份有限公司拥有"一种低浓度 SO_2 烟气次氧化锌粉高效脱硫方法"（申请号 201310361569.6）和"氧化锌脱除烟气二氧化硫方法及装置"（专利号：ZL03104017.9）等 2 项专利技术，并通过引进美国孟莫克（MECS）公司的动力波（DynaWave）烟气洗涤装置，实现氧化锌吸收脱硫技术工艺的集成优化，属于自主研发和集成创新，具备成熟性、可靠性和先进性。

该技术工业实施与运行结果表明：亚硫酸氧化率由同类工艺技术的 93% 提高至 95% 以上，氧化锌粉利用率由同类技术的 51% 提高到 55%，且无废渣、废液的排放；尾气中二氧化硫浓度可降低到 $109.44mg/m^3$，颗粒物的浓度为 $8.77mg/m^3$（标准），远远低于新标准。每年减排 SO$_2$ 在 600t 以上，减少硫酸消耗 1000t/a。该技术在国内外首次从末端治理解决了低浓度 SO$_2$ 烟气的铅锌行业共性关键技术难题，获得了行业企业的广泛认可，解除了铅锌行业可持续发展的困扰，对推动我国"绿色、循环经济"的发展具有重要的引领和带动作用。

湿法和干法脱硫技术比较见表1。

表1　国内外烟气脱硫技术的技术比较和应用现状

类型	序号	技术方法	优势	劣势	应用现状
湿法	1	石灰石-石膏法，以液态钙基为吸收剂，与烟道气中的 SO$_2$ 作用，形成 CaSO$_4$	技术成熟、可靠	占地面积大，设备投资高；循环量大，耗电量较高；系统结垢、堵塞；副产品石膏不易找到销路，治污产污	普遍使用，全球所占比例90%以上
	2	双碱法，以钠化合物（氢氧化钠、纯碱或亚硫酸钠）为吸收剂，吸收剂再生产出 CaSO$_4$	技术可行，吸收效率高	工艺复杂；运行状况复杂；副产品为亚硫酸盐，治污产污	应用较少，全球所占比例不足3%
	3	氨法，以合成氨为吸收剂，副产品为硫酸氨	技术可靠，吸收效率高，治污不产污	氨消耗大；氨的运输和贮存存在安全隐患；运行成本高	应用较少，全球所占比例不足1%
	4	液碱法，以碳酸钠或氢氧化钠等为吸收剂，吸收后液热解析	技术可行，吸收效率高	运行费用极高；产生大量污水；热解吸能耗高、经济性差	应用少
	5	柠檬酸盐法，以纯碱和柠檬酸配制的柠檬酸盐溶液为吸收剂		吸收液抗氧化能力差；吸收剂使用寿命短	推广应用受限
	6	海水法，以天然海水为 SO$_2$ 吸收剂	吸收剂成本低	地域局限性强	无法全面推广
	7	离子液吸收法，包括 CANSOLV 有机胺可再生脱硫技术和成都华西离子液循环吸收法两种，以胺溶液（或离子液）作为 SO$_2$ 吸收剂	离子液可解析再生	有机胺成本较高；解析再生效率低	应用较少，全球所占比例不足1%
	8	帕克生物烟气生物脱硫法，以碳酸氢盐碱为吸收剂，硫酸盐还原、硫化物氧化	硫以单质硫得以回收	技术成熟度有待提高	应用较少
	9	氧化锌法以 ZnO 为吸收剂	对锌冶炼企业而言，成本低		有一定的应用
干法	1	电子束照射法（EBP 技术），与脉冲电晕法类似			应用较少
	2	活性焦吸附法，活性焦选择性吸附和转化	技术脱硫效率高，除尘效果好，无废水、废渣、废气等产生	投资较高，运行费用高	应用较少

二、技术内容

（一）基本原理

该技术属湿法冶金清洁生产技术。超细次氧化锌粉亲水浆化后，与空气充分接触后，对 SO_2 有较强吸收作用，产生亚硫酸锌、亚硫酸氢锌、硫酸锌等产物，反应过程如下：

$$ZnO + SO_2 = ZnSO_3$$

$$ZnSO_3 + SO_2 + H_2O = Zn(HSO_3)_2$$

$$Zn(HSO_3)_2 + O_2 = ZnSO_4 + H_2SO_4$$

$$ZnSO_3 + 1/2O_2 = ZnSO_4$$

$$ZnO + SO_2 + 5/2H_2O = ZnSO_3 \cdot 5/2H_2O$$

最终烟气中硫生成可溶性很强的硫酸锌，系统的液体和渣返回锌冶炼湿法处理系统。仅消耗空气和次氧化锌粉中 ZnO，稀散有价金属在渣中获得部分富集，无废渣、废液排放，为低浓度 SO_2 环保治理及短流程清洁生产技术。

（二）工艺技术

与传统的低浓度 SO_2 烟气治理工艺技术（工艺流程见图 1）相比较，该技术（工

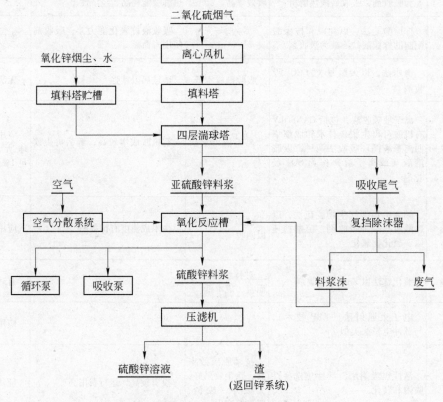

图 1　传统的低浓度 SO_2 烟气治理工艺流程

艺流程见图2)。在原料、反应机理、固废产出等方面均实现了较大的改进、提升和优化。

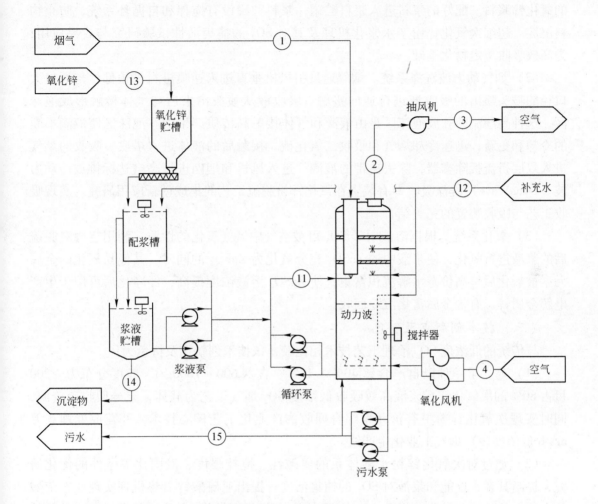

图2 该技术的低浓度SO₂烟气治理工艺流程（实物流程图）

该技术采用次氧化锌粉（含锌物料）为原料，加入水后控制好密度，搅拌速度等条件实现浆化，浆化后的料液输送到核心设备——吸收塔中，和低浓度SO₂烟气逆向充分接触，体系需要氧化剂空气采用泵的形式输入。该技术的特点是：

（1）吸收工艺采用孟莫克动力波逆喷装置迁移应用，吸收剂循环量大，吸收效率高；

（2）采用大口径动力波喷头，吸收过程中不易堵塞；吸收塔和循环槽一体化设计，结构简单，维修方便；

（3）采用自动化控制系统进行自动排液和加吸收剂，使消耗最小量的吸收剂就能达到最佳的吸收效果。

该工艺的关键系统：

（1）制浆系统。次氧化锌粉通过输送风机和料封泵进入配浆槽，配浆槽设置除尘器和搅拌系统。按照氧化锌配制浓度要求进行计量，加入氧化锌和工艺水，配制20%的氧化锌浆料。配好的浆料进入浆料贮罐，浆料贮罐设有搅拌和自循环系统，防止物料沉淀。超细次氧化锌粉亲水浆化机理及其对 SO_2 的捕集活性试验研究与成果应用，为高效吸收奠定物化基础。

（2）烟气动力波洗涤系统。烟气通过引风机垂直进入逆喷进料管顶部，与通过大口径的喷头喷出的吸收液进行逆向接触。吸收液从喷头出来后与气体接触形成泡沫区，这种高湍流的驻波泡沫区是由液滴和气体接触高传质产生的。泡沫区使液滴不断的冷却和更新，迅速冷却烟气和吸收二氧化硫。接触后的液体进入塔底，吸收的烟气进入双层折流板除雾器，除去夹带的液滴，进入风机和烟囱进行高空达标排放。动力波（DynaWave）洗涤吸收专有装置在氧化锌粉脱硫工艺的集成创新应用研究，实现吸收工艺与吸收装置的完美结合。

（3）氧化系统。根据溶液中 $ZnSO_3$ 可被空气中氧气氧化的性质，利用空气对脱硫后的浆液进行氧化，使浆液中的 $ZnSO_3$ 充分氧化为 $ZnSO_4$ 的同时，其他易氧化的金属元素被氧化后呈高价态水解沉积富集，使 $ZnSO_4$ 溶液浓度提高，经净化后可用于生产电解金属锌。有价金属富集沉淀回收。

（三）技术创新点及特色

与传统的低浓度 SO_2 治理工艺技术相比较，该技术创新点及特色为：

（1）建立了一种以自产含锌40%～49%、含铟600～1000g/t、粒度分布为－200目占80%的次氧化锌粉浆液高效吸收低浓度 SO_2 烟气工艺为载体，充分回收硫资源，同时实现次氧化锌粉中有价元素综合回收的产业化工艺核心技术，并建成处理5万 m^3/h 低浓度 SO_2 烟气工业化生产线。

（2）通过对次氧化锌粉水溶体系的弱碱性、搅拌强度、液固比等条件的优化研究，提高其亲水性能和浆液对 SO_2 的捕集活度；提出亚硫酸锌氧势机理实现亚态硫酸盐向硫酸盐的充分转化，提升 SO_2 的吸收率；通过硫酸锌、亚硫酸氢锌、亚硫酸锌的导向生成工艺和 F、Cl 控制技术，解决行业中常规氧化锌法脱硫工艺长期存在的系统堵塞及 F、Cl 开路问题。

（3）通过亚态硫酸盐酸化解析热力学、动力学机理及稀散有价金属在烟气脱硫系统分布等研究，实现系统酸根平衡和稀散有价金属的富集回收，整体工艺优化、无废渣产生，环保治理与生产工序有机结合，体现了技术先进可靠、治污不产污、减污增效、清洁生产的特点。

三、实施效果

（一）环境效益

以5万 m^3/h 低浓度 SO_2 烟气的工业化处理规模为对比基础，该技术与国内外同类技术的关键指标对比见表2。

表2　新技术与国内外同类技术的关键指标对比技术指标

技术或国标	尾气中二氧化硫浓度 /mg·m^{-3}	颗粒物的浓度 /mg·m^{-3}	亚硫酸氧化率 /%	氧化锌粉利用率 /%	吸收率 /%
同类技术	259.4	≤200	93	51	95
国家二级排放标准	860	200	—	—	—
《铅锌工业污染物排放标准》（GB 25466—2010）	400	80	—	—	—
该技术指标	109.44	8.77	95	55	≥95

该技术已建成的5万 m^3/h 低浓度 SO_2 烟气示范生产线，实现了低浓度 SO_2 烟气环保治理和次氧化锌粉综合回收利用，与传统同类技术、新标准相比较，该技术处理后的尾气中二氧化硫浓度分别削减137%、265%，颗粒物的浓度仅仅为 8.77mg/m^3（标准），具有明显的环境效益。

（二）经济效益

该技术已建成的5万 m^3/h 低浓度 SO_2 烟气的工业化，约需投入资金3100万元，新增加销售收入697万元，增加利税452万元，全部投资财务内部收益率为9.86%，全部投资财务净现值（$i=8\%$）为273.21万元，投资回收期为6.48年（含建设期），投资利润率为7.24%。

（三）关键技术装备

该技术的关键装备包括：（1）次氧化锌粉浆化技术装备；（2）烟气动力波洗涤技术装备；（3）逆喷管技术装备；（4）吸收塔技术装备。

图3和图4分别为新技术的硫酸尾气处理整体图和行业通用低浓度 SO_2 吸收处理

图3　新技术的硫酸尾气处理整体图

图4　行业通用低浓度 SO_2 吸收处理整体图

整体图。

（四）水平评价

该技术为具有我国自主知识产权的重大原创或集成的技术，申请或授权的专利有240余项，通过了中国有色金属协会科技成果鉴定，项目整体技术达到国际先进水平。

四、行业推广

（一）技术使用范围

该技术所属行业为低浓度 SO_2 烟气治理和资源利用行业，主要中间产品为硫酸和硫酸锌，充分回收利用硫、锌资源。除吸收塔核心部分从国外引进外，所选用的全部设备均由国内制造；对厂房、设备、原辅材料及公用设施等均没有特殊要求。

（二）技术投资分析

按照处理规模为 5 万 m^3/h 低浓度 SO_2 烟气的工业化生产线计，约需投入资金3100 万元，新增加销售收入 697 万元，增加利税 452 万元，全部投资财务内部收益率为 9.86%，全部投资财务净现值（ $i=8\%$ ）为 273.21 万元，投资回收期为 6.48 年（含建设期），投资利润率为 7.24%。

（三）技术行业推广情况分析

目前，研发和应用本技术的云南云铜锌业股份有限公司于 2012 年建成了年处理量5 万 m^3/h 低浓度 SO_2 烟气的示范性生产线，现已实现了 1 年 7 个多月的连续稳定。

该技术形成了专有核心技术包，并于 2013 年 11 月延伸用于云南云铜锌业股份有限公司的"挥发窑低浓度 SO_2 尾气吸收技改工程"项目，其主体设备安装到位，尾吸风机、一塔循环逆喷系统单机试车正常，于同年 12 月份完成建设投入试运行生产。目前工艺参数和指标稳定，运行状况良好，该技术按此核心技术包推广应用后可产生良好的资源、环境和经济效益。

资源效益：与传统低浓度 SO_2 烟气脱硫技术相比，每年可减排约 600t SO_2，节约硫酸 1000t，并可同时处理含锌物料 900t。

环境效益：该技术可实现低浓度 SO_2 烟气达到《铅锌工业污染物排放标准》（GB 25466—2010）排放标准，采用末端治理的方法，防止了低空污染。

经济效益：实现年新增加销售收入 697 万元，增加利税 452 万元。

案例 8　铝电解槽磁流体稳定技术与新式阴极钢棒结构技术

——电解铝行业清洁生产关键共性技术案例

一、案例概述

技术来源：沈阳铝镁设计研究院有限公司

技术示范承担单位：中国铝业股份有限公司连城分公司

铝是仅次于钢铁的第二大金属材料。由于性能好、用途广、需量大、回收率高，广泛应用于建筑、交通、包装、电力、机械、航空航天等各个领域，有"万能金属"之誉。自 2001 年起，国内电解铝产量已连续 10 年居世界首位，成为名副其实的电解铝大国。据世界铝业协会（IAI）统计，2013 年全球原铝产量为 4861.3 万 t，其中中国原铝产量为 2193.6 万 t，占世界总产量的 45%。据《中国铝业》数据，若 1kW·h 电价为 0.3 元，电力成本占电解铝成本的 35%；若电价为 0.4 元，电力成本占电解铝成本的 41%；若电价为 0.5 元，电力成本占电解铝成本的 47%。尽管原铝成本构成存在很大差异，世界先进铝厂不断提高铝电解生产经济技术指标，特别是直流电耗指标。2009 年 5 月国务院发布《有色金属产业调整和振兴规划》，要求："十二五"末期重点骨干电解铝厂吨铝直流电耗小于 12500kW·h·t^{-1}，重点支持吨铝直流电耗小于 12000 kW·h·t^{-1}的关键工艺技术研发。

要降低电耗，效果显著的途径是要提高电解槽稳定性，从而降低极距，降低槽电压。提高电解槽的稳定性可以从两方面入手：一方面，通过直接抑制铝液波动的方法，如降低铝液流速来减小铝液界面波动；另一方面，从源头削弱甚至消除引起铝液波动的因素，如减小铝液中的磁场分布和电流分布来抑制铝液波动。现有的节能型阴极结构技术都是采用了直接抑制铝液界面波动的方法，实现节能。该项目则从源头上找到电解槽稳定高效运行的技术措施，通过对电解槽结构研究，发现适当调整阴极导电结构，既可以大幅降低铝液中水平电流，提高电解槽稳定性，同时又保持阴极压降不升高。科技查新结论认为，这种从铝电解槽阴极导电结构优化（双层阴极钢棒）入手，进行水平电流和电磁力优化的技术措施属世界首创。

该技术在中国铝业连城分公司 2 台 220kA 电解槽上进行了工业试验，经 5 个月平稳运行表明：电流效率 93.575%，吨铝直流电耗 12010kW·h·t^{-1}，节能效果明显。通过了行业协会组织的科技成果鉴定，并获得了中国有色金属工业科学技术奖一等奖。依托该技术申请的"新型阴极钢棒结构铝电解槽节能技术创新及产业化示范工程"被列为国家级重大科技成果转化项目。

二、技术内容

（一）基本原理

该项目从源头上找到电解槽稳定高效运行的技术措施，通过对电解槽结构研究，发现适当调整阴极导电结构既可以大幅降低铝液中水平电流，提高电解槽稳定性，同时又保持阴极压降不升高。阴极导电结构形式多样，其对消除阴极水平电流和提高磁流体稳定性的贡献，以及所带来的施工难度和使用成本不同。该项目找到了一种较为简便的途径，即适当调整阴极钢棒和炭块高度，通过将钢棒按照一定高度比例分割，从而改变阴极钢棒的导电路径；优化阴极钢棒与炭块的组装形式等手段调整阴极导电结构。

（二）工艺技术

首创了双层阴极钢棒阴极导电结构、水平电流和电磁力双重优化的电解槽节能新技术（图1）；开发并设计了保温型电解槽内衬结构，保证了低极距下电解槽的热平衡；基于"新型湿法焙烧启动技术"开发的启动过程与非正常期快速降电压管理的节

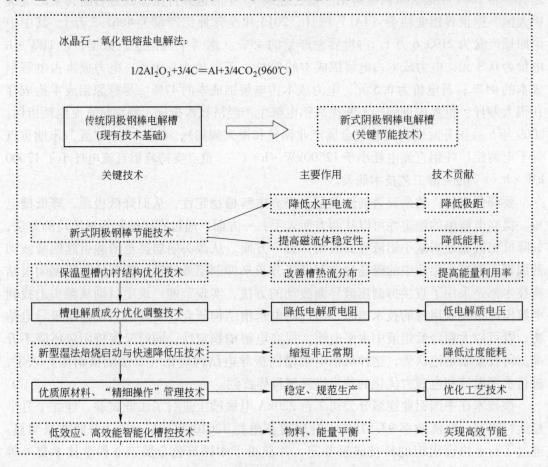

图1 新式阴极钢棒电解槽工艺流程

能技术；开发了低效应、高效能智能化槽控技术。

（三）技术创新点及特色

与现有节能技术相比，新式阴极钢棒结构技术（图2）具有以下特点：

（1）通过铝电解阴极结构及其导电路径的优化设计，从根本上降低了铝液中水平电流，提高了电解槽的稳定性，降低了能耗，提高了电流效率。

（2）仅仅需要增加一次性炭素材料、钢棒钢材成本，使用成本十分低廉。

（3）不需要改变原有阴极的平底结构，阴极使用寿命不受影响。

（4）与传统电解槽操作工艺相同，生产组织和管理衔接没有障碍。

（5）使用传统较为成熟的焦粒焙烧启动工艺，推广应用范围十分广泛。

（6）具有普遍的适应性，可以满足不同容量电解槽的需要。

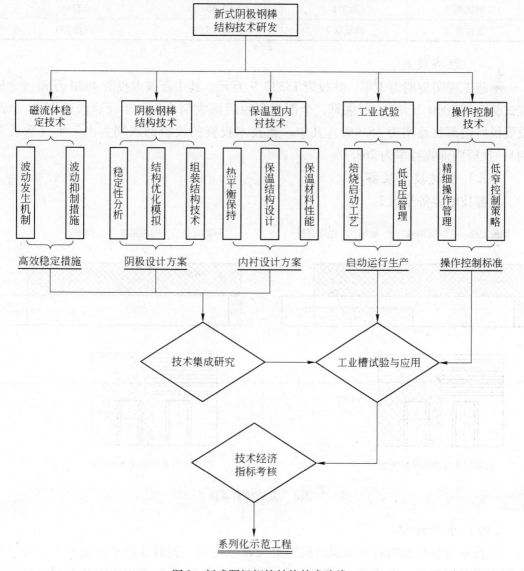

图2　新式阴极钢棒结构技术路线

（7）可有效提高电解过程电能利用率，具有显著的节电效果。

三、实施效果

（一）环境效益

电解槽工业试验考核期结果见表1。

表1　中国铝业连城分公司220kA电解槽工业试验考核期结果

项　　目	槽平均电压/V	电流效率/%	直流电单耗/kW·h·t^{-1}
7026 号	3.770	93.78	11982
8006 号	3.771	93.37	12038
试验槽平均	3.771	93.575	12010
对比槽	3.971	92.85	12748
变化值	降低0.2	提高0.725	降低738

（二）经济效益

示范工程实施期为3年，共投资15333.9万元，其中新技术投资4620万元（含研究试验费用2000万元）。据估算，全部投资税后回收期为5.4年（含改造期），全部投资税后内部收益率为15.9%，其中，新技术投资的投资回收期为1.7年（含改造期），投资内部收益率为268.1%。

（三）关键技术装备

关键技术装备见图3。

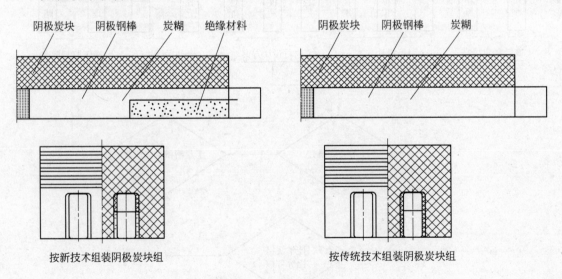

按新技术组装阴极炭块组　　　　　　　　按传统技术组装阴极炭块组

图3　关键技术装备

（四）水平评价

该技术为具有我国自主知识产权的重大原创技术，拥有3项中国发明专利和3项中国实用新型专利，申请了10余项国际专利。曾获2012年度中国有色金属工业科学技术奖一等奖，技术成果达到国际领先水平。

四、行业推广

（一）技术使用范围

该技术可应用于 160~600kA 电解槽内衬设计和大修改造。

（二）技术投资分析

从目前来看，该技术成熟，应用推广顺利，实现了预期节能效果。技术投资中主要包括筑炉费和新技术费等费用，而新技术费占很小的比例，筑炉费占很大的比例，因而投资风险内部因素可控，主要受外部原材料价格波动的影响，以及原铝价格对投资回收期的影响。

从 2011 年 2 月至 2013 年 3 月的效益看，该技术在中国铝业公司等国内 26 个在产电解铝厂中推广应用，合同额 8727 万元，利润 1100 万元。与美国铝业公司、马来西亚齐力集团达成技术服务合同，金额为 300 多万美元，还开拓了伊朗、委内瑞拉、越南等国外市场。

（三）技术行业推广情况分析

就国内而言，新专利技术将在新建铝厂中技术覆盖面达 70%，未来 3~5 年，行业推广率将达到 50%，并在国际市场中获得一定的市场份额。

据国家统计局数据，2013 年中国原铝产量 2193.6 万 t。如果全部采用该项节能技术，按照试验槽取得的吨铝节电 738kW·h、采用该项技术每吨铝节电 738kW·h 计算，可节电 1.6189×10^{10} kW·h。

每 1kW·h 电折合 0.1229kg 标煤，可节省标煤 199.0 万 t，减少温室气体和有害物质的排放，为实现节能减排、改善环境做出贡献。

案例9 电解锰电解工艺重金属水污染过程减排成套工艺平台

——电解锰行业清洁生产关键共性技术案例

一、案例概述

技术来源：中国环境科学研究院

技术示范承担单位：湖南金旭冶化有限责任公司

锰是国家的重要战略资源之一，素有"无锰不成钢"之说。随着现代工业的发展，锰及锰合金在有色冶金、电子技术、化学工业、环境保护、食品卫生、航天工业等各个领域的应用呈急剧扩大之势。尤其是在一些高新技术、航空航天和军事工业中，锰得到了日益广泛的应用。自2000年以来，中国电解锰业发展迅猛，到2011年年底，我国电解锰生产能力已近240万t，产能与产量均占世界的98%以上。电解锰的发展在拉动国民经济的同时也造成了环境的污染和生态的破坏。以年产3万t的电解锰企业为例，日产废水达300m³左右；其中六价铬离子浓度高达300mg/L；锰离子浓度高达2000mg/L；氨氮浓度最高达13000mg/L。现有末端治理技术难以稳定达标，成本高，且操作环境对工人身体健康有一定的影响。

针对电解锰电解车间装备简陋、技术落后、自动化控制水平低、计量化不准确、设备封闭化水平低、关键工艺参数难以控制等现状，中国环境科学研究院将传统工艺改进和先进装备制造技术相结合，首次在电解锰电解工序研发和建成了具有我国自主知识产权、以污染物过程减排和自动控制技术为核心的清洁生产集成技术。该成套技术实现了电解锰阴极板出槽挟带电解液、钝化液的原位削减，洗板废水总量的大幅度削减，彻底取消高压水枪这一电解锰行业长期以来主要的重金属污染源。该套技术设备的引入可以显著提高电解锰行业的自动化水平，促进电解锰行业的精细化生产。

示范工程连续试验表明，电解锰电解工艺重金属水污染过程减排成套工艺平台示范项目实现了阴极板电解出槽工序削减挟带液77.84%；阴极板钝化出槽工序削减挟带液75.90%；削减清洗废水总量85.44%；研发的新型高选择性富集回收技术，将有价值的铬离子分离富集并回收利用，实现了含锰、氨氮废水全部回用及电解锰行业废水近零排放。该技术符合当前电解锰行业重金属废水减排和技术升级换代的迫切需求，推动了电解锰行业朝自动化、清洁化方向发展。

过去，高压水枪一直是电解锰行业电解车间的标志性设备，成套工艺平台技术的研发成功将在电解锰行业完全取消高压水枪，使其成为历史。

二、技术内容

（一）基本原理

传统的电解锰电解车间铬、镉和铅等重金属产生点位多，如出槽、钝化、清洗、剥离、酸洗及抛光工序。生产现场采用落后的吊装设备，阴极板在吊装过程中挟带的电解液、钝化液及金属粉尘直接洒落到地面或人体，给操作工人的身体健康带来了危害。电解车间大量使用高压水枪冲洗阴极板及洒落在地面上的电解液、钝化液和粉尘，产生了大量的含重金属及高浓度氨氮的废水。该技术以取消高压水枪为目标，对电解车间重金属废水产生量按照"源头控制、过程减排、末端原位循环"方式确定其在全过程各环节削减量。

首先，在制液阶段对电解液中重金属元素进行净化，使得电解异常现象明显减少，减少需处理的脏板量及重金属废水产生量。其后以"三次减量"、"二次循环"为技术途径，大大削减阴极板挟带电解液、钝化液及清水使用量；重金属离子铬及含锰、氨氮废水全部回收并循环利用，如图1所示。后续的剥离、整板、酸洗、水洗、抛光及入槽等工序全部用自动化代替人工操作，实行封闭式运行，从而实现了电解锰电解工段阴极板从出槽到入槽所有工序的整体清洁生产。

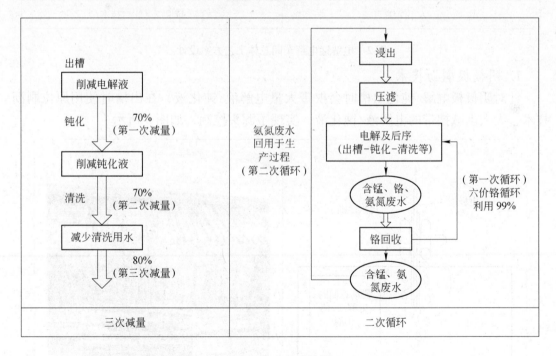

图1　工艺技术途径

（二）工艺技术

与传统的人工操作技术（见图2左）相比，该技术（见图2右）由于采用了原位刷沥技术，成功取消浸泡工序，并采用高效三级逆流针喷清洗技术取代人工用高压水枪清洗，大大减少了含重金属离子废水的产生及排放。并在剥离、整板、酸洗、水洗、抛光及入槽等工序均实现了较大的改进，形成了一套集出槽-钝化-除铵-清洗-烘干-剥离-脏板识别及分拣-变形板识别及分拣-酸洗-水洗-浸液-入槽等工序为一体的自动化、封闭式清洁生产技术装备。具体的技术改进细节如下。

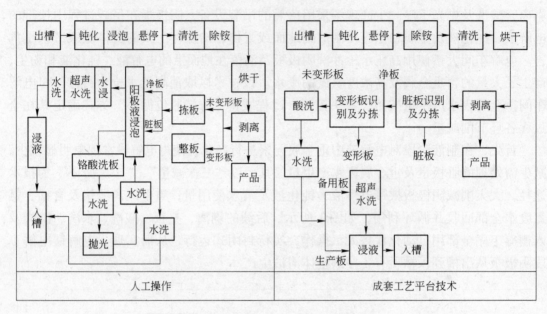

图2　电解锰电解车间总体工艺方案设计

1. 阴极板刷沥技术

针对阴极板电解/钝化出槽时会挟带大量电解液/钝化液，在出槽时使用原位刷沥技术，大大削减挟带的电解液/钝化液，实现了源头控制，如图3所示。

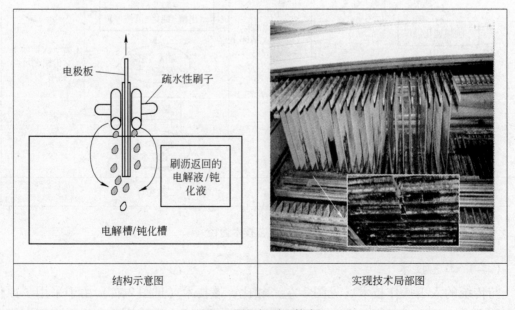

图3　阴极板刷沥技术

2. 出入槽精准定位技术

通过在高浓度酸、碱和烟尘条件下的精准定位技术研究，在大跨度（12m），长距离（65m）运行距离上实现精准定位（±2mm），利用精准导向板定位，实现整槽阴极板的精准出入槽，如图4所示。

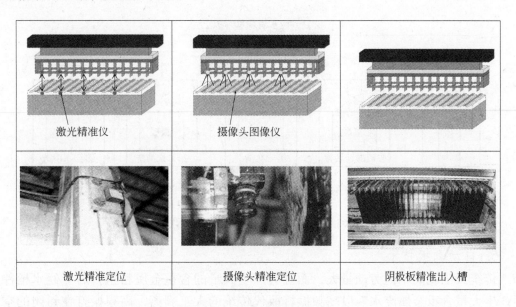

| 激光精准仪 | 摄像头图像仪 | |
| 激光精准定位 | 摄像头精准定位 | 阴极板精准出入槽 |

图4 出入槽精准定位技术

3. 干法除硫酸铵技术

阴极板上带有大量的硫酸铵结晶，传统工艺采用高压水枪冲洗，产生大量废水。通过研究硫酸铵形成机理及变化规律，开发的干法除硫酸铵结晶设备，减少了废水的产生，如图5所示。

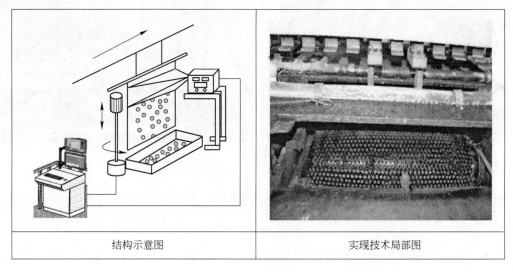

| 结构示意图 | 实现技术局部图 |

图5 干法除硫酸铵技术

4. 高效三级逆流针喷清洗技术

研发逆流清洗中的高效洗涤技术、精确控制水量的洗涤装置、解决了现代化工材料等在逆流清洗中的应用技术难点，并通过优化组合集成高效三级逆流针喷清洗技术，实现了废水总量大幅度削减，如图6所示。

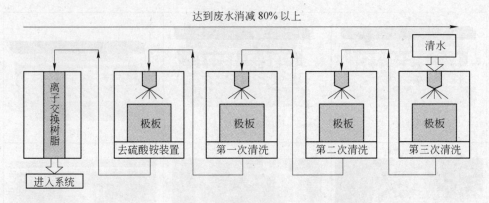

图6 高效三级逆流针喷清洗技术示意图

5. 自动剥板技术

传统人工剥离不但劳动量大，而且会产生大量的含重金属粉尘，后者经水枪冲洗后产生大量含重金属废水。以高频振打取代传统的人工剥离，高频振打在封闭的空间进行，不产生重金属粉尘和废水。该技术的使用，一方面提高了剥离锰片的效率，另一方面减少了粉尘对工人身体健康的危害，具体技术如图7所示。

图7 自动剥板技术

6. 脏板、变形板自动识别及分拣技术

研究脏板及变形板物理化学性质（材质、粗糙度、形变等）、光学系统（滤光参数、发光参数等）、图像采集系统（面阵光敏单元、高信噪比图像等）和图像处理系

统（特征技术、双通道图像匹配、识别信息、发出信息等）复配技术，研发了阴极板脏板及变形板自动识别及分拣技术。该技术如图8所示。

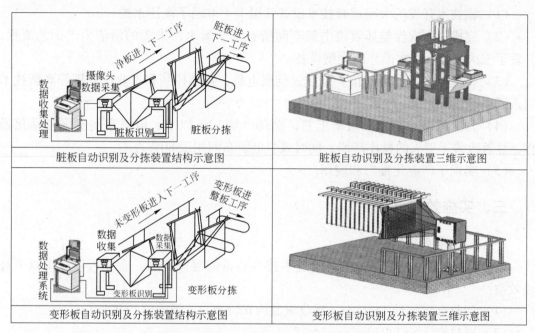

图8 脏板、变形板自动识别及分拣技术

7. 机械手多功能集成技术

开发了多功能机械手系统，以机械手带动刷沥设备和接液托盘，并配有导向定位装置，实现阴极板电解槽出槽挟带液的原位刷沥、阴极板的精准入槽和转运。该技术如图9所示。

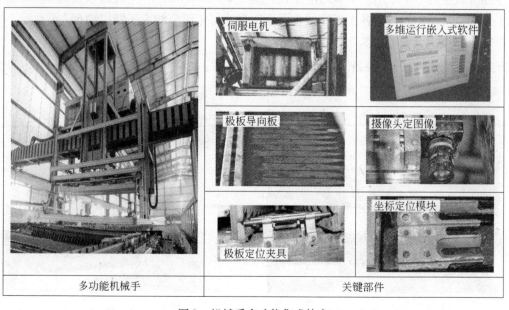

图9 机械手多功能集成技术

（三）技术创新点及特色

与传统的电解后续工段工艺相比，该技术创新点及特色为：

（1）该技术开发的大型成套技术设备从根本上取消了高压水枪。

（2）完成了一次性整体解决电解车间所有重金属水污染源的清洁生产工艺流程，开发了三次减量、两次循环的大型设备。

（3）将摄像头（激光定位）定位、伺服电机、自动控制和工业计算机等高新技术引入了电解锰行业。

（4）开发了连续出槽、入槽工艺，提高产量10%以上，电解车间实现自动化操作，显著改善了工人的操作环境，同时减少电解车间用工80%左右。

（5）实现了产业化推广和应用。

三、实施效果

（一）环境效益

以3万t/a规模生产线为例，通过本技术装备的建设实施，企业可以获得以下环境效益：

（1）回收金属锰约15.6t/a，回收氨氮约62.88t/a，回收铬约90kg/a；

（2）减排废水约72930m³/a。

（二）经济效益

该技术已建成的3万t级电解锰示范装置平台，总投资约1800万元，可减少废水排放量约72930m³/a，节约废水处理成本约291.6万元/a；年回收锰约15.6t，产生经济效益约18.72万元；年回收铬约90kg，产生经济效益约0.18万元；年回收氨氮约62.88t，产生经济效益约7.8万元；年节约清水使用量约72930m³/a，产生经济效益约29.16万元；由于采用了自动化设备，各个工序减少了用工量，每年可节约人工费用约662.4万元。

（三）关键技术装备

该工艺技术的关键装备（图10～图17）包括：（1）阴极板刷沥装置；（2）出入

图10 阴极板刷沥装置

图11 出入槽精准定位装置

槽精准定位装置；（3）干法除硫酸铵装置；（4）高效三级逆流针喷清洗装置；（5）自动剥板设备；（6）脏板自动识别及分拣设备；（7）变形板自动识别及分拣设备；（8）机械手多功能集成设备。

图12 干法除硫酸铵装置

图13 高效三级逆流针喷清洗装置

图14 自动剥板设备

图15 脏板自动识别及分拣设备

图16 变形板自动识别及分拣设备

图17 机械手多功能集成设备

（四）水平评价

该技术为具有我国自主知识产权的原创性集成技术，以污染物过程减排及自动化控制为核心，在全球范围内，在电解锰后续工段研发并建成的首台清洁生产成套装备技术。已申请国家专利 32 项（发明 18 项；实用新型 14 项），目前有 18 项专利已授权。

四、行业推广

（一）技术使用范围

该技术主要用于电解锰行业重金属水污染减排，可在高浓度氨气、酸雾、硫酸铵结晶等恶劣条件下应用。对厂房、设备、原辅材料及公用设施等均无特殊要求。

（二）技术投资分析

按照建设一套年产 3 万 t 电解锰的装置计算，约需投入资金 1800 万元，每年可节省、减少废水产生，提高资源回收率，节约成本等，据估算可创造年收益约 980 万元。并节省基建成本 100 万元。工程建设后年运行费用总节省约 1080 万元。

（三）技术行业推广情况分析

该技术成果已在法国康密劳公司、重庆三润矿业、湖南金旭冶化和宁夏天元锰业推广应用。宁夏天元锰业是全球最大的电解锰企业，预计 2015 年产能将达到全球的 1/3，企业拟自行投资 10 亿元以上，在全厂采用该项技术，目前已动工建设。

锰是国民经济和国防建设不可缺少的重要物资。我国电解锰产量全球占比超过 98%。自电解锰行业诞生以来，高压水枪一直是这个行业的标志性设备，也是电解车间最重要的重金属废水来源，电解锰电解工艺重金属水污染过程减排成套工艺平台的研发成功彻底取消了高压水枪。可广泛应用于电解铜、电解铅、电解镍、电解钴等湿法冶金行业。

全国有 200 多家电解锰企业，技术流程相同。电解锰行业大多数企业技术落后、设备简陋，工人人体样本中重金属超标严重，现有末端治理技术难以稳定达标，成本高。与末端治理不同，该成套设备以清洁生产为理念，采用高新技术改造生产过程主体设备，从源头上大幅度削减污染物产生量，不但做到了废水零排放，彻底消除重金属废水对工人健康危害，同时经济效益显著，大幅度提高企业现代化水平。开辟了我国传统重污染产业将技术升级与污染防控相结合的新思路，具有良好的推广应用前景及产业化可行性。

案例10　二段酸浸洗涤压滤一体化清洁生产技术
——电解锰行业清洁生产关键共性技术案例

一、案例概述

技术来源：中国环境科学研究院/环保部清洁生产中心

实施单位：中信大锰矿业有限责任公司

　　　　　陕西省紫阳县湘贵锰业有限公司

　　　　　湖南东方锰业集团股份有限公司

　　　　　贵州松桃三和锰业有限责任公司

　　　　　重庆武陵锰业有限公司

我国是世界上最大的电解锰产品的生产国、消费国和输出国。2012 年我国电解锰产能达到 205 万 t，产量达到 116 万 t。但我国是锰资源贫乏的国家，仅占全球已探明储量的 6%，且大部分为低品位的碳酸锰矿。经过几十年特别是最近 5 年的开采利用，该行业开采的锰矿品位约从 20% 下降到 16%，有的地区甚至低于 12%。目前，我国电解锰生产工艺主要是以碳酸锰矿为原料，经酸浸、净化、电解沉积后产生金属锰。由于采用一段酸浸的浸出流程，一部分锰损失在浸出渣中，锰的浸出回收率常低于90%，渣锰残留一般高达 3%～5%，使我国吨电解锰的废渣产出较高，既污染了环境，又浪费了资源。

锰渣污染是电解锰生产环境污染的核心问题。锰渣中除残留了大量可利用的锰（一般为碳酸锰和硫酸锰），还含有多种重金属。多年来，锰渣渣场建设极不规范，环境污染和安全隐患突出，占用了大量的土地资源。因此，如何降低锰渣产生，防止锰渣污染，成为电解锰清洁生产的核心问题。

以清洁生产为理念，针对锰资源利用低的关键问题，中国环境科学研究院/环保部清洁生产中心开发了二段酸浸、洗涤、压滤一体化技术。该技术采用隔膜压滤机进行固液分离，可实现良好的脱水效果，显著降低锰渣量；将阳极液作为洗涤液洗涤滤饼（也就是锰渣），由于阳极液具有高酸低锰的特性，其洗涤过程中可反复浸出锰渣中残留的酸性溶解锰（即碳酸锰），提高锰浸出率，减少锰渣产生，并同时减少锰渣中水溶性锰含量，也为后续水洗过程满足水平衡创造条件；随后采用清水洗涤，可进一步回收水溶性锰，提高锰的回收率，降低环境风险。

该技术经过实验室小试，470mm×470mm 隔膜滤板和 1000mm×1000mm，隔膜滤板的现场中试，充分验证了可行性。目前该技术已在国内多家电解锰企业示范推广，如在湖南东方锰业建成 4 条 350m³，年产 2 万 t 电解锰清洁生产示范工程；在陕西湘贵锰业建成 3 条 350m³，年产 1 万 t 电解锰清洁生产示范工程；在广西中信大锰和贵州三和锰业分别建成 1 条 350m³，年产 5000t 电解锰示范工程。应用该工艺进行电解锰生产，可提高全行业约 10% 的锰资源利用率，回收锰渣中的硫酸铵约 30%，锰渣中有害物质含量大幅度降低，其中锰（Mn²⁺）约 80%（将渣总锰从 3%～5% 降低至 1.0%～1.5%），氨氮约 30%，极大地减少了锰渣的环境风险和危害。同时该技术的开发成功，可大幅度降低电解锰的原料消耗，提高企业经济效益。以全国电解锰年产 100 万 t 计，该技术应用将每年减少锰矿石消耗（以全国平均 14% 品位计）约 100 万 t，减少锰渣排放 150 万 t，为行业节约成本 8 亿～10 亿元。

二、技术内容

（一）基本原理

该技术属基于隔膜压滤机的电解锰行业清洁生产技术。其技术原理是利用阳极液的酸度对滤饼中的碳酸锰进行二段酸浸；利用阳极液中含锰浓度和滤饼中残留母液的含锰浓度差进行洗涤；再利用清水洗涤，将滤饼中的硫酸锰洗出，最后进行压滤，实现二段酸浸、洗涤和压滤的一体化；将调整后的工序实现清液净化和二次过滤，使电解合格液达到行业技术要求。

（二）工艺技术

我国电解锰传统生产工艺主要是以碳酸锰矿为原料，经酸浸、净化、电解沉积后产生金属锰。典型的电解锰生产过程如图 1 所示。

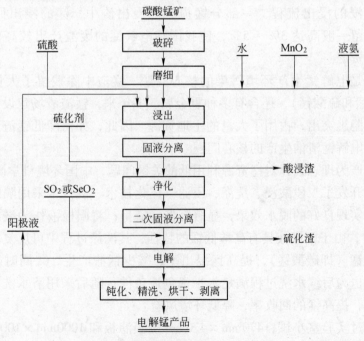

图 1　我国电解锰传统生产工艺流程

　　由于采用一段酸浸的浸出流程，一部分锰损失在浸出渣中，锰的浸出回收率常低于90%，导致资源的大量浪费。锰渣中除了含大量锰，氨氮、硫酸盐等浓度亦较高，填埋法处理锰渣，易造成这些物质流失到环境中去，对环境造成很大的污染。为解决以上问题，提高锰的浸出回收率，中国环境科学研究院/环保部清洁生产中心开发了二段酸浸洗涤压滤一体化技术工艺（图2）。

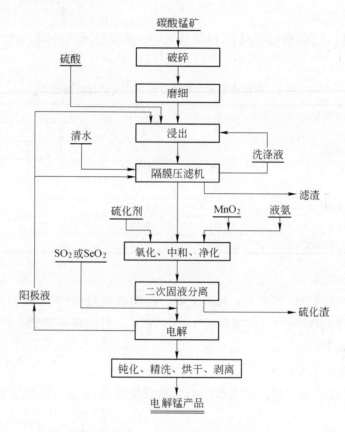

图 2　基于二段酸浸洗涤压滤一体化技术的电解锰清洁生产工艺流程

（三）技术创新点及特色

与传统电解锰生产技术比较，该技术创新点及特色为：

（1）世界首创以压滤机为反应器的穿流式反应，提高了浸出速率，大幅度降低了锰渣中酸溶锰含量；

（2）采用活塞式洗涤方式，大幅度降低了清水用量，保证工艺水平衡，且在湿法冶金行业首次设计了多种洗涤剂组合的分步、连续、原位洗涤工艺，并实现了该工艺组合的自动化控制；

（3）在电解锰行业首次以暗流式布局对压滤工序的管路、设备清洗水的回用等进行了全新设计，彻底改变了该工段脏乱差的状况，首次实现了压滤工段的清洁生产；

（4）在电解锰行业首次设计了酸性浸出液过滤工艺，使原有的简单的固液分离成为一段酸浸的延续，提高了一段酸浸的浸出率，也提高了整个制液工段的效率；

（5）在电解锰行业首次设计了二段酸浸工艺，且使一段酸浸注重效率和二段酸浸着重效果有机组合在一起，可大幅度提高和优化浸出过程，节约制液工段投资，提高整个工段的效率。

三、实施效果

（一）环境效益

生产 1t 产品（以碳酸锰矿品位 14% 计），新技术与国内外同类技术的关键指标对比见表 1。

表 1　新技术与国内外同类技术的关键指标对比

技术指标	传统工艺	新技术工艺
锰资源回收率/%	84	95
锰矿石消耗/t·t⁻¹	8.5	7.5
硫酸消耗/t·t⁻¹	2.0	1.8
液氨消耗/t·t⁻¹	125	118
二氧化硒消耗/t·t⁻¹	1.46	1.43
用电量/kW·h·t⁻¹	7212	6903
渣锰残留/%	3~5	1.0~1.5

（二）经济效益

该技术已建成的全厂 1 万 t/a 示范工程，前期有效投资约 1200 万元，单位电解锰产品生产成本节约 800 元/t。在满负荷生产情况下，可实现年节约生产成本 800 万元，投资利润率约 66.7%。

（三）关键技术装备

该技术的关键装备（图 3~图 6）为二段酸浸洗涤压滤一体化装置（传统工艺无此过程）。

图 3　二段酸浸洗涤压滤一体化装置（陕西湘贵锰业）

图 4　二段酸浸洗涤压滤一体化装置（湖南东方锰业）

图 5　二段酸浸洗涤压滤一体化装置（广西中信大锰）

（四）水平评价

该技术为具有我国自主知识产权的原创技术，已获得中国发明专利授权，成果达到国际领先水平。该技术已建成多项示范工程，有效促进该行业跨越式发展。

四、行业推广

（一）技术使用范围

该技术所属行业为电解锰行业，除可完全替代电解锰行业传统生产技术外，还可

图6 二段酸浸洗涤压滤一体化装置（贵州松桃三和锰业）

以替代电解锌等其他湿法冶炼行业传统生产技术。所选用的全部设备均由国内制造；对厂房、设备、原辅材料及公用设施等均没有特殊要求。

（二）技术投资分析

按照建设年产3万t电解锰产品的二酸酸浸洗涤技术装置计，约需投入资金3000万元。装置建成后可节约锰矿资源3万t，节电900万kW·h，实现年节约成本2400万元，投资利润率约80%。

（三）技术行业推广情况分析

目前该技术已在国内多家电解锰企业示范推广，例如在湖南东方锰业建成4条350m³，年产2万t电解锰生产示范工程；在陕西湘贵锰业建成3条350m³，年产1万t电解锰示范工程；在广西中信大锰和贵州三和锰业分别建成1条350m³，年产5000t电解锰示范工程。

以全国电解锰年产100万t计，该技术推广应用后可产生良好的资源效益、环境效益和经济效益。

资源效益：与传统工艺比较，全行业每年节约矿石100万t。

环境效益：与传统工艺比较，全行业每年将减少锰渣产生量150万t，基本实现锰渣的固定化和无害化。

经济效益：实现吨电解锰产品节约800元~1000元，全行业每年节约成本8亿~10亿元。

案例11　电解锌电解工艺重金属水污染过程减排成套工艺平台

——电解锌行业清洁生产关键共性技术案例

一、案例概述

技术来源：中国环境科学研究院

技术示范承担单位：湖南太丰冶炼有限责任公司

锌是国民经济中重要的基础物质，用量仅次于铁、铝及铜。目前，电解锌在有色冶金、电子技术、化学工业、环境保护、食品卫生、焊条业、航天工业等各个领域广泛应用，尤其是在一些高新技术及军事工业中，锌的应用十分普遍。自2002年起，我国锌产量、消费量均居世界第一位，成为名副其实的锌生产和消费大国。电解锌的发展对提升我国国民经济体系和拉动地方经济起到了重要的作用。但其生产过程产生的废水、废气和废渣等对环境造成了严重的污染，其中电解车间是电解锌重金属废水的主要来源之一。以年产10万t的电解锌企业为例，电解车间泡板槽中重金属工艺废水存储量150m³（平均3天排放一次），其中含有高浓度的锌（20g/L）、锰（3g/L）、铜（150mg/L）、铅（40mg/L）、镉（1mg/L），废水中重金属含量大大超过国家排放标准。2013年年底，湖南省花垣县和泸溪县分别发生电解锌企业重金属污染外环境和人体健康事件。现有的废水处理设施存在废水难以稳定达标、容易造成二次污染和资源浪费严重等明显缺陷，同时末端治理设施难以消除生产现场对人体健康的危害。

电解车间技术装备落后、自动化及清洁生产水平低、劳动力密集，高浓度的硫酸酸雾大量进入工人的体内，造成人体健康的损伤，且电解出槽过程中阴极板挟带大量重金属液从高空洒落到地面或人体，严重危害人体健康。针对上述问题，中国环境科学研究院科研团队首次在电解锌电解工艺研发和建成了具有我国自主知识产权、以污染物过程减排和自动控制技术为核心的清洁生产集成技术。该成套技术实现了电解锌极板挟带液与洗板工序废水量大幅度削减，并彻底取消了泡板槽这一电解锌行业长期以来的主要重金属污染源。该套技术设备的引入可以显著提高电解锌行业的自动化水平，提升企业的清洁生产能力，促进电解锌行业的精细化生产。

示范工程连续试验表明，电解锌电解工艺重金属水污染过程减排成套工艺平台示范项目实现了阴极板电解出槽时原位削减挟带电解液82.26%；削减泡板槽带锌板出槽挟带液、泡板槽光板出槽挟带液和泡板槽泡板液总量的80.12%，硫酸锌结晶物全部回用，同时，减少电解车间阴极板从出槽到入槽序列工序用工量80%。通过本技术的实施，提高了企业的清洁生产水平，同时实现了电解锌电解工段的全自动控制。

过去，泡板槽一直是国内外电解锌行业电解车间的标志性设备，成套工艺平台技术的研发成功将在电解锌行业完全取消泡板槽，使其成为历史。

二、技术内容

（一）基本原理

传统的电解锌电解车间在出槽及泡板工序会产生大量含铅、镉和砷等重金属的废水。生产现场采用落后的吊装设备，阴极板在吊装过程中挟带的电解液、泡板液直接洒落到地面或人体，给工人的身体健康带来了危害，另外电解车间的泡板槽是重金属废水的主要来源。该技术以取消泡板槽为目标，对电解车间重金属废水产生量按照"源头控制、过程减排、末端原位循环"方式确定其在全过程各环节削减量。

针对电解后序工段含铅废水水量各工序逐级增加现象，采用逐级减量逐级循环方式进行削减。以"二次减量"、"二次循环"为技术途径，大大削减阴极板出槽挟带液及电解车间废水总量；同时，硫酸锌结晶及产生的废水全部返回系统循环利用，如图1所示。后续的剥离、整板、抛光及入槽等工序全部用自动化代替人工操作，实现了电解锌电解工段阴极板从出槽到入槽所有工序的整体清洁生产。

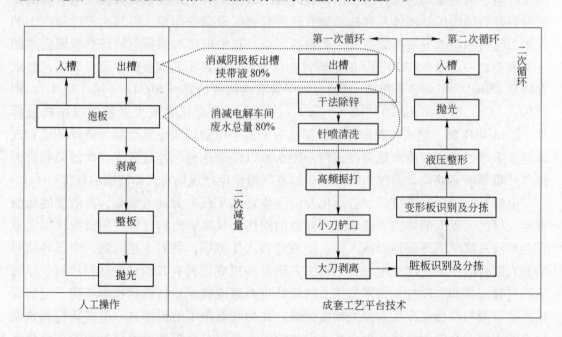

图1　电解锌电解工段总体工艺方案设计

（二）工艺技术

与传统的人工操作技术（见图1左）相比，该技术（见图1右）采用干法除锌及针喷水洗技术取代了泡板槽，并在剥离、整板、抛光及入槽等工序实现了较大的改进，形成了一套集出槽-干法除锌-针喷清洗-高频振打-小刀铲口-大刀剥离-脏板识别及分拣-

变形板识别及分拣-液压整形-抛光-入槽 11 个工序为一体的清洁生产成套技术装备。具体的工艺技术改进细节如下：

1. 阴极板刷沥技术

针对阴极板出槽时挟带大量电解液，开发了阴极板原位刷沥削减挟带液技术，大大削减阴极板挟带液。具体技术如图 2 所示。

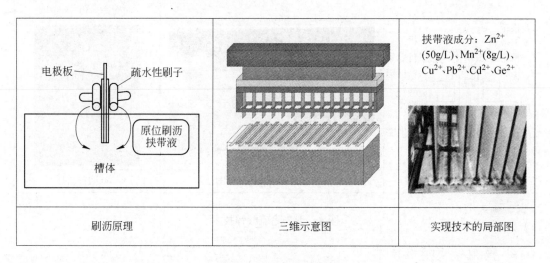

图 2 阴极板刷沥技术

2. 出入槽精准定位技术

通过在高浓度酸、碱和烟尘条件下的精准定位技术的研究，在大跨度（18m），长距离（65m）运行距离上实现精准定位（±1mm），利用精准导向板定位，实现 31 片阴极板的精准出入槽，具体如图 3 所示。

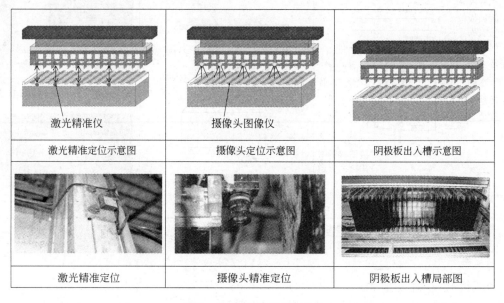

图 3 出入槽精准定位技术

3. 干法除硫酸锌技术

研究硫酸锌形成机理和变化规律,开发了干法除硫酸锌结晶物技术,实现了硫酸锌结晶的回收利用。为取消泡板槽这一重金属废水主要来源奠定了基础。干法除硫酸锌技术如图4所示。

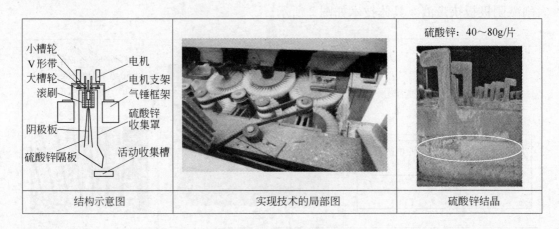

图4 干法除硫酸锌技术

4. 高效针喷清洗技术

出槽后的阴极板表面仍会残留一些电解液,为彻底取消泡板槽,开发了针喷清洗技术。通过调整、优化各项参数,实现全极板覆盖清洗和水的最高效利用,减少了含重金属废水的排放量。高效针喷清洗技术如图5所示。

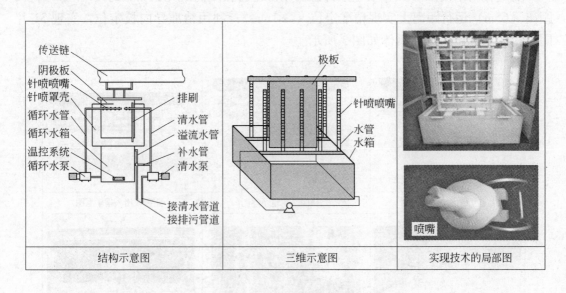

图5 高效针喷清洗技术

5. 组合式剥板技术

组合式剥板技术分为高频振打、小刀铲口及大刀剥离三个步骤,首先通过多只气锤高频交替振打带锌极板上部，使锌皮与极板之间结合减弱；之后，分居极板两侧的六把小刀从锌皮上口铲入，将锌皮与极板之间间隙加大；最后，在高速汽缸推动下，铲刀从极板上端快速垂直推下，铲刀沿上一工序的铲口将锌皮完全剥离。采用自动剥离技术取代人工剥离，提高了锌片剥离的效率，方便了后续的处理。组合式剥板技术如图6所示。

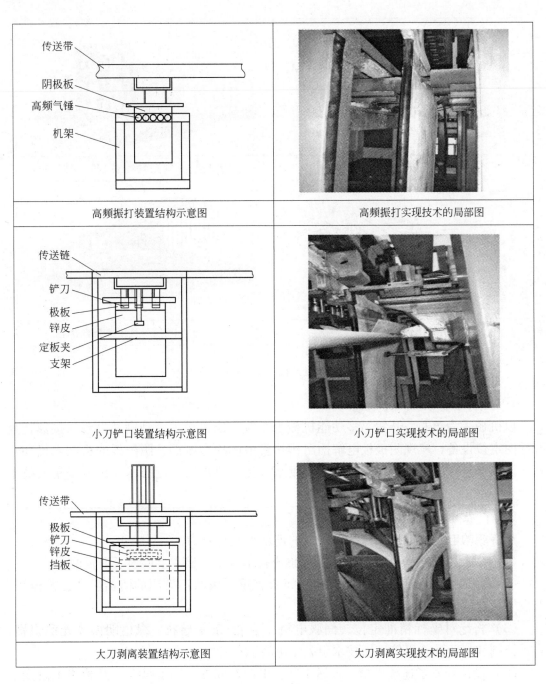

图6　组合式剥板技术

6. 脏板、变形板识别及分拣技术

研究脏板及变形板物理化学性质（材质、粗糙度、形变等）、光学系统（滤光参数、发光参数等）、图像采集系统（面阵光敏单元、高信噪比图像等）和图像处理系统（特征技术、双通道图像匹配、识别信息、发出信息等）复配技术，研发了阴极板脏板、变形板自动识别及分拣技术。该技术如图7所示。

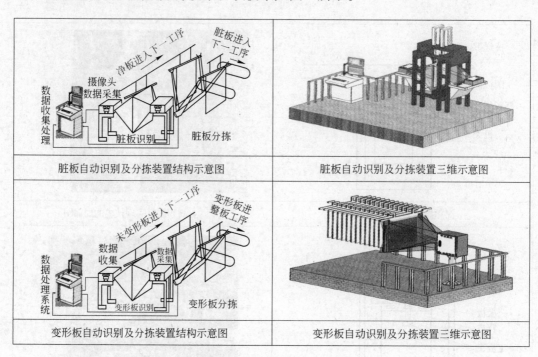

图7　脏板、变形板自动识别及分拣技术

7. 机械手多功能集成技术

以机械手为核心，开发了多功能机械手系统，以机械手带动刷沥设备、接液托盘和导向定位设备，实现阴极板电解槽出槽挟带液的原位刷沥、阴极板的精准入槽和转运。该技术是减少电解后续工序重金属废水产生及排放的关键技术。机械手集成技术如图8所示。

（三）技术创新点及特色

与传统的电解锌工艺相比，该技术的创新点及特色为：

（1）成套工艺平台开发的大型成套集成技术设备从根本上取消了泡板槽。

（2）完成了一次性整体解决电解车间所有重金属水污染源的清洁生产工艺流程，开发了二次减量、二次循环的大型设备。

（3）将绝对坐标精准定位、伺服电机＋齿轮/条＋导轨、绿色朗博体光源识别、自动控制和工业计算机等高新技术引入了电解锌行业。

（4）设计开发了连续出槽、入槽工艺，电解车间减少用工80%，从根本上改变了电解车间传统的恶劣操作环境。

| 多功能机械手 | 伺服电机 | 齿轮/条 | 导轨 |

图 8 机械手多功能集成技术

（5）实现了水污染物的完全回用。

（6）实现了产业化推广和应用。

三、实施效果

（一）环境效益

以 10 万 t/a 规模生产线为例，通过本技术装备的建设实施，企业可以获得以下环境效益：

（1）每年削减由阴极板电解出槽带出的一类危险物铅 610kg、镉 30kg；

（2）削减电解车间废水产生总量的 80.12%，每年削减废水 30500m³。

（二）经济效益

该技术已建成的 10 万 t 级电解锌示范工程，总投资约 3000 万元，从近一年的运营来看，可减少废水排放量约 30500m³/a，节约废水处理成本约 130 万元/a；年回收锌约 400.8t，产生经济效益约 630.6 万元；年回收锰约 80t，产生经济效益约 100.4 万元；年回收铅约 0.61t，产生经济效益约 1 万元；年回收铜约 2.3 万 t，产生经济效益约 10.1 万元；年节约清水使用量约 30500m³/a，产生经济效益约 19 万元。由于采用了自动化设备，各个工序减少了用工量，因此，每年可节约人工费用约 1400 万元。

（三）关键技术装备

该技术的关键装备（图 9～图 18）包括：（1）阴极板刷沥装置；（2）出入槽精准定位装置；（3）干法除硫酸锌装置；（4）高效针喷清洗装置；（5）高频振打设备；（6）小刀铲口设备；（7）大刀剥离设备；（8）脏板自动识别及分拣设备；（9）变形板自动识别及分拣设备；（10）机械手多功能集成设备。

图 9 阴极板刷沥装置

图 10 出入槽精准定位装置

图 11 干法除硫酸锌装置

图 12 高效针喷清洗装置

图 13 高频振打设备

图 14 小刀铲口设备

图 15　大刀剥离设备

图 16　脏板自动识别及分拣设备

图 17　变形板自动识别及分拣设备

图 18　机械手多功能集成设备

（四）水平评价

首次在电解锌电解工艺研发和建成具有我国自主知识产权、以污染物过程减排和自动控制技术为核心的清洁生产成套装备技术，已申请国家专利 16 项（发明 10 项；实用新型 6 项），目前有 5 项已授权，打破了国外产品高价格壁垒。与国外同类产品相比，在重金属水污染过程削减中优势明显，一次性整体消除了电解车间重金属水污染物所有污染源，彻底取消了泡板槽。

四、行业推广

（一）技术使用范围

该技术所属行业为有色冶金行业，主要用于电解锌行业重金属水污染减排；可在高浓度酸雾等恶劣工况下使用；所选设备均为国内制造，部分操作软件为从国外进口；

对厂房、设备、原辅材料及公用设施等均无特殊要求。

（二）技术投资分析

按照建设年产 10 万 t 电解锌生产线，约需投入资金 3000 万元，可减少废水产生、提高资源回收率、节省成本等，据估算可创造年收益约 2271 万元，并节省基建成本 100 万元。工程建设后年运行费用总节约 2371 万元。

（三）技术行业推广情况分析

该技术已在湖南太丰冶炼有限责任公司建成运行，湖南蓝天冶化有限公司正在建设中。

电解锌行业作为高污染行业，其造成的重金属污染受到越来越多的关注。国家在环境保护方面加大了治理力度，对于环境污染实行一票否决制。电解锌行业的重金属污染仅仅靠末端治理难以达到环保要求，企业只有引入清洁生产技术，对污染物实行源头削减、过程减排、末端循环利用，在环保达标的同时提高企业的经济效益。该技术能实现阴极板电解出槽时原位削减挟带电解液 82.26%；削减泡板槽带锌板出槽挟带液、泡板槽光板出槽挟带液和泡板槽泡板液总量 80.12%；减少电解车间阴极板从出槽到入槽序列工序用工量 80%；硫酸锌结晶物全部回用；通过本技术的实施，能显著提高企业的清洁生产水平，同时实现电解锌电解工段的自动控制，降低企业的用工成本。

该技术的实施不但可以降低企业环境违法风险，还可以提升企业的生产技术水平，显著改善电解车间脏乱差的状况，可以为企业带来良好的环保效益和社会效益。另外，该技术不新增建设用地，不会影响企业的产能。该成果在湖南三立集团股份有限公司成功应用示范后，预测一年内，相当规模及以上的 2~3 家电解锌厂将会采用，3~5 年内，相当一部分中小型电解锌企业也会采用，推广应用前景良好。

案例 12　基于再生铝和新型发泡剂制备泡沫铝清洁工艺与技术

——铝材料回收利用行业清洁生产关键共性技术案例

一、案例概述

技术来源：中南大学

技术示范承担单位：四川元泰达有色金属材料有限公司

我国铝土矿资源较为丰富，仅储量大于 2000 万 t 的大型矿床就有 30 多个。但我国铝土矿的质量比较差，加工困难、耗能大的一水硬铝石型矿石占全国总储量的 98% 以上。在铝的冶炼过程中消耗了大量的能源，目前我国电解铝的平均直流电耗约为 13500kW·h/t，而用二次资源回收废杂铝的能耗很低，仅相当于电解铝的 5% 左右。近年来我国的能源形势也日渐堪忧，煤炭价格持续上涨，电价上调，电力供应常呈紧张状态，成为铝行业的短板。在资源和能源的双重掣肘之下，我国电解铝的生产成本一直居高不下。而且随着经济的发展，我国废杂铝的产生量不断增大，废杂铝的回收利用日益重要。但目前废杂铝的利用现状堪忧，究其原因，除了国内废杂铝回收的网络系统不完善外，废杂铝的高附加值利用研究滞后也是一个重要的因素。

泡沫铝兼顾了结构材料和功能材料的特点，在现代交通、建筑以及航空航天等领域显现出了广阔的应用前景，市场需求量不断扩大。在泡沫铝生产和应用过程中也会产生废杂铝，因此利用废杂铝重熔回收得到再生铝，然后以再生铝为原料制备泡沫铝的循环利用工艺与技术，一方面有利于缓解上游电解铝对泡沫铝工业原料供给的压力，另一方面也可以有效地解决目前废杂铝回收利用率低的问题，对推进铝工业的节能减排具有重要意义。中南大学采取覆盖重熔的工艺，首先得到了纯度高的再生铝；开发了一种具有缓释发泡功能的新型发泡剂材料，可以代替传统的 TiH_2 类发泡剂，克服其泡沫铝制备过程控制条件苛刻、成材率低下以及成本高昂的缺陷；并以再生铝和新型缓释发泡剂为原料，通过改进工艺条件和生产设备，成功实现了大尺寸闭孔泡沫铝的全自动/半连续工业化生产，得到了性能优良、质量可控的闭孔泡沫铝产品，从而完成了废杂铝的高效清洁循环利用的新模式。

该综合循环利用工业化的实施和运行结果表明：铝的工业回收率可以超过 80%；实现了整个生产过程的全自动化操作与生产的半连续作业，泡沫铝成材率较传统工艺的高 1 倍，达到 80% 以上，泡沫铝生产的成本较传统工艺低 40% 以上；单个泡沫铝坯锭的生产周期较传统方法缩短一半以上，直接生产耗时可控制在 2h 以内；制造出了目前世界上最大尺寸的产品，其规格达到 2600mm × 800mm × Xmm，目前，日本神钢钢线公司的产品最大规格为 1600mm × 600mm × Xmm，韩国 Foamtech 公司的为 1500mm × 500mm × Xmm，国内的中船七二五所的产品规格为 1500mm × 600mm × Xmm；为提高废杂铝的回收利用率和再生铝的高附加值，提供了新的思路。该工艺的实施，对推进我国铝行业高效清洁循环利用的绿色革命具有重要的引领作用。

二、技术内容

（一）基本原理

该技术属于废料高效回收及新型材料制备循环利用技术。在废杂铝重熔回收过程中，熔剂除杂过程实质是用液态的氯化物和氟化物处理氧化物夹杂，由于接触相的润湿角不同，非金属夹杂会"自动"从铝液中向熔剂迁移，夹杂从金属向熔剂迁移可分为三个阶段：（1）夹杂被金属液流输送到金属液和熔剂接触的分界面附近；（2）夹杂从金属液中跃迁到金属-熔剂的分界面上；（3）夹杂和熔剂相互聚集。在泡沫铝制备过程中，新型缓释发泡材料在铝熔点温度附近具有缓慢并长时间分解释气的功能，且其发泡材料本身及释放的气体对铝基体不产生腐蚀，通过机械搅拌使分解产生的气泡在铝熔体内均匀分散，从而形成孔隙分布均匀的泡沫铝多孔材料。

（二）工艺技术

废杂铝重熔回收采用熔剂覆盖法，其工艺流程如图1所示。

在废杂铝重熔回收之前，将不同使用来源和结构的废杂铝分门别类，来降低杂质对铝液的污染，使再生铝杂质含量趋于一致；有些废杂铝可能会带有油和水分，所以应及时进行清洗、烘烤。熔剂以 NaCl、KCl 为主，作为覆盖剂阻止废杂铝的燃烧和铝液在高温炉气下的进一步氧化，并除去氧化物夹杂，添加一定量的氟盐，可以有效增强熔剂的排杂能力，提高铝的回收率。

以再生铝为原料来制备泡沫铝的工艺为熔体发泡法。包含铝熔体制备、加钙增黏、TiH_2 类发泡剂在增黏熔体中的搅拌加入、铝熔体倾倒转移以及保温发泡与冷却等步骤的传统工艺依然是泡沫铝生产制备的主流方法。尽管该法具有工艺简单等优点，但依然存在很多不足：

（1）多次倾倒转移熔体的操作难避免熔

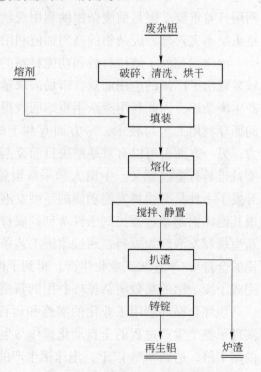

图1 废杂铝重熔回收工艺流程图

体热量的散失，势必导致倾倒后期熔体黏度增大、甚至熔体不能全部进入发泡模具，这不仅会使大空腔等缺陷出现，更为重要的是抑制了大尺寸泡沫铝的生产；

（2）TiH_2 发泡剂的使用对泡沫铝制备工艺条件提出了近乎苛刻的要求，工艺参数控制一旦出现差异，势必导致成品率低下以及泡沫铝产品性能一致性难保证的缺陷出现；

（3）现有技术依然以间隙式生产为主，生产成本居高不下。

该技术采用以再生铝和新型缓释发泡剂为原料的全自动工业生产系统，整个系统由复合模具及其连续预热系统、熔体熔制与分配系统、熔体半连续发泡系统与全自动冷却系统等四大系统组成，各系统示意图如图 2 ~ 图 6 所示。通过该系统的设计，建立了全自动/半连续工业化生产线，泡沫铝制备工艺流程如图 7 所示。该制备流程主要包括以下步骤：

（1）复合模具的组装与预热。

（2）熔体的熔制与分配。首先将熔体在熔炼炉中熔炼，然后利用真空抬包将熔体转运到中间包，最后在中间包中加入增黏剂并保温。

（3）熔体的发泡。将中间包中的增黏铝熔体注入复合模具的过渡坩埚中，并在连续搅拌的情况下将发泡剂加入铝熔体，然后使复合模具中的过渡坩埚与充型模具分离。

（4）含熔体充型模具在发泡炉中的保温发泡。

（5）发泡完成后充型模具在全自动冷却系统中的冷却。整个工艺过程全是机械化操作，这不仅实现了泡沫铝的半连续生产、降低了劳动强度，还可制备出超大规格泡沫铝产品，另外，还可有效保证泡沫铝性能的一致性。

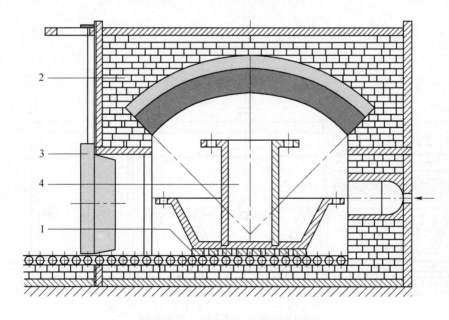

图 2　复合模具及其连续预热系统横截面示意图

1—活动底板；2—隧道预热窑；3—升降炉门；4—复合模具

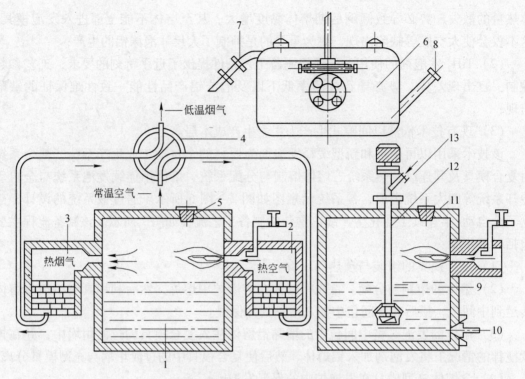

图 3 熔体熔制与分配系统示意图

1—熔炼炉；2—第一蓄热室；3—第二蓄热室；4—换热器；5—铝吸管插孔；6—真空抬包；7—吸铝管；
8—出铝口；9—中间包；10—下流口；11—导流孔；12—增黏搅拌机；13—增黏剂加入口

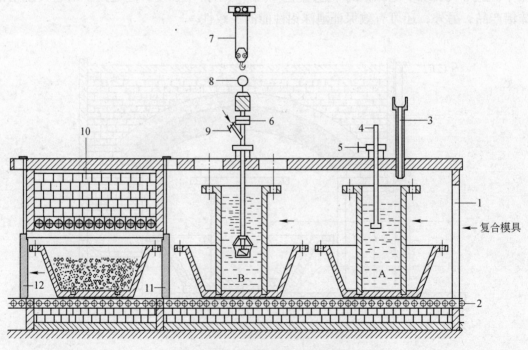

图 4 熔体半连续发泡系统示意图

1—复合模具入口；2—传送履带；3—溜槽；4—黏度传感器；5—传感器升降机；6—搅拌机；7—升降机；
8—搅拌机吊环；9—发泡剂加入口；10—发泡炉；11—发泡炉前炉门；12—发泡炉后炉门

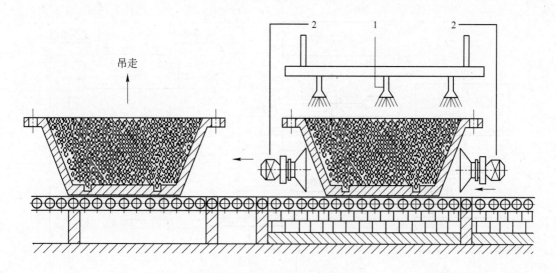

图 5　全自动冷却系统示意图

1—雾化喷淋口；2—冷却风扇

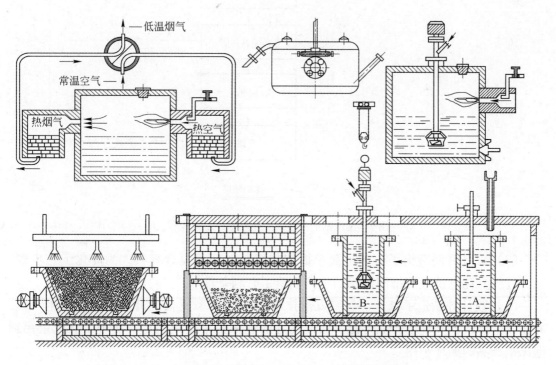

图 6　泡沫铝的全自动/半连续生产系统组装示意图

（三）技术创新点及特色

（1）开发了高效回收废杂铝及用再生铝制备泡沫铝的工业生产线，为泡沫铝的低成本制造奠定了基础，提高了废杂铝的利用附加值。

（2）研发了一种新颖缓释发泡剂及相应发泡技术，为发泡过程可控、成材率提高与减小工艺难度提供了强有力的技术支撑。

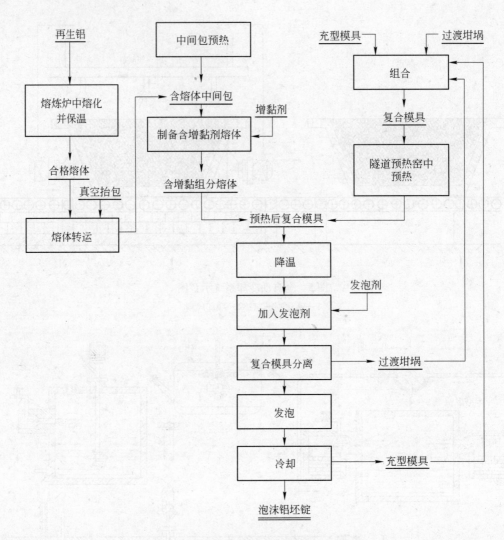

图 7　泡沫铝的半连续工业化生产工艺流程

（3）设计并制造出了一种可简单拆卸与组装的新型复合模具，为简化工艺步骤、减少过程能耗以及大规格泡沫铝的生产创造了有利条件。

（4）设计并制造了基于"缓释发泡技术"与"新型复合模具"的全自动生产线，并在该生产线上实现了产品性能一致性良好的泡沫铝半连续生产，实现了从废杂铝到泡沫铝产品的循环利用。

三、实施效果

（一）环境效益

对比分别采用再生铝和电解铝来制备泡沫铝材料，每生产 1t 电解铝需要消耗 5t 以上的铝土矿，530～550kg 炭素阳极，破坏植被 1.314m²。电解铝生产过程需要消耗多种生产资源，随着资源的日益紧张，环境治理等附加成本的不断提高，再生铝的优势日渐凸显。再生铝实际生产能耗相当于制取电解铝能耗的 5% 左右，对能源类型的需求较为综合，摆脱了铝业"价随电涨"的依赖。

该技术已建成了 120 万 m^2/a 的泡沫铝板材生产线，产品相对密度为 0.5g/cm^3 左右，以再生铝为原材料，每年至少可减少约 3 万 t 铝土矿的消耗，可以大大缓解资源紧张的压力，减少生态环境的破坏。

（二）经济效益

该技术已建成了 120 万 m^2/a 的泡沫铝生产线。表 1 列出了采用电解铝和 TiH_2 发泡剂的传统工艺和采用再生铝和缓释发泡剂的改进工艺的主要原材料成本对比。从表中可以看出，采用再生铝和新型发泡剂为原料的新型工艺，仅铝锭和发泡剂原料两项，每年就可节约成本 3716.4 万元。

表 1　不同原料和工艺条件下的成本对比

项　目	传统原料与工艺	新型原料与工艺
铝　锭	电解铝	再生铝
铝锭年需求量	6000t	6000t
铝锭价格	13000 元/t	8500 元/t
发泡剂	TiH_2	新型缓释发泡剂粉末
发泡剂需求量	90t	96t
发泡剂价格	130000 元/t	16000 元/t
总　价	8970 万元	5253.6 万元
原料成本节约数	3716.4 万元	

（三）关键技术装备

该技术的关键技术装备包括：（1）复合模具及其连续预热装备；（2）熔体熔制与分配装备；（3）熔体搅拌发泡装备；（4）全自动冷却装备。图 8～图 11 分别为这几种装备的现场示意图。

图 8　复合模具及其连续预热装备

图 9 熔体熔制与分配装备

图 10 熔体搅拌发泡装备

图 11 全自动冷却装备

（四）水平评价

该技术为具有我国自主知识产权的重大原创技术，拥有 7 项中国发明专利授权，曾获 2013 年度中国有色金属工业科学技术二等奖，成果达到国际领先水平。

四、行业推广

（一）技术使用范围

该技术所属行业为金属材料行业，主要产品为泡沫铝板材，中间产品再生铝锭也可部分作为商品出售。所有原材料国内均能生产；所选用的全部设备均由国内制造；对厂房、设备、原辅材料及公用设施等均没有特殊要求。

（二）技术投资分析

按照建设 120 万 m^2/a 的泡沫铝板材生产线统计，总投资约 2.8 亿元，可实现年销售收入 4.8 亿元，纯利润 0.8 亿元，缴纳税金 0.48 亿元，完成利税总额 1.28 亿元，投资利润率为 28.6%。

（三）技术行业推广情况分析

目前应用该技术的四川元泰达有色金属材料有限公司，于 2011 年建成了年产 120 万 m^2 泡沫铝板材的示范性生产装置，现已实现了 3 年的连续稳定经济运行。该技术可完全代替以电解铝和 TiH_2 发泡剂为原料生产泡沫铝的传统生产技术。该技术可以每年直接将 7500t 废杂铝转化为泡沫铝产品，节约电解铝约 6000t，按此份额推广应用后可产生良好的资源效益、环境效益和经济效益。

资源效益：与传统工艺技术比较，每年减少铝土矿消耗 3 万 t，炭素阳极板消耗 3300t。

环境效益：该技术可实现废杂铝的高效综合利用，工艺过程的原料可以循环使用，不产生其他废料。

经济效益：实现年销售收入 4.8 亿元，完成利税 1.28 亿元。

案例13　铝电解低电压高效节能新工艺与控制技术

——铝电解行业清洁生产关键共性技术案例

一、案例概述

技术来源：中南大学

技术示范承担单位：郑州发祥铝业有限公司

我国原铝产量占世界总产量的近一半，铝电解能耗约占全国发电总量的6%，因此铝电解生产过程节能减排是我国最为关切的重大问题之一。先进控制技术是铝电解槽迈向大型化和实现高效、低耗、低排放运行的一项关键技术，一直是国际铝业界核心技术秘密。在该案例之前的理论与实践认为，在铝电解电极材料及槽结构未实现重大改变的情况下，铝电解槽的极距（即阴、阳极间的距离）只有保持较高（一般高于4.5cm，对应槽电压高达4.1~4.3V）才能维持电解槽高效稳定运行，否则电解槽内的铝熔体（磁流体）稳定性会显著变差，从而引起电流效率显著降低，进而引起电解能耗升高或电解槽无法正常运行。因此，尽管该案例之前的控制技术取得了很高的电流效率指标，但由于走了一条"以高电压换取高电流效率"的技术路线，因此吨铝直流电耗的先进指标达到13100kW·h附近便停滞不前。该案例首次构建出3.75~3.95V低电压下电解槽高效稳定运行的工艺技术条件，并形成了铝电解低电压高效节能自动化关键技术，在国际上率先实现了铝电解低电压高效节能的重大突破。

二、技术内容与主要创新点

该项目以铝电解槽工艺和控制技术创新为主要手段，并辅以电解槽保温结构与物理场调整优化，使电解槽能在低电压（3.75~3.95V）和相对较高的阳极电流密度（0.79~0.85A/cm^2）下高效稳定运行，达到大幅降低能耗，并同时增产增效的目的。工艺流程详见图1。该技术主要将铝电解控制系统升级改造为多目标多环节协同优化与控制技术，并通过电解槽保温结构及物理场优化，同时将工艺技术条件转换为"五低三窄一高"新工艺，实现铝电解控制与工艺综合优化，达到大幅度节能降耗的目的。

该项目取得的主要技术创新点有以下几点。

（一）铝电解低电压高效节能新工艺

开发出以"五低三窄一高"（即低温、低过热度、低氧化铝浓度、低槽电压、低阳极效应系数、窄物料平衡工作区、窄热平衡工作区、窄磁流体稳定性调节区、高电

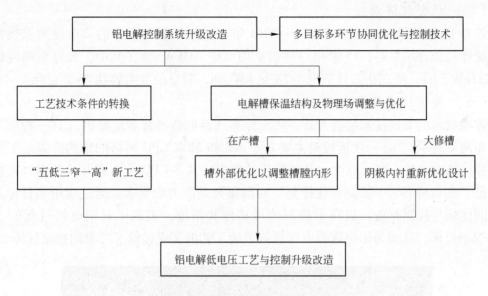

图 1　工艺技术升级改造流程图

流密度）为主要特征的铝电解低电压高效节能新工艺。其中，以"五低"追求电解过程的高电效、低电耗和低排放；以"三窄"追求电解过程的平稳性和电解槽长寿命；以"一高"追求电解过程强化增效并满足低电压下的热平衡要求。

（二）铝电解低电压高效节能临界稳定控制技术

针对低电压高效节能新工艺条件下铝电解槽的运行状态空间位于范围较窄的"临界稳定"区域的特点，提出了"临界稳定控制"思路，研发出多目标多环节协同优化控制技术，构建起基于云架构的新一代全分布式铝电解控制系统，解决了多优化目标、多环节强耦合、多参数临界稳定的控制难题。

三、实施效果

（一）主要技术经济指标

曾对 15 家提供了近三年（2011 ~ 2013 年）应用证明的用户的主要技术经济指标进行了统计，结果如表 1 所示。

表 1　主要技术经济指标及其与国内外先进指标的比较

指 标 名 称	新项目指标		新项目之前国内先进指标	国际先进指标
	用户平均指标	先进指标		
平均槽电压/V	3.89	3.74 ~ 3.85	4.10 ~ 4.25	4.10 ~ 4.30
氧化铝浓度/%	1.8 ~ 2.5	1.8 ~ 2.5	1.5 ~ 3.5	1.5 ~ 3.5
电解质温度/℃	930 ~ 940	930 ~ 940	945 ~ 955	945 ~ 955
阳极效应系数/次·(槽·日)$^{-1}$	0.02 ~ 0.05	0.02 ~ 0.05	0.05 ~ 0.3	0.02 ~ 0.05
吨铝直流电耗/kW·h·t^{-1}	12593	11819 ~ 12207	13100 ~ 13300	13100 ~ 13300

（二）社会经济效益

曾对15家提供了近三年（2011～2013年）应用证明的用户的节电效果及效益进行了统计。统计结果是：15家用户吨铝平均节电703kW·h（其中，最好系列吨铝节电1237kW·h）；近三年共计节电54.8亿kW·h，对应的节电效益26.2亿元。

（三）关键技术装备

该项技术的关键技术装备为新一代全分布式铝电解槽智能控制机（其一种型号的外观如图2所示）。新一代槽控机主要基于ARM9和多CPU网络的结构，满足了用户对槽控机高安全性、高可靠性、高性价比的要求，其多CPU分布式并行数据处理能力可满足"多目标多环节协同优化控制"对数据处理能力的要求。通过应用多目标多环节协同优化与控制算法，提高了控制的可靠性和精度，实现了对铝电解过程的"三窄"控制目标，从而为铝电解低电压高效节能工艺的实现提供了可靠的控制保障。

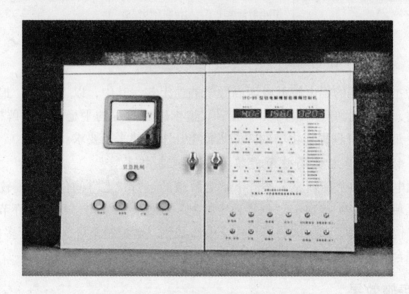

图2 新一代全分布式铝电解槽智能控制机

（四）核心知识产权

该项技术成果包含国家授权发明专利7项，软件著作权1项。

（五）水平评价

（1）两项标志性成果"预焙铝电解槽电流强化与高效节能综合技术的开发及应用"和"铝电解槽低电压高效节能新工艺与临界稳定控制技术的开发及应用"分别于2010年5月25日和2012年3月10日通过了中国有色金属工业协会组织的科技成果鉴定，由邱定蕃院士和张国成院士等组成的专家组给予了高度评价，两次鉴定均给出了"整体技术达到国际领先水平"的鉴定意见。鉴定意见认为，"该项目研发了可大幅降低槽电压的高效节能型铝电解新工艺及配套的临界稳定控制技术"，"该成果已实现了工业应用，整体技术达到国际领先水平"。两项标志性成果分别获得了2010年度中国有色金属工业科学技术一等奖和2013年度教育部科技进步一等奖。

（2）2010 年 4 月 10 日国家铝冶炼工程技术研究中心对该项目的用户之一（郑州龙祥铝业）的 180kA 级电解槽能量效率进行现场检测，其检测主要结论：依据电流效率测试和能量平衡测算，吨铝液平均直流电耗达到 12406kW·h。

（3）该项目主要研发成员多次在国内外学术交流平台和中国有色金属工业协会主办的成果发布会和技术研讨会上作主题发言或特邀报告，并受邀到众多铝电解企业作专题报告，受到国内外学术界与铝工业界的高度关注。

四、推广应用情况

（一）技术使用范围

该技术可在我国所有的铝电解槽型和生产系列上推广应用，既可以用于新建铝电解系列，也可以用于对已有铝电解系列升级改造（无须停槽改造）。

因此，该技术的推广应用具有其他技术难以比拟的优势：

（1）可以在不停产的条件下进行推广；

（2）全国 70% 以上铝电解企业使用的铝电解控制系统是中南大学学科性公司所生产的产品，而该项目进行的技术推广恰恰以控制系统升级（配以工艺调整）为主要手段，因此具有投资省、见效快的显著特点。

鉴于上述优势，中南大学有信心加速成果的推广应用，为我国铝行业的节能减排做出新的贡献。

（二）技术投资分析

按照新技术在一个年产 20 万 t（共 182 台槽）的 400kA 铝电解生产系列上推广应用进行项目投资预算：技术推广需要的投资分摊到每台电解槽不高于 5 万元，主要是铝电解控制系统的升级改造、工艺技术条件调整以及可能的电解槽保温结构调整等新增费用。

因此，按照每台槽分摊投资最高 5 万元计算，20 万 t 400kA 铝电解槽系列（共计 182 台槽）共计投资不超过 910 万元；按照 20 万 t 产能应用新技术达到吨铝节电 700kW·h 进行估算，年节电总额：20 万 t×700kW·h/t=1.4 亿 kW·h；即使考虑到项目实施可能需要几个月的技术调整期，项目投资回报期一般也不超过一年。

（三）社会经济效益

如果在全国推广应用，按平均吨铝节电 700kW·h 和全国原铝产量 2026 万 t（2012 年）计，年节电总额可达 140 亿 kW·h 以上，折合节约标煤 490 万 t，当量 CO_2 减排 1323 万 t，节电直接效益可达 70 亿元以上。

案例 14　重金属冶炼含砷固废治理与资源化利用关键技术

——砷治理与有价金属回收行业清洁生产关键共性技术案例

一、案例概述

技术来源：中南大学

技术承担单位：郴州金贵银业股份有限公司

我国是受砷污染最为严重的国家之一，全国 1/3 的省份已出现了严重的地方性砷中毒，砷污染事件频发。有色金属冶炼是我国最主要的砷污染源，年排放砷近 4 万 t，占全国砷排放总量的一半以上，排放的砷 90% 以上以含砷烟尘、阳极泥等固体废物形态赋存。这类含砷固废大多伴生有一定量的锑、铋等有价金属，传统治理与利用方法存在资源利用率低、二次污染严重等问题，其污染防治也困难。因此，对有色金属冶炼过程含砷固废污染防治和安全处置，就成为我国有色金属冶炼和环境保护行业的重大技术难题。

根据《重金属污染综合防治"十二五"规划》，《砷污染防治技术政策》要求，面向有色金属行业含砷固体高效治理与利用技术瓶颈，以砷主要污染源铜、铅、锑、银等有色金属冶炼生产为主要研究对象，围绕污染物高效脱砷、有价金属梯级回收等一系列关键技术创新，中南大学开发了成套的新工艺和装备，实现含砷冶炼物料的无污染回收和利用。

根据基础理论和工艺研究成果，通过工程技术集成和优化设计，完成了含砷物料处理的产业化示范，As 源头脱除率 97.42%；臭葱石沉淀、热压固砷块、微晶胶凝固砷块浸出毒性低于危险废物鉴定标准，彻底消除了砷的无序分散对生态环境污染；有价金属回收率较现有工艺大幅提高，其中 Au、Ag 回收率提高 0.5%，Cu、Bi、Pb 回收率均大于 95%，锑入烟灰率达到 94.1%，其中 71.2% 为 0 号锑白、22.88% 入烟灰，锑白含氧化锑大于 99%。如果在全国铅冶炼行业推广该技术，全国范围内每年可减排 As 1.68 万 t，对全国的砷污染防治意义深远；另外每年可多回收 Ag 787.5t、Cu 5250t、Pb 17062.5t、Sb 3.325 万 t，累计经济效益超过 50 亿元，经济效益非常可观。该研究为我国高砷多金属复杂物料的清洁利用提供共性技术，提升了我国高砷多金属复杂物料无害化、高值资源化利用水平。

2010 年金贵公司建成 2000t/a 含砷物料处理产业化示范，2013 年建成 10000t/a 含砷物料处理工程。该技术现已在湖南郴州丰越有色金属冶炼有限公司、湖南永州福嘉有色金属有限公司等推广使用，提升了我国高砷多金属复杂物料无害化、高值资源化利用水平，促进了我国高砷多金属固废清洁处理技术的发展。

二、技术内容

（一）基本原理

通过高选择性捕砷剂的筛选应用，强化高砷多金属复杂物料脱砷过程，抑制铅、锑、铋等有价金属的溶出，实现砷的源头捕集，避免砷在中间物料和副产物中的分散，并提高有价金属的回收率；砷富集液中的砷形成稳定的臭葱石形态沉淀；含砷固废通过热压熔融制备类水晶固化体，最终实现砷的无害化和资源化处理；通过氯盐体系控电位浸出实现脱砷渣中铋、铜与铅、锑等低熔点金属的高效分离，进而利用铋、铜水解 pH 值差异进行分步回收，高铅物料中的铅、银、锑则通过低温富氧熔池熔炼进行回收利用。

（二）工艺技术

与传统技术（工艺流程见图 1）比较，该技术（工艺流程见图 2）在脱砷、固砷、有价金属回收等方面均实现了较大的改进和提升。采用自行研发的选择性脱砷剂为原料，在高压富氧条件下对含砷物料进行选择性脱砷处理。反应完成后，脱砷液经亚铁

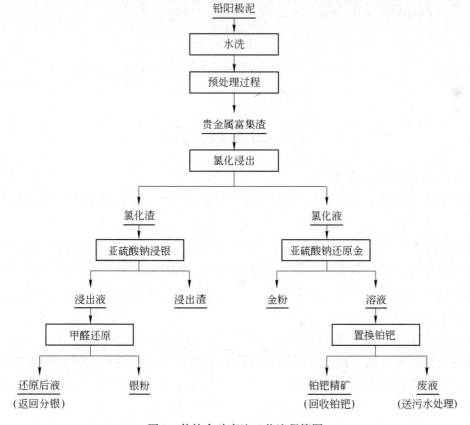

图 1　传统含砷废渣工艺流程简图

盐空气氧化法处理，砷转变为稳定的臭葱石得以分离，臭葱石经过机械力固化、热压熔融等固化处理后，制备成稳定的高密度固砷体。脱砷渣经过氯盐浸出、分步水解及低温熔池熔炼技术，可分别回收废渣中的铅、银、铋、锑等有价金属。

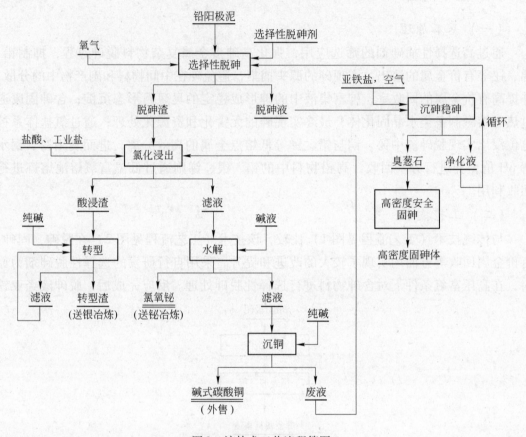

图2 该技术工艺流程简图

（三）技术创新点及特色

该成果重点围绕重金属冶炼含砷固废的治理与高值、安全利用技术展开创新性研究。研制了高选择性捕砷剂，发明了高压富氧强化选择性脱砷新工艺；发明了高砷废液在宽 pH 值条件下形成稳定臭葱石晶体的固砷新方法，研发了含砷固废热压熔融制备类水晶固化体的固化新技术，开发了微晶化解毒-胶凝固砷新工艺，形成了满足各种固砷需求的系列技术；发明了无砷物料有价金属梯级分离新工艺。通过技术难点解决，实现了以下技术创新：

（1）针对含砷危险废物处置难题，发明了高砷废液在宽 pH 值条件下形成稳定臭葱石晶体的固砷新方法，提出并研发了含砷固废热压熔融制备类水晶固化体的固化新技术，开发了微晶化解毒-胶凝固砷新工艺，形成了满足各种固砷需求的系列技术。

（2）开发了碱性介质高压富氧选择性脱砷新技术，选择性脱砷率比常规工艺高出40%以上；提出了脱砷后物料多金属梯级分离新技术途径，研发了无砷多金属物料电位调控法提取锑、铋新工艺，锑的回收率达到 90% 左右，铋的回收率在 96% 以上。

三、实施效果

（一）环境效益

与国内外现有砷固废治理与利用先进方法相比（表1），该技术脱砷、固砷、清洁回收等技术经济指标均优于国内外现有技术。目前，该技术在我国 10 多家铜、铅、锑有色金属冶炼企业推广应用。近三年清洁利用与安全处置含砷固废 16 万 t，其中固砷 1.2 万 t，减排回收砷约 3000t；固砷体体积仅为固化前的 35%，实现了砷的高密度集中安全处置，环境效益显著。

表1　有色金属冶炼含砷固废治理与利用技术经济指标对比

处理工序	脱砷指标	美国肯尼科特湿法处理（Kennecott）	瑞典波利顿火法处理（Boliden）	该技术
有价固废脱砷	脱砷条件	常温酸浸	火法处理	高压富氧碱浸
	砷脱除率/%	>85	70	97.42
	选择性脱砷效果	锑、铜与砷分离难	砷、锑分离困难	砷选择性分离
无价危废固砷	砷固化指标	传统水泥固化法		该技术
	固化时间/天	7~20		<20h
	固化剂/固废量/%	20~50		5~10
	固化体含砷量/%	<15		27.1
	增容比	1.8~2.2		1.2~1.4
	浸出毒性/mg·L^{-1}	<3.0		<0.36
	安全处置成本（填埋）/元·t^{-1}	300（2000）		270
固废清洁利用	金属回收指标	美国肯尼科特湿法处理（Kennecott）	瑞典波利顿火法处理（Boliden）	该技术
	铋回收率/%	80.0~95.0	—	>95.0
	锑回收率/%	15.0~25.0	69.1	>95.0

（二）经济效益

该技术已建成的 2000t/a 示范工程，建设投资为 3146.99 万元，流动资金为 6937.07 万元，项目总投资为 10084.06 万元。该项目建成后，可取得较好的经济效益。项目达产后，可实现营业收入 62948.82 万元/a，缴纳营业税金及附加 82.52 万元/a，利润总额 2498.62 万元/a，所得税 624.65 万元/a，净利润 1873.96 万元/a；项目投资财务内部收益率为 23.58%（税后），项目资本金财务内部收益率为 23.58%，总投资收益率为 24.78%，项目资本金净利润率为 18.58%，投资回收期为 5.93a（税后）。

（三）关键技术装备

该技术的关键装备包括：（1）高压富氧选择性脱砷装置（图3）；（2）重金属废渣机械力解毒-胶凝固化装置（图4）；（3）氯化浸出-分步水解-低温吹炼技术装备。

图3　高压富氧选择性脱砷装置　　　　　图4　含砷废渣固化装置

（四）水平评价

该技术获授权发明专利19项，项目成果列入《国家先进污染防治示范技术名录》，有包括五位院士的同行鉴定专家认为，项目工艺技术居国际领先水平。

四、行业推广

（一）技术使用范围

含砷固废治理与安全处置已成为我国环保领域和有色金属行业的重要任务。该技术主要应用于有色金属、化工生产过程中产生的含砷固废的治理与资源化。主要处理对象包括铜、铅、锌等重金属冶炼过程产生的含砷烟尘、阳极泥、含砷污酸淤泥等。该技术可对含砷冶炼中间物料进行有效回用及科学安全的处置，可达到保护环境、充分利用资源的目的。

（二）技术投资分析

按照年处理2000t含砷物料规模估算，该项目需建设投资为3146.99万元，流动资金为6937.07万元，项目总投资为10084.06万元。该项目建成后，可取得较好的经济效益。项目达产后，可实现营业收入62948.82万元/a，缴纳营业税金及附加82.52万元/a，利润总额2498.62万元/a，所得税624.65万元/a，净利润1873.96万元/a；项目投资财务内部收益率为23.58%（税后），项目资本金财务内部收益率为23.58%，总投资收益率为24.78%，项目资本金净利润率为18.58%，投资回收期为5.93a（税后）。

（三）技术行业推广情况分析

湖南郴州金贵银业公司联合中南大学、长沙有色冶金设计研究院有限公司，2010年配套投资建成2000t/a含砷物料高效利用工程示范线，2013年建成10000t/a含砷物料处理生产线，2012年建成高砷固废处置工程。该技术已在我国10多家铜、铅、锑冶炼龙头企业大规模推广应用。

资源效益：该技术推广实施后，我国锑资源可利用量提高 30%以上，为紧缺战略金属资源可持续利用提供支撑。

环境效益：脱砷固废有价金属回收工艺冶炼温度可降低 300℃以上，能耗降低 20%~30%，实现了节能减排。该技术解决了含砷固废高效治理与深度利用技术难题，极大地推动了重金属污染防治技术的进步，带动了资源综合利用及环保产业的发展。

经济效益：该技术极大推动含砷固废有价金属回收的"绿色"转型，创造无砷害有价金属清洁回收的经济效益。以铅冶炼行业推广为例，全国矿产铅年产能按 350 万 t 计，每年铅阳极泥产量为 10.5 万 t 左右，其中平均含金 0.1%、银 8%、砷 10%、铋 10%、铜 5%、铅 15%、锑 25%。以 2013 年金属平均价格计算，采用该技术后，仅铅冶炼行业就可实现绿色产值近 650 亿元；还有铜、镍冶炼阳极泥，冶炼烟灰等含砷固废的清洁利用，其潜在经济价值至少 1500 亿元。

案例15 可资源化活性焦干法烟气脱硫技术

——铜冶炼行业清洁生产关键共性技术案例

一、案例概述

技术来源：上海克硫环保科技股份有限公司

技术示范承担单位：紫金铜业有限公司

铜冶炼原料精铜矿含硫率较高，由于冶炼工艺技术的限制，冶炼过程中散发到厂房的烟气经集气装置收集（环境集烟）起来后，气量大、含SO_2浓度低、不适宜于制酸回收，必须经深度脱硫处理后才能做到达标排放；冶炼烟气制酸后的尾气（硫酸尾气），为了进一步对SO_2排放总量进行控制，也必须经深度脱硫处理。

公司在初步设计中对环境集烟拟采用氧化镁法脱硫、对硫酸尾气拟采用石灰-石膏法脱硫，相应环境影响评价文件已经过环保部批复（环审〔2008〕473号）。这两种脱硫工艺均属传统的湿法脱硫，SO_2经脱硫工艺转移到硫酸镁渣和脱硫石膏渣中废弃，虽然做到烟气达标排放，但并未对烟气中的硫资源加以回收利用，产生了大量脱硫废渣，有可能造成二次污染，需要进行二次处理。

公司非常重视清洁生产工作，在主体工程建设过程中，经与上海克硫环保科技股份有限公司多次沟通交流，组织专家对氧化镁法脱硫、石灰-石膏法脱硫与活性焦干法脱硫进行调研和对比分析，结合公司的实际情况，决定建设两套活性焦干法脱硫装置（图1），分别取代环境烟气的氧化镁法及制酸尾气的石灰-石膏法湿法脱硫装置，将两套活性焦脱硫塔解析出来的高浓度SO_2并入冶炼烟气中，送到制酸装置中转化成成品硫酸，在提高脱硫效率的同时，实现对硫资源的深度回收利用，在不增加制酸装置投资的情况下，增加硫酸的产量。变更环评已取得环保部批复（环审〔2011〕293号）。

该项目于2011年11月开工建设，已于2013年6月建成，完成实际投资额9220万元。经中国环境监测总站进行项目竣工验收监测并出具监测报告，脱硫效率达到93%，已于2014年1月21日取得环保部验收批复（环验〔2014〕5号）。

可资源化活性焦干法脱硫技术与装备，国外从20世纪80年代开始工业应用，国内从"十五"期间开始研究和小试，在"十一五"期间中试成功，在该案例前尚未应用于大型工业项目。

该项目是可资源化活性焦干法脱硫技术与装备在大型工业项目中成功案例，表明上海克硫环保科技有限公司的技术和装备先进、可靠，具备在行业中推广的条件。

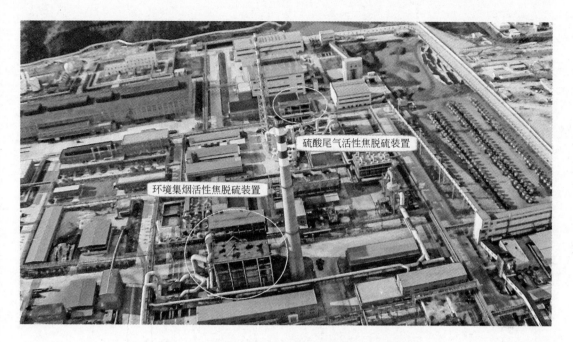

图 1　环境集烟和硫酸尾气活性焦脱硫装置鸟瞰图

二、技术内容

（一）基本原理

活性焦吸附污染物时有两种作用机理，一种为物理吸附，一种为化学吸附。活性焦脱硫系统由烟气系统、吸附系统、解析系统、活性焦储存及输送系统、硫回收系统等组成。活性焦吸附 SO_2 后，在其表面形成硫酸存在于活性焦的微孔中，降低其吸附能力，可采用洗涤法和加热法再生。再生回收的高浓度 SO_2 混合气体送入硫回收系统作为生产浓硫酸的原料。

（二）工艺技术

活性焦烟气脱硫是一种可资源化的干法烟气净化技术。该技术利用具有独特吸附性能的活性焦对烟气中的 SO_2 进行选择性吸附，吸附态的 SO_2 在烟气中氧气和水蒸气存在的条件下被氧化为 H_2SO_4 并被储存在活性焦孔隙内；同时活性焦吸附层相当于高效颗粒层过滤器，在惯性碰撞和拦截效应作用下，烟气中的大部分粉尘颗粒在床层内部不同部位被捕集，完成烟气脱硫除尘净化。

活性焦脱硫原理及工艺简图如图 2 所示。

活性焦脱硫技术在脱硫过程的再生工段获得富含 SO_2 的高浓气体，干基体积比达 20%～30%，比以硫磺或硫铁矿为原料生产的气体更好利用，以其为原料，采用现有的成熟工艺，可生产出多种含硫元素的商品级产品，其转化产品的运用范围，涉及国民经济各个领域。

活性焦脱硫装置由烟气系统、SO_2 吸附脱除系统、活性焦再生系统、物料输送系

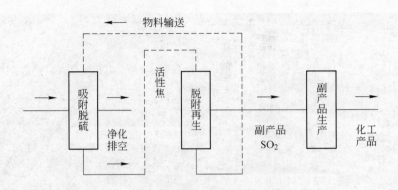

图2　变更活性焦脱硫技术工艺流程

统、除尘系统等组成。

环境集烟原计划采用氧化镁法脱硫，其工艺过程包括吸收剂浆液制备、SO_2 吸收、饱和浆液的浓缩和干燥、脱硫剂再生等，如图3所示。

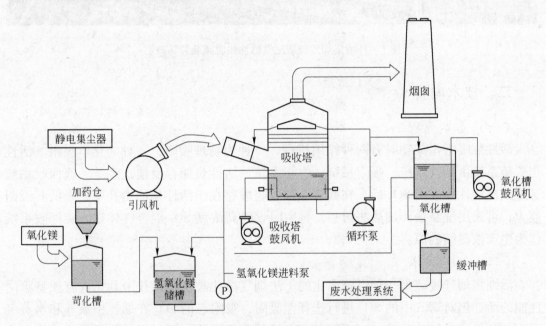

图3　氧化镁法脱硫工艺流程图

氧化镁法脱硫普遍存在管道及阀门堵塞问题，影响系统稳定运行和开工率。平均脱硫效率可达80%以上，基本可以满足铜冶炼企业烟气尾气脱硫的排放要求。

硫酸尾气原计划采用石灰-石膏法脱硫，其主要包括吸收剂制备系统、烟气吸收及氧化系统、石膏脱水及贮存系统，如图4所示。

石灰-石膏法脱硫最终产物为石膏。脱硫系统含氯离子酸性废水连续排放，产生脱硫石膏副产物，还产生粉尘污染。同时每脱除1摩尔 SO_2 要有等摩尔的 CO_2 增量排放。脱硫装置占地面积相对较大，吸收剂运输量较大，运输成本较高，副产物脱硫石膏处

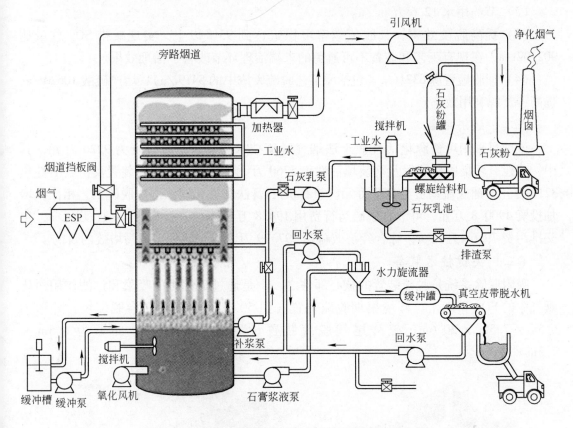

图4　石灰石-石膏法工艺流程图

置困难。

（三）技术创新点

（1）氧化镁法、石灰-石膏法均会产生大量脱硫废渣，而活性焦脱硫工艺不会产生废渣。由于新工艺不产生废渣，没有必要建设废渣堆场，节省了大量建设用地。

（2）氧化镁法、石灰-石膏法均为湿法工艺，消耗大量水资源，而活性焦脱硫工艺为干法工艺，基本不消耗水资源。

（3）活性焦干法脱硫技术具有适应性强的特点，适合处理烟气流量和SO_2浓度波动较大、成分复杂的烟气，收尘及脱硫效果显著，各项技术指标合格，同时具有脱硝、脱除重金属、脱二噁英和除尘等集成净化功能，所产生的废弃物极少，无二次污染，可回收硫资源，基本不消耗工艺水，节水效果十分明显。

三、实施成果

（一）环境效益

（1）采用可循环使用的活性焦为脱硫剂，减少使用脱硫剂氧化镁粉1325t/a和石灰石3645t/a，从源头上避免了硫酸镁渣3600t/a、脱硫石膏6300t/a的产生，合计减排固废达9900t/a，从源头削减了污染。

（2）节约用水 12.6 万 m³/a。

（3）提高脱硫效率，其脱硫效率可稳定达到 93% 以上，实现减排 SO₂ 总量达 902.02t/a，在现有工艺和装备不可避免的末端治理环节改善了治理效果。

（4）回收硫资源 6321t/a（包括原工艺脱硫废渣中的 5419t/a），增产硫酸 10620t/a，提高了资源利用效率。

（二）经济效益

该项目采用可资源化活性焦干法烟气脱硫技术与装备，总投资为 9220 万元，其中，土建、环集脱硫装置及初装填活性焦 5760 万元，硫酸尾气脱硫装置及初装活性焦 3210 万元，铺底流动资金 250 万元。与石灰-石膏法和氧化镁法湿法脱硫工艺相比，增加投资 4900.8 万元，可节省脱硫运行费用 194.8 万元/a，节省水费 23.31 万元/a，免交排污费 79.68 万元/a，综合经济效益达 297.79 万元/a，达到了减污增效的目的。

（三）关键技术装备

吸附脱除系统是脱硫装置的核心部件之一，是通过活性焦的吸附和过滤作用净化烟气中的 SO₂ 和烟尘。环境集烟脱硫装置（图 5）3 系列设置 9 台脱硫塔，外形为 6.5m × 7.5m × 20.6m；硫酸尾气脱硫装置设置 2 台脱硫塔，外形为 6.5m × 7.5m × 18.6m。

图 5　环境集烟和硫酸尾气活性焦脱硫装备

活性焦再生系统完成脱硫塔吸附 SO₂ 后活性焦的再生恢复活性，并收集再生过程中产生的富含 SO₂ 的气体。环境集烟脱硫装置 3 系列各设置 1 台再生塔，硫酸尾气脱硫装置设置 1 台再生塔。

该项目所用脱硫塔、再生塔和星形卸料器均为上海克硫环保科技股份有限公司专利设备。

（四）水平评价

国外活性焦干法脱硫技术于 20 世纪 60 年代开始开发，并于 20 世纪 70 年代进行工业示范，20 世纪 80 年代开始工业应用。国内活性焦烟气脱硫技术的研发是从"十五"期间"863"计划《可资源化烟气脱硫技术》项目开始的。

该项目所用技术与装备由上海克硫环保科技股份有限公司（简称"上海克硫"）自主研发，具有完全自主知识产权，涉及 13 项专利权。

（1）ZL021125791 一体化错流移动式净化装置；

（2）ZL021125783 一体化逆流移动式净化装置；

（3）ZL021125805 活性焦移动解吸装置；

（4）ZL2007200332869 固体物料旋转阀；

（5）ZL2007200332873 旋转卸料器；

（6）ZL2009100573479 活性焦移动脱附装置；

（7）ZL2009102156723 一种高效低阻的错流式移动床脱硫塔；

（8）ZL2009200739821 一种用于回收活性焦的设备；

（9）ZL2011204451384 一种活性焦烟气脱硫脱硝系统；

（10）ZL2012200721783 换热型活性焦净化再生处理系统；

（11）ZL2012200726698 热能综合利用型活性焦净化再生处理系统；

（12）ZL2012200726768 简易换热型活性焦净化再生处理系统；

（13）ZL2013204226830 一种错流式双级移动床活性焦废气集成净化塔。

上海克硫继承了"十五"期间"863"课题的全部研究资源、人才队伍以及全部成果与知识产权，完成了国家"十一五"期间"863"课题研究工作，又承担了"十二五"期间"863"课题——工业锅炉活性焦干法脱硫脱硝脱汞技术与示范的科研项目，被认定为上海市高新技术企业，2011 年 6 月获得"中国最佳自主创新企业"称号。

四、行业推广

示范技术与装置在我公司的建设和运行经验表明，可资源化活性焦干法烟气脱硫技术拥有完全自主知识产权，技术先进成熟，装置运行可靠，自动化程度高，节约建设用地，大幅度减少了水资源消耗，环境效益明显，实现了硫资源的回收利用，经济可行，具备在全行业推广的条件。

（一）技术适用范围

基于示范技术与装置的建设和运行经验的基础上，可资源化活性焦干法烟气脱硫技术与装备可以在铜冶炼等有色金属行业推广应用，还可以推广到大型钢铁烧结烟气和大机组锅炉烟气的脱硫技术项目上。

适用于厂内副产物二氧化硫可回收利用的企业，若建设用地有限，水资源紧张则更加适合。

（二）技术投资分析

可资源化活性焦干法烟气脱硫技术与装备工艺流程简单，活性焦廉价易得，再生过程中副反应少。

上海克硫环保科技股份有限公司承担了该技术领域的"十二五"期间"863"课题，所拥有的专利技术与装备可有效解决活性焦变脆、微孔堵塞等问题，并朝着脱硫、脱硝、脱汞等集成净化方向发展，满足"十二五"规划中脱硫、脱硝并重的要求，可有效控制汞等重金属污染问题。

与示范装置相近规模的投资规模约为 1 亿元。推广的条件是进一步降低项目的一次性建设投资。显而易见的是，随着推广应用的普及，必然分摊研发成本，进而降低一次性投资。或在具备国家买断条件时，一次性投资也将大幅度降低。

投资风险主要是一次性投资额较高，政府专项资金和财税政策应给予扶持。

（三）技术行业推广情况分析

依据《关于征求〈有色金属行业重点推广、示范和研发的清洁生产技术〉意见的函》（中色协科函字〔2014〕31 号），可资源化活性焦干法烟气脱硫技术与装备目前行业普及率在 5% 左右，预计 2020 年行业普及率将达到 10%，减少二氧化硫排放约 1.2 万 t，脱硫效率达到 93%，投资 9 亿元。

若在全行业推广采用可资源化活性焦干法烟气脱硫技术与装备，脱硫效率从传统脱硫工艺的平均 80% 提高到新技术、新工艺和新装备的 93% 以上，则 SO_2 排放量从产生量的 20% 下降到 7% 以下，可取得减排 SO_2 总量的 65% 以上的效果，即全行业减排 SO_2 总量达 16.6 万 t/a 以上。

案例 16 基于碱性萃取技术的钨湿法冶金清洁生产技术
——钨湿法冶金行业清洁生产关键共性技术案例

一、案例概述

技术来源：中南大学

技术示范承担单位：湖南郴州钻石钨制品责任有限公司

钨、钨合金和钨化合物广泛应用于国防工业、航空航天、机械制造、石油钻探、特种钢、新材料、催化剂等，不仅在民用工业中占有重要的地位，而且是国防领域不可缺少的战略金属。我国是世界上钨资源最为丰富的国家，钨产量及出口量均居世界首位，对世界钨市场有不可替代的主导作用。钨的提取主要采用湿法冶金工艺，目前我国主要采用"苛性钠高压浸出-离子交换（酸性萃取）"工艺生产仲钨酸铵（APT）。

目前工业上广泛采用的离子交换法能在转型的同时除去 P、As 和 Si 等杂质，具有流程短、钨收率高的优点，在我国获得了广泛的应用。但该工艺要求控制较低的吸附原液 WO_3 浓度，因而耗水量和废水排出量巨大，生产每吨 APT 约排放 $100m^3$ 废水，废水中 P、As（$10\sim20mg/L$）和氨氮（$200\sim500mg/L$）含量均超过国家废水排放标准。酸性萃取工艺废水排放量相对较少，但其萃余废水排放量仍达 $20m^3/t$ APT 以上。萃取过程在酸性介质（pH 值为 $2\sim3$）中进行，需消耗无机酸中和钨矿碱浸出液中的游离碱并使之转化为萃余液中的无机盐，萃余液含有的氨氮（$1000\sim4000mg/L$）、As（$10\sim20mg/L$）等远超过国家废水排放标准。另外，酸性萃取工艺仅起转型作用而不能除去 P、As 和 Si 等阴离子杂质，流程中需要沉淀除杂工序，过程不仅伴随有钨的损失且产生的磷砷渣是危险固废。

另外，国内均采用氢氧化钠分解钨矿，该方法处理黑钨矿效果良好，但处理白钨矿及黑白钨混合矿时需要高温高碱等苛刻条件，分解率不高，资源利用率偏低。

针对传统工艺存在的上述问题，中南大学稀有金属冶金研究所开发了基于碱性萃取技术的"碱分解-碱性萃取"钨湿法冶金清洁生产工艺。该工艺萃取过程实现了从钨矿苏打（或苛性碱）浸出液中直接萃钨制取钨酸铵溶液，能在转型的同时实现杂质 P、As、Si 的高效去除；开发了萃余液返回浸出技术和抑制杂质浸出技术，形成"浸出-萃取"工序中的水和碱的闭路循环。过程没有酸的消耗，碱的理论消耗为零，WO_3 损失显著降低，从源头上实现了废水大幅度减排，能够实现钨湿法冶金过程废水的近零排放。

该技术工业实施与运行结果表明：相对于处理白钨矿的"苛性钠高压浸出-离子交换（或酸性萃取）"的传统工艺，新工艺 WO_3 收率提高 1.0% ~ 1.5%，碱耗下降90%以上，废水减排 90% ~ 95%，加工成本下降30%以上。新技术不仅适用于处理白钨矿，还适用于黑钨矿、黑白钨混合矿以及钨的二次资源如含钨废催化剂，废旧硬质合金等。

该技术从生产源头解决了钨湿法冶金的世界性环保难题，获得了国内外钨冶金行业企业的广泛认可，解除了钨冶金可持续发展困扰，对推进我国绿色产业革命具有重要的引领和带动作用。

二、技术内容

（一）基本原理

钨矿物资源或二次资源经 Na_2CO_3 或 $NaOH$ 高压或常压浸出获得 Na_2CO_3 或 $NaOH$ 体系的含有 P、As、Si 等杂质的钨酸钠溶液。采用季铵盐（如 N263）为萃取剂从碱性的钨酸钠溶液中直接优先萃取钨制取纯钨酸铵溶液。季铵盐萃取 WO_4^{2-} 的能力强于萃取 PO_4^{3-}、AsO_4^{3-} 和 SiO_3^{2-} 的能力，因而季铵盐优先萃取钨而将杂质 P、As 和 Si 留在萃余液中，从而实现 WO_4^{2-} 与 PO_4^{3-}、AsO_4^{3-} 和 SiO_3^{2-} 等杂质阴离子的分离。萃余液主要为含有少量杂质 P、As 和 Si 的 Na_2CO_3-$NaHCO_3$ 或 $NaOH$-Na_2CO_3 溶液，该溶液经过加石灰转化后变成相应的 Na_2CO_3 或 $NaOH$ 溶液，然后返回到钨矿的碱浸出工序，同时在浸出过程中加少量特效试剂抑制 P、As 和 Si 的浸出，避免杂质在浸出液中的积累，实现浸出-萃取工序的闭路循环，从而从根本上实现废水的减排和碱的回收。

（二）工艺技术

与传统的"苛性碱浸出-离子交换（酸性萃取）工艺"（工艺流程见图1、图2），基于碱性萃取技术的钨湿法冶金清洁生产新工艺（工艺流程见图3）在化学试剂消耗、WO_3 收率、废水排放等方面均实现了显著提升。

该工艺采用苏打高压浸出白钨矿，苛性碱高压浸出黑钨矿。苏打高压浸出白钨矿具有钨分解率高的优势，渣含 WO_3 小于 0.2%，较苛性碱高压分解白钨矿提高 WO_3 收率 0.5% ~ 1.0% 以上。无论是白钨矿经苏打高压浸出得到的含 Na_2CO_3 的 Na_2WO_4 溶液还是黑钨矿经苛性钠浸出后得到的含 $NaOH$ 的 Na_2WO_4 溶液，均可通过碱性萃取工艺在转型的同时除杂，获得用于制取 APT 产品的纯钨酸铵溶液。萃取过程中 W、Mo 进入有机相，杂质 P、As、Si、Sn 等留在萃余液中实现与钨的分离。负载有机相经纯水洗涤后用 $NH_4HCO_3 + NH_4OH$ 混合溶液进行反萃，得到含钼的钨酸铵溶液，经净化除 Mo 工序后得到的纯钨酸铵溶液送蒸发结晶制取 APT 产品。蒸发结晶过程中产生的 NH_3 与 CO_2 经冷凝回收后补加 NH_4HCO_3 作为反萃剂。处理白钨矿苏打浸出液得到的萃余液可用石灰将其中的少量 $NaHCO_3$ 转化为 Na_2CO_3 后返回苏

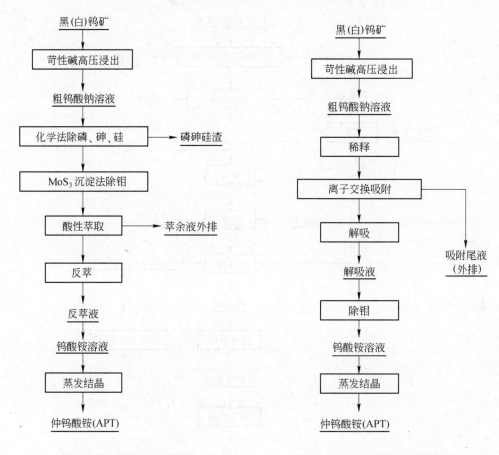

图 1　苛性钠高压浸出-酸性萃取工艺　　　图 2　苛性钠高压浸出-离子交换工艺

打压煮工序；处理黑钨矿苛性钠浸出液得到的萃余液可用石灰将其中的 Na_2CO_3 转化为 NaOH 后返回苛性钠压煮工序。由于萃取过程的萃余液能返回浸出，萃取过程 WO_3 基本没有损失，该过程 WO_3 收率较酸性萃取或离子交换过程提高 1%左右。

　　碱性萃取过程与苏打或苛性钠高压浸出联合使用，对矿源适应性好，WO_3 收率高，废水排放大幅度减小。新工艺以钨矿的苏打或苛性钠浸出液为原料制取钨酸铵溶液，在转型的同时能分离 P、As、Si、Sn 等杂质，萃余液经石灰转化处理后能返回浸出。新工艺在"苏打（苛性钠）高压浸出-萃取"2 个工序中形成水相的闭路循环，水、Na_2CO_3（NaOH）均能循环使用，过程不消耗无机酸，过程的理论碱耗为零，消除了专门的沉淀除 P、As、Si 工序，流程短，WO_3 收率高，化学试剂消耗和废水排放大幅度减小（甚至可以实现废水的零排放），加工成本大幅度下降，经济效益和环境效益明显，是一典型的低成本清洁生产工艺。

　　（三）技术创新点及特色

　　与传统钨湿法冶金提取工艺比较，该技术创新点及特色见表 1。

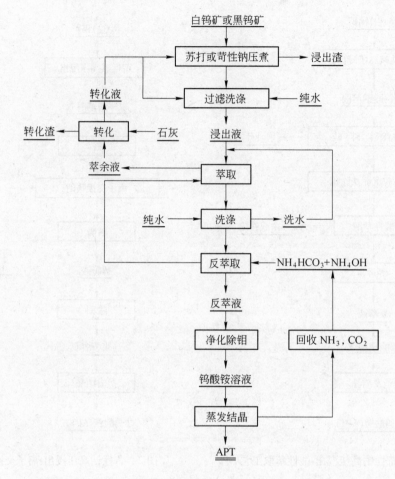

图3 基于碱性萃取技术的钨湿法冶金清洁生产新工艺流程图

表1 技术创新点及特色

序号	技术创新点及特色
1	开发了季铵盐从钨矿苏打（或苛性碱）浸出液中直接萃取钨制取钨酸铵溶液新技术，实现了萃余液的转化及返回浸出，同时在浸出过程中加入特效试剂抑制P、As和Si等杂质的浸出，避免杂质在浸出液中的积累，形成"浸出-萃取"工序中的水和碱的闭路循环，建立了基于碱性萃取技术的钨湿法冶金清洁生产工艺成套技术。过程没有酸的消耗，碱的理论消耗为零，从源头上实现了废水大幅度减排
2	萃取过程不仅实现了钨酸钠溶液向钨酸铵溶液的转型，而且实现了钨与杂质P、As、Si、Sn等的高效分离。流程短，钨的收率高
3	新工艺对原料适应性强，新工艺不仅适用于处理白钨矿，还适用于黑钨矿、黑白钨混合矿以及钨的二次资源如含钨废催化剂，废旧硬质合金等
4	新工艺与现行工艺相比，WO_3收率高，化学试剂消耗量小，废水排放量小，成本大幅度降低，经济效益和环境效益明显，是一典型的低成本清洁生产工艺

三、实施效果

（一）环境效益

以生产每吨 APT 产品计，该技术和现有传统工艺的关键指标对比见表2。

表2 该技术与现有传统工艺技术的关键指标对比

钨矿种类	技术指标	碱分解-酸性萃取	碱分解-离子交换	该技术
白钨矿	WO$_3$ 回收率/%	96.0	96.0	97.5
	碱耗（NaOH）/kg	1000	1000	70.0
	酸耗（98% H$_2$SO$_4$）/kg	1300	—	—
	废水/m^3	25.0	100.0	2.5
	净化渣（危险固废）/kg	1000	—	—
	转化渣（CaCO$_3$）/kg	—	—	400
黑钨矿	WO$_3$ 回收率/%	96.5	96.5	97.5
	碱耗（NaOH）/kg	520	520	70
	酸耗（98% H$_2$SO$_4$）/kg	550	—	—
	废水/m^3	25.0	100	2.5
	净化渣（危险固废）/kg	1000	—	—
	转化渣（CaCO$_3$）/kg	—	—	400

该技术已建成的500t APT/a 示范工程（白钨矿）实现了钨冶炼工艺废水近零排放，与传统酸性萃取工艺比较，年减排废水约1万t；与离子交换工艺比较，年减排废水约5万t。WO$_3$ 收率高，实现了碱的循环利用，化学试剂大幅度下降，环境效益显著。

（二）经济效益

该技术已建成的新工艺500t APT/a 示范工程（以白钨矿为原料），前期有效投资约2700万元，较原有的"苛性钠高压浸出-酸性萃取"工艺，新工艺 APT 生产成本下降了约3000元/t。年降低生产成本150万元。按现有白钨矿市场价格计算，APT 的生产成本约为180000元，APT 目前的市场价格约200000元。产品盈利约20000元/t，其中纯利润约8000元/t，各种税金约12000元/t，经济效益明显。在满负荷生产情况下，可实现年销售收入10000万元，完成纯利润400万元，缴纳税金600万元，投资利润率约14.8%，投资利税率约37.0%。

（三）关键技术装备

该技术的关键装备包括：（1）高压浸出反应系统；（2）高效萃取系统。图4、图5分别为高压浸出反应系统和高效萃取分离系统装置图。

（四）水平评价

该技术为具有我国自主知识产权的重大原创技术，拥有2项中国发明专利授权和发明专利申请1项，成果达到国际领先水平，受到国内外钨冶金同行的广泛关注和高度认可。

图 4　高压浸出反应系统装置图　　　　图 5　高效萃取分离系统装置图

四、行业推广

（一）技术使用范围

该技术所属行业为钨湿法冶金行业，主要产品为仲钨酸铵。该技术对不同类型的钨资源适应性好，既适用于处理白钨矿，也适用于处理黑钨矿，还可处理黑白钨混合矿，另外还可以处理各种复杂的钨二次资源（废旧硬质合金、含钨废催化剂等）。生产工艺过程中使用的主要原辅料均为国内生产，所选用的全部设备均由国内制造；对厂房、设备、原辅料材料及公用设施等均没有特殊要求。

（二）技术投资分析

按照建设一套年产 5000t 仲钨酸铵的生产装置计，约需投入资金 2 亿元。装置建成后每年可生产国标 0 级 APT 5000t，实现年销售收入 10 亿元，纯利润 4500 万元，缴纳税金 6500 万元，完成利税总额 1.1 亿元，投资利润率约 22.5%。

（三）技术行业推广情况分析

目前应用该技术的湖南郴州钻石钨制品有限责任公司于 2014 年初建成投产了年产 500t 仲钨酸铵（APT）的示范性生产装置（以白钨矿为原料），现已实现了近 3 个月的连续稳定经济运行，运行效果良好，目前该公司拟采用该技术改造其原有年产 10000t 仲钨酸铵的"碱压煮-酸性萃取"生产线。另外，利用该技术在建的生产线包括江西龙事达钨业有限公司年产 6000t APT 生产线（以黑钨矿为原料）和湖南懋天钨业有限公司年产 2000t APT 生产线（以钨二次资源为原料）。

　　鉴于本技术对不同钨资源的良好适应性，该技术可以完全取代目前钨湿法冶金的"碱分解-离子交换（酸性萃取）"工艺，按目前仲钨酸铵国内生产情况分析，每年可替代仲钨酸铵产量至少 5 万 t，相当于国内总产量的 60% 左右。该技术按此份额推广应用后可产生良好的资源效益、环境效益和经济效益。

　　资源效益：以白钨矿为原料的年产 5000t APT 生产线为例，与酸性萃取工艺比较，该技术每年减少白钨矿（50% WO_3）消耗 130t，减少 NaOH 消耗 5000t，硫酸消耗 6500t；与离子交换工艺比较，该技术每年减少白钨矿（50% WO_3）消耗 130t，减少 NaOH 消耗 5000t，减少硫酸消耗 2750t。

　　环境效益：该技术可在将钨酸钠转型为钨酸铵的同时实现杂质 P、As、Si 的去除，过程无须专门的除杂工序，萃余液可返回浸出，从而实现碱和水的回用，大大降低碱耗和减少废水排放量。以白钨矿为原料的年产 5000t APT 生产线为例，与酸性萃取工艺比较，该技术每年减少废水排放量 100000m³，减少磷砷渣 5000t；与离子交换工艺比较，该技术每年减少含氨氮和 As 的废水排放量 500000m³。

　　经济效益：实现年销售收入 10 亿元，完成利税 1.1 亿元。

案例17　硫酸体系非皂化联动萃取分离稀土清洁工艺与集成技术

——稀土行业清洁生产关键共性技术案例

一、案例概述

技术来源：甘肃稀土新材料股份有限公司、北京有色金属研究总院、北京大学、五矿（北京）稀土研究院有限公司

技术示范承担单位：甘肃稀土新材料股份有限公司

中国是世界公认的稀土资源大国，经过50多年的发展，已建成世界上较完整的稀土工业体系，成为世界上最大的稀土生产国、消费国和出口国。我国稀土冶炼分离工业也经历了从小到大、由大到强的转变，由此引发的资源消耗和环境污染也呈快速增长的态势，已成为制约我国稀土工业发展的瓶颈问题。

包头混合型稀土矿是世界第一大稀土资源。目前，大约90%的包头稀土精矿均采用第三代硫酸法处理，得到的硫酸稀土溶液采用碳铵沉淀转型方法或P204钕钐分组-捞稀土转型得到氯化稀土溶液，再采用氨皂P507萃取分离获得单一或稀土富集物产品。上述工艺会因碳铵沉淀和皂化P507萃取分离产生大量的含氨氮废水，其中的氨氮含量5~10g/L，已超出《稀土工业污染物排放标准》（GB 26451—2011）的数百倍。据统计，"十一五"期间，北方轻稀土年产量约8.69万t，每年消耗液氨1.8万t、碳酸氢铵约6万t，直接产生含氨氮废水450万t左右。2005年，包头地区一些稀土冶炼分离企业氨氮废水直接排放造成黄河水氨氮严重超标，这些企业被迫停产。严重制约了中国稀土产业的可持续发展。

该技术工业实施与运行结果表明：稀土萃取金属回收率由传统技术的98%提高至99%以上，单位产品化工材料消耗较传统技术下降30%，首次从生产源头解决了稀土行业氨氮污染的世界性环保难题，对推进我国绿色产业革命具有重要的引领和带动作用。新工艺的开发应用成功是我国稀土行业重大的技术进步，符合《国务院关于促进稀土行业持续健康发展的若干意见》（国发〔2011〕12号）要求的"四、加快稀土行业整合，调整优化产业结构……鼓励企业利用原地浸矿、无氨氮冶炼分离、联动萃取分离等先进技术进行技术改造"。

二、技术内容

（一）基本原理

该技术属湿法冶金清洁生产技术。充分利用水浸液（硫酸稀土溶液）中重稀土萃

取平衡过程中水相 pH 值高（大于 4）的特点，不需要补充硫酸调整酸度，直接采用非皂化 P507 代替早期使用的 P204 进行 Nd-Sm 萃取预分组，然后采用非皂化 P204 进行硫酸稀土溶液一步萃取分组转型，并产出 10%～20% 低镧少铈氯化稀土，降低了非皂化 P204 转型线的分离量，减少氧化镁消耗 10%～20%，而且，钐铕钆及重稀土反萃能力大幅度提高，降低了反萃酸度及酸用量，降低了原辅材料消耗和生产成本。通过采用联动萃取技术，重构了分离流程，结合稀土交换洗涤技术、有机纯化技术、有机捕捞技术，酸耗降低 8.8%，有机消耗降低 20%。为实现萃取分离废水全面达标排放，外排废水经过曝气除油、石灰乳中和等处理设施，重点解决废水中的 COD、P、pH 值、重金属超标问题，出口废水达标排放。石灰乳中和硫酸稀土转型后废水，产出石膏废渣，主要用作生产水泥的原料，废水（主要含氯化钠）回用于公司烧碱车间化盐工序，实现资源的综合利用。

（二）工艺技术

该技术结合了北京有色金属研究总院的非皂化萃取分离稀土工艺和北京大学、五矿（北京）稀土研究院有限公司的联动萃取分离稀土设计与控制等多项专利技术，以及甘肃稀土在稀土分离领域的实践经验，通过优化实现了跨 P507/P204 和硫酸-盐酸分离体系的联动非皂化萃取分离，将工序大幅度简化，实现了简单操作和整体系统衔接，增强了工艺的技术经济性，源头解决生产的环保问题，大幅度降低了原辅材料消耗，实现在一条生产线上产出多种不同规格稀土产品，质量稳定，实现达标排放。

（三）技术创新点

1. 主要技术创新点

（1）非皂化萃取转型硫酸稀土及预分组技术：

1）利用 P507-硫酸体系非皂化萃取分离、分组中重稀土技术，工艺充分利用中重稀土萃取平衡 pH 值高的特点，采用非皂化的 P507 进行 Nd-Sm 预分组，产出低镧少铈氯化稀土，大幅度提高钐铕钆及重稀土反萃能力，降低了反萃酸度及酸用量，氧化镁消耗减少 10%～20%，降低了萃取装箱量、原辅材料消耗和生产成本。

2）充分利用低浓度硫酸稀土在 P204 中的酸碱平衡特性，实现少铈硫酸稀土向氯化稀土的非皂化萃取转型，同时在转型反萃取过程中还首次利用了 P204 的初步预分离特性，将少铈氯化稀土进行预分离，降低了酸碱消耗。

（2）通过采用非皂化萃取分离技术，稀土萃取分离过程中完全革除氨氮使用，整个萃取体系不引入氨氮离子，源头上实现废水无氨氮排放，保证所产生的萃取废水直接采用超声除油和石灰中和等常规末端治理方式进行处理，实现了萃取废水低成本绿色运行。

（3）将非皂化分组技术与联动萃取分离技术的有效结合，采用计算机仿真技术优化设计流程，首次实现了跨 P507 和 P204 两种萃取分离体系和硫酸-盐酸分离体系的萃取分离，大幅度降低消耗和投资，提高萃取回收率和品种个数，增强了经济性。

（4）在行业内首次研制成功混合室体积达 $8m^3$ 的 PVC 材质大型混合澄清萃取槽，重点解决该关键萃取分离设备大型化过程中存在的问题，从装备大型化方面支持了工艺的稳定运行。

（5）抑制硫酸钙富集结晶技术。该项目采用非皂化萃取方式减少镁钙的带入，并通过槽外引流脱钙的方法，大大缓解和抑制了转型和萃取过程中硫酸钙结晶生成，保证槽体正常运转。

2. 该项目实施的主要工艺特点和效果

（1）化工原材料消耗大幅度降低。通过采用 P507-硫酸体系非皂化萃取分离、分组中重稀土技术，降低酸耗 40% 以上。非皂化萃取转型硫酸稀土及预分组技术的应用，降低了酸、碱等化学试剂材料消耗。联动萃取技术的巧妙使用，进一步大幅度降低了酸、碱消耗。

采用了先进的计算机辅助设计和仿真技术，优化萃取流程及生产过程，流程组合合理，具有投资省、可靠性高等特点。

（2）产品结构可灵活调整，品质提高。由于采用了先进的控制技术，产品的纯度与质量稳定性均有较大幅度提高。在一条生产线上可以灵活产出纯度大于 99.99% 的 $LaCl_3$、99.99% 的 $CeCl_3$、99.9% 的 $PrCl_3$、99.95% 的 $NdCl_3$、99.95% 的（Pr-Nd）Cl_3 等高纯度氯化稀土溶液，经沉淀煅烧后可以得到相应的高纯稀土氧化物产品，质量指标优于现行国家标准或行业标准，一次合格率不低于 99.8%。

三、实施效果

（一）环境效益

该技术在国内外首次实现了氨氮废水零排放，从生产源头消除了氨氮废水危害，环境效益显著。

（二）经济效益

该技术已建成的 4000t/a 示范线在满负荷生产情况下，可实现年均销售收入 12.24 亿元，纯利润 4.72 亿元，缴纳税金 0.9 亿元，完成利税总额 5.62 亿元。

（三）关键技术装备

（1）混合室体积 $8m^3$ 的 PVC 材质大型混合澄清萃取槽（图1）；

（2）流量自动控制和电气设备运行自动监控装备（图2）。

（四）水平评价

该技术为具有我国自主知识产权的重大原创技术，拥有多项中国发明专利授权，其中的非皂化萃取分离技术曾获 2012 年度国家技术发明二等奖。2012 年，该技术整体通过中国有色金属工业协会组织的专家鉴定，认为"技术达到国际领先水平"，获 2013 年度中国色金属工业科技进步一等奖。该技术从生产源头解决了稀土行业氨氮污染的世界性环保难题，对推进我国绿色产业革命具有重要的引领和带动作用。

图 1　混合室体积 8m³ 的 PVC 材质大型混合澄清萃取槽

图 2　流量自动控制和电气设备运行自动监控装备

四、行业推广

(一) 技术适用范围

该技术所属行业为有色金属冶炼行业，主要产品为稀土氧化物，可完全取代传统的转型和氨皂化萃取分离稀土产品的传统生产技术。所有原辅材料在国内均能生产；所选用的全部设备在国内均能制造；对厂房、设备、原辅材料及公用设施等均没有特殊要求。

（二）技术投资分析

按照建设一套年分离4000t稀土氧化物的生产线计，约需投资资金1.2亿元，建成后年可实现年销售收入12.24亿元，纯利润4.72亿元，缴纳税金0.9亿元，完成利税总额5.62亿元。

（三）技术行业推广情况分析

目前应用该技术的甘肃稀土新材料股份有限公司于2011年建成了年分离4000t稀土氧化物的示范性生产线，已实现了三年多的连续稳定运行。

该技术可完全替代以氨水和氢氧化钠为皂化剂的萃取分离生产稀土氧化物的传统技术，按目前国内每年10万t稀土氧化物生产情况分析，该技术每年可替代液碱17020t、氨水39050t。该技术按此份额推广应用后可产生良好的资源效益、环境效益和经济效益。

资源效益：与传统皂化技术比较，每分离10000t稀土氧化物，减少消耗液碱1702t、氨水3905t。

环境效益：该技术工艺过程不产生含氨废液，与传统生产技术相比，每分离10000t稀土氧化物，可节水34万t，减少消耗盐酸6728t，硫酸4105t，液碱1702t，氨水3905t，减少排放氨氮3004t。

经济效益：实现年销售收入12.5亿元，完成利税5.3亿元。

案例 18   锌冶炼锑钴渣综合处理清洁生产技术
——锌冶炼行业清洁生产关键共性技术案例

一、案例概述

技术来源：河南豫光锌业有限公司
技术示范承担单位：河南豫光锌业有限公司
    济源东方化工有限公司

锌是自然界分布较广的金属元素。主要以硫化物、氧化物状态存在。由于锌熔点较低，故冶炼中多采用密闭鼓风炉法生产及电解法生产。锌业冶炼生产过程中都会产出锑钴渣，河南豫光锌业公司一期系统投产以来，净液镉工段锑钴渣一直以堆放为主。目前锌业公司钴渣堆存量 3000t，其含锌约 1500t，钴约 25t，锌二期投产后两个系统每月以 180t 的速度递增，锑钴渣的大量堆存占用大量有效资源，此外锑钴渣含有水溶性的锌、镉、钴、砷等堆存对环境产生一定的影响。

在生产过程中，为了有效利用净液产生锑钴渣中的锌，锑钴渣在镉工段进行酸洗处理，但随着钴渣酸洗程度的提高，钴随之重新回到系统中去，在系统中造成闭路循环，加大净液工段及镉工段锌粉等原辅材料消耗，给系统净液带来困难。如果对钴进行开路处理，不仅可以弱化钴渣酸洗工艺操作，而且避免钴重新返回系统积累，造成锌粉等原辅材料重复消耗，给企业带来良好的经济效益。

河南豫光锌业公司科研小组人员在大量分析及调研的基础上，根据锌业公司的实际情况，首先确定以催化氧化处理锌业公司钴渣处理的方向，自 2008 年 11 月至 2011 年 4 月先后进行了大量的实验室试验、工业化试验。在结合工业化试验的基础上，以及综合考虑到整个生产系统的平衡，锑钴渣综合回收项目在豫光集团东方化工公司投资生产，经过一个多月的设计、建设、工艺调整，目前该项目已经顺利进入生产阶段，且各方面已圆满达产达标。日处理锑钴渣 15t，其中锌以成品电解锌形式产出；钴以高品位钴矿形式产出；镉以富镉棉形式产出；铅以高铅渣产出。整个生产过程中锌回收率达到 95% 以上，钴回收率达到 97% 以上，镉回收率达到 95% 以上，铅以硫酸高铅渣的形式全部予以回收。

二、技术内容

（一）基本原理
湿法炼锌锑钴渣经过堆放自然氧化，用稀硫酸浸出，金属锌、钴、镉及其氧化物均溶解稀酸中，而金属铅等不溶于稀酸进入浸出渣。从而经浸出达到锌、钴、镉与铅等不溶于稀酸的金属分离。

浸出得到的浸出液采用聚丙烯酰胺与纳米氧化锌复合制剂分段除杂，采用高锰酸钾与过硫酸盐复合剂络合沉钴，达到浸出液除铁、钴等的目的，并产出富钴精矿，纯净硫酸锌液体进入常规锌电解工序生产电解锌。

其化学反应式如下：

$$Me + H_2SO_4 \Longrightarrow MeSO_4 + H_2 \uparrow \tag{1}$$

$$MeO + H_2SO_4 \Longrightarrow MeSO_4 + H_2O \tag{2}$$

$$2FeSO_4 + H_2O_2 + H_2SO_4 \Longrightarrow Fe_2(SO_4)_3 + 2H_2O \tag{3}$$

$$Fe_2(SO_4)_3 + 3ZnO + 3H_2O \Longrightarrow 2Fe(OH)_3 + 3ZnSO_4 \tag{4}$$

$$6CoSO_4 + 2KMnO_4 + 8H_2O \Longrightarrow 6CoOOH + K_2SO_4 + 2MnO_2 + 5H_2SO_4 \tag{5}$$

$$2CoSO_4 + Na_2S_2O_8 + 6H_2O \Longrightarrow 2Co(OH)_3 + Na_2SO_4 + 3H_2SO_4 \tag{6}$$

$$CdSO_4 + Zn \Longrightarrow ZnSO_4 + Cd \downarrow \tag{7}$$

（二）工艺技术

该工艺流程综合处理锌冶炼过程中产出锑钴渣主要工艺技术流程（图1）为：硫酸锌溶液深度净化过程中产出的锑钴渣，经中浸、酸浸两段浸出、过滤，得到中浸上清液及酸浸渣。酸浸渣主要含铅金属送回铅系统回收 Pb 等有价金属。锑钴渣浸出系统产出的中浸上清液经三段净化，即第一段用 H_2O_2 除铁，第二段用过硫酸钠、高锰酸

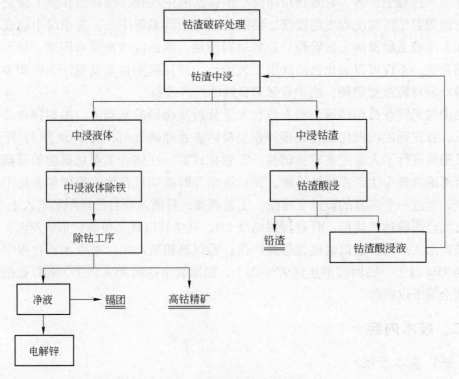

图 1　新工艺技术流程简图

钾除钴，第三段用锌粉除镉，所得净化液即硫酸锌溶液送往电解系统生产电解锌、产出钴精矿。

（三）技术创新点及特色

锌冶炼过程锑钴渣综合处理回收技术已突出形成了以下几个方面的创新优点及成果：

（1）锑钴渣中有价金属回收率高，其中锌以成品电解锌形式产出；钴以高品位钴精矿形式产出，镉以富镉团形式产出；铅以硫酸高铅渣产出。整个生产过程中锌回收率达到95%以上，钴回收率达到97%以上，镉回收率达到95%以上，铅以硫酸高铅渣的形式全部予以回收。

（2）该工艺创新性地采用分段除杂、催化除钴，有效解决常规工艺不能处理的问题；在锑钴渣湿法分离过程中，采用聚丙烯酰胺与纳米氧化锌复合制剂分段除杂，采用高锰酸钾与过硫酸盐复合剂络合沉钴。

技术要点如下：

1）采用还原-氧化浸出，在一定始酸度（150～180g/L），温度80～85℃，反应时间2～4h，液固比（3～5）∶1，使锌钴分离，钴锌的浸出率大于95%。

2）浸出后液采用聚丙烯酰胺与纳米氧化锌复合除杂制剂，按比例加入根据不同离子电位实现分段除杂。

3）采用高锰酸钾与过硫酸盐复合络合剂按比例加入，控制沉钴过程温度85～95℃，使液体中的钴络合沉淀，钴精矿品位大于10%，产出合格硫酸锌液体供后工序生产电解锌。

（3）锌业公司独立开发的技术工艺操作性强，投资少，运行成本较低，经济效益好。

（4）有效处理锌冶炼锑钴渣，具有较好的环保效益和社会效益。

三、实施效果

（一）环境效益

以处理每吨锑钴渣计，该技术与国内外同类渣不同工艺技术处理指标对比见表1。

表1　工艺对比

处理工艺	工艺运行情况	综合回收效益 /元·t⁻¹	综合回收情况	整体情况
挥发窑	工艺成熟	450	锌、铅	能耗成本较高，资源浪费严重、粉尘、烟气
β-奈酚	较成熟，但长期对系统有影响	1785	锌、铅、钴、镉	成本较高，处理过程相对复杂，钴精矿品位较低，需重新处理，处理液体有机物及杂质离子含量过高，后液返回系统易造成杂质离子积累影响系统稳定
新研发氧化锌工艺技术	工业推广	4281	锌、铅、钴、镉	工艺操作相对简单，后液可直接生产电锌

该技术已建成的 8600t/a 处理量示范装置，在国内首次实现了锑钴渣的高效利用，有价金属回收率高，综合回收效果好，从源头消除了锑钴渣长期堆存及火法处理粉尘和废气对人体健康和生态环境的危害。采用湿法工艺处理技术达到国家安全环保要求，倡导国家绿色冶炼路线，可为其他同行企业提供借鉴，环境效益显著。

（二）经济效益

锌冶炼过程中锑钴渣分离提取新技术生产工艺各项费用成本及效益分析如下：

（1）目前公司每年产出 4300t 锑钴渣，锑钴渣中回收锌金属量 1438.35t，锑钴渣中回收钴金属量 21.5t，锑钴渣中回收镉金属量 107.5t，从锑钴渣中回收铅金属量 64.5t。

（2）本生产工艺技术处理锑钴渣相对目前常规工艺回转炉、β-奈酚处理方法，能耗运行成本降低，综合回收能力较好，避免了资源浪费情况。

（3）采用湿法工艺处理技术达到国家安全环保要求，倡导国家绿色冶炼路线，可为其他同行企业提供借鉴。

1）产品经济价值：按河南豫光锌业公司每年产出 4300t 钴渣，锑钴渣中回收锌金属量 1438.35t，锑钴渣中回收钴金属量 21.5t，锑钴渣中回收镉金属量 107.5t，从锑钴渣中回收铅金属量 64.5t；该工艺技术处理指标，锌回收率在 90% 以上，钴回收率在 97% 以上，镉回收率在 95% 以上，铅以硫酸高铅渣的形式全部予以回收；锌金属按 1.0 万元/t，钴金属约 15 万元/t，镉金属约 1.0 万元/t，铅金属约 0.8 万元/t。

锌：$1438.35 \times 0.9 \times 1.0 = 1294.52$ 万元　　钴：$21.5 \times 0.97 \times 15 = 312.83$ 万元

镉：$107.5 \times 0.95 \times 1 = 102.13$ 万元　　铅：$64.5 \times 1 \times 0.8 = 51.60$ 万元

产品经济价值 = 锌 + 钴 + 镉 + 铅 = 1294.52 + 312.83 + 102.13 + 51.60 = 1761.08 万元

2）每吨锑钴渣处理生产成本见表 2。

表 2　锑钴渣处理生产成本明细

锑钴渣成本明细	单耗/t		
	数量/t	单价/元	金额/元
原　料	1	1980	1980
定额材料			282
设备折旧			16.5
动　力			396
工资及附加			33
其　他			23.1
加工费用合计			2730.6

年处理锑钴渣总生产成本：$4300 \times 2730.6 = 1174.16$（万元）

3）锑钴渣处理年增加经济效益 = 1）- 2） = 1761.08 万元 - 1174.16 万元 = 586.92 万元。

（三）关键技术装备

该技术的关键装备包括：（1）锑钴渣综合处理浸出氧化反应技术装备；（2）高效液固分离压滤技术装备；（3）废气集中通风处理技术装备。

生产厂房和车间反应装备分别见图2和图3。

图2　生产厂房图　　　　　　　　　图3　车间反应装备图

（四）水平评价

该技术是具有自主知识产权的重大原创技术，拥有1项中国发明专利授权〔ZL201010187773.7〕，曾获中国有色金属工业协会技术发明科技成果三等奖〔2012〕4-2011060-R04，成果达到国际先进、国内领先水平。

四、行业推广

（一）技术使用范围

该技术所属行业为有色锌冶炼行业，主要产品为电解锌锭，中间产品铅泥、钴精矿等作为商品出售，可完全替代火法处理工艺；所选用的全部设备在国内制造；对厂房、设备、原辅材料及公用设施等均没有特殊要求。

（二）技术投资分析

按照年生产20万t电解锌，建设一套年处理1万t的锑钴渣装置计，约需投入资金1000万元。装置建成后可新增电解锌锭产量4000t，钴精矿100t，实现年销售收入增加5500万元，纯利润1832万元。

（三）技术行业推广情况分析

目前应用该技术的河南豫光锌业有限公司于2011年建成了年处理8600t锑钴渣示范性生产装置，现已实现了3年多的连续稳定经济运行。该技术可完全替代火法传统生产技术，推广应用后可产生良好的资源效益、环境效益和经济效益。

资源效益：目前有色金属冶炼行业在资源困乏、原料供应出现短缺的情况下，利用二次资源原料生产，可达到循环经济资源再生目的。

环境效益：该技术可实现锑钴渣的综合利用和近零排放，工艺过程不产生其他废气、废渣和废液，与传统火法生产技术相比，可减少废气、粉尘、废渣的产生。

经济效益：实现年销售收入586.92万元。

案例 19   亚熔盐法氧化铝清洁生产集成技术
——氧化铝行业清洁生产关键共性技术案例

一、案例概述

技术来源：中国科学院过程工程研究所

技术示范承担单位：杭州锦江集团开曼铝业有限公司

氧化铝是国民经济发展的重要基础原材料。铝以性能优异、用途广泛、关联度大而成为使用范围和消费量仅次于钢铁的第二大金属，90% 以上的氧化铝则用于电解过程生产金属铝。我国氧化铝产量居世界第一位，但优质资源已经枯竭，98% 的矿石为难处理一水硬铝石，70% 以上资源为中低品位矿石，且活性杂质硅含量高。采用国际通用的拜耳法工艺，必须具备高温高压的操作条件；受热力学平衡固相限制，按目前 5 左右的原料 A/S 估算，Al_2O_3 回收率已不足 70%。烧结法与混联法能耗为拜耳法的 2 ~ 4 倍，流程复杂，已逐渐被氧化铝企业淘汰。选矿-拜耳法通过浮选过程提高矿石品位，但氧化铝综合回收率仍不高于 70%，且引入浮选尾矿的处置问题，并未实现矿石资源的高效清洁利用。另外，2013 年我国氧化铝行业产出赤泥超过 5000 万 t，累计排放量约 3 亿 t，赤泥碱、铝含量高，国内主要依靠筑坝堆存，其综合利用率尚不足 4%，资源浪费严重，潜在环境危害巨大。

中国科学院过程工程研究所基于亚熔盐非常规介质的新技术、新原理，针对我国大宗特色的中低品位一水硬铝石矿能耗高、资源利用率低和赤泥中资源浪费与环境污染严重的生产现状，突破难处理矿石低温高效溶出、亚熔盐介质高效循环、赤泥铝硅深度分离与低温脱碱等关键技术，形成原创性亚熔盐法氧化铝清洁生产集成技术。新工艺的溶出压力和温度远较拜耳法工艺条件温和，对中低品位一水硬铝石矿的氧化铝回收率大于 90%，反应条件温和，回收率高，且由于亚熔盐赤泥碱铝含量低，在制备建材产品及新型环境修复材料等领域具有广阔的应用前景。

示范工程连续试验表明，以 A/S 不高于 4 的一水硬铝石矿和拜耳法氧化铝厂赤泥为原料，氧化铝综合回收率不低于 90%，较主流拜耳法生产工艺提高 15% 以上，赤泥含碱量不高于 1.5%，远低于拜耳法赤泥中 6% ~ 8% 的氧化钠含量，继而从源头大幅度提高了铝土矿资源的利用率，且成功解决了赤泥的综合利用及环保难题。亚熔盐法氧化铝清洁生产技术能耗指标为 $15GJ/t-Al_2O_3$，与拜耳法相当，较烧结法节能 60% 以上，经济与技术指标达到世界领先水平，从而为解决我国氧化铝行业资源瓶颈、拜耳法赤泥的综合利用与环保问题提供了一条切实可行的清洁生产技术路线。

・134・

二、技术内容

(一) 基本原理

亚熔盐法氧化铝清洁生产集成技术属于湿法冶金过程。液相反应过程以双循环原理为基础，高碱浓度区域提取水合铝酸钠中间产品形成了亚熔盐介质循环过程，中低碱浓度区域提取氢氧化铝产品形成了分解循环过程，如图 1 所示。中低品位铝土矿经亚熔盐介质在温和反应条件下高效提取氧化铝后，实现难处理一水硬铝石主体物相向一段赤泥的转变；一段赤泥、拜耳法赤泥或高铝粉煤灰等难处理含铝资源经亚熔盐介质深度提铝过程后，实现了向二段赤泥（以硅酸钠钙为主体物相）的转变；二段赤泥经常压脱钠过程，可使尾渣中的氧化钠含量降低到 1.5% 以内，尾渣易于实现综合利用。

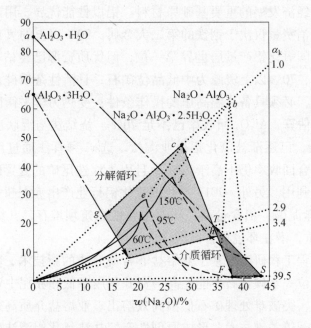

图 1　亚熔盐氧化铝清洁生产集成技术双循环原理

(二) 工艺技术

除氢氧化铝分解过程及氧化铝焙烧过程外，与传统拜耳法技术（工艺流程见图 2）比较，该技术（工艺流程见图 3）在基本化学反应过程、原料适应种类、工艺路线、固废产出及其利用等方面均实现了较大的改进，属于全新的氧化铝生产集成技术。

低品位一水硬铝石矿石等难处理含铝原料经粉碎、湿磨、分离去除水分后，利用亚熔盐介质调配至合格的浓度与温度，经预、加热至合适的溶出温度后，进行亚熔盐介质溶出反应。反应后料浆经闪蒸提浓、冷却后经过中间产品结晶过程，析出水合铝酸钠晶体，结晶料浆进入分离工序。滤液循环用作亚熔盐二段提铝循环介质；氢氧化铝种分母液洗涤后的晶体滤饼，经溶解后得到溶晶粗液，送至稀释后槽，经脱硅、种

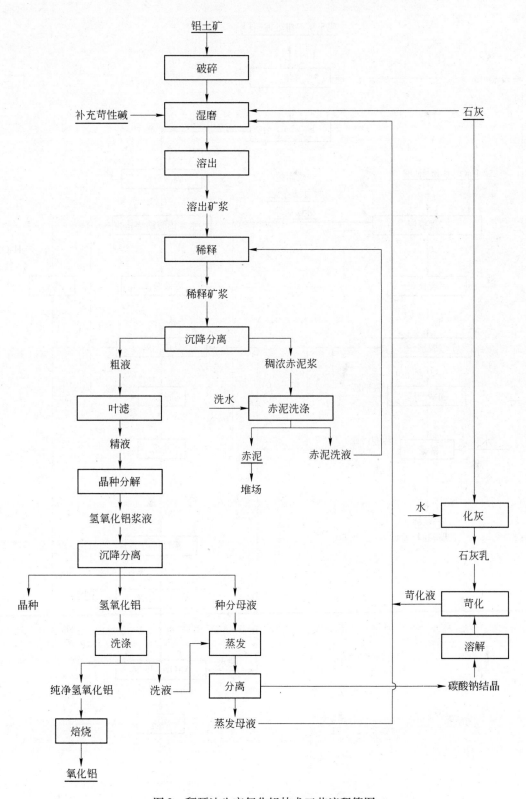

图 2 拜耳法生产氧化铝技术工艺流程简图

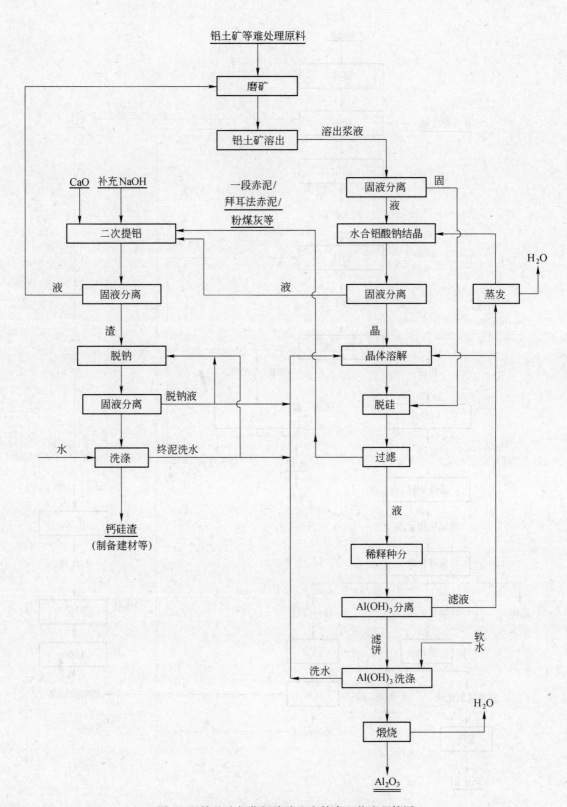

图 3 亚熔盐法氧化铝清洁生产技术工艺流程简图

分最终得到氧化铝产品；粗液的赤泥滤饼采用两段热水顺流洗涤，也可以将拜耳法氧化铝厂排放的拜耳法赤泥滤渣或电厂排放的高铝粉煤灰渣作为二次提铝原料，再次送至溶出工序，通过亚熔盐循环介质的二次提铝反应，使得氧化铝组分的整体回收率超过95%。

氢氧化铝种分母液等进入蒸发器，在加热段用蒸汽加热后进入顶部闪蒸段，二次蒸汽进入水冷器，提浓至氧化钠浓度350g/L左右的液相进入碳酸钠盐分离室，溢流部分再次进入蒸发器提浓至合格浓度后进行水合铝酸钠晶体结晶工序。水合铝酸钠晶体送去溶晶，结晶母液送去进行二段提铝过程。

（三）技术创新点及特色

与传统拜耳法生产技术比较，该技术创新点及特色为：

（1）基于亚熔盐非常规介质的全新化学体系，提出了高效清洁处理我国大宗特色低品位铝土矿资源及其他难处理含铝资源的新原理、新方法，形成赤泥源头减污的清洁生产核心技术和应用集成系统，是氧化铝生产工艺的重大原始性创新。

（2）建立了铝硅高效湿法分离新技术体系，在温和条件下实现难处理含铝矿石的高效转化，氧化铝提取率较传统拜耳法提高15%以上；可实现中低品位铝土矿高效利用，源头削减赤泥污染。

（3）实现了赤泥中碱、铝等有价组分的高效回收，为赤泥综合利用提供了必要条件，为解决氧化铝赤泥的世界性环保难题提出了新思路。

三、实施效果

（一）环境效益

该技术与国内外同类技术的关键指标对比见表1。该技术已经建成的万吨级氧化铝示范装置，赤泥中氧化钠含量由传统工艺中较为先进的拜耳法的6%~8%降低到1.5%以内，年排放赤泥总量较拜耳法降低10%以上，且赤泥易于实现综合利用，从而降低乃至消除赤泥堆存对环境造成的潜在危害，环境效益显著。

表1　新技术与国内外同类技术的关键指标对比

技术指标		拜耳法	烧结法	联合法	选矿拜耳法	亚熔盐法
分解条件	温度/℃	250~260	>1000	>1000	250~260	170~190
	压力/MPa	4.0~6.0	—	—	4.0~6.0	0.1~0.4
Al₂O₃能耗/GJ·t⁻¹		13~16	35~38	29~32	15~19	13~16
氧化铝回收率/%		<75	>90	>90	~60	>90
矿种适应性		高品位	中低品位	中低品位	中低品位	中低品位
尾渣可利用性		难	较难	较难	难	易
尾渣排放量		大	大	大	大	降低10%
尾渣污染情况		含碱高污染重	污染较重	污染较重	含碱高污染重	碱含量<1.5%污染小

（二）经济效益

该技术已建成的万吨级氧化铝示范装置前期有效投资约8000万元，过去3年内氧化铝产品生产成本约1590元/t（不含税），市场平均售价约2700元/t。吨产品盈利约1110元，其中纯利润约770元，各种税金约340元。以1万t氧化铝生产规模计，可实现年销售收入2700万元，完成纯利润770万元，缴纳税金340万元，投资利润率约9.6%，投资利税率约4.3%。

（三）关键技术装备

该技术的关键装备包括：（1）亚熔盐介质体系管道化预加热（图4）及连续反应技术装备（图5）；（2）亚熔盐介质体系高效相分离技术装备（图6）；（3）高浓碱液蒸发浓缩技术装备。

图4　新技术示范管道化预加热系统

图5　新技术示范连续反应装置

图 6　新技术示范液固分离装置

（四）水平评价

该技术为具有我国自主知识产权的重大原创性集成技术，拥有 10 余项中国发明专利授权，成果达国际领先水平，被称为氧化铝行业的一次"技术革命"。

四、行业推广

（一）技术使用范围

该技术所属行业为有色冶金行业，主要产品为氧化铝，中间产品水合铝酸钠也可部分作为商品出售，可完全替代氧化铝产品的传统生产技术。所有原辅料在国内均能生产；所选用的全部设备在国内均能制造；对厂房、设备、原辅材料及公用设施等均没有特殊要求。

（二）技术投资分析

按照建设一套年产 40 万 t 氧化铝产品的装置计，约需投入资金 14.5 亿元，实现年销售收入 10.8 亿元，纯利润 3.08 亿元，缴纳税金 1.36 亿元，完成利税总额 2.8 亿元，投资利润率约 21.2%。

（三）技术行业推广情况分析

氧化铝行业是国民经济、国家安全和人民生活中不可替代的基础原料工业，产品市场相对稳定。我国铝行业极需突破氧化铝生产薄弱环节，市场极大。目前应用该技术的杭州锦江集团于 2010 年底建成了万吨级氧化铝示范性生产装置，现已实现了三年多的连续稳定经济运行。

该技术不仅能实现占我国铝土矿储量 70% 以上的中低品位铝土矿的经济利用，还能实现赤泥中碱的高效回收及脱碱赤泥资源化利用，解决制约我国氧化铝工业可持续发展的资源环境难题。除具有赤泥的资源化利用效益外，该技术还可节约相应固废堆场及防渗装置建设费用，减少相应的赤泥堆场管理和维护费用，大大减小甚至消除赤泥筑坝堆存的压力及由此引起的环境污染隐患。该技术大规模工业化技术成熟后在全行业推广，将彻底避免我国氧化铝工业即将面临的因资源贫乏而在国际上完全受制于人的局面出现。

案例 20　氧化铝生产高效强化拜耳法重大节能减排关键技术

——氧化铝行业清洁生产关键共性技术案例

一、案例概述

技术来源：中国铝业股份有限公司

技术示范承担单位：中国铝业股份有限公司

我国从 2007 年起就已经成为世界上最大的氧化铝生产国，2013 年产量占世界总产量的 45%。但是由于我国氧化铝生产的铝土矿资源大多属中低品位难处理的一水硬铝石矿，无法套用国外普遍采用的传统拜耳法生产氧化铝，只得采用流程复杂、高耗能的烧结法或拜耳-烧结联合法，单位能耗高达 30GJ，是世界平均单位能耗的 2.3 倍，能耗占氧化铝生产成本约 50%，比国外平均水平高一倍。

该项目针对我国铝土矿资源和生产工艺特点，进行了多年的拜耳法基础理论和系统工程研究，通过充分挖掘我国一水硬铝石矿资源和高温拜耳法工艺的潜力和优势，在世界上首次提出高效强化拜耳法技术路线，以系统节能方式缩小与国外能耗差距，以高效强化生产过程提高生产效率、实现清洁生产，解决拜耳法处理中低品位矿的技术难题，形成了我国氧化铝生产核心节能技术。

该技术成果在中国铝业股份有限公司所属氧化铝厂进行了初步的产业化应用，已取得了优异的技术经济指标。首先应用该技术的中国铝业广西分公司单条生产线产能从 35 万 t 提高到 50 万 t 以上，循环效率达到了世界最高水平 160kg/m³ 以上，吨氧化铝生产能耗由 13GJ 下降到 9.7GJ，进入了世界前列。应用高效强化拜耳法技术的中国铝业其他氧化铝企业，循环效率也提高了 6%，年节能 15 万 t 标煤，矿耗、碱耗等物耗指标明显降低，产生了巨大的经济社会效益。

高效强化拜耳法技术是一项拥有我国自主知识产权的高效节能氧化铝生产新工艺，解决了中低品位一水硬铝石矿采用简单节能的拜耳法技术处理的世界性技术难题，成为我国氧化铝工业的重要技术支撑，推广应用前景广阔。这对推动我国乃至世界氧化铝工业的技术进步具有重大意义。

二、技术内容

（一）技术原理

该技术属湿法冶金的拜耳法氧化铝清洁生产技术。拜耳法是一个以苛性碱为溶出介质的循环体系，通过在传统拜耳法工艺开发应用高效节能配矿、高碱浓度强化溶出、石灰适配添加以及溶出系统余热高效利用等高效强化溶出技术，有效提升了拜耳法系统循环效率，实现系统节能，大幅度降低 CO_2 排放量，实现了针对我国铝土矿资源和生产技术特点的整个拜耳法流程高效、节能、清洁生产。

（二）工艺技术

高效强化拜耳法技术通过实施间接加热强化溶出、低损失赤泥分离洗涤、高产出率砂状氧化铝生产以及节能蒸发等技术，提高拜耳法关键工序产出率和循环效率，实现整个拜耳法流程的高效化。高效强化拜耳法流程及关键技术如图1所示。

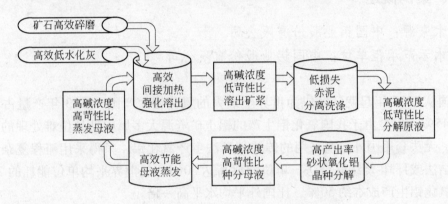

图1　高效强化拜耳法流程及关键技术

1. 高效间接加热强化溶出技术

高效间接加热强化溶出技术是高效强化拜耳法最重要的关键技术（图2）。通过系统进行拜耳法溶出过程的基础理论研究，特别是深入研究了矿浆间接加热过程的反应机理、结疤速度的影响因素与防治、蒸汽热能的高效利用途径以及溶出系统内的水平衡等理论，为开发高效间接加热强化溶出技术提供了重要的依据。

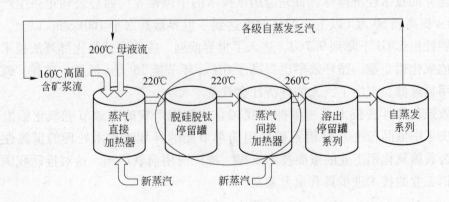

图2　新型间接加热流程示意图

2. 高产出率的砂状氧化铝生产技术

该项目开发了利用结晶助剂提高种分产出率，同时制取砂状氧化铝的生产技术

（图3），即通过分解成核-粒度控制趋势模型的预测和控制，当晶种粒度出现细化趋势时，进行适时、适量结晶助剂的添加，并及时对实况进行跟踪和调整。

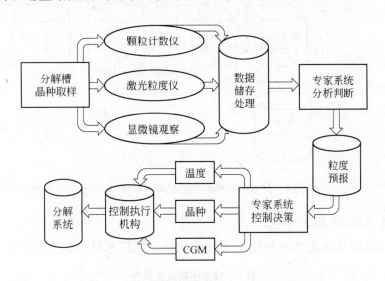

图 3 高产出率砂状氧化铝生产技术控制系统

3. 高效、低损失赤泥分离技术

开发应用了高效、低损失赤泥分离技术（图4）。通过提高赤泥分离洗涤温度，提高了赤泥分离沉降效率，减少了洗涤氧化铝水解损失和附碱损失，使分解原液与溶出浆液的苛性比差值缩小了 0.01~0.02，提高循环效率 1~2kg/m³。

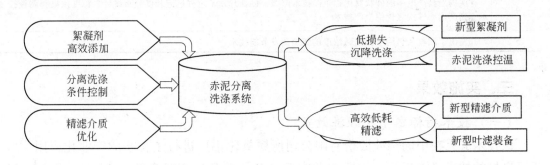

图 4 高效、低损失赤泥分离技术系统

4. 高效节能母液蒸发技术

节能的母液蒸发技术，包括高效利用精液降温、提高蒸发原液温度技术以及添加蒸发缓垢剂技术，以降低蒸发能耗，增加拜耳法溶出产出率和循环效率。

通过开发利用用于精液（种分原液）流中所含热能，进行热交换提高蒸发原液温度，实现在不增加蒸发汽耗条件下，提高蒸水量和蒸发母液碱浓度，流程见图5。该技术既降低了精液温度，又提升了分解母液温度。温度升高的母液在蒸发前通过自蒸发提高碱浓度，可达到蒸发节能目的。

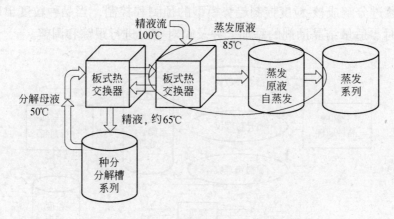

图5 高效回收精液热能提高蒸发浓度流程

（三）技术创新点及特色

与原有的高温拜耳法技术相比，高效强化拜耳法技术具有以下创新点（表1）。

表1 技术创新点及特色

序号	技术创新点及特色
1	首次提出高效强化拜耳法工艺技术路线，建立了拜耳效率模型
2	创新开发了高效节能配矿、高碱浓度强化溶出、石灰适配添加以及溶出系统余热高效利用等高效强化溶出技术
3	开发出了赤泥低损失分离技术。包括赤泥低损失洗涤技术和高效低耗精滤等技术
4	首次提出高产出率的砂状氧化铝生产技术路线，创新开发了过程过饱和度分布设计、粒度预报和调控技术等高产出率砂状氧化铝生产技术
5	开发出了回收余热用于提高碱浓度的新型蒸发节能技术

三、实施效果

（一）技术指标水平及经济效益

该技术成果在中国铝业股份有限公司所属氧化铝厂进行了初步的产业化应用，取得了良好的技术经济指标，中国铝业广西分公司单条生产线产能从 35 万 t 提高到 51 万 t（表2），循环效率达到了世界最高水平160kg/m³ 以上，吨氧化铝生产能耗由 13GJ 下降到 9.9GJ，进入了世界前列。国内外先进氧化铝企业的主要技术指标对比见表3。

表2 中国铝业广西分公司主要技术经济指标

主要技术经济指标	技术推广前	技术推广后
单条线产能/万 t	35	51.0
循环效率/kg·m⁻³	140	163.3
分解率/%	48	51.8
分解产出率/kg·m⁻³	85	99

续表2

主要技术经济指标	技术推广前	技术推广后
Al_2O_3 蒸汽单耗/t·t^{-1}	2.6	2.20
Al_2O_3 单位能耗/kg·t^{-1}	440	339

表3 国内外先进氧化铝企业的主要技术指标对比

主要指标	国外先进氧化铝企业	国内其他氧化铝企业	中国铝业广西分公司	中国铝业其他分公司
循环效率/kg·m^{-3}	110~125	140~145	160~162	148~160
分解率/%	47~49	47~49	51.9~52.5	51.0~53.0
种分产出率/kg·m^{-3}	65~85	80~85	98~99	89~93
蒸汽单耗/t·t^{-1}	2.00~2.40	2.35~2.80	2.20~2.25	2.25~2.60

应用高效强化拜耳法技术的中国铝业其他氧化铝企业，循环效率提高了6%，年节能15万t标煤，矿耗、碱耗等各项物耗指标明显降低，产生了巨大的经济效益。

（二）社会效益和环境效益

（1）高效强化拜耳法节能技术通过提高拜耳法系统循环效率，实现系统节能，大幅度降低 CO_2 排放量。由于提高了溶出率、分解率，减少了赤泥分离损失，因而在处理相同铝土矿资源的条件下，矿耗、碱耗等主要物耗也得到了较为明显的下降，实现了氧化铝生产赤泥减排。因此高效强化拜耳法技术是一项氧化铝清洁生产技术，具有明显的环境效益。

（2）高效强化拜耳法节能技术可通过提高氧化铝生产效率而实现增产10%以上，相应也提高了劳动生产率和设备利用率，减少了用工量并减轻了劳动强度，因而具有很好的社会效益。

（3）高效强化拜耳法节能技术有利于生产出满足现代铝电解需要的砂状氧化铝，对于提高铝电解电流效率、节能减排具有重要作用，从而产生较大的间接经济效益。

（4）高效强化拜耳法节能技术在铝土矿品位下降、成本压力增大的情况下，可以较小的投入，实现系统优化提效，达到节能、降耗、减排的综合效果。这对我国氧化铝企业是一项易于实施、并可迅速实现节能降耗、降本增效的重大核心技术，具有很强技术示范作用，将大力促进我国氧化铝生产技术的升级换代，推广应用前景广阔。

（5）高效强化拜耳法节能技术为我国氧化铝工业提供了一条行之有效的提高核心竞争力的技术路线，是实现我国氧化铝工业技术结构调整和可持续发展的重要保证。该项目所开发的高效强化拜耳法技术已成为具有我国自主知识产权的主导核心技术，形成了以拜耳法处理中低品位一水硬铝石矿的重要技术支撑，并有力地推动了我国以及世界氧化铝工业的技术进步。

（三）技术水平评价

高效强化拜耳法技术是一项拥有我国自主知识产权的高效节能氧化铝生产新工艺，拥有10项国家发明专利，解决了我国中低品位一水硬铝石矿采用简单节能的新型拜耳法技术处理的世界性技术难题，成为我国氧化铝工业的重要技术支撑。该技术于2013 年获得了国家科技进步二等奖和 2012 年中国有色金属工业科学技术一等奖。中国有色金属协会专家组所做的技术鉴定结论为：该技术达到了国际领先技术水平，对推进我国氧化铝工业的技术进步具有重大意义。

四、行业推广

（一）技术使用范围

该技术适用于采用拜耳法处理我国一水硬铝石矿的所有氧化铝厂，也适用于利用进口三水铝石矿的氧化铝厂，可明显提高氧化铝厂的生产效率、实现系统节能降耗。同时，该项目以技术性投入为主，见效快，效果明显。因此，该技术推广应用前景广阔。

（二）技术投资分析

采用高效强化拜耳法重大节能技术对一定规模的拜耳法氧化铝厂，约需投资 40 万元/万 t 产能，将产生以下效益：增产约 10%；吨氧化铝节能 30kg 标煤；吨氧化铝年经济效益 40 元以上，投资利润率 100%；吨氧化铝减排 CO_2 约 80kg。

如对 100 万吨拜耳法氧化铝厂进行技术改造，需投资 4000 万元。产业化后，产能将提高到 110 万 t，年节能 3 万 t 标煤，年经济效益在 4000 万元以上，利税总额 5000 万元。同时将减排 CO_2 约 8 万 t。因此，该技术投资效益十分显著。

（三）行业技术推广情况分析

采用该技术的中国铝业广西分公司从 2007 年起已长达 7 年，实现了连续稳定和高效生产运行。

该技术完全可推广应用到我国所有氧化铝企业，产业化规模可达 4000 万 t 以上，从而产生十分显著的经济、社会和环境效益。

经济效益：与传统的高温拜耳法相比，循环效率可提高 10%，节能 7%。如产业化规模达到 4000 万 t/a，则年增加销售额 80 亿元，年节支增利可达 8 亿元，税收增加 2 亿元，新增利税 10 亿元。

环境效益：全面推广应用高效强化拜耳法重大节能技术后，中国氧化铝工业可减排二氧化碳 320 万 t。该技术还通过提高拜耳法溶出效率，可达到降低矿耗、碱耗的目的，从而减少氧化铝生产废渣赤泥排放量约 200 万 t。

案例 21　离子液循环吸收法烟气脱硫技术

——有色金属冶炼行业清洁生产关键共性技术案例

一、案例概述

技术来源：阳谷祥光铜业有限公司
　　　　　　成都华西化工研究所合作开发
技术示范实施单位：阳谷祥光铜业有限公司

铜冶炼工业是产生二氧化硫的行业之一。铜冶炼要与国家的环保规定相协调，朝着减少环境污染、节约物耗能耗、强化冶炼、降低成本的方向发展，这也与清洁生产的客观要求相吻合。实施清洁生产，是铜冶炼行业自身发展的客观要求。

为了控制烟气中二氧化硫，早在 19 世纪人类就开始进行有关的研究，但大规模开展脱硫技术的研究和应用是从 20 世纪 50 年代开始的。经过多年研究，目前已开发出 200 余种二氧化硫控制技术。这些技术按脱硫工艺与燃烧的结合点可分为：（1）燃烧前脱硫（如洗煤、微生物脱硫）；（2）燃烧中脱硫（工业型煤固硫、炉内喷钙）；（3）燃烧后脱硫，即烟气脱硫。

烟气脱硫是目前世界上唯一大规模商业化应用的脱硫方式，是控制酸雨和二氧化硫污染的最主要技术手段。尽管目前各种烟气脱硫方法都有可取之处，但从对各种尾气脱硫工艺的了解和使用情况来看，在不同程度上存在缺点：湿法尾气脱硫中的碱式硫酸铝法工业化应用装置未获成功；双碱法工艺复杂，运行情况也较复杂，副产品亚硫酸盐很难处置；氨法在世界烟气脱硫市场上比例估计小于 1%，且氨消耗大，氨的运输和贮存存在安全隐患，产品（固体/液体）硫酸铵用途和市场存在一定的问题；干法中的活性炭吸附法使用较多，但活性炭脱硫操作和维修都较复杂，设备投资和运行费用都相当高。此外，国内主流工艺技术——石灰石-石膏湿法烟气脱硫工艺技术存在副产品石膏再利用价值低、增加新的脱硫石膏污染、新增二氧化碳排放等缺点。

针对现有烟气脱硫技术存在的缺点，阳谷祥光铜业有限公司与成都华西化工研究所合作开发出"离子液循环吸收法烟气脱硫技术"。该技术适用于处理冶炼过程产生的低浓度环集烟气，可以脱除烟气中二氧化硫，离子溶液可循环再生利用，能耗低，副产高纯二氧化硫，可作为生产液体二氧化硫、硫酸、硫磺和其他化工产品的优良原料。与其他脱硫方法相比，该技术几乎不产生废渣，避免了对环境的二次污染，没有吸收剂大量运输的工作，不存在脱硫副产物的二次处理，技术运行将更为经济。

项目成果投入运行后，每年生产 3234t 硫酸，增加销售收入 598 万元。年减排二氧化硫总量在 2134t 以上，排污费按 500 元/t 二氧化硫计算，每年排污费减少 267 万元，脱硫效率不低于 99%，脱硫净化后的烟气含二氧化硫约为 100mg/m³（标准），净化后的烟气可经原烟囱高空排放。该技术实现了低浓度环集烟气脱硫装置的高效化、资源化，符合国家循环经济的发展目标，填补了国内技术空白。

二、技术内容

（一）基本原理

该技术是将某几种有机物和无机物的特性离子应用于吸收烟气中二氧化硫的一种特殊工艺液体，通过添加少量活化剂、抗氧化剂和缓蚀剂组成水溶液。其脱硫机理如下：

$$SO_2 + H_2O \Longleftrightarrow H^+ + HSO_3^- \tag{1}$$

$$R + H^+ \Longleftrightarrow RH^+ \tag{2}$$

总反应式：

$$SO_2 + H_2O + R \Longleftrightarrow RH^+ + HSO_3^- \tag{3}$$

式中，R 为吸收剂，式（3）为可逆反应，低温下反应从左向右进行，高温下反应从右向左进行。循环吸收法正是利用此原理：低温下吸收、高温再生，从而达到脱除和回收烟气中二氧化硫的目的。

（二）工艺技术

与传统烟气脱硫技术（见图 1）比较，离子液循环吸收法烟气脱硫技术工艺简单，

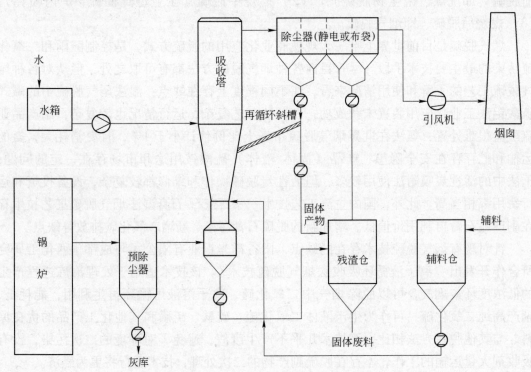

图 1　传统烟气脱硫方法工艺流程图

条件温和，脱硫过程中不产生新的污染。

该技术工艺流程（见图2）如下：烟道气经风机增压后进水洗塔（1）除尘降温，再送入吸收塔（2），烟气中的二氧化硫被吸收剂吸收，出口气体放空。吸收二氧化硫后的富液由塔底经泵（4）进入贫富液换热器（11），回收热量后入再生塔（3）上部。解吸出的二氧化硫连同水蒸气经冷凝器（8）冷却后，气液分离器（9）中分离除去水分，得到纯度99.5%的产品二氧化硫，送下工段使用。再生气中被冷凝分离出来的冷凝水由泵（10）送至再生塔顶部。富液从再生塔上部进入，通过汽提解吸部分二氧化硫，然后进入再沸器（6），使其中的二氧化硫进一步解吸。解吸后的贫液由再生塔底流出，经泵（5）、贫富液换热器（11）后，经贫液冷却器（12）进入吸收塔（2）上部。吸收剂往返循环构成连续吸收和解吸的工艺过程。

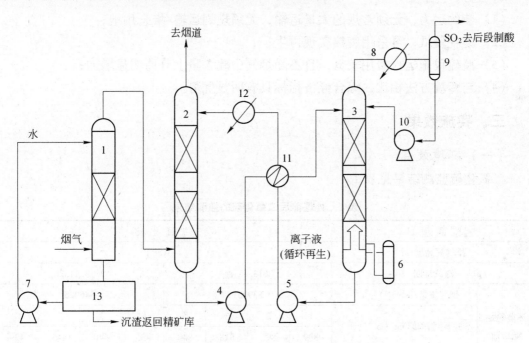

图2 新技术脱硫方法工艺流程图

1—水洗塔；2—吸收塔；3—再生塔；4—富液泵；5—贫液泵；6—再沸器；7—洗涤水泵；8—冷凝器；
9—气液分离器；10—回流泵；11—贫富液换热器；12—贫液冷却器；13—沉淀池

（三）技术创新点

与其他烟气脱硫技术比较，该技术有以下创新点。

1. 技术先进性

（1）脱硫效率高：脱硫效率可达99.5%，且脱硫效率可灵活调节；

（2）适应范围宽：在烟气含硫量从0.02%到5%的范围内运行成本稳定，对各类烟气无限制。在烟气中硫含量较高时，该技术的投资和操作成本更具优势；

（3）能耗低：再生塔对所用蒸汽要求低，可利用工厂的低品位废热；

（4）系统运行可靠：工艺流程经典、简洁，自动化程度高，可实现三年无系统故

障运行;

(5) 运行简便:开停车方便,调试和维修费用低。

2. 环保实效性

(1) 无二次污染:场地无粉尘,无强噪声,无新生固体、气体和液体排放物;

(2) 吸收液可再生,循环使用,损耗低;

(3) 副产国内资源相对贫缺的副产品:副产品为99%干基的二氧化硫,可作为液体二氧化硫、硫酸、硫磺或其他硫化工产品的优良原料;

(4) 环保前瞻性:脱除 SO_2、NO_x、Hg、As 的同时,不释放 NH_3、CO_2,符合环保发展趋势。

3. 经济可行性

(1) 节约运力,无须常规的大量运输,无须规划运输/堆仓用地;

(2) 能耗较低,可采用废热实现再生;

(3) 脱硫设施运行费用较低,且不随烟气中硫含量上升而明显增加;

(4) 与传统方法相比,综合经济指标具有明显优势。

三、实施效果

(一) 环境效益

二氧化硫监测结果见表1。

表1　处理前后二氧化硫的监测结果

监测项目		二氧化硫							
排气筒高度/m		100							
测试日期		2013. 11. 15				2013. 11. 20			
环境集烟处理前	烟气流量/m³(干)·h⁻¹	339861				340025			
	SO_2 实测浓度/mg·m⁻³(干)	1	2	3	均	1	2	3	均
		809	892	818	840	435	440	443	439
	SO_2 排放量/kg·h⁻¹	285				149.2			
环境集烟处理后	烟气流量/m³(干)·h⁻¹	340562				339726			
	SO_2 实测浓度/mg·m⁻³(干)	1	2	3	均	1	2	3	均
		85	86	81	84	93	90	84	89
	SO_2 排放量/kg·h⁻¹	28.6				30.2			
	二氧化硫排放浓度执行标准/mg·m⁻³	300							
	SO_2 吸收率/%	89.96				79.76			

由表1可以看出,改进后,烟气中二氧化硫平均吸收率达到80%以上,烟气处理后的二氧化硫排放浓度比国家执行标准（300mg/m³）低69%以上,减排效果显著。

（二）经济效益

按二氧化硫烟气 340000m³/h 计算，年可脱除二氧化硫 2134t，可产副产品硫酸约 3234t。每年增加销售收入 598 万元。二氧化硫排污费按 500 元/t 计算，每年排污费减少 267 万元。

（三）关键技术装备

该技术的关键装备包括：（1）高温烟气洗涤水冷却器技术装备（图 3）；（2）二氧化硫气体吸收塔技术装备（图 4）；（3）离子液再生塔技术装备（图 5）。

图 3　高温烟气洗涤水冷却器

图 4　二氧化硫气体吸收塔

图 5　离子液再生塔

图6和图7分别为祥光铜业熔炼系统环集烟气脱硫技术和阳极炉烟气脱硫技术示范工程图。

图6 熔炼系统环集烟气脱硫系统

图7 阳极炉烟气脱硫系统

（四）水平评价

从混合气体中脱除和回收二氧化硫的吸收剂（专利号200710048743.6）已申请国家专利，并已获国家知识产权局授权；该技术首次在铜冶炼行业使用，是对传统工艺技术的革新，实现了低浓度环集烟气脱硫装置的高效化、资源化、无废化，符合国家循环经济的发展目标，填补了国内技术空白。

四、行业推广

（一）技术适用范围

该技术属环境保护和化工气体分离领域，适用于铜、铅、锌、钢铁等冶炼行业。该技术不产生任何废弃物和废水，无二次污染，场地无粉尘，无强噪声，无新生固体、气体和液体排放物，吸收液可再生，循环使用，损耗低。可实现脱硫效率不低于99.5%，净化后外排烟气中二氧化硫含量不大于$100mg/m^3$（标准）。

（二）技术投资分析

项目投资金额7000万元，项目投产后年可实现销售收入865万元，利润总额11.5万元。项目为非营利项目。财务指标如下：

总投资收益率：0.17%；

投资回收期：12.09 年（税后）；

盈亏平衡点：98.4%。

（三）技术行业推广情况分析

技术成果自 2012 年 11 月份在阳谷祥光铜业有限公司工业化实施以来，在近两年的时间内生产运行正常，各项技术经济指标稳定，可以完全取代传统的烟气脱硫技术工艺。离子液循环吸收法烟气脱硫技术不产生任何废弃物和废水，无二次污染，场地无粉尘，无强噪声，无新生固体、气体和液体排放物，吸收液可再生循环使用，损耗低。该技术的推广有利于二氧化硫减排，符合冶炼行业清洁生产技术推广示范。

离子液循环吸收法烟气脱硫技术与传统脱硫技术比较，可增收铜金属 0.75 万 t/a，增加硫酸产量 2.3 万 t/a；该技术不产生任何废弃物和废水，无二次污染，与传统脱硫技术相比，减少二氧化硫排放 1.5 万 t/a，节约标准煤 10.9 万 t/a，减少烟尘排放量 4200t/a，减少硫酸雾排放 300t/a，减少蒸汽用量 80 万 t/a；年可实现销售收入 865 万元，利润总额 11.5 万元。

若有色金属冶炼及压延加工行业实现技术推广，年排工业二氧化硫按 10 万 t 计算，使用该技术可增加硫酸产能 15 万 t/a，节约标煤 72.6 万 t/a，可减少烟尘排放量 2.8 万 t/a，减少硫酸雾排放 2000t/a，销售收入可增加 2.77 亿元；二氧化硫排污费按 500 元/t 计算，每年排污费减少 7500 万元。

综上所述，该清洁生产示范技术的应用有利于二氧化硫减排，符合冶炼行业清洁生产技术推广示范，有利于提升我国铜冶炼清洁生产技术整体水平，对促进铜冶炼行业清洁生产和节能减排具有重大意义。

案例22 豫光炼铅法-液态高铅渣直接还原技术
——有色金属冶炼行业清洁生产关键共性技术案例

一、案例概述

技术来源：河南豫光金铅股份有限公司

技术示范承担单位：河南豫光金铅股份有限公司

我国铅工业在发展的过程中，一直以来都是以牺牲环境、资源消耗为代价的。传统的铅冶炼工艺长期以来一直是以烧结—鼓风炉还原冶炼占主要地位。目前我国已经规模发展的富氧底吹氧化熔炼—鼓风炉还原工艺，利用富氧直接熔炼硫化铅精矿产出粗铅。

烧结机烧结—鼓风炉还原炼铅工艺和富氧底吹氧化熔炼—鼓风炉还原炼铅工艺都存在不足之处，并且日益受到关注。其明显不足主要体现在以下几个方面：

（1）烧结机尾气气体浓度低，采用非稳态制酸时转化率低，排放气体中 SO_2 浓度不能达标，难以治理。

（2）烧结机所产烧结块在储运过程中同样会出现碎末飞扬的现象，也污染环境。

（3）鼓风炉的密闭性差，很难实现清洁化作业。

（4）受鼓风炉工艺限制，能耗高、还原程度不彻底，终渣含铅维持在4%左右，很难再有新的突破。

（5）底吹炉产的液态高铅渣需要先经铸渣机铸成块，然后送入鼓风炉中还原，高铅渣铸块在储运过程中容易出现碎末飞扬的现象，污染环境。

针对以上问题，项目示范单位河南豫光金铅股份有限公司，通过大力开展技术创新，积极探索和实践，在发展新技术、新装备等方面做了大量的工作，并取得成效。公司于2003年开始致力于开发底吹炉液态高铅渣的直接还原技术，通过几年来的努力，取得了成功。

项目实施后，铅冶炼工序综合能耗降低40%，二氧化硫排放减少90%，减少二氧化碳排放70%以上，终渣含铅小于2.5%。铅回收率达到97.5%，硫利用率达到96.8%。

二、技术内容

（一）基本原理

该技术属火法冶金清洁生产技术。含铅物料配料后在氧气底吹炉中进行氧化产出部分粗铅、二氧化硫烟气和液态高铅渣，液态高铅渣直接注入还原炉中，从还原炉上部的加料口加入炭粒和石子等辅料，底部通过喷枪喷入燃气和氧气发生反应。产出的烟气经降温除尘后并经尾气脱硫后排空。底吹炉产出的二氧化硫烟气经过除尘降温后进制酸工序生产硫酸。底吹炉和还原炉产出的粗铅进电解车间生产电解铅。

（二）工艺技术

与传统铅冶炼工艺相比，主要在原辅料、物料反应方式、熔炼炉型选择、富氧浓度选择上有较大改变，具体如各工艺流程图所示。

1. 烧结—鼓风炉还原工艺流程

该技术熔炼系统主要采用烧结机，鼓入空气反应。还原段主要采用鼓风炉还原，还原过程使用昂贵的冶金焦炭，见图1。

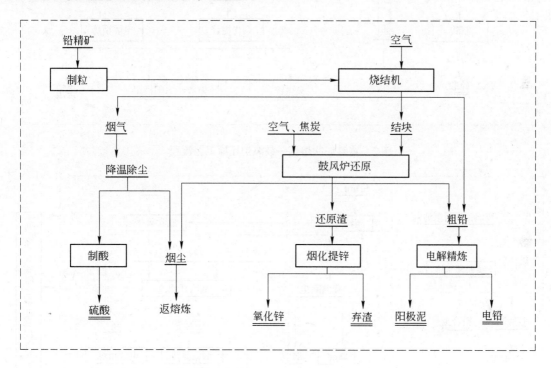

图1　烧结—鼓风炉还原工艺流程

2. 富氧底吹熔炼—鼓风炉还原工艺

该技术熔炼采用底吹氧化炉代替工艺1中的烧结机，高铅渣还原还是采用鼓风炉工艺还原，还原过程使用昂贵的冶金焦炭，见图2。

3. 两段式双底吹全熔池直接炼铅工艺

两段式双底吹全熔池直接炼铅工艺，即豫光炼铅法，见图3。

（三）技术创新点及特色

与传统技术相比，新工艺具有以下创新：

（1）发明了液态高铅渣直接还原炼铅新技术，淘汰了鼓风炉工艺，减少了烟气量

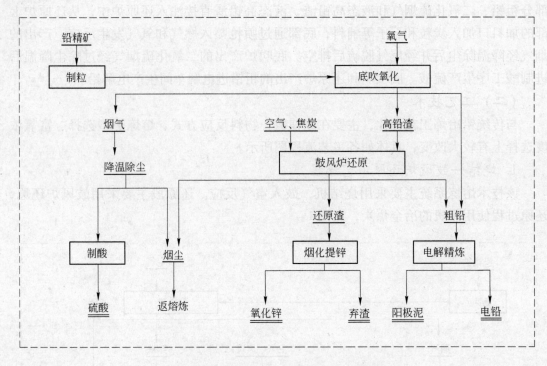

图 2 富氧底吹熔炼—鼓风炉还原工艺流程

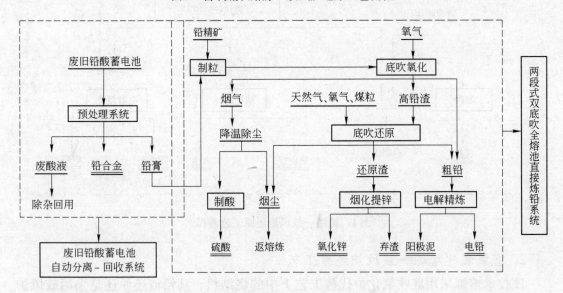

图 3 豫光炼铅法（YGL）技术路线

和烟尘率，彻底解决了铅还原过程能耗高、污染严重等问题，工序综合能耗较传统鼓风炉工艺降低40%，减少二氧化硫排放90%，减少二氧化碳排放70%以上，终渣含铅小于2.5%。

（2）开发了卧式底吹还原炉工业化装置：通过底部喷枪分布式排列，使氧气和天然气弥散于炉内熔体中，强化熔炼效果；负压作业密闭性好，铅蒸气和烟气不外逸，生产环境好，热损失低，操作安全可靠，自动化程度高；炉子寿命长。

（3）创新优化氧气底吹氧化熔炼过程，与发明的液态高铅渣直接还原炼铅相结合，集成为两段式双底吹全熔池直接炼铅系统，形成了清洁、高效、短流程的直接炼铅新工艺，铅总回收率达到97.5%，单位产品综合能耗降低到230kg标煤。

（4）发明了铅膏底吹混合熔炼新技术，将铅膏合理搭配铅精矿，采用双底吹全熔池直接炼铅技术，高温脱硫，达到了铅和硫同时高效回收利用的目的。铅回收率达到97.5%，硫利用率达到96.8%。

三、实施效果

（一）环境效益

该技术与国内外其他技术对比见表1~表3。

表1　该技术与国内外其他技术关键指标对比

序号	项目	烧结—鼓风炉法	SKS法	该项目技术
1	综合能耗（吨粗铅）（标煤）/kg·t⁻¹	463	350	230
2	铅总回收率/%	95	96.5	97.5
3	硫总回收率/%	65	92	96.8
4	渣含铅/%	2~3	<4	<2.5
5	氧气单耗（吨铅）/m³·t⁻¹	0	270~280	225
6	煤粒单耗（吨铅）/kg·t⁻¹	—	—	90
7	天然气单耗（吨铅）/m³·t⁻¹	0	0	30
8	焦炭单耗（吨铅）/kg·t⁻¹	375~385	160~170	0
9	电能单耗（吨铅）/kW·h·t⁻¹	155~158	80~90	75

表2　新技术与国内外其他技术优势比较

工艺名称	该项目技术	QSL法	烧结—鼓风炉工艺	SKS法
优势比较	流程短、直收率高；综合能耗低，小于230kg标煤/t粗铅；在原料的湿度、粒度、铅品位等方面适应性强，余热利用效果好；两段作业，降低关联度，控制灵活	氧化还原在同一炉内进行，相互牵制，生产灵活度降低；还原段喷入粉煤减小氧枪的寿命，煤量很难做到精准控制	整个生产环境差，余热无法利用；烧结块不能直接还原，能耗高；产出低浓度二氧化硫烟气，不好治理	还原段环境差，余热无法利用；高铅渣不能直接还原，能耗高

表3　新工艺对再生铅物料处理与国内其他工艺对比

工艺名称	新工艺（铅膏底吹熔炼技术）	反射炉熔炼
优势比较	脱硫彻底，利用率达到96.8%；铅回收率高达到97.5%；采用富氧底吹炉生产；自动化程度高，操作环境好	硫未进行利用，排入大气，造成污染；铅回收率只有95%；装备落后，操作环境差

该技术建成的 8 万 t 熔池熔炼项目，与传统的工艺相比，每年减少二氧化硫排放 580t，减少粉尘排放 50t，从生产源头消除了铅尘、二氧化硫对人体健康和生态环境的危害，环境效益显著。

（二）经济效益

采用该技术已建成的示范项目"豫光金铅 8 万 t 熔池熔炼项目"，项目总投资 3.8 亿元，电解铅产品生产成本约 11700 元/t（不含税），电铅平均售价 12000 元/t（不含税）。吨产品盈利 300 元，其中纯利润约 200 元，各种税金 100 元。硫酸产品每吨盈利 150 元，其中纯利润约 100 元，各种税金 50 元。主产品年利润 3750 万元，纯利润 2500 万元，税金 1250 万元。

副产品金、银、粗铜、次氧化锌、精铋等纯利润 3500 万元，税金 1750 万元。

项目可实现年销售收入 16 亿元，利润 6000 万元，税金 3000 万元。

（三）关键技术装备

该技术的关键技术装备为底吹氧化炉、底吹还原炉（图 4）。

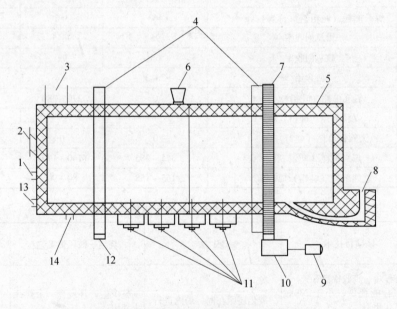

图 4　底吹氧化炉和底吹还原炉外形图

传统烧结—鼓风炉工艺技术装备主要为烧结机、鼓风炉。

富氧底吹—鼓风炉还原工艺技术装备主要为底吹氧化炉、鼓风炉。

炉体说明：底吹氧化炉和底吹还原炉的炉体 5 是一个内衬铬镁砖的可回转卧式圆筒形结构，在炉体顶部中间设有 1~3 个加料口 6，在炉体顶部的一端设有出烟口 3，一侧端上设有燃烧器口 2、出渣口 1、底渣口 13，另一端设有铅虹吸口 8，底部设有底铅排放口 14，壳体外箍有滚圈 4 和齿圈 7；滚圈 4 靠托轮 12 支撑，齿圈 7 与减速机 10 的小齿轮啮合，并通过电机 9 传动；在壳体的底部安装有气体浸没燃烧装置 11，气体浸没燃烧装置 11 是一种双层环槽形喷枪，外层通氧气，内层通燃料或氮气，能够将氧气和天然气（或氮气）通过各自的通道送至炉内，离开该装置后的氧气和天然气（或氮气）在炉内和熔体发生化学反应。

（四）水平评价

该项目已获得授权国家发明专利 13 项，实用新型专利 27 项，为自主创新技术，均已实施转化并实现产业化应用。

中国环境科学研究院对示范项目进行了环保评估，评估报告认为该项目"各项清洁生产技术指标达到粗铅冶炼企业清洁生产技术指标一级标准，该技术为国际清洁生产先进水平；示范工程对控制区域重金属污染具有重要意义"。

四、行业推广

（一）技术使用范围

该技术所属行业为有色金属冶炼行业，主要使用原料为原生铅精矿、再生铅物料，产品为电解铅和硫酸，副产品包括金、银、次氧化锌、粗铜、锑、铋等，可作为商品出售。

工程所使用的原辅料在国内均可生产，所选用的全部设备在国内均能制作，对厂房、设备、原辅材料及公用设施没有特殊要求。

（二）技术投资分析

按照建设一套年产 8 万 t 电解铅产品的装置计算，约需要投资 3.8 亿元。装置建成后可年产电解铅 8 万 t、硫酸 9 万 t，并可产副产品金、银、次氧化锌、锑、铋、粗铜等，可实现年销售收入 16 亿元，纯利润 0.6 亿元，缴纳税金 0.3 亿元，完成利税合计 0.9 亿元，投资利润率为 15.8%。

（三）技术行业推广情况分析

自 2008 年 1 月至今，已建成投运一条 8 万 t 熔池熔炼直接还原产业化示范工程，并改建一条年处理 8 万 t 液态高铅渣生产线。

该技术完全可以在铅冶炼全行业进行推广，取代目前的 SKS 工艺及其他工艺。按国内全行业产铅每年 380 万 t 计算，约有 40~50 条生产线需要改造升级。

环境、资源效益：

（1）项目自主创新开发的铅高效清洁冶金技术，实现了节能减排、清洁生产及资源综合利用；

（2）建立了铅高效清洁冶金及资源循环利用示范工程；

（3）公司推广应用该项目三年间共减排 CO_2 15.65 万 t、SO_2 1752t、废水 206 万 t。

（4）全行业推广后，每年可节约 86.4 万 t 标煤，减排二氧化碳 226 万 t，二氧化硫 25344t。

案例 23　废旧铅酸蓄电池自动分离-底吹熔炼再生铅技术

——再生铅行业清洁生产关键共性技术案例

一、案例概述

技术来源：河南豫光金铅股份有限公司

技术示范承担单位：河南豫光金铅股份有限公司

20世纪90年代以来，我国成为铅生产和消费增长最快的国家。虽然我国铅资源储量位居世界前列，但由于过度开采及勘查的滞后，铅矿资源短缺现象日益严重，铅需求的缺口不得不由二次资源来补充。而废旧铅酸蓄电池是铅二次资源的主要来源。预计到2015年，铅酸蓄电池的耗铅量将占铅总消耗量的85.48%，因此，有效利用铅酸蓄电池中铅资源将对我国再生铅产业乃至整个铅行业的发展产生重要和深刻的影响。目前，我国再生铅工艺虽然取得了显著进展，但与国外高效、机械化的处理工艺相比还有较大差距，传统的处理工艺带来环境污染、资源浪费等一系列问题，而同时，随着我国汽车产业和电动车产业的不断发展，废旧铅酸蓄电池成为一个巨大的可回收再生资源。在这种情况下，开发先进、环保的再生铅冶炼新工艺势在必行。

河南豫光金铅股份有限公司以生态设计、3R原则、清洁生产及环境友好材料开发等原则作为指导，以重力分选理论与熔炼基本理论为依据，研究开发废旧铅酸蓄电池自动分离-底吹熔炼再生铅新工艺。

公司采用该新工艺设计建设了10万t/a再生铅综合利用工程。项目规模硫酸8万t（其中回收铅膏中的硫酸2万t）、电铅10万t、合金铅3.6万t及塑料8400t。研究小组结合工程项目的试生产开展了有关研究，该研究围绕废旧蓄电池自动分离、铅膏底吹熔炼、板栅直接合金化三方面展开，形成了废旧铅酸蓄电池自动分离-底吹熔炼再生铅新工艺研究成果。

新工艺分离系统实现了塑料聚丙烯的无铅化分离；板栅铅直接低温熔化、配料熔铸铅基合金；废电解液经过滤，直接进入到原生铅制酸系统中代替工业补水，回收利用加工成工业硫酸；铅膏可与硫化铅精矿、造渣辅料进行配料后直接进行底吹熔炼生产粗铅，整个处理工艺铅回收率高达到97.5%以上；铅膏中的硫在熔炼系统中反应生成二氧化硫，采用双转双吸工艺直接生产硫酸，彻底消除了硫对环境的污染，硫利用率达到98%以上，实现硫的高效环保清洁利用。与传统工艺相比，处理相同原料每年可多回收利用近5000t铅金属，每年减少1.27万t SO_2 排放量。在取得最大经济效益的同时，凸显了最大的生态社会效益。

新工艺的研究应用使再生铅生产与大型原生铅生产相结合,大大降低了原生铅行业对铅一次资源的依赖,降低了铅的生产成本,减少了能源的消耗,把清洁生产、资源及其废弃物综合利用、生态设计和可持续发展等融为一体,大大提高了资源的利用率。

新工艺将国际先进再生铅分离技术和原生铅冶炼技术相结合,具有节能、减排、降耗,原料适应性强,自动化水平高,投资少等特点。建立了再生铅熔炼的闭路循环新模式,实现了铅全寿命周期的大循环,达到了资源的综合回收利用、清洁生产和环境友好材料开发的多重目的,是一种符合循环经济、生态经济理念的清洁生产技术。整体工艺技术属国内首创,达到国际先进水平。

二、技术内容

(一)基本原理

该工艺采用意大利 CX 预处理系统,先用破碎机将废旧铅酸蓄电池破碎至 $50\text{mm} \times 80\text{mm}$ 以下的碎片,再以水为介质,利用成分的不同,把板栅、隔板、聚丙烯、铅膏彻底分开。

废铅酸蓄电池铅膏是在废旧蓄电池板栅上脱除下来的混合填料,铅品位约 70%(视分离处理技术的不同而有一定差别),其中的硫酸铅约占到铅膏总铅量的 25% 以上,还有部分氧化铅。其组成和含量取决于废蓄电池的循环次数和寿命长短,一般的组分见表 1。

表 1 铅膏中各化合物的成分 (质量分数,%)

铅总量	PbSO$_4$	PbO$_2$	PbO	Pb	Sb
67 ~ 76	25 ~ 30	15 ~ 20	10 ~ 15	—	约 0.5

在底吹炉熔池中,铅膏中的 $PbSO_4$、PbO 可与炉料中的 PbS 反应产出再生铅:

$$2PbO + PbS = 3Pb + SO_2$$

$$PbSO_4 + PbS = 2Pb + 2SO_2$$

(二)工艺技术

新工艺技术的主要内容是废旧蓄电池经自动分离产出铅膏、板栅、塑料、聚丙烯四种产物,板栅直接合金化生产合金产品,塑料、聚丙烯回收利用,而铅膏采用富氧底吹熔炼技术直接处理,生产粗铅,同时铅膏中的硫采用双转双吸工艺制成硫酸,粗铅进一步采用电解精炼技术生产出最终产品电铅(图 1)。

传统工艺技术流程如图 2 所示。

(三)技术创新点

(1)对引进的 CX 系统的关键设备进行了消化吸收和再创新,开发了废旧铅酸电池破碎分离系统中的水循环利用装置等 4 项专利技术;还开发了废酸高效循环利用技术,实现了废酸直接回收利用。

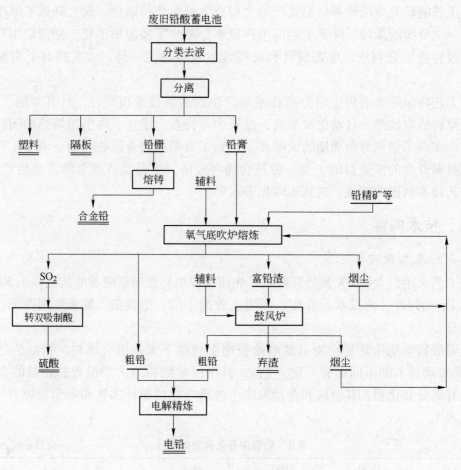

图 1　新工艺技术流程

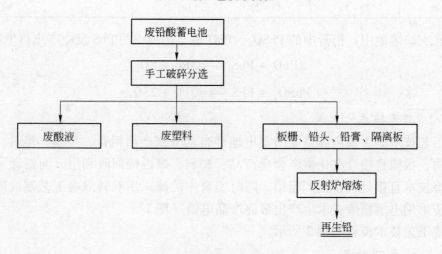

图 2　传统工艺技术流程

废旧铅蓄电池破碎分离系统中的水循环利用装置，专利号：200720187658.3

废旧铅蓄电池粉碎后的分离分选装置，专利号：200720187655.X

用于废旧蓄电池预处理及成分分离的装置，专利号：200720187660.0

废旧蓄电池中的电解液的倒出、收集及回收利用装置，专利号：200720187659.8

（2）通过与铅精矿先进熔炼技术相结合，开发了铅膏底吹混合熔炼新技术，实现了高温脱硫，达到了铅和硫同时回收利用的目的。

铅膏可与硫化铅精矿、造渣辅料配料进入熔炼炉生产粗铅，铅膏配入比例达到40%，充分发挥和利用了底吹熔炼铅交互反应的过程机理，使得脱硫更加彻底，是铅膏处理最有效的技术方案，而且加大了原生铅矿冶炼对低品位废杂矿的利用，使其原料结构更加合理。

该工艺铅回收率高达到97%以上，渣含铅小于1.5%。铅膏中硫在熔炼系统中反应生成二氧化硫，脱硫彻底，渣含硫小于0.5%。采用公司专利技术双转双吸五段转化工艺直接生产硫酸，彻底解决了硫对环境的污染问题（铅底吹炉烟气五段触媒两转两吸制硫酸的方法，专利号：ZL03126174.4），硫利用率达到98%以上，制酸尾气含硫小于400mg/m^3，实现硫的高效环保清洁利用。

熔炼采用微负压操作，避免了烟尘的外溢；对于各扬尘点，由于系统密闭，采用布袋收尘，强化通风除尘等措施，除尘率达到99.5%，使排放烟尘浓度小于120mg/m^3，符合外排标准。同时实现废水零排放，环保治理达到国内先进水平。

（3）采用废板栅直接熔炼技术，实现了板栅直接合金化。

板栅铅直接低温熔化，不再与铅膏混合进行高温熔炼，避免板栅铅的降低质量利用，资源利用更合理，生产能耗更低。

低温熔铸铅基合金，有效地利用了板栅铅中的锑、锡、砷等有价元素，具有资源利用率高的特点。

三、实施效果

（一）环境效益

（1）该项目是一个废铅酸蓄电池回收工程，每年处理废铅酸蓄电池15万t，减少了废铅酸蓄电池中铅与酸对环境的污染，起到了保护环境的作用。

（2）该项目SO_2的排放量每年减少1.27万t，有利于保护环境，减少酸雨的形成，每年减少的1.27万t SO_2折合100%硫酸的国标硫酸2万t。若每吨国标硫酸以300元计，仅此一项新增利润就达600万元。在取得社会效益的同时也取得了可观的经济效益。

（3）由于采用密闭熔池富氧底吹熔炼技术，使脱硫烟气中浓度达10%左右，气量稳定，满足双转双吸制酸要求，充分回收SO_2。项目实施后，铅冶炼系统的硫的综合回收率达98%以上，可保证制酸尾气中SO_2浓度小于400mg/m^3。熔炼采用微负压操作，避免了烟尘的外逸；对于各扬尘点，由于系统密闭，采用布袋收尘，强化通风除尘等措施，除尘率达到99.5%，使排放烟尘浓度小于50mg/m^3，符合外排标准。

（4）该项目将再生铅工程建设与大型原生铅生产相结合，把清洁生产、资源及其废弃物综合利用、生态设计和可持续消费等融为一体，在生产中体现"减量化、再利用、资源化"的原则和减少废物优先的原则，更大程度地利用了现有资源，大大提高了资源的利用率。

（二）经济效益

利用废旧铅酸蓄电池自动分离-底吹熔炼再生铅新工艺，公司建成了国内最大的再生铅综合利用工程，年处理能力为 15 万 t 废旧铅酸蓄电池，生产铅及铅合金产品为 10 万 t。该项目为企业带来了巨大的经济效益，2013 年经济效益见表 2。

表 2　2013 年再生铅综合利用工程收益表

序号	名　称	数量 /t	成本		三项费用		销售收入		利润总额 /万元
			单位成本 /元·t^{-1}	金额 /万元	费用 /元·t^{-1}	金额 /万元	产品单价 /元·t^{-1}	金额 /万元	
1	电瓶	123077	8845	108866					
2	铅金属量	80000	196	1568					
3	其中：电铅	53548	804	4303	346	1853	14900	79786	
4	铅锑合金	26452	552	1461	3	8	14050	37165	
5	硫酸	15013	125	188	4	6	854	1282	
6	塑料	12235					6633	8115	
	合　计			116385		1867		126349	8097

每年新增销售收入 12.6 亿元，实现利润 8097 万元，投资回收期为 4.375 年。

（三）关键技术装备

该技术关键技术装备（图 3 ~ 图 6）包括：（1）CX 废旧蓄电池分离；（2）废旧蓄电池铅膏底吹熔炼系统；（3）废旧蓄电池板栅直接合金化生产系统。

图 3　自动拆解中心控制系统、自动拆解行车上料、自动拆解集成自动系统

图 4　铅膏熔炼系统

图 5　回收制酸系统

图 6　合金系统

自动拆解中心控制系统、自动拆解行车上料、自动拆解集成自动系统如图 3 所示。

（四）水平评价

2009 年 9 月 9 日，中国有色金属工业协会在济源市组织召开由河南豫光金铅股份有限公司、河南豫光金铅集团有限责任公司和中南大学等单位共同完成的"废旧铅酸蓄电池自动分离-底吹熔炼再生铅新工艺研究"项目科技成果鉴定会。

会议认为，该研究成果已成功地应用于工业化生产，建立了废旧铅酸蓄电池处理年产10万t再生铅的生产线。该工艺铅回收率达到97%，锑利用率达到98%，硫利用率达到98%，废塑料和废酸全部回收利用，三废排放达标。实践证明，该生产工艺先进，设备运行可靠，生产稳定高效，自动化程度高，是一种符合循环经济、生态经济理念的清洁生产技术。经济、社会和环境效益显著，推广应用前景广阔。该新工艺实现了废旧铅酸蓄电池的大规模自动化处理，技术指标先进，实用性强，总体技术达到了国际先进水平，其中铅膏的底吹熔炼和硫的循环利用达到国际领先水平。

四、行业推广

（一）技术使用范围

该技术适用于废旧蓄电池处理生产再生铅和原生铅生产的企业。对于再生铅企业有利于装备升级和环境治理，对于原生铅生产企业有利于应对日益严峻的原生铅矿资源枯竭问题。

（二）技术投资分析

按年生产10万t再生铅的规模，投资约3.5亿元，利润0.8亿元，投资回收期4.375年。

（三）行业推广分析

该项目已在豫光金铅股份有限公司进行全面推广应用，所生产的电产品应用范围广，目前已经销往国内外，年销售额12亿元，推广应用前景广阔。

公司10万t/a再生铅综合利用工程的生产实践表明，采用该技术处理再生铅，取得了显著的经济、环境及社会效益。它的应用成功必将有力地推动我国再生铅行业的发展。目前，全国300多家再生铅企业，随着再生铅工业的发展，从事再生铅的企业还会增加，该技术的推广应用有着广阔的市场需求。而该技术的推广应用对于再生铅工业的结构调整、节能减排工作具有积极的推动意义。相信该新工艺必然会对再生铅行业的格局产生深远的影响，有力地推动我国再生铅行业的更大发展。

第三章 建材（筑）行业

案例24 建材企业能效管理系统
——水泥行业清洁生产关键共性技术案例

一、案例概述

技术来源：中国建筑材料工业规划研究院
　　　　　北京贝之瑞系统控制技术有限公司
技术示范承担单位：北京水泥厂有限责任公司

建材行业能源消耗量巨大，是仅次于电力、钢铁和石化行业的第四大高耗能行业。环保部对行业3.5万家重点调查企业数据显示：建材工业有工业窑炉4万余台，年消耗煤炭量约3.1亿t，在工业行业中居第3位。其中，水泥工业的能源消耗、二氧化碳排放量均占建材行业的70%以上。加大水泥工业的节能减排力度，提高资源、能源利用效率，减轻环境压力将成为"十二五"期间我国水泥工业的一项艰巨而紧迫的任务。为此工业和信息化部发布的《关于水泥工业节能减排的指导意见》中，明确提出了水泥行业节能减排工作主要目标及企业要依据节能减排统计、监测和考核体系的要求，进一步完善企业内部能源计量在线检测、分析工作，提高企业的能效管理水平。

随着水泥新型干法水泥技术的不断成熟，生产线的硬件系统节能改造已广泛普及，节能效果也使水泥企业普遍受益。但从现状看，单纯靠对设备和工艺进一步节能改造，不但投入费用很高，且能达到的节能空间也越来越小。通过近年来开展节能工作实践，行业和企业形成了普遍的共识，要想进一步挖掘企业节能潜力，走管理节能之路是目前有效选择之一，水泥行业能效管理系统便由此应运而生。

北京水泥厂有限责任公司作为金隅集团水泥板块的主要企业之一，拥有国内首套自主研发、具有自主知识产权的依托水泥窑处置工业废弃物的环保示范线，年产水泥200万t，年可处置城市废弃物10万t，承担着节能减排和资源综合利用的重要使命。公司于2009年开始建立能效管理系统，初步建立了对高压侧电能数据的统计和采集，并取得了一定的节能效果，但还存在权限不明确、缺乏考核、报警及专家分析不足、对生产流程主要设备和环节涵盖面较少等缺陷，因此于2012年开始建设能效管理系统。

该项目要达到的目标是：建设集水泥生产能耗过程监控报警、数据分析、对标考核、故障诊断、管理决策等功能于一体的能效管理系统，从而达到节能降耗，增效创收的目的。

二、技术内容

（一）基本原理

建材企业能效管理系统（图1），是指采用自动化、信息化技术和集中管理模式，对企业能源系统的生产、输配和消耗环节实施集中扁平化的动态监控和数字化管理，改进和优化能源平衡，实现系统性节能降耗的企业能源管控一体化系统。能效管理系统是一种管理理念和管理体系，以降低能源消耗、提高能源利用效率为目的，利用系统的思想和过程方法，结合管理流程、生产组织、工艺调整，对能源生产、输配、消耗等环节实施集中化、扁平化、全局化管理。

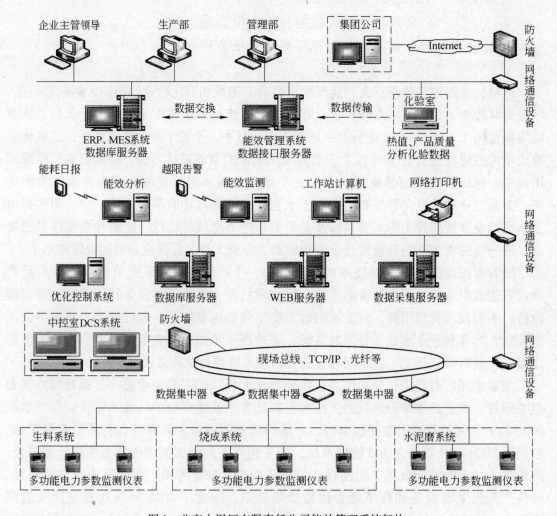

图1　北京水泥厂有限责任公司能效管理系统架构

（二）工艺技术

（1）结合水泥生产工艺和信息化技术，初步建立建材企业能效指标库和原因分析数据库，帮助能效分析人员从生产工艺、运行方式、设备状态等专业角度分析能耗超标原因。

（2）对系统界面进行重构，使界面更友好，使用更便捷。对数据库不断进行补充和完善，利用历史数据进行数据挖掘，构建对异常情况及指标超标原因分析的判断模型，由模型提出分析结果和整改建议，进一步提高水泥生产能源管理效率和生产效率。

（三）技术创新点

该系统具有强大的对水泥生产过程中出现的能耗超标问题的分析诊断功能。在可视化界面引导下将超标能耗数据分解到工序、生产环节和大型能耗设备的能效指标上，通过逐级查找确定发生耗能问题的具体环节及产生原因提供技术手段。

（1）实现生产能耗在线监测和及时报警；

（2）能够对各个用能单元深入进行能效考核；

（3）能够及时对所有用能单元的能耗数据自动生成报表；

（4）能够对能源数据进行查询并分析其能耗增减原因；

（5）从生产的能源管理向能效管理的提升。

三、实施效果

（一）环境效益

根据能效计算方法，并结合行业经验，保守测算该企业实施能效管理系统后，每年可实现节电5%以上。按照该企业的达产量计算，水泥年产量为175万t。根据5%的节电标准，计算可得每年节约用电为843.3万kW·h。每年可节省标煤约0.29万t（按电网平均供电煤耗350g/kW·h计算）；相当于减排1万t CO_2 的排放。

国务院关于《"十二五"节能减排综合性工作方案》（国发〔2011〕26号）明确规定：推动重点用能单位按要求配备计量器具，推行能源计量数据在线采集、实时监测。因此，实施该项目是公司响应国家节能减排号召、落实国家节能减排政策的实际体现。

（二）经济效益

该项目于2013年10月安装调试完毕，正式进入试运行阶段。企业所产生的经济效益可通过能效管理系统的实施，及相应的管理手段来实现。具体表现在：

（1）通过开发水泥能效系统，解决能耗超标原因分析无依据、无手段问题。

（2）通过专人负责，对能源消耗进行监控和管理，提供能源考核管理所需的手段和措施，提高了员工的操作水平，从源头上有效地减少了人为原因造成的能源损失和浪费。

（3）通过设置实时越限报警，能及时发现企业用能方面存在的问题和漏洞，以便于快速发现问题，及时堵住漏洞，提高企业用能管理水平。

（4）通过分析设备的经济运行合理性来实现节能，系统实施后，对生产线各工艺环节主要设备单耗变化趋势进行记录，结合生产、检修和运行情况，找出单耗增高的原因，制定最佳运行方式，达到节约能源和减少生产成本投入的目的。

平台运行效果见表1。

表1　2013年四季度同比2012年四季度能耗数据

		2012 年				2013 年			
		10 月	11 月	12 月	四季度累计	10 月	11 月	12 月	四季度累计
烧成实物煤耗 /kW·h·t⁻¹	一线	157.39	154.72	162.56	158.23	153.02	149.86	149.95	151.09
	二线	169.58	171.64	175.75	172.37	164.18	159.23	159.58	160.91
	合计	164.77	164.20	170.33	166.50	159.38	155.38	156.75	157.15
生料电耗 /kW·h·t⁻¹	一线	19.16	21.14	23.70	21.41	18.98	21.14	21.47	20.34
	二线	22.60	24.01	26.66	24.43	15.68	22.51	22.69	20.42
	合计	21.26	22.77	25.42	23.18	17.01	21.98	22.41	20.39
烧成电耗 /kW·h·t⁻¹	一线	34.55	34.41	36.46	35.15	37.25	39.75	39.58	38.76
	二线	31.22	30.59	34.90	32.30	31.16	31.32	34.18	32.24
	合计	32.54	32.27	35.54	33.49	33.78	34.79	35.76	34.73
水泥电耗 /kW·h·t⁻¹	1 号磨	38.58	39.39	43.54	39.96	41.20	42.84	38.22	40.92
	2 号磨	39.67	40.14	36.02	38.93	46.60	49.36	42.76	46.36
	3 号磨	43.42	43.43	46.46	44.27	40.33	40.43	38.92	40.05
	合计	40.61	41.07	42.58	41.28	41.96	43.01	39.75	41.77
扣除 3 号磨改造节电后									42.84
熟料实物煤耗/kW·h·t⁻¹		164.77	164.20	170.33	166.50	159.38	155.38	156.75	157.15
熟料标准煤耗/kW·h·t⁻¹		127.29	127.64	136.49	130.58	117.39	117.69	118.68	117.88
熟料综合电耗/kW·h·t⁻¹		65.63	66.96	74.73	69.20	59.91	68.37	69.00	65.68
熟料综合能耗/kW·h·t⁻¹		136.41	136.57	146.39	139.90	125.68	126.97	128.54	127.00
水泥实物煤耗/kW·h·t⁻¹		130.74	132.40	132.60	132.31	123.61	126.10	115.80	122.47
水泥标准煤耗/kW·h·t⁻¹		101.00	102.93	106.26	103.77	91.03	95.51	87.67	91.87
水泥综合电耗/kW·h·t⁻¹		96.02	98.92	103.48	99.66	91.06	100.56	93.32	95.37
扣除 3 号磨改造节电后						92.13	101.63	94.39	96.44
水泥综合能耗/kW·h·t⁻¹		113.64	115.64	119.54	116.67	102.95	108.58	100.16	104.41
扣除 3 号磨改造节电后						103.08	108.58	100.16	104.54

从以上数据明显看出熟料及水泥的能耗均有明显下降：

（1）熟料综合能耗2012年四季度为139.90kW·h/t，2013年四季度为127.00kW·h/t，同比降低12.9kW·h/t，能耗下降9.2%。如图2所示。

（2）水泥综合能耗2012年四季度为116.67kW·h/t，2013年四季度为104.54kW·h/t，同比降低12.13kW·h/t，能耗下降10.4%。如图3所示。

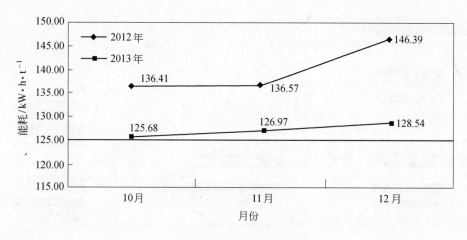

图 2   熟料综合能耗对比图

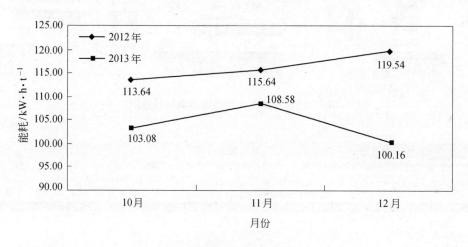

图 3   水泥综合能耗对比图

由此看出能效管理系统使用效果显著。

总之，项目投资 233.8 万元，从四季度数据对比看，项目实施后水泥综合能耗可节约 5% ~ 10%。

（三）关键技术装备

1. 在线监测、报警功能

对北京水泥厂有限责任公司高低压供用电网络主、次干线的用电参数进行在线监测，并可实现对参数超标和异常情况的报警；对主要设备和变压器运行情况进行监测，计算主要设备和变压器是否处于经济运行状态，并对设备的空载、轻载、故障、非正常启停等异常情况进行报警和记录，如图 4 所示。

2. 考核功能

此项功能的宗旨就是建立完善的"企业-车间-工段-班组-岗位"五级能效考核管理体系，如图 5 所示。

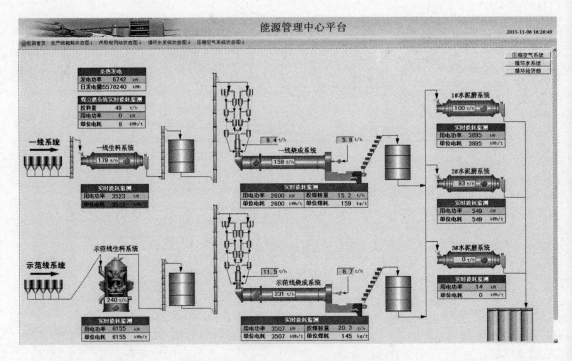

图4 北京水泥厂生产线动态能耗状态图

综合能效指标表（2013-10-01～2013-10-04）

名称	单位产品电耗/kW·h·t⁻¹				产量 t	用电量		用煤量（标煤）		综合能耗（标煤）
数据	实际值	企业目标	集团目标	行业先进	实际值	实际值/kW·h	折标值	实际值/t	折标值/kg	折标值/kg
一线生料系统	24.2	25.0	24.0	23.0	9433.9	227984.0	28019.2			28019.2
示范线生料系统	23.5	25.0	24.0	23.0	16651.1	390648.0	48010.6			48010.6
一线烧成系统	23.9	26.0	25.0	24.0	7117.9	170052.0	20899.4	973.0	695.0	715913.3
示范线烧成系统	27.0	26.0	25.0	24.0	9645.3	260224.0	31981.5	1013.0	723.6	755567.4
1号水泥磨系统	30.1	37.0	36.0	35.0	6138.9	184672.0	22696.2			22696.2
2号水泥磨系统	45.0	37.0	36.0	35.0	4448.4	200276.0	24613.9			24613.9
3号水泥磨系统	35.9	37.0	36.0	35.0	12153.8	436424.0	53636.5			53636.5
煤立磨系统	17.5	25.0	24.0	23.0	1387.0	33072.0	4064.5			4064.5

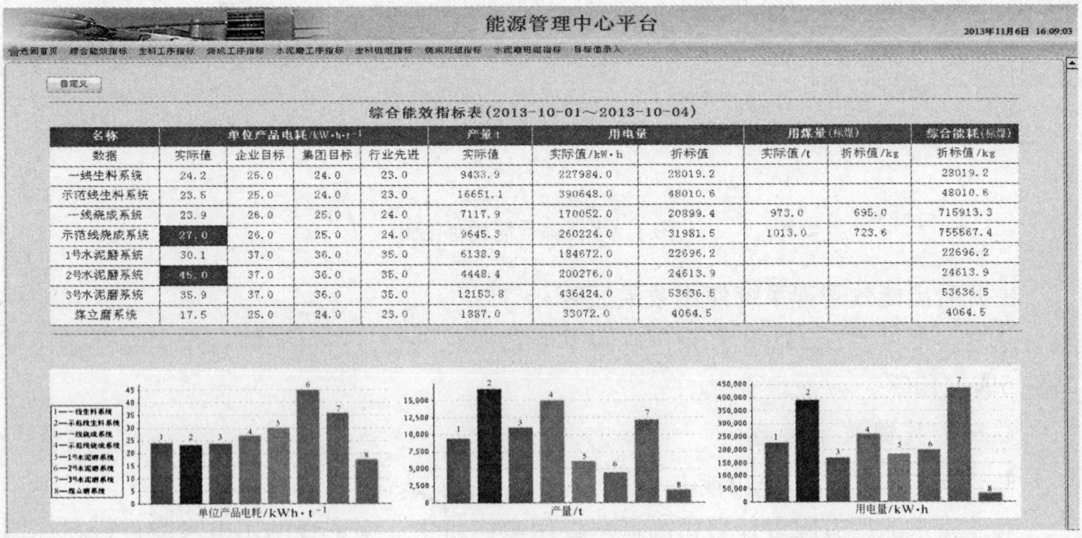

图5 能耗考核示例图

3. 统计报表功能

可以按照企业的要求进行能源数据的在线统计，并实现报表，如图6所示。

4. 实时及历史数据对比分析功能

系统采用智能化设计，可任意调入与对比两种或两种以上参数，用多种方式对

能源管理中心平台　2013年11月6日 16:12:33

报表参数设置　日报表　月报表

能源消耗统计表(2013-10-01～2013-10-04)

名称		单位产品电耗/kW·h·t⁻¹	产量/t	用电量/kW·h	用煤量/t	综合能耗(标煤)/kg
一线生料系统		24.17	9433.91	227984.00		28019.23
示范线生料系统		23.46	16651.07	390648.00		48010.64
一线烧成系统		23.89	7117.87	170052.00	973.00	715913.31
示范线烧成系统		26.98	9645.29	260224.00	1013.00	755567.44
1号水泥磨系统		30.08	6138.88	184672.00		22696.19
2号水泥磨系统		45.02	4448.41	200276.00		24613.92
3号水泥磨系统		35.91	12153.83	436424.00		53636.51
煤立磨系统		17.53	1887.00	33072.00		4064.55
污泥干化系统		0.00	0.00	0.00		0.00
固废处置系统	一线污泥泵	0.00	0.00	0.00		0.00
	二线污泥泵	0.00	0.00	0.00		0.00
	成浆	0.00	0.00	0.00		0.00
全厂用水量		0.00(t)		全厂用气量		0.00(m³)

图6　统计报表示例图

主要能耗设备和生产线的实时、历史数据进行查询和追溯，并可对多种参量的变化趋势进行叠加、对比，对企业能源消耗过程中的各种问题进行深层次分析，如图7所示。

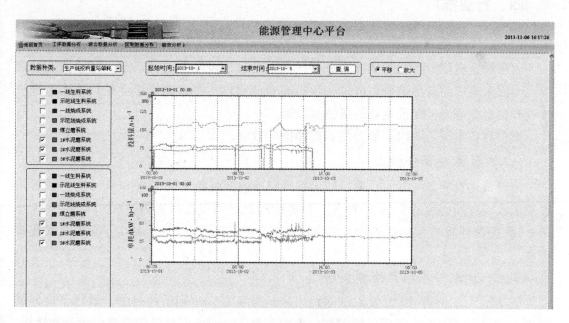

图7　对比分析功能示例图

5. 专业技术管理功能

系统可实现对企业生产过程中能耗超标或异常情况进行连续监测、分析和诊断，逐级查找各生产工序中存在的能耗问题，系统在线监测分析的数据为专业技术人员提供参考、解决问题的依据。

（四）水平评价

该项目的核心技术由中国建材工业规划研究院和北京贝之瑞系统控制有限公司联合研发，软件具有自主知识产权，符合国家关于信息技术要立足于民族工业的要求。与其他能效管理系统相比，主要优势为：

（1）行业特点结合紧密。中国建材工业规划研究院作为建材行业权威的咨询机构，对水泥工艺及生产特性有较全面深入的了解，对国内企业的实际生产状况也有较清晰的把握，因此开发的能管系统针对性强，能够更好地解决水泥企业实际生产过程中的能源管理问题。

（2）能耗对标考核管理。参考建材企业能效对标管理要求，建立能效对标、考核指标体系，通过系统对主要能效指标数据进行在线采集和统计，在企业内部建立科学、有效、完整的能效对标和管理体系，形成节能管理的长效机制。

（3）专家诊断故障分析。利用历史数据进行数据挖掘，构建对异常情况及指标超标原因分析的判断模型，及时分析预测判断，发现故障得出结论并辅助提出整改建议。

该系统的建立结合我国建材行业生产国情现状，针对建材生产能源消耗特点建立管理的，整个系统及效果达到了国内同类系统的先进水平。

四、行业推广

（一）技术适用范围

因水泥企业担负着节能减排的重要任务，通过建设能效管理系统，减少能效管理中人为因素造成的能源浪费，可进一步提高企业管理水平，降低企业生产成本，进一步提升自身竞争力，促进企业的可持续发展。

该项目在水泥企业内有显著的示范和推广效应。

（二）技术投资分析

该项目总投资 234 万元，项目的全投资财务内部收益率为 130.15%（所得税后），投资回收期（所得税后）为 1.07 年，财务净现值（所得税后）为 1005.23 万元（$i_c =$ 10%），投资利润率为 141.39%。实现企业综合能耗降低 1.5%，减少了企业二氧化碳排放。

（三）技术行业推广情况分析

该项目从 2013 年 10 月投入试运行以来运行良好，达到了的目的，取得了良好的效果。通过公司能效管理项目的实施，为水泥企业全面推广能效管理提供示范和样板，不仅体现了水泥企业积极响应国家和市政府的号召，也体现了水泥企业强烈的社会责任意识。同时通过推广能效管理系统，必将使水泥企业的能源管理工作提升到新的水平。

目前，能效管理系统在钢铁、有色金属、电力等行业应用较多，而建材行业应用尚属空白。据统计，截至 2012 年年底，全国水泥生产企业已达 3492 家，其中新型干法水泥生产线 1637 条，水泥产能达 30.7 亿 t。因此，该项目的实施对行业节能减排具有重大的意义。目前，该技术得到中国建材联合会的大力支持，正着手在行业内全面推广。

案例 25　水泥窑降低氮氧化物技术

——水泥行业清洁生产关键共性技术案例

一、案例概述

技术来源：中国中材国际工程股份有限公司

实施单位：中国中材国际工程股份有限公司

我国目前是世界上氮氧化物（NO_x）排放量最大的国家。氮氧化物随烟气上升到空中与水蒸气相遇时，就会形成硫酸和硝酸小滴，使雨水酸化，这时落到地面的雨水就成了酸雨。目前，由大气中 NO_x 造成的酸雨、海洋的富营养化等危害相当严重。

2012 年，我国水泥产量达到 22.1 亿 t，占世界水泥产量高达 56%；2013 年水泥产量达到 24.1 亿 t，比 2012 年增加近 10%。规模以上的水泥生产企业约 4000 家，其中水泥熟料生产企业 2400 多家，新型干法水泥生产线达到 1600 多条。水泥行业在高速发展，支持国民经济快速发展的同时，也带来严重的环境污染问题。水泥行业的氮氧化物排放量达到全国的 10%。水泥行业已是居火力发电、汽车尾气之后的第三大氮氧化物排放大户。氮氧化物排放影响大气质量，是水泥行业可持续发展的制约因素之一。

根据《中华人民共和国环境保护法》、《中华人民共和国大气污染防治法》、《水泥工业大气污染物排放标准》等法律法规的有关规定和要求，新建企业自 2014 年 3 月 1 日起，现有企业自 2015 年 7 月 1 日起，执行《水泥工业大气污染物排放标准》（GB 4915—2013）中的氮氧化物排放标准。水泥窑炉的氮氧化物排放浓度从 $800mg/m^3$ 大幅度降低到 $320(400)mg/m^3$（按重点地区和非重点地区分别执行不同标准）。如果水泥生产线不进行脱硝技术改造，那么根本无法满足新标准的要求。

开发水泥窑降低氮氧化物技术，对保护生态环境，发展循环经济，解决我国日益严重的大气污染问题，促进我国水泥行业的健康可持续发展，具有十分重要的战略意义。

目前国内水泥行业正在积极进行选择性非催化还原技术降低氮氧化物排放的技术改造。但是由于在短时间内一拥而上，导致技术水平参差不齐，增加了企业的运行成本，也达不到降低氮氧化物排放的效果，制约了企业的进一步发展，打击了行业进行技术升级改造的积极性。中国中材国际工程股份有限公司自主开发了"水泥窑降低氮氧化物技术"，主要包括：低氮氧化物分解炉、水泥窑选择性非催化还原系统、低 NO_x 水泥回转窑用燃烧器的技术研究与成套装备，获得专利 5 项。采用该技术可降低氮氧化物的排放浓度和排放量，同时多项技术装备组合使用与单独采用非催化还原技术相比，可降低运行成本，提高清洁生产水平。该技术通过了中国建筑材料联合会的技术鉴定，鉴定意见为"该成果可直接用于新建水泥生产线，也可用于既有水泥熟料生产线改造，社会、环保效益显著，应用前景广阔，对水泥工业 NO_x 减排意义重大"，主要技术经济指标达到国际先进水平。

该技术的社会、环保效益非常显著。以研究课题所依托的建设工程为例，采用降低氮氧化物改造后，中材湘潭水泥有限公司 5000t/d 水泥窑系统的氮氧化物排放总量也大幅度降低，以减排 60% 计算，氮氧化物日排放量可降低约 5.7t，年排放量可降低 1700t。我国是水泥生产大国，该项技术的示范成功，对于全国水泥行业节能减排意义重大。我国大多数水泥企业均具有实施该项目技术的可行性和需求，是该项目成果推广应用的重要基础。按照 2013 年水泥产量 24.1 亿 t（熟料产量约 18 亿 t）估算，如该成果在全国水泥企业推广应用，仅按减排氮氧化物 60% 计算，每年就可减少 NO_x 排放约 200 万 t。

在经济性方面，采用该项目技术，与目前常见的仅使用选择性非催化还原技术的水泥生产线相比，可以降低成本 20% ~ 50%，折合吨熟料成本可以降低 0.5 ~ 1.0 元，一条 5000t/d 的熟料生产线每年可节约脱硝系统运行成本 75 ~ 150 万元。

二、技术内容

（一）基本原理

1. 低氮氧化物分解炉

低氮氧化物分解炉（图 1）的基本原理为：将分解炉内燃烧所需的空气量分成两级送入，使第一级燃烧区内过量空气系数小于 1，燃料先在缺氧的条件下燃烧，燃烧生成的一氧化碳与氮氧化物进行还原反应，以及燃料氮分解成中间产物（如 NH、CN、HCN 和 NH_x 等）相互作用或与氮氧化物还原分解，抑制燃料氮氧化物的生成：

$$2CO + 2NO \longrightarrow 2CO_2 + N_2$$

$$NH + NH \longrightarrow N_2 + H_2$$

$$NH + NO \longrightarrow N + OH$$

在二级燃烧区（燃尽区）内，将燃烧用空气的剩余部分以二次空气的形式输入，成为富氧燃烧区。此时空气量多，相应中间产物被氧化生成氮氧化物：

$$CN + O_2 \longrightarrow CO + NO$$

但因已有部分氮氧化物发生还原反应，因而总的氮氧化物生成量是降低的。

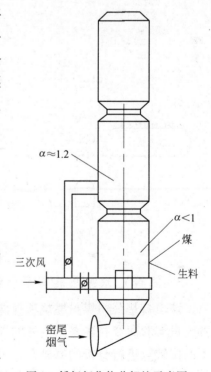

图 1 低氮氧化物分解炉示意图

2. 水泥窑选择性非催化还原系统

选择性非催化还原（selective non-catalytic reduction，SNCR）技术（图2）属于烟气脱硝技术，是将氨水或尿素等氨基物质在一定的条件下与烟气混合，在不使用催化剂的情况下，将氮氧化物还原成为无毒的氮气和水，氨水还原氮氧化物总的化学反应为：

$$4NH_3 + 4NO + O_2 \longrightarrow 4N_2 + 6H_2O$$

$$4NH_3 + 2NO + O_2 \longrightarrow 3N_2 + 6H_2O$$

$$8NH_3 + 6O_2 \longrightarrow 7N_2 + 12H_2O$$

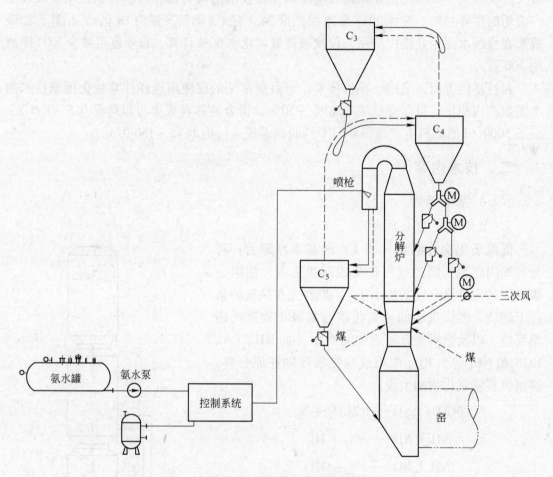

图 2　水泥窑选择性非催化还原系统示意图

3. 低 NO_x 水泥回转窑用燃烧器

该设备是公司煤粉燃烧项目课题组成员基于多年的工程实践，根据冷、热态实验的大量实验研究，参考国内外的煤粉燃烧器的使用情况，在对公司原多通道煤粉燃烧器的优缺点进行分析的基础上，采用现代最新燃烧技术的大速差和强旋流理论，结合煤粉燃烧特性，运用计算机仿真技术，综合考虑多学科研究和发展成果研制而成。该结构形式的燃烧器（图3）由于通道风速较高，燃烧器的推力达 1500m/s 以上，可满足各种燃料的充分燃尽，对提高劣质煤的利用十分有利。同时由于一次净风量低，相应可降低系统 NO_x 的生成量。

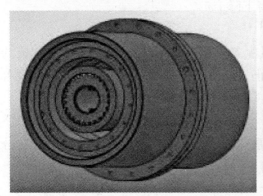

图3 TCNB 煤粉燃烧器头部结构

4. 可燃废弃物等生物质燃料作为脱硝燃料

含氨基替代燃料可以作为水泥窑系统的替代燃料使用，达到降低氮氧化物排放的效果。含氨基替代燃料与煤粉相比，基本以挥发分为主，挥发分占可燃物比例达到90%以上，且其中含有大量的氨（胺）基物质。其在燃烧过程中容易释放出大量的 NH_i 等基团，还原性的 NH_i 等基团可以与 NO 发生以下反应：

$$NH_i + NO \longrightarrow H_2O + N_2$$

（二）技术创新点

（1）开发出适应于不同煤种，特别是无烟煤的三次风分级燃烧工艺技术和低 NO_x 分解炉，分级燃烧脱硝效率稳定在30%以上；

（2）开发出适合于预分解水泥窑的选择性非催化还原技术，利用氨水、尿素等作为还原剂，在不影响水泥窑系统正常生产运行的前提下，系统脱硝效率达到60% ~ 80%，系统可连续稳定运行；

（3）结合采用污泥、可燃废弃物等生物质燃料作为脱硝燃料，可进一步提高脱硝效率，显著降低水泥窑 NO_x 减排的运行成本；

（4）开发出专用的控制软件和控制模块，采用与现有中央控制系统兼容的电气化集成控制，实现了选择性非催化还原系统的全自动控制。

三、实施效果

（一）环境效益

该技术及相关装备在我国水泥行业得到广泛推广和应用，环境效益非常显著。以研究课题所依托的建设工程为例，采用降低氮氧化物改造后，中材湘潭水泥有限公司5000t/d 水泥窑系统的氮氧化物排放总量也大幅度降低，氮氧化物日排放量可降低约

5.7t，年排放量可降低约 1700t。

截至 2013 年年底，公司利用该技术承建了全国约 200 条水泥窑的降低氮氧化物排放技术改造，预计这些水泥窑在 2014 年将减少氮氧化物排放约 24 万 t（不含公司 2014 年承建量），我国氮氧化物的排放总量将下降 1%。

（二）经济效益

应用该技术对新型干法水泥窑进行降低氮氧化物排放技术改造，项目总投资约 200～500 万元。公司从 2011 年起至 2013 年止，进行水泥窑脱硝技术改造累计实现合同额约 4 亿元。

（三）关键技术装备

该技术的技术装备包括选择性非催化还原自动化控制系统（图 4），低氮氧化物分解炉（图 5），低 NO_x 水泥回转窑用燃烧器等。

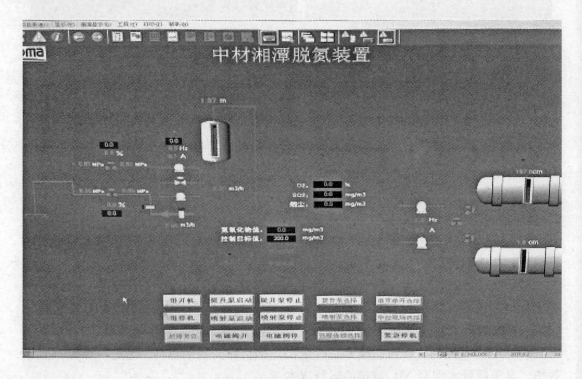

图 4　选择性非催化还原自动化控制系统

（四）水平评价

该技术为具有我国知识产权的重大原创技术，拥有 6 项专利。该技术通过了中国建筑材料联合会的技术鉴定，鉴定意见为"该成果可直接用于新建水泥生产线，也可用于既有水泥熟料生产线改造，社会、环保效益显著，应用前景广阔，对水泥工业 NO_x 减排意义重大"，主要技术经济指标达到国际先进水平。应用本技术的"5000t/d 水泥熟料生产线降低氮氧化物改造工程"荣获 2011 年"华新杯"全国建材行业技术革新奖二等奖。

图 5　低氮氧化物分解炉

四、行业推广

(一) 技术适用范围

该项目技术可直接应用于新型干法水泥生产线低氮氧化物技术改造和新水泥窑建设。既可应用于水泥厂，也可应用于电力等类似燃煤锅炉的场合，此技术使用范围广泛。该技术对原有水泥窑生产线的设备、原燃料均无特殊要求。

(二) 技术投资分析

公司应用该技术对新型干法水泥窑进行降低氮氧化物排放技术改造，项目总投资为 200～500 万元。

水泥企业应用该技术进行改造，可比同类技术降低运行成本 20%～50%，一条 5000t/d 的熟料生产线每年可节约脱硝系统运行成本 75～150 万元。

(三) 技术行业推广情况分析

该技术已应用于国内 200 余条水泥生产线的脱硝技术改造，所有项目均已通过验收，降低氮氧化物排放的效果可以通过环保在线监控系统检验。

环境效益：公司利用该技术承建了全国约 200 条水泥窑的降低氮氧化物排放技术改造，预计这些水泥窑在 2014 年将减少氮氧化物排放约 24 万 t，我国氮氧化物的排放总量将因此下降 1%。

经济效益：应用该技术对新型干法水泥窑进行降低氮氧化物排放技术改造，项目总投资为 200~500 万元。公司从 2011 年起至 2013 年止，进行水泥窑脱硝技术改造累计实现合同额约 4 亿元。

案例26　木耳菌渣替代部分燃料在干法窑上的应用

——废弃物资源化利用清洁生产关键共性技术案例

一、案例概述

技术来源：四川利森建材集团有限公司

技术示范承担单位：四川利森建材集团有限公司

该项目所属技术领域为环境和制造业，研究固废处理与综合利用技术，利用农业废弃物替代部分燃料生产绿色建材。

该项目所在地四川省德阳什邡市种植木耳已有30年的历史，产量规模从开始的2000余袋发展至今近2亿袋（含菇类）。每年产生菌渣量达20万t，若处置不当，将极大地危害当地环境，影响人们的健康。

该项目为了解决木耳菌渣的氯碱化合物对水泥窑结皮堵塞的问题，开发了一种全新的水泥窑炉处置飞灰高温脱氯脱硫关键技术及氯离子有害组分捕集、分离技术，使新型干法窑2500t/d的生产线能够较大规模地处置木耳菌渣（年处置量最高可达20万t）、秸秆等农业废弃物，达到适用量产阶段。该技术"用有机垃圾替代部分燃料生产水泥工艺"已经申请国家发明专利。

四川利森建材集团有限公司2500t/d生产线木耳菌渣替代部分燃料制备水泥熟料技改项目于2009年年底完成。运营生产表明，生产线运行稳定，设备状况良好，各项工艺和质量指标均达到控制目标。

目前，国内有70%以上的水泥生产线采用新型干法窑外分解窑生产工艺，这些水泥生产线若管理运行正常，均具备利用农业废弃物（秸秆、菌渣等）协同生产绿色建材的潜力。该项目研究利用有机垃圾秸秆、菌渣等固体废弃物，属于国内常见的农业废弃物，其资源来源非常丰富，而且目前这些固体废弃物还没有其他合适的资源化利用途径。因此该项目有良好的推广前景。该技术研究是国内水泥行业走循环经济之路的一项重大创新，充分利用木耳生产排放的农业废渣，生产绿色建材，提高企业经济效益，同时解决木耳菌渣乱排乱放、污染环境的问题，促进农业生产的可持续发展，具有良好的社会效益。

二、技术内容

（一）基本原理

菌渣通过螺旋给料器，定量输送到提升槽，通过斗提进入分解窑、旋转窑，窑内气流与料流整体呈逆向运行，系统全过程在负压下操作。随着水泥窑的运行，废物被分解，有机污染物被完全分解氧化，无机物也呈熔融状态，一些重金属元素通过液相反应进入到水泥半成品熟料组分的晶格中，经急冷后被完全固化。焚烧过程中产生的酸性气体在窑内被碱性物料中和，气化的重金属吸附在烟尘上，大部分烟尘随预热器中的物料返回窑中，少部分烟气经增湿塔迅速降温降尘，出塔后又进入布袋收尘器被彻底除尘，收集下的尘（飞灰）用输送带传送，与生料混合，再进入水泥窑烧制水泥熟料。具体生产工艺流程如图1所示。

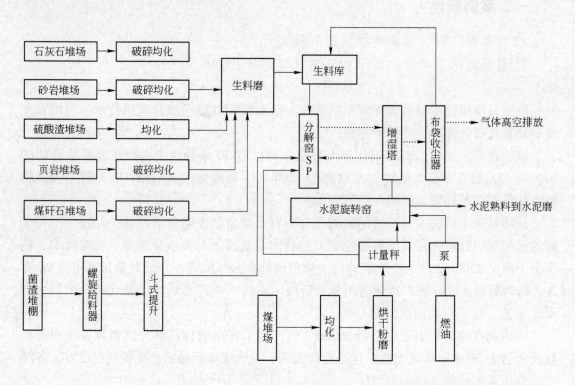

图1　生产工艺流程

（二）工艺技术

利用生产水泥的新型干法窑处置木耳菌渣类有机垃圾的优势在于焚烧处置温度高、焚化后的废渣能作为水泥原料固化进水泥熟料中，因此能解决一般窑炉处置有机垃圾出现的窑炉结焦、焚化分解不彻底，废气排放产生二次污染、焚化后废渣需要二次处置等问题。

新型干法水泥窑处置木耳菌渣类有机垃圾的技术原理，与新型干法水泥窑的特点有关：

（1）水泥窑内温度高，物料温度可达到1450℃，而烟气温度则达到1750℃，这远远高于垃圾焚烧炉的850℃和1200℃；

（2）烟气在水泥窑中的停留时间为4s以上，而在垃圾焚烧炉中则只有2s；

（3）水泥窑内气流和物料的运动方式有利于废弃物的完全燃烧；

（4）水泥熟料煅烧的碱性条件有利于废弃物中的氯、硫和氟等被窑内的碱性物质完全中和；

（5）废弃物焚烧残渣通过固相和液相反应进入水泥熟料中，一些危险的重金属元素也被固化在水泥熟料中；

（6）可燃的废弃物通过燃烧提供了熟料煅烧所需的部分热量，且燃烧产物为无害气体，同时达到废弃物处理、能源节约和 CO_2 减排的多重效果；

（7）水泥回转窑系统的全负压运行，高效收尘系统和回灰循环利用系统保证了有害粉尘的收集和利用，使废气达到了安全排放；

（8）以上提到的水泥窑在处理废弃物时所具有的优势都是和水泥生产的工艺过程同时进行的，也就是说，在对水泥窑系统不进行大的设备调整的条件下，可以利用现有的水泥窑系统进行废弃物的焚烧处理。

该工艺技术的性能指标如下。

（1）原料性能指标。原料木耳菌渣来自于四川省什邡市木耳生产排放的废渣，含有一定的可燃物。木耳菌渣的组分、热值以及菌渣灰化学成分分别见表1、表2和表3。菌渣（湿基）的有害成分分析如下：

全硫：0.53%

碱：K_2O 1.63%　　　Na_2O 0.51%　　　Na_2O_{eq} 1.58

Cl^-：0.095%

表1　菌渣组分

组　分	稻谷壳、棉籽壳等	生石灰、石膏等	其他成分
含量/%	80	5	15

表2　菌渣热值

项　目	应用基重量/%				热值/$kJ \cdot kg^{-1}$
	水　分	挥发分	固定碳	灰　分	
菌　渣	49.6			20	17255

表3　菌渣灰化学成分

成分	SiO_2	Al_2O_3	Fe_2O_3	CaO	MgO	Cl^-	K_2O	Na_2O	Na_2O_{eq}
含量/%	42.44	3.37	2.55	32.35	3.73	0.16	5.09	0.99	4.34

（2）产品的性能指标。该项目研究考核指标主要是水泥熟料的质量和废气排放指标。

处置木耳菌渣不能对水泥产品的质量造成危害，因此，参照国家标准，水泥熟料的化学成分和抗压强度应满足的性能指标分别见表4和表5。

表4 基本化学性能指标

f-CaO（质量分数）/%	MgO（质量分数）/%	烧失量（质量分数）/%	不溶物（质量分数）/%	SO_3（质量分数）/%	$3CaO \cdot SiO_2 + 2CaO \cdot SiO_2$（质量分数）/%	CaO/SiO_2（质量比）
≤1.5	≤5.0	≤1.5	≤0.75	≤1.5	≥60	≥2.0

注：1. 当制成型硅酸盐水泥的压蒸安定性合格时，可以放宽到6.0%；

2. 也可以由买卖双方确定；

3. $3CaO \cdot SiO_2$ 和 $2CaO \cdot SiO_2$ 由下式计算：

$$3CaO \cdot SiO_2 = 4.07CaO - 7.60SiO_2 - 6.72Al_2O_3 - 1.43Fe_2O_3 - 2.85SO_3 - 4.07f\text{-}CaO$$

$$2CaO \cdot SiO_2 = 2.87SiO_2 - 0.75 \times 3CaO \cdot SiO_2$$

表5 水泥熟料抗压强度指标

类　型	抗压强度/MPa		
	3d	7d	28d
通用、低碱水泥熟料	26.0	—	52.5
中热、中抗、高抗硫酸盐水泥熟料	18.0	—	45.0
低热水泥熟料	—	15.0	45.0

废气排放指标见表6。

表6 废气排放指标

生产过程	生产设备	颗粒物		二氧化硫		氮氧化物（以 NO_2 计）		氟化物（以总氟计）	
		排放浓度 /mg·m⁻³	单位产品排放量 /kg·t⁻¹	排放浓度 /mg·m⁻³	单位产品排放量 /kg·t⁻¹	排放浓度 /mg·m⁻³	单位产品排放量 /kg·t⁻¹	排放浓度 /mg·m⁻³	单位产品排放量 /kg·t⁻¹
水泥制造	水泥窑及窑磨一体机①	50	0.15	200	0.60	800	2.40	5	0.015

①烟气中 O_2 含量10%状态下的排放浓度及单位产品排放量。

根据实际生产测定，水泥熟料以及废气实际达到的性能指标分别见表7和表8。

表7 水泥熟料质量检验结果

检验项目		单位	技术指标	实际测量指标				备　注
				第一天	第二天	第三天	平均	
抗压强度	3d	MPa	≥26	28.2 27.8	25.8 26.5	26.1 26.9	26.9	合　格
	28d	MPa	≥52.5	58.2 57.4	55.2 54.9	56.3 56.8	56.5	合　格
烧失量		%	≤1.5	1.12				合　格
三氧化硫		%	≤1.5	0.92				合　格
氧化镁		%	≤5.0	3.9				合　格
$3CaO \cdot SiO_2 + 2CaO \cdot SiO_2$		%	≥60	65.4				合　格
CaO/SiO_2			≥2.0	2.3				合　格
不溶物		%	≤0.75	0.36				合　格

表8　固定污染源废气监测结果

设备名称	采样位置	监测项目	单位	监测结果						平均值	标准限值
				第一天			第二天				
				1	2	3	4	5	6		
窑尾除尘器	出口	烟气流量	m³/h	277714	287355	283774	284790	289742	291008	285731	—
		年运行时间	h				7440				—
		烟尘排放浓度	mg/m³	15	11	12	8	11	8	11	50
		排放速率	kg/h	4.17	3.16	3.41	2.28	3.19	2.33	3.14	—
		年排放量	t/a	31.0	23.5	25.3	17.0	23.7	17.3	23.4	—
		单位产品排放量	kg/t	0.04	0.03	0.03	0.02	0.03	0.02	0.03	0.15
		SO_2排放浓度	mg/m³	34	34	27	14	29	32	28	200
		SO_2排放速率	kg/h	9.44	9.77	7.66	3.99	8.40	9.31	8.00	—
		年排放量	t/a	70.2	72.7	57.0	29.7	62.5	69.3	59.5	—
		单位产品排放量	kg/t	0.10	0.10	0.08	0.04	0.09	0.10	0.08	0.60
		NO_x排放浓度	mg/m³	346	345	352	358	359	342	351	800
		NO_x排放速率	kg/h	96.09	99.14	99.89	102.00	104.01	99.52	100.29	—
		年排放量	t/a	714.9	737.6	743.2	758.5	773.9	740.4	746.2	—
		单位产品排放量	kg/t	0.99	1.02	1.03	1.05	1.07	1.03	1.03	2.40

从以上各表对比中可以看到，水泥熟料和废气排放实际达到的性能指标可以满足国家标准要求的考核指标。说明用木耳菌渣代替部分燃料在干法窑上应用的技术是切实可行的。

（三）技术创新点及特色

（1）利用新型干法窑处置木耳菌渣类有机垃圾在国内属首次，具有创造性。

（2）利用新型干法窑，可实现菌渣的无害化分解处置。

（3）新型干法窑处置木耳菌渣生产水泥熟料，可以抑制二噁英的生成。实际应用表明，水泥窑处置危险废物产生的二噁英是所有焚烧炉中最低的，远远低于0.1ngTEQ/m³（标准）的排放标准，干法窑处置木耳菌渣可以破坏二噁英的形成条件。

（4）木耳菌渣可以降低熟料煅烧时的煤耗。生产实验结果表明，每吨菌渣可以替代110kg标煤。

（5）该项目中的新型氯硫抑制技术，可以保证新型干法窑处置木耳菌渣时窑况的稳定性。

三、实施效果

（一）环境效益

四川省德阳什邡市种植木耳已有30年的历史，产量规模从开始的2000余袋发展至今近 2 亿袋（含菇类）。木耳产业极大地促进了当地的经济发展。据当地政府统计，每年种植 2 亿袋木耳，产生菌渣量达 20 万 t，而这些菌渣处理不善将极大地污染当地环境，危害市民的健康，影响什邡经济的可持续发展。

鉴于以上情况，四川利森建材集团有限公司在 2500t/d 新型干法窑处置木耳菌渣的生产实验，将废弃物处置与水泥生产有机地结合起来，既实现废弃物的无害化处置，保护环境，又实现废弃物的高效资源化利用。

（二）经济效益

四川利森建材集团有限公司 2500t/d 生产线木耳菌渣替代部分燃料制备水泥熟料技改项目于 2009 年年底完成。运营生产表明，生产线运行稳定，设备状况良好，各项工艺和质量指标均达到控制目标。并已常态化使用，每年可处理 20 万 t 木耳菌渣，生产绿色水泥 40 万 t，增收节支 2000 多万元。每年节约标煤 4.6 万 t，减排 CO_2 达 9.23 万 t，减排 SO_2 达 126t。

（三）关键技术装备

关键技术装备包括菌渣均化设备、喂料及计量系统、新型水泥干法生产线高温分解炉。

（四）水平评价

该研究项目的实施，解决了木耳菌渣类有机垃圾在新型干法窑的处置难题，可在国内水泥行业推广应用，将对国内干法窑利用和处置工农业有机垃圾的科技进步起到示范作用，是切实可行且比较先进的废弃物处理工艺技术。

该技术 2010 年 5 月通过了四川省科学技术厅成果鉴定，技术成果达到国内领先水平。

四、行业推广

（一）技术使用范围

目前，国内有 70% 以上的水泥生产线采用新型干法窑外分解窑生产工艺，这些水泥生产线只要管理运行正常，都具备利用农业废弃物（秸秆、菌渣等）协同生产绿色建材的潜力。该项目研究利用有机垃圾秸秆、菌渣等固体废弃物，属于国内常见的农业废弃物，其资源非常丰富，而且目前这些固体废弃物尚未有其他合适的资源化利用途径。因此该项目具有良好的推广前景。该技术研究是国内水泥行业走循环经济之路的一项重大创新，充分利用木耳生产排放的农业废渣，生产绿色建材，提高企业经济效益，同时解决木耳菌渣乱排乱放、污染环境的问题，促进农业生产的可持续发展，具有良好的社会效益。

（二）技术投资分析

按年处置 20 万 t 计算，投资在 1000 万元左右，每年节煤 4.6 万 t，节省资金 2000 万元，一年可收回成本，并新增税收 340 万元。

（三）技术行业推广情况分析

该项目将木耳菌渣废弃物的处置与水泥生产有机的结合起来，在国内为首创。利用新型干法窑处置木耳菌渣类有机垃圾，既能实现废弃物的无害化处置，保护环境，又能实现废弃物的资源综合再利用，充分利用了木耳菌渣的可燃性，降低了熟料生产的煤耗，节能减排。该项目取得了可观的经济效益和明显的社会效益。

资源效益：木耳菌渣属有机废弃物，可以降低熟料煅烧时的煤耗，生产实验结果表明，每吨菌渣可以替代110kg 标煤。在能源日益紧张的情况下，具有很大的经济效益。因此推广使用木耳菌渣替代燃煤在水泥窑上应用，可以推动水泥产业的节能减排，降低生产成本，可推动水泥行业循环经济向良性发展。

环境效益：按年处理20 万 t 木耳菌渣，增收节支2000 多万元。每年节约标煤4.6万 t。减排 CO_2 达 9.23 万 t，减排 SO_2 达 126t。

经济效益：实现年节约成本2000 万元以上，新增利税340 万元以上。

案例27　水泥行业"高能效熟料烧成关键技术与装备"
——水泥熟料生产线节能降耗优化改造案例

一、案例概述

技术来源：合肥水泥研究设计院
　　　　　中建材（合肥）热工装备科技有限公司
技术示范承担单位：江西玉山南方水泥有限公司

合肥水泥研究设计院热工技术装备公司（现中建材（合肥）热工装备科技有限公司）承担的"高效能熟料烧成关键技术装备"项目是科技部"十一五"科技支撑计划重大项目"绿色制造工艺与装备"中"高性能水泥绿色制造工艺和装备"子课题。该研究成果获2012年度中国建材联合会、中国硅酸盐学会科学技术一等奖，中国建材集团2012年度科学技术一等奖和2013年度安徽省科学技术二等奖。

江西玉山南方岩鹰熟料生产线于2005年10月建成投产，拥有窑外分解、第三代充气梁式箅冷机、生料立磨等大型先进技术装备。采用该技术改造前，预热器出口温度350～360℃，2011年5月经江西省建筑材料科学研究设计院热平衡测试，吨熟料标煤耗115kg，吨熟料综合电耗60kW·h，系统存在烧成热耗高、熟料综合电耗高等问题。预热器出口温度高，熟料热耗居高不下，大大增加了公司水泥产品的生产成本。随着市场竞争的日益激烈，吨熟料利润越来越低，因此对烧成系统进行全面的技术改造，是企业增强市场竞争能力，提高效益，再上新台阶的必要措施。

2012年4月采用"高能效熟料烧成关键技术与装备"技术对玉山生产线进行了节能降耗优化工程改造，主要措施及解决的主要问题如下：

（1）采用旋喷结合、二次喷腾的分解炉新型流场技术，延长物料在分解炉内停留时间，取消SFC预燃炉、更换三次风管进风方式，采取新型专利技术生产的锁风阀、撒料箱替代现有锁风和撒料装置、调整分解炉喷煤管角度等措施，提高系统热交换效率和碳酸盐的分解效率，使各级预热器出口温度在现有基础上大大降低。通过采用新型KID技术改造箅冷机前部固定箅床，提高冷却机的急冷效果和热回收效率，大大提高了二、三次风温，同时降低了出冷却机的熟料温度。

（2）经过技术改造优化，烧成系统的适应性、稳定性大幅度提升，C1出口温度下降到300℃以下，出箅冷机熟料温度下降到100℃左右，系统热耗大幅度下降，熟料质量稳定提升。2012年9月国家建材工业水泥能效环保评价检验测试中心对系统进行了热工标定，标定结果如下：吨熟料标煤耗103.74kg，吨熟料综合电耗56.93kW·h，熟料 28 天强度 60MPa，达到了预期的目标。

二、技术内容

（一）基本原理

对高能效熟料烧成关键技术与装备主要做了以下几方面的研究：窑尾预分解系统预热器、分解炉的结构设计、分解炉内燃烧分析、系统连接部件设计等；冷却机输送方式、KID 系统、流量控制阀、智能现场总线控制系统等；燃烧器耐磨损的材质、耐变形的新型结构、适应不同煤种的个性化设计参数等。该项目主要针对烧成系统设备间的配合和工艺进行了研究，做到逐个攻关，统筹兼顾，以充分发挥各设备的优点，使系统达到高效、节能、环保的设计要求。

（二）工艺技术

高能效熟料烧成关键技术与装备采取以下技术路线：

（1）采用计算机模拟仿真研究；采用石灰石、煤粉进行分解反应和燃烧的热重动力学特性分析、研究；采用流体动力学基本原理模拟旋风筒、分解炉内的气流速度场、温度场、颗粒浓度场及气相组分场等分布状况，研究煤粉在分解炉炉内燃烧和石灰石分解过程及其规律。

（2）新型熟料运动方式的研究；整体结构模块化设计与单元分别传动的研究；机械空气调节阀的研究、设计；特殊结构冷却篦板的研究、设计；液压传动装置的研究、设计；冷却系统的智能现场总线型专用控制柜的研究、设计。

（3）研制一种大型化、耐磨耐变形性能强、对煤种适应性强的新型多通道喷煤系统。包含耐磨损的材质、耐变形的新型结构、适应不同煤种的个性化设计参数等方面的研究。

采用高效能熟料烧成关键技术与装备对玉山项目优化改造的主要内容：

（1）扩大分解炉容积。分解炉炉体（图 1）部分整体拔高，鹅颈管也相应变长，鹅颈管为配合预热器框架及原设备的布置做了外形上的调整，一部分布置在框架外部，转弯处改为扁管形式，转弯下面的部分直筒段的管径有所增大，改造后的分解炉和鹅颈管的总容积由原炉型的 814m³ 扩大到 1509m³，物料在炉内的停留时间由原来的4.05s 增加到 7.71s，提高了生料的分解率和煤粉的燃烬率。

改造前后的参数变化见表 1。

表 1　改造前后的参数变化

参　　数	改造前	改造后
分解炉有效容积/m³	521	757
鹅颈管有效容积/m³	293	752
有效容积合计/m³	814	1509
气体停留时间/s	4.05	7.71
分解炉内气体停留时间/s	2.47	3.66
鹅颈管内气体停留时间/s	1.58	4.05

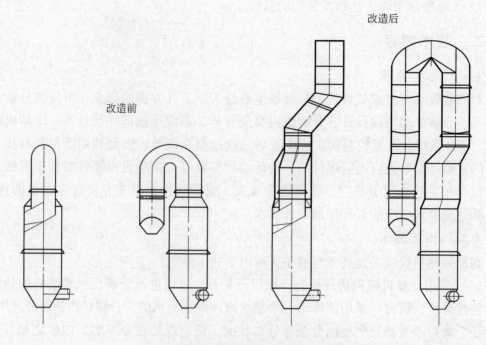

图1 分解炉和鹅颈管改造前后的对比

取消离线 SFC 炉，C4 下料全部进入分解炉，三次风管改为单管偏心进入分解炉下锥体部分的型式（偏心 800mm，以 30°夹角割向入分解炉）。这样，三次风和底部缩口喷腾风可形成强烈的喷旋结合作用，使生料和煤粉分散得更均匀，提高了系统的生料换热效率、生料分解率和煤粉的燃烬率。

C3、C4、C5 内筒加长，提高旋风筒换热效果。将 C3 内筒加长 400mm、C4 内筒加长 300mm、C5 内筒加长 200mm；实际运行后这三级旋风筒的出口温度均有不同程度的下降，C1 出口温度下降了 10℃ 左右，系统的阻力不仅没有升高，反而有所下降，高温风机速度从原来的 855r/min 下降到 845r/min，同时也节约了电耗。

将分解炉缩口尺寸由 ϕ1650mm 调整为 ϕ1680mm，加强窑内通风，合理平衡二、三次风，稳定窑工艺状况，确保大窑长期安全、优质、稳定运行。

（2）改造算冷机头部固定算板，算冷机头部改造成 KID 系统，同时将原先的一个风室分割成两个风室，KID 系统单独为一个风室。KID 系统的算板算缝 5~6mm，增加系统冷却风量，将 7M、7M 备用两台 75kW 的高压风机运行电流从 95A 提高到 130A 左右，极大地提高了熟料的冷却效果及热回收效率；将第一块固定算板焊上锚固件用浇注料浇上密封，避免冷风短路而增加热耗；鉴于 KID 系统安装成 14°角，熟料在整个 KID 系统算板上的运行速度过快，熟料来不及急冷就滚落到二室算床上，造成二室算床出现红河现象，因此在 KID 系统算板末端焊上 100mm 高的耐热钢板，以阻碍底层熟料快速滑落到二风室算板上，延缓熟料的运动速度，提高熟料在此区域的冷却效果。

大幅度地改造算冷机风机，提高风机风压、风量，提高熟料热回收效率，降低出算冷机熟料温度，降低系统热耗。将算冷机二室及四室的风机改大（新的风机风量为45000m³/h，设计压头更大达到7500Pa，原二室风机设计风量为34000m³/h，风机压头仅5560Pa。将更换下来的二室风机用于更换四室风机），同时将三、五、六室风机的叶轮角度改大，增加其冷却风压及风量，使各风机均达到或接近其额定功率运行。通过上述的改造，算冷机系统的冷却风量从241251m³/h 提高到292974m³/h，目前出算冷机的熟料温度比改造前下降50～80℃左右，大大提高了热回收效率，改善了熟料的易磨性。

（3）更换适用于纯无烟煤燃烧的分解炉煤管，同时将其位置做相应的改动，另外在原煤管位置的左上部（三次风管入分解炉上部）新增一根煤管，根据不同煤种、煤质进行相互切换，这样能改善锥部三次风、窑气、煤粉的混合流场，从而改善分解炉内温度场，不会产生局部高温，窑况稳定，减少结皮，提高分解炉热效率。

（4）原先煤磨从 AQC 炉沉降室抽热风，由于沉降收尘效果不是很理想，入煤磨热风含尘量较多，影响入窑煤粉质量，将沉降室改造成旋风筒，改造后热风含尘量大大降低（收尘效率达到99%以上），提高了入窑煤粉的质量。

（5）加强系统保温，降低筒体表面散热损失。将原分解炉中下部二层保温加一层耐火砖，通过加宽托砖板改造为三层保温加一层耐火砖，减少系统的散热及提高分解炉中下部带料能力，其他耐火材料检修部位全部恢复或增厚硅酸钙板（图2）保温，同时处理各检修门及翻板阀、法兰连接处、各捅料孔的漏风，杜绝冷风的掺入增加热耗。改造后系统表面散热损失从改造前的 96.05kcal/kg-cl 下降到了 59.42kcal/kg-cl（数据来源于改造前后的两次热工标定报告），仅此一项就可节约标煤5.23kg/t-cl。

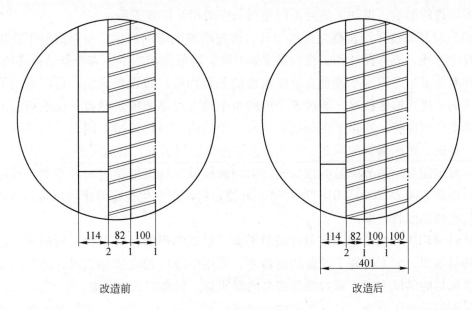

图2 硅钙板厚度改造前后的对比

（6）窑头余风循环利用，降低系统热耗，提高余热发电量。增加窑头余热风管

（从窑头余排烟囱至二、三、四室入口），算冷机风机抽取 90℃ 左右余风循环利用，减少冷风用量，提高余热再利用率，改造后可循环利用余风 81000m³/h（占余风总量的 85%），这不仅降低了系统热耗，同时还可以提高吨熟料发电量 2～3kW·h。

（三）技术创新点

（1）研发出高效的旋风筒。该设备采用大蜗壳偏心结构和底部偏锥结构。大蜗壳偏心结构使旋风筒内流场更为合理，分离效率更高，热交换效果更好，阻力也得到进一步降低。底部偏锥结构解决了底部锥体容易结皮堵塞的问题。

研发出新型扩散式撒料装置（专利：水泥预分解系统撒料装置 ZL 2009 2 0142938.1）。该装置结构简单，加工方便，使用周期长，成本低，撒料效果好，提高了换热效率、分解率。解决了以往用的撒料装置均为耐热钢材质，成本高，使用寿命短，更换、维修困难等问题。

研发出连接筒及偏心结构的高温卸料锁风阀（专利：一种采用连接筒及偏心结构的高温卸料锁风阀 ZL 201020286796.9）。该锁风阀不仅结构简单、加工方便，而且锁风卸料效果好，热态下动作轻巧、灵活，锁风可靠，提高了旋风筒的分离效率，解决了锁风阀的漏风问题。

对下料管布置角度进行了合理的优化，使下料更为顺畅，不易堵塞；对上升管结构做了优化，解决了积料问题，同时降低了系统阻力。

（2）研发的旋喷结合、二次喷腾的分解炉新型流场技术，使分解炉具有容积利用率高、阻力低、物料停留时间长、燃烧充分、分解完全、对燃料的适应能力强、抗波动性能好等特点。研究了三次风入口、进料点、进煤点之间的关系和三次风入口对分解炉内环境的影响，得到了适合不同燃料条件的相互位置关系。

（3）冷却系统采用标准化模块设计，通过增加模块的数量，可以适应不同规格水泥熟料生产线，节省设计和工程设备安装时间，降低维护成本，方便备品备件的供应。该冷却系统沿生产线水平或垂直直接落地的布置均可，布置较灵活；算床采用国际上最先进的步进式输送技术，通过各个道的水平独立运动来输送熟料，使熟料层上方的温度梯度得到保持，强化了冷却效果，进一步提高了换热效率。同时采用特殊的道间密封，解决了算床漏料的问题。故不再需要粉尘清理装置，有效降低了冷却机的高度。

研发出能自动调节风量的独立式自动均衡机械空气流量控制阀（专利：算床冷却机用自动调节阀 ZL 2009 2 0187749.6），补偿熟料流阻变化稳定算床供风量，从而提高冷却效率和热回收效率。

进料 WKID 系统使用固定角度倾斜平面，根据熟料的自然堆积进行输送，避免了高温熟料堆积，大大提高了设备的运转率。采用中心区独立脉冲供风，环形区流量阀调节进风量的供风方式，强力冷却提高熟料质量，提高了二次风温。

智能控制液压系统，每一个道由一路液压系统供油，通过智能控制系统，各个道的运动次序和不同的冲程长度的组合形成不同的工作模式。智能控制系统可以避免因单道液压系统故障引起的停机，在生产中可以禁止该道的运行而不影响设备的连续运行。另外,该液压系统还可实现在线检修更换,大幅度提高整机的运转率。

(4)喷煤系统特殊的头部结构可保证长时间使用不易变形;火焰形状容易调整,且调节幅度大,窑皮平整坚固,可有效保护耐火砖;将不同的旋流器和不同的喷嘴组合,使内外流风速得到大幅度的调节,因而不但能烧烟煤,也能烧劣质煤;外流风管头部与煤流风管特别设置的密封层能确保高压的外流风不窜入煤粉流;一次风量(净风与送煤风之和)小于8%。

专利:煤粉通道出口喷嘴可更换的燃烧器 ZL2009 2 0299416.2;燃烧器外流风通道与煤粉通道出口处的密封结构 ZL 2009 2 0299417.7;一种燃烧器外流风出口处的结构 ZL 2009 2 0299418.1。

三、实施效果

(一)环境效益

江西玉山南方岩鹰 2500t/d 熟料生产线通过节能优化技术改造,吨熟料标煤耗由改造前的 115kg 下降到 103.74kg,每年可节约标煤 8600t,减少 CO_2 排放 23000t;吨熟料综合电耗由改造前的 60kW·h 下降至 56.93kW·h,每年节约用电量 234.5 万 kW·h。(依据 2012 年 9 月份国家建材工业水泥能效环保评价检验测试中心进行系统热工标定数据)。

(二)经济效益

根据 2012 年 12 月南方水泥专家组的实物验证数据测算:

(1)改造后原煤使用有三种方法:全烟煤、掺 50% 无烟煤和 100% 无烟煤,按年产熟料 76.5 万 t 计,当使用全烟煤煅烧时,可以节约煤成本 797 万元;当使用 50% 无烟煤时,可以节约煤成本 1341.81 万元;当使用全无烟煤时,可以节约煤成本 1919.39 万元。

改造后熟料综合电耗降低,以熟料年产量 76.5 万 t 计,则年节约电费 177.48 万元。

改造后吨熟料发电量下降,按全年生产熟料 76.5 万 t 计,增加成本 341.96 万元。

(2)改造后每年产生的毛利润增加,使用全烟煤时为 632.65 万元;使用 50% 无烟煤时为 1177.33 万元;使用全无烟煤时为 1754.91 万元。

(3)投资回收期。使用周期定为 15 年,总投资 905 万元,年折旧 60.33 万元。全烟煤情况下,回收周期 2.54 年;50% 无烟煤、50% 烟煤情况下,回收周期 1.35 年;全无烟煤情况下,回收周期 0.91 年。

(三)关键技术装备

(1)新型结构的撒料装置和锁风阀,并优化配置旋风筒、分解炉、换热管道系统,改善了燃烧及换热状况,提高了换热效率。

(2)旋喷结合、二次喷腾的分解炉新型流场技术,使分解炉具有容积利用率高、阻力低、物料停留时间长、燃烧充分、分解完全、对燃料的适应能力强、抗波动性能好等特点。研究了三次风入口、进料点、进煤点之间的关系和三次风入口对分解炉内环境的影响，得到了适合不同燃料条件的相互位置关系。

（3）采用先进的步进式熟料输送、无漏料算床、模块化设计技术，开发出 WHEC 型步进式冷却机，算板使用寿命长，维修方便，运行成本低，热回收效率高，冷却用风量小。

（4）开发的 HP 强涡流高效燃烧器，内外风速调节范围大，热力强度高，对不同煤种的适应性强。

（四）水平评价

采用高效能熟料烧成关键技术装备节能优化改造后，水泥烧成系统熟料烧成热耗降至 3037kJ/kg-cl，1 号筒出口温度低于 300℃；出冷却机熟料温度 100℃，冷却机热回收效率 76.18%，单位熟料冷却风量 1.8238（标准）m^3/kg-cl。而国内同等规模的系统熟料烧成热耗为 3200kJ/kg；1 号筒出口温度 330℃；出冷却机熟料温度 162℃，单位熟料冷却风量 2.1（标准）m^3/kg-cl。

优化改造后，其熟料产量、熟料热耗、熟料综合电耗各项指标优于国内同类装置；冷却机热回收效率等指标优于国内同类产品；对煤种适应性强；各项技术指标均达到了国内领先水平。

四、行业推广

（一）技术适用范围

高效能熟料烧成关键技术装备可用于新建或改造 1000 ~ 10000t 水泥熟料生产线，尤其是对现有水泥生产线的节能优化改造，效果十分显著。该技术还可广泛应用于冶金、有色金属等行业，可以替代进口烧成关键设备。

（二）技术投资分析

采用该技术改造一条日产 5000t 水泥熟料生产线，约需投入资金 1500 万元。改造完成后每年可节约标煤 11500t，每年节约燃煤费用约 725 万元，所得税前投资回收期约为 2.07 年，大大优于建材行业基准投资回收期 13 年的标准总投资收益率，具有良好的社会效益和企业经济效益。

（三）技术行业推广情况分析

高能效熟料烧成系统与装备运行稳定可靠，技术指标达到国内领先水平，受到用户的好评。近年来利用该技术改造现有生产线的企业越来越多，包括海螺水泥、南方水泥、华润水泥、中联水泥、西南水泥、山水集团、亚洲水泥、祁连山、青松建化、春驰等企业在内的多条生产线均采用该技术进行建设和改造；以及中钢集团、中国有色、中国铝业等众多大型企业均采用该项目技术设备，并作为新型节能技术广泛应用于球团、镍铁、氧化铝等有色金属深加工行业中。特别是华润水泥和台资企业亚东水泥有限公司采用该项目产品，改造和替代了德国 CP 公司 5000t/d、3200t/d 生产线烧成关键设备，取得了显著效果。

采用该项目技术改造现有水泥熟料生产线,每年实现效益情况见表2。

表2 实现效益情况

规 模	节约标煤 /万 t·a⁻¹	节约电量 /万 kW·h·a⁻¹	减少 CO_2 排放 /万 t·a⁻¹	节约煤、电费用 /万元·a⁻¹
5000t/d(改造200条)	230	93000	615	212150
2500t/d(改造200条)	172	46500	460	145975
合 计	402	139500	1075	358125

随着国家产业政策的调整,水泥行业需采用新型干法水泥生产技术以淘汰落后产能。高效能熟料烧成关键技术与装备对于我国水泥熟料烧成领域企业淘汰落后技术、提高生产自动化水平、节能减排、减少环境污染,对于水泥工业的节能减排、节能优化技术改造都具有非常重要的意义。高效能熟料烧成关键技术与装备在节能降耗方面技术优势明显,拥有多项核心自主知识产权,替代进口关键设备,增强了水泥行业国际竞争力,提升了我国水泥熟料烧成技术的水平,对我国水泥工业的发展起到了积极的推动作用。

案例28 采用无铬耐火砖替换直接结合镁铬砖清洁生产技术

——水泥制造业清洁生产关键共性技术案例

一、案例概述

技术来源：罗江利森水泥有限公司

技术示范承担单位：罗江利森水泥有限公司

该公司回转窑烧成带使用耐火材料直接结合镁铬砖，经镁铬砖实测报告 Cr_2O_3 含量为 3.02%，以及其他各项指标均满足相关标准要求，2012 年使用量约为 125t。该耐火材料使用期限为 1 年。直接结合镁铬砖具有较高的抗高温性能、抗 SiO_2 侵蚀和抗氧化还原作用，同时具有较高的抗高温强度和抗机械应力，以及较好的挂窑皮性能。但是在高温、氧化性气氛和碱性环境下，Cr^{3+} 会转变为剧毒、致癌的 Cr^{6+}，对生态环境造成极大危害。因此世界上很多国家和地区已禁止将镁铬砖用于回转窑烧成带。国内外先进企业主要采用白云石砖、镁铝尖晶石砖、镁锆砖和镁铁铝尖晶石砖等替代镁铬砖。公司采用无铬碱性耐火材料替换直接结合镁铬砖。

二、技术内容

（一）基本原理

目前无铬碱性耐火材料主要有铁铝尖晶石、镁铁尖晶石、镁铝尖晶石、氧化锆等。

铁铝尖晶石砖由镁砂和预合成铁铝尖晶石制成。烧成中，Fe 从铁铝尖晶石颗粒中扩散出来进入基质，形成方镁石-镁铁尖晶石固溶体，提高了挂窑皮性。同时，Mg 扩散进入铁铝尖晶石颗粒，形成围绕铁铝尖晶石的镁铝尖晶石裙边，降低了砖对气氛的敏感性。尽管如此，铁铝尖晶石砖的耐高温性和耐侵蚀性还是不足，需要得到窑皮的保护才能获得较长使用寿命。

镁铁尖晶石砖由镁铝尖晶石替代低铬镁铬砖中的铬铁矿制成，并通过调整氧化铁或镁铁尖晶石的掺加量和分布来进一步提高挂窑皮性。与铁铝尖晶石砖类似，镁铁砖也需要窑皮的保护才能获得较长使用寿命。

如果不使用镁铁尖晶石砖和铁铝尖晶石砖，烧成带也可以使用镁铝尖晶石砖。为提高抗氧化钙的侵蚀和挂窑皮能力，烧成带使用的镁铝尖晶石砖的氧化铝含量要低于过渡带用镁铝尖晶石砖的。为进一步提高抗侵蚀性和挂窑皮性，可以使用电熔镁铝尖晶石代替烧结镁铝尖晶石，或者再用氧化锆替代部分镁铝尖晶石。

氧化锆是一种可以全面提高镁质材料性能的添加物，但价格很高，只适合少量使用。如果用氧化锆或锆酸钙大量取代镁铝尖晶石，将显著提高制砖成本，产品就没有竞争力；而且，锆质耐火原料在我国不能自给，需要大量进口。

（二）工艺技术

根据各耐火材料的特性，结合企业实际情况，公司拟采用镁铁尖晶石砖，它是20世纪90年代末出现的新品种，具有耐火度高和较强的抗氧化性，与白云石砖、镁铬砖相比，此类尖晶石砖具有较高的力学性能和热化学性能。经企业实际调研，该类耐火砖能够满足生产要求。

（三）技术创新点及特色

与传统直接结合镁铬砖比较，该技术创新点及特色为：用无铬砖替代以前使用的直接结合镁铬砖，可改善水泥工业镁铬残砖的污染状况，大量使用镁铬砖无疑会对人的健康和环境造成巨大损害，我国在条件成熟后也将制定限用镁铬砖的法规和标准。

三、实施效果

（一）环境效益

采用镁铁尖晶石替换直接结合镁铬砖（见图1），消除了铬污染，以年消耗镁铬砖125t，Cr_2O_3含量为3.02%来计算，减少了125t废镁铬砖的使用和排放，其中铬含量为：$125 \times 3.02\% \times 52 \times 2/(52 \times 2 + 16 \times 3) = 2.58t$，减少了2.58t铬的使用，杜绝含铬危险废料的产生，使用废弃后的镁铁尖晶石砖可回收利用，作为水泥配料使用，具有较大环境效益。

图1　镁铁尖晶石砖

（二）经济效益

该技术为原材料的替代，产生过程的投入费用主要为镁铁尖晶石原料费，预计该产品价格为0.42万元/t左右，年使用量在170t左右，总计原料费约为72万元/a，相比原技术使用直接结合镁铬砖年费用为56万元/a，原料成本增加了16万元/a，但减少了约125t含铬废料末端处置费用，减少了2.58t铬的使用和排放，所有产生的废料全部回收利用于水泥配料中。环境效益远大于经济效益，具有良好的社会效益，满足了环境保护要求，该技术不做具体经济效益分析。

（三）关键技术装备

关键技术略。

（四）水平评价

该技术为公司自主重大原创技术，受到水泥企业同行的广泛关注和高度认可。

四、行业推广

（一）技术使用范围

该技术所属行业为水泥制造行业，主要产品为各种品种水泥。该技术对不同类型的水泥制造行业的适应性良好，是水泥窑用含铬耐材的较好替代产品。

（二）技术投资分析

按年产170t无铬耐火砖计算，总投资约72万元，主要为镁铁尖晶石原料消耗费用，同时采用新技术后减少了约125t含铬废料末端处置费用，减少2.58t铬使用和排放处置费用支付。

（三）技术行业推广情况分析

碱性耐火材料应用量大、面广，仅水泥工业每年就有40万t的使用量。国产无铬碱性耐火材料将解决铬的公害问题，保证2000t/d级以上水泥窑的正常运转，改变进口碱性耐火材料的需求弹性，为提高水泥企业的经济效益做出贡献。

环境效益：减少了约125t含铬耐火砖末端处置费用，减少了2.58t铬的使用和排放。

经济效益：该技术环境效益远大于经济效益，并且具有良好的社会效益，满足了环境保护要求，该技术不做具体经济效益分析。

第四章　化工行业

案例 29　钾系亚熔盐液相氧化法铬盐清洁
工艺与集成技术

——铬盐行业清洁生产关键共性技术案例

一、案例概述

技术来源：中国科学院过程工程研究所
技术示范承担单位：中蓝义马铬化学有限公司

铬为国家重要战略资源，铬盐系列产品是我国重点发展的一类化工原料，广泛应用于鞣革、电镀、冶金、颜料、纺织、医药等多个工业部门，涉及国民经济约 15% 的商品品种。我国现已成为世界上最大的铬盐产品生产国，产能接近世界总产能的 40%。但我国铬盐行业现行生产技术仍沿袭 20 世纪 50 年代的有钙焙烧技术，主元素铬的工业回收率仅为 80%，资源综合利用率不足 20%，生产 1t 产品需产生 1.5～2.5t 高毒性铬渣，其致癌性六价铬含量为国家排放标准数千倍，严重污染水体、土壤和大气，污染事故频发，成为社会广泛关注的焦点。长期实行的末端治理路线导致行业污染态势严峻，现亟待建立引领行业的清洁生产标准化技术。

针对传统有钙焙烧技术存在的铬资源转化利用率低、铬渣污染严重等问题，中国科学院过程工程研究所开拓了钾系亚熔盐液相氧化法铬盐清洁工艺与集成技术。该技术建立了高效清洁转化铬铁矿资源的亚熔盐非常规介质拟均相原子经济性反应与分离新过程、新方法，取代传统高温窑炉气固焙烧工艺，实现了资源转化利用率的大幅度提高与含铬污染物的源头削减；开发了低温氢还原生产氧化铬的短流程清洁工艺，解决了铬酸酐热分解传统工艺的黄烟污染问题，并实现了亚熔盐介质的再生循环；研发了铬渣在线深度脱铬技术，实施了铬铁矿资源综合利用与铬渣近零排放的生态工业新模式；完成了亚熔盐介质连续液相氧化气升环流三相反应器系统、气体提升流动输送系统、强碱高浓浆料节能蒸发浓缩系统、气固连续氢还原系统的工业设备设计选型与操作优化，解决了工业可操作性难题。

该技术工业实施与运行结果表明：铬工业回收率由传统有钙焙烧技术的 80% 提高到 95% 以上，单位产品能耗与传统技术相比，下降 20%，铬渣产生量与传统技术相比，削减

50%以上，并全部用于生产铁系脱硫剂副产品。该技术在国内外首次从生产源头解决了铬盐行业重金属污染的世界性环保难题，获得了国家相关部门和行业企业的广泛认可，解除了对铬盐行业可持续发展的困扰，对推进我国绿色产业革命具有重要的引领和带动作用。

二、技术内容

（一）基本原理

该技术属于湿法冶金清洁生产技术。铬铁矿与苛性钾溶液在反应器中混合加热并通入空气发生氧化浸出反应，矿中二价铁被氧化后与惰性及难溶组分形成铬渣，三价铬被氧化后形成铬酸钾。液固分离后，采用氢气还原铬酸钾，还原产物经水解、热解后制得氧化铬。铬渣经在线深度脱铬和物理加工后制得脱硫剂，苛性钾介质经蒸发浓缩后返回氧化浸出反应系统。生产过程理论上仅消耗铬铁矿、氧气和氢气，无含铬废物排放，是一种氧化铬短流程清洁生产技术。

（二）工艺技术

与传统有钙焙烧技术（工艺流程见图1）比较，该技术（工艺流程见图2）在原

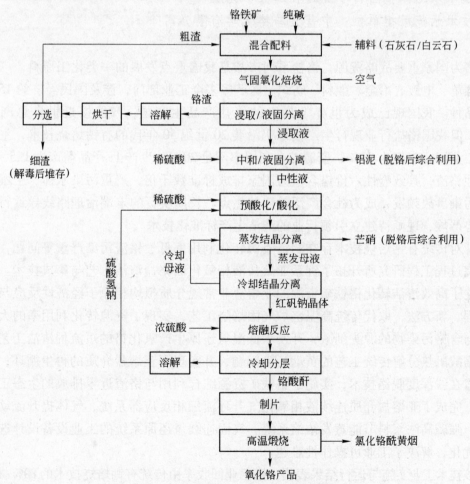

图1　传统有钙焙烧技术工艺流程简图

辅料、反应方式、产品路线、固废产出等方面均实现了较大的改进和提升。

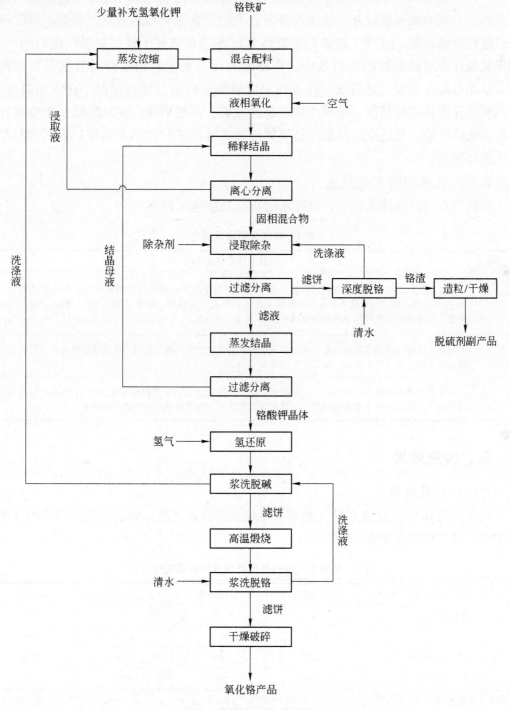

图 2 该技术工艺流程简图

该技术采用氢氧化钾亚熔盐介质使铬铁矿原料中主要组分铬和铁分别被空气中的
氧气氧化，反应完成后向体系中加入低浓度碱液（铬酸钾蒸发结晶母液）进行稀释，并采用离心分离的方式实现稀释浆料中铬渣/铬酸钾固体混合物和浸取液（氢氧化钾溶液）的初级分离。浸取液经蒸发浓缩后返回液相氧化系统循环使用。向铬渣与铬酸钾固体混合物中加入稀碱液（铬渣洗涤液）和除杂剂进行浸取并同步除杂，将除杂后浆料进行过滤分离。滤饼（铬渣）经在线深度脱铬和造粒干燥后制得脱硫剂副产品。利用氢氧化钾对铬酸钾的盐析效应，将滤液进行蒸发盐析结晶分离后制得铬酸钾晶体，结晶母液（氢氧化钾溶液）作为低浓度碱液返回进行稀释结晶。在一定温度下，采用氢气还原铬酸钾晶体，还原产物经浆洗脱碱、高温煅烧、浆洗脱铬、干燥破碎后制得氧化铬产品。氢还原反应副产物氢氧化钾（洗涤液）经蒸发浓缩后返回液相氧化系统循环使用。

（三）技术创新点及特色

与传统有钙焙烧技术比较，该技术创新点及特色见表1。

表1 技术创新点及特色

序号	技术创新点及特色
1	建立了低温高效清洁转化铬铁矿资源的亚熔盐液相氧化原子经济性反应新系统与工业化核心技术，以320℃气、液、固三相反应系统取代传统的1150℃回转窑气固焙烧，降低了能源消耗，提高了资源转化利用率，并实现了铬渣产生量的源头削减
2	开发了铬酸钾低温氢还原法短流程制备氧化铬产品清洁工艺，取代重污染的铬酸酐热分解工艺，实现了碱金属亚熔盐介质再生循环，降低了生产成本
3	工艺过程产生的铬渣疏松多孔，氧化铁含量高达40%以上，易于实现深度脱铬并可用于生产铁系脱硫剂副产品，工作硫容优于商业脱硫剂产品，实现了铬铁矿资源综合利用与铬渣近零排放

三、实施效果

（一）环境效益

以生产每0.5t氧化铬产品（相当于每吨重铬酸钠产品）计，该技术与国内外同类技术的关键指标对比见表2。

表2 新技术与国内外同类技术的关键指标对比

技术指标	有钙焙烧	少钙焙烧	无钙焙烧	该技术
铬回收率/%	80	85	90	>95
铬矿消耗/kg	1250	1175	1110	1050
碱耗（Na_2CO_3/KOH）/kg	900	800	800	<50
酸耗（H_2SO_4）/kg	500	500	500	~0
铬渣含总铬（以Cr_2O_3计）/%	4~5	4~5	8~10	1~2
铬渣含Cr^{6+}/%	1.0~2.0	1.0~2.0	0.5~1.0	<0.003
固废总产生量/kg	3800	2800	2200	800
含铬粉尘废气排放	严重	有	有	微量

该技术已建成的 1500t/a 示范装置在国内外首次实现了铬渣近零排放,与传统有钙焙烧技术比较,每年减排含铬固废约 1.14 万 t,从生产源头消除了铬渣、含铬粉尘和废气对人体健康和生态环境的危害,环境效益显著。

（二）经济效益

该技术已建成的 1500t/a 示范装置前期有效投资约 8000 万元,氧化铬产品生产成本约 21827 元/t（不含税）,在过去 5 年内市场平均售价（不含税）约 27568 元/t。吨产品盈利约 5740 元,其中纯利润约 4590 元,各种税金约 1150 元。在满负荷生产情况下,可实现年销售收入 4838 万元,完成纯利润 688.5 万元,缴纳税金 172.5 万元,投资利润率约 8.6%,投资利税率约 10.8%。

（三）关键技术装备

该技术的关键装备包括:（1）亚熔盐介质连续液相氧化反应技术装备;（2）细微粒子离心-絮凝组合分离技术装备;（3）高浓碱液蒸发浓缩技术装备;（4）气固低温氢还原连续反应技术装备。

图 3 和图 4 分别为传统有钙焙烧技术浸取分离和新技术液固分离装置图。

图 3　传统有钙焙烧技术浸取分离装置图　　　　图 4　新技术液固分离装置图

（四）水平评价

该技术为具有我国自主知识产权的重大原创技术,拥有 20 余项中国发明专利授权和 1 项美国专利授权,曾获 2005 年度国家技术发明奖二等奖,成果达到国际领先水平,被称为铬盐行业的一次"技术革命"。

四、行业推广

（一）技术使用范围

该技术所属行业为无机盐行业,主要产品为氧化铬和脱硫剂,中间产品铬酸钾也可部分作为商品出售，是一种可完全替代以重铬酸钠为母体生产氧化铬的传统生产技术。除使用的铬铁矿原料主要依赖进口外，其他原辅料在国内均能生产；所选用的全部设备在国内均能制造；对厂房、设备、原辅材料及公用设施等均没有特殊要求。

（二）技术投资分析

按照建设一套年产 3 万 t 铬盐产品的装置计，约需投入资金 3.8 亿元。装置建成后可生产氧化铬 1.5 万 t、脱硫剂 1.8 万 t，实现年销售收入 5 亿元，纯利润 0.9 亿元，缴纳税金 0.5 亿元，完成利税总额 1.4 亿元，投资利润率约 23.7%。

（三）技术行业推广情况分析

目前应用该技术的中蓝义马铬化学有限公司于 2008 年建成了年产 1500t 氧化铬的示范性生产装置，现已实现了 6 年多的连续稳定经济运行。

该技术可完全替代以重铬酸钠为母体生产氧化铬的传统生产技术。按目前氧化铬国内生产情况分析，该技术每年可替代重铬酸钠产量 10 万 t，相当于国内总产量的 30%。该技术按此份额推广应用后可产生良好的资源、环境和经济效益。

资源效益：与传统有钙焙烧技术比较，每年可减少铬铁矿消耗 2 万 t，石灰石、白云石消耗 15 万 t，纯碱消耗 9 万 t，硫酸消耗 5 万 t。

环境效益：该技术可实现铬渣的综合利用和近零排放，工艺过程不产生其他含铬废气和废液，与传统生产技术相比，可减少含铬固废排放量 38 万 t/a。

经济效益：实现年销售收入 16.8 亿元，完成利税 4.8 亿元。

案例 30　无钙焙烧铬盐清洁生产工艺与集成技术
——铬盐行业清洁生产关键共性技术案例

一、案例概述

技术来源：甘肃锦世化工有限责任公司

　　　　　天津化工研究设计院

　　　　　中南大学

技术示范承担单位：甘肃锦世化工有限责任公司

　　铬及铬化工产品作为重要的战略金属资源，在现代材料制造、国防与民用方面占有重要的地位，是各个国家关注的核心资源之一。铬盐是我国无机化工主要系列产品之一，广泛应用于冶金、制革、颜料、染料、香料、金属外表的处置、木材防腐、军工等工业中，被列为最具有竞争力的 8 种资源性原材料产品之一。目前，我国是世界上最大的铬盐生产、消费国，约占全球产量的 40%。由于铬及铬盐的特性，铬盐生产过程产生的大量废弃物中含有毒铬化合物，对人及动物的皮肤、呼吸道、肠胃道、眼耳等主要器官产生强致癌作用。传统生产铬盐采用的有钙焙烧工艺，不仅温度高达 1200℃，而且主金属铬的转化率仅为 80%，资源综合利用率不足 70%。同时，生产每吨铬盐产品排放高毒性铬渣约 2.5t，严重污染水体、土壤和大气，已成为社会广泛关注的焦点，矛盾十分突出。铬盐工业长期被列为我国化学工业严重污染行业之首，铬盐清洁化生产工艺也是至今亟待解决的世界性难题。

　　针对现有有钙焙烧技术存在的能耗高、资源利用率低、环境危害大的不足，甘肃锦世化工有限责任公司与天津化工研究院、中南大学等单位开发了无钙焙烧铬盐清洁生产工艺与集成技术。该技术采用无钙焙烧生产重铬酸钠的工艺技术，取代了传统有钙焙烧工艺，提高了铬原子的经济性，实现了含铬废渣的减排。无钙焙烧生产重铬酸钠的工艺技术成功开发了高均匀度混料专用设备，解决了入窑原料不均匀的问题；高均匀度专用混料设备，达到国际先进水平。该工艺成功采用了高效湿磨连续自动过滤浸取工艺，实现了无钙铬渣和返料的分离。同时，完成了无钙铬渣电炉冶炼制取含铬合金产品工艺、含铬铝泥拜耳法制取氢氧化铝工艺和含铬钒渣两段法提取五氧化二钒工艺技术的研发和工业化转化，彻底根治铬盐生产环节中含铬废物的排放、堆存问题，实现了资源的有效利用和铬盐生产过程的多产业链接。

　　该技术工业实施与运行结果表明：较传统有钙焙烧工艺相比，铬元素回收率提高 10%，铬渣的排量降低近 1/3。铬盐生产系统所产生的固体废物（无钙铬渣、含铬铝泥、含铬钒渣和含铬芒硝等）全部进行综合利用，实现含铬污染物零排放，在多方面突破了无钙焙烧铬盐清洁化生产的技术瓶颈，解除了对铬盐行业可持续发展的困扰，对提升我国无钙焙烧铬盐清洁化生产技术水平起到推动作用。

二、技术内容

（一）基本原理

铬铁矿、纯碱以及填料在空气中加热焙烧氧化，铬尖晶石中的三价铬被氧化为六价铬形成铬酸钠，发生以下反应：

$$Cr_2O_3 + 2Na_2CO_3 + 1.5O_2 \Longrightarrow 2Na_2CrO_4 + 2CO_2 \uparrow$$

浸取分离后所得铬酸钠溶液经中和除铝、脱钒、蒸发脱硝等相关净化工序处理，净化液再经蒸发结晶制得重铬酸钠产品。铬渣采用电炉彻底解毒制备含铬合金产品。

（二）工艺技术

较传统有钙焙烧工艺技术（工艺流程见图1），该技术（工艺流程见图2）在原辅料、产品路线，尤其是含铬固体废物资源化利用等方面均实现了较大的改进和提升。

该工艺采用粉料入窑法，将铬铁矿、纯碱及填充料在回转窑中依次经过预热带、分解带、高温氧化带、冷却带完成焙烧，反应完成后采用高效湿磨自动过滤浸取工艺，实现固体（返渣和无钙铬渣）和液体（铬酸钠溶液）分离。返渣用作配料，作为无钙焙烧重铬酸钠工艺必不可少的填充料循环利用。无钙铬渣（含可溶性 $Cr^{6+} \leqslant 0.2\%$）采用电炉彻底解毒制备含铬合金产品。浸出的铬酸钠溶液经中和除铝（产出物为铝泥）、碱性脱钒（产出物为钒渣）、蒸发脱硝（产出物为芒硝）等工序，所得滤液进一步浓缩结晶，得到重铬酸钠晶体，结晶母液（重铬酸钠溶液）与硫酸经加热熔融反应，分离提取，冷却切片，得到铬酸酐成品，进一步高温分解制得氧化铬产品。分离后的铝泥、钒渣和芒硝经二次除铬后分别制得氢氧化铝、五氧化二钒和硫化碱产品。所有生产工艺的含铬回收液经蒸发浓缩后返回无钙焙烧生产系统循环使用。

（三）技术创新点及特色

与传统有钙焙烧技术以及现有无钙焙烧技术比较，该技术创新点及特色为：

（1）重铬酸钠生产工艺采用无钙焙烧技术，焙烧过程中不添加石灰石、白云石等含钙辅料，使得其铬渣物性与有钙铬渣迥异，进而使得渣的物性得到极大的改善，渣中无六价铬（Cr^{6+}）固溶体成分，易于高效浸洗，不含致癌物铬酸钙。吨重铬酸钠排渣量大幅减少，是使得铬盐生产对环境污染显著减少的清洁化工艺技术。

（2）研发了混料均匀度达98%以上的高均匀度专用混料设备，成功采用了高效湿磨连续自动过滤浸取工艺，实现了返料与无钙铬渣的分离，在降低碱耗的同时提高了填料性能。

（3）采用设计先进的专用自控多风道煤粉燃烧器，成为世界上首家以煤为燃料进行无钙工艺焙烧的厂家，代替了重油、天然气和液化气等较高价值的燃料，减少了储运设施和费用，从而降低了生产成本，提高了安全性能。

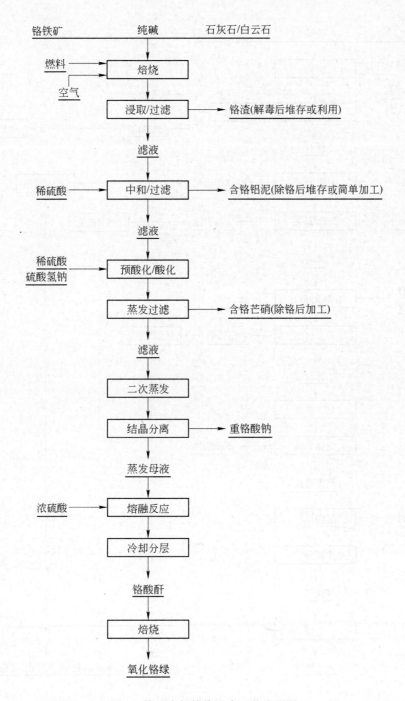

图1　铬盐有钙焙烧生产工艺流程图

（4）开发了窑尾余热利用节能技术，含铬废水循环使用零排放，研发了利用回转窑尾气（CO_2气体）进行碳分除铝工艺，实现了工业废气资源化利用，余热、余压、余能回收利用和废水分质利用与循环利用。

（5）开发了无钙铬渣电炉冶炼制取含铬合金产品工艺，含铬铝泥制取氢氧化铝技

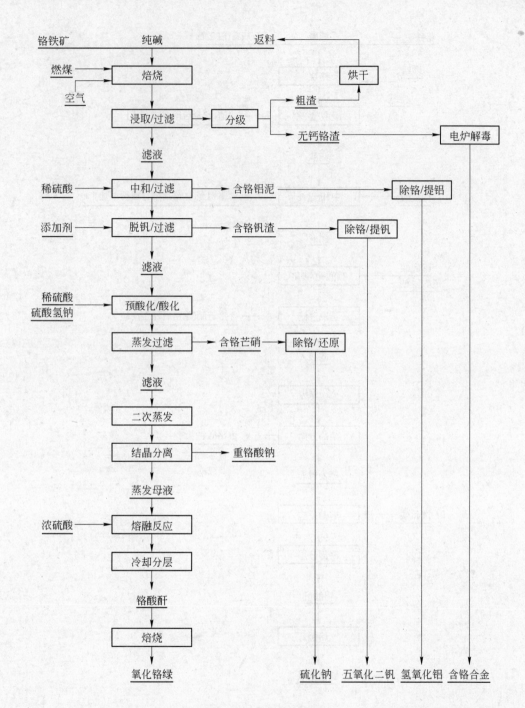

图 2　新工艺技术流程图

术，含铬钒渣两段法提取五氧化二钒工艺技术，含铬芒硝制取低铁硫化钠工艺技术，
彻底根治了铬盐生产环节中含铬废物的排放、堆存问题，实现了资源的有效利用和铬
盐生产过程的多产业链接，进一步诠释了铬盐无钙焙烧清洁化工艺及含铬废物综合利
用循环经济技术的真谛。

三、实施效果

(一) 环境效益

以生产 1t 重铬酸钠产品计，该技术与国内外同类技术的关键指标对比见表1。

表1 新技术与国内外同类技术的关键指标对比

技术指标	有钙焙烧	新技术
铬回收率/%	80	90
铬矿消耗/kg	1.2	1.14
铬渣排量/kg	2~2.5	0.7~0.8
铬渣 Cr^{6+} 含量/%	1~1.5	<0.15
铬渣处理方式	解毒后堆存	制含铬合金
铝泥处理方式	堆存	制氢氧化铝
钒渣处理方式	—	制五氧化二钒
芒硝处理方式	制硫化钠	制低铁硫化钠

该技术已建成的 1 万 t/a 无钙焙烧重铬酸钠新工艺示范工程装置，在国内外首次实现了固体含铬废物（无钙铬渣、含铬铝泥、含铬钒渣和含铬芒硝等）的零排放，实现了含铬废弃物综合利用的生态铬盐模式，环境效益显著。

(二) 经济效益

该技术建成的 1 万 t/a 无钙焙烧重铬酸钠新工艺示范工程装置已运行 9 年多，前期投资总额约 17800 万元，年产重铬酸钠产品 1.3 万 t，铬酸酐 8000t，氧化铬绿 5000t，氢氧化铝 1000t，硫化碱 1 万 t，含铬合金 3000t，五氧化二钒 100t。在满负荷生产情况下，可实现年销售收入 22800 万元，完成纯利润 2880 万元，缴纳税金 1310 万元，投资利润率约 16.2%，投资利税率约 23.5%。

(三) 关键技术装备

该技术的关键装备包括：(1) 高均匀度专用混料设备；(2) 高效湿磨连续自动过滤浸取技术装备；(3) 无钙铬渣电炉冶炼含铬合金技术装备；(4) 回转窑 CO_2 尾气碳分除铝及含铬铝泥制取氢氧化铝工艺技术装备；(5) 含铬钒渣两段法制取五氧化二钒工艺技术装备；(6) 含铬芒硝制取低铁硫化钠工艺技术装备。

图3 和图4 分别为改造前后混料设备对比图。

图5 所示为改造后的高效湿磨连续自动过滤浸取技术装备。

(四) 水平评价

作为国内第一家铬盐无钙集成技术研发示范应用的企业，甘肃锦世化工有限责任公司是全国铬盐行业清洁化推广示范项目提供成熟技术的先驱单位，截至目前已成功开发并取得了 50 余项具有自主知识产权的专有技术，工业转化率超过 50%。锦世化工公司 "1 万 t/a 无钙焙烧重铬酸钠工程" 于 2004 年先后通过了由国家环保总局组织的环保工程检查验收和中国石化协会组织、国家发改委参与的技术鉴定验收，曾获

图3 改造前混料装置   图4 改造后混料装置

图5 高效湿磨连续自动过滤浸取技术装备

2004年度中国石油和化学工业协会科技进步奖一等奖。无钙焙烧红矾钠工艺、碳分法中和除铝工艺、无钙铬渣冶炼铬铁合金工艺、铬酸热连续法制造三氧化二铬工艺和石灰脱除铬盐生产铬酸钠中性液中钒杂质技术曾分别获2010年和2012年中国化工学会无机酸碱盐专业委员会技术创新奖。甘肃锦世化工有限责任公司无钙焙烧铬盐清洁生产工艺与集成技术实现了含铬废水的循环利用和含铬固体废物（无钙铬渣、含铬铝泥、含铬钒渣和芒硝等）资源化厂内综合处理，彻底消除了现有铬盐生产工艺产生的含铬废物堆存、排放和转移风险，铬盐生产的整体技术达到国际先进水平。

四、行业推广

（一）技术使用范围

该技术所属行业横跨化工与冶金行业，主要产品为重铬酸钠、铬酸酐、氧化铬绿、氢氧化铝、低铁硫化碱、五氧化二钒和含铬合金钢等，为铬盐无钙焙烧工艺技术的升级版。除使用的铬铁矿原料主要依赖进口外，其他原辅料在国内均能生产；所选用的全部设备在国内均能制造；对厂房、设备、原辅材料及公用设施等均没有特殊要求。

（二）技术投资分析

按照建设一套年产 5 万 t 铬盐（以重铬酸钠计）产品的装置计，约需投入资金 5.9 亿元。装置建成后可生产商品重铬酸钠 1.6 万 t，商品铬酸酐 1.5 万 t，氧化铬绿 0.51 t，氢氧化铝 0.5 万 t，硫化碱 3 万 t，含铬合金钢 1.5 万 t，五氧化二钒 500 t，实现年销售收入 9.8 亿元，纯利润 1.6 亿元，缴纳税金 0.9 亿元，完成利税总额 2.5 亿元，投资利润率约 27.1%。

（三）技术行业推广情况分析

该技术开发单位甘肃锦世化工有限责任公司于 2004 年建成了 1 万 t/a 无钙焙烧重铬酸钠新工艺示范工程，已实现了连续 9 年的稳定经济运行。该技术为无钙焙烧工艺技术的升级版，多项技术弥补了国内铬盐生产的技术空白，整体技术达到了世界无钙焙烧工艺先进水平。

该技术可完全替代有钙焙烧工艺的铬盐传统生产技术，也可在现有采用无钙焙烧工艺生产铬盐的单位进行推广。按照该技术每年替代重铬酸钠产量 5 万 t 计，占市场份额 15%。该技术按此份额推广应用后可产生良好的资源、环境和经济效益。

资源效益：与传统有钙焙烧技术比较，每年可减少铬铁矿消耗 1 万 t，石灰石、白云石消耗 10 万 t。

环境效益：该技术可实现无钙铬渣、含铬铝泥、含铬钒渣和芒硝等固体含铬废物资源化综合利用和含铬废水零排放。

经济效益：实现年销售收入 9.8 亿元，完成利税 2.5 亿元。

案例31　JX节能型尿素清洁生产技术
——化工行业清洁生产关键共性技术案例

一、案例概述

技术来源：四川金象赛瑞化工股份有限公司

技术示范承担单位：四川金象赛瑞化工股份有限公司

目前，国内外尿素生产技术有氨气提法工艺、CO_2气提工艺、国产水溶液全循环工艺、改良水溶液全循环工艺等。其中，能耗最低的为国外氨气提工艺，其次为CO_2气提工艺。在国内尿素生产工艺流程中，工艺和能耗较为先进的是改良水溶液全循环法，其次是水溶液全循环法，CO_2转化率在68%左右。在中国，水溶液全循环法生产能力占30%，CO_2气提工艺占45%，进口氨气提法工艺占25%。虽然进口工艺先进，能耗低，但投资高，令企业望而生畏。国内的改良型水溶液全循环法虽然能耗偏高，但投资较低，因此，开发一种投资省、能耗低、能达到国际先进水平，并且引领尿素行业的清洁生产标准化技术刻不容缓。JX节能型尿素清洁生产技术能使传统尿素生产中二氧化碳转化率提高5个百分点，达到72%以上，与同期建设的CO_2气提法装置相比，可节省投资30%以上，蒸汽消耗降到905kg/t（1.275MPa，饱和蒸汽），达到清洁生产的目的。

二氧化碳转化率是尿素生产中的重要工艺指标，直接影响生产中蒸汽消耗量和产量。转化率越高，蒸汽消耗量越少，分解回收系统设备就越小，产量越高。由于这一工艺指标的重要性，国内外专家都在研究如何提高二氧化碳转化率的技术和措施。安全生产、清洁生产也是业内长期关注的两个热点话题，由于传统工艺的缺陷，国内尿素生产装置化学爆炸事故时有发生，严重制约了企业发展。为攻克这一难题，四川金象化工技术人员在分析国内外尿素生产技术的各项优势后，对传统水溶液全循环法进行了大量的改进，尿素合成通过采用液相换热合成塔，提高了CO_2转化率和安全系数，同时杜绝尿素合成塔发生化学爆炸事故；中压分解采用预精馏和组合加热方式，提高了中压分解率，减少了投资。中压回收采用低水碳比和多段吸收，提高了一段甲铵液浓度，氨冷凝采用蒸发式氨冷器，尾气进行精洗，在降低消耗的同时避免了尾气爆炸；低压分解所需热量大部分由废热供给，低压吸收采用一步冷凝，提高了二甲液浓度，同时也有利于系统水平衡；充分回收了中压分解气相热量，减少了外冷却器的负荷；工艺采用多级蒸汽系统，合理使用热量，充分回收低位热；废水采用单塔处理，取消了回流，废热分别由分解系统回收，降低了消耗和投资，实现了清洁生产。

该技术投运装置及运行结果表明，装置运行稳定，吨尿素耗氨比改良水溶液全循环法减少 10kg，蒸汽消耗减少 345kg，电耗减少 21kW·h，循环水减少 60m³，年节约运行费用 2000 余万元。与 CO_2 气提法相比，吨尿素耗氨下降 5kg，蒸汽消耗下降 70kg，循环水消耗减少 22m³，年节约运行费用 800 多万元。该技术从生产源头上消除了粉尘和废气对人体健康和生态环境的危害，清洁生产效益显著，获得了相关部门和行业企业的广泛认可，对推进我国绿色产业革命具有重要的引领和带动作用。

二、技术内容

（一）基本原理

结合我国发展现状，通过反复比较国内外先进尿素生产工艺，综合了水溶液全循环法和国外先进尿素工艺的优点，自主消化吸收和创新，以降低能耗、节省投资为出发点，自主开发一种全新的节能新工艺，形成自主知识权的 JX 节能型尿素清洁生产技术。

该技术主要技术原理如下：

1. 采用液相逆流换热式尿素合成塔

一是根据氨和二氧化碳生成尿素的反应机理，通过在塔体下部增设一液氨进口调整换热管内外温差，从而保证合成塔内温度分布均匀，促进提高 CO_2 转化率；二是通过提高尿素合成压力提高 CO_2 转化率；三是将合成温度调整到尿素合成平衡转化率最高的最适宜的操作温度，以提高 CO_2 转化率。

合成塔操作压力为 22MPa，操作温度为 191～195℃，NH_3/CO_2 为 4.2，H_2O/CO_2 为 0.5，转化率为 72.4%。

2. 两次加热-降膜逆流换热的尿素中压分解

（1）尿素中压分解由中压分解塔和一段分解加热器构成。分解塔从上到下由分离段、精馏段、降膜逆流换热段构成，而一分加热器由二段组成，下部由解吸水解工序来的 188℃解吸净水加热，上部由 1.0MPa 饱和蒸汽加热，热效率得以提高，充分回收利用了低位热能。

（2）尿素中压分解尿液中的氨基甲酸铵是按减压分解和梯级加热分解的原理进行，第一步是减压分解，第二步是精馏加热分解，第三步是 188℃解吸净水加热分解，第四步是 1.0MPa 饱和蒸汽加热分解，将尿液温度加热到 145～155℃，第五步是降膜逆流热分解，将尿液温度加热到 158～160℃，大大提高了氨基甲酸铵分解率。

3. 三段吸收-蒸发式氨冷-低水碳比的尿素中压回收

（1）来自甲铵冷凝器的气液混合物先在甲铵分离器中分离，将浓一甲液与中压吸收塔分开，可提高入尿素合成塔的甲铵液浓度及温度和降低甲铵液水碳比，从而达到提高尿素合成率和节省蒸汽的目的。同时也降低了中压吸收塔底甲铵液浓度及温度，提高了中压吸收塔的可操作性。

（2）中压吸收塔为三段结构（鼓泡段＋填料段＋塔板段），提高吸收效率，保证出中压吸收塔气体中的二氧化碳含量低于 5mg/kg。

（3）用碳钢材质的蒸发式氨冷凝器取代传统的多台管壳式不锈钢水冷式冷凝器，其材质变化的主要原因是出中压吸收塔气体中的二氧化碳含量可保证低于 5mg/kg，可使用碳钢材质；蒸发式氨冷凝器与管壳式氨冷凝器相比，其结构变化的主要原因是直接利用水蒸发冷却代替循环冷却水冷却，循环冷却水量大幅下降，可大大节约电耗，降低循环水系统的投资。

4. 补碳-利用解吸水解余热的尿素低压分解回收工艺

一是将来自一分加热器下段的 150℃ 解吸净水用于低压分解加热器下段加热，上段用蒸汽加热；解吸水解工序来的 160℃ 解吸气加入低压分解塔精馏段，利用气相中水汽冷凝热加热尿素溶液。二是在低压分解气相中补碳，用来提高吸收压力从而强化吸收效率，保证不凝气体中氨含量不大于 1%（体积分数），既降低了氨耗又做到了清洁生产。

5. 回收低位能热的尿素一段蒸发新工艺

在传统尿素浓缩工艺中增加逆流式降膜式预浓缩器，充分回收中压分解气余热、蒸汽冷凝液余热分级次得以利用，具有显著的节能效果。

6. 高效安全的尾气净氨新工艺

以设计压力 5.0MPa、操作压力 0.6MPa 的具有特殊内部结构的卧式浸没式吸收器取代传统常压尾吸塔；卧式浸没式吸收器设计压力大于操作压力的 7 倍，确保操作的安全性；操作压力的提高带来对尿素尾气净氨效率的提高，安全实现尿素尾气的净氨，有利于环保和降低消耗。

7. 节资-节能型尿素废水处理新工艺

该工艺仅由解吸水解塔、解吸水解换热器、解吸水解泵组合而成，经处理后的解吸净水中尿素含量小于 5mg/kg、氨含量小于 5mg/kg；解吸水解塔底出来的 188℃ 解吸净水、解吸水解塔顶出来的 160℃ 的解吸气之余热，分级利用于尿素中压分解、低压分解工序，既节省蒸汽又有利于系统水平衡。

（二）工艺技术

传统水溶液全循环法工艺见图 1。新工艺流程图见图 2。

工艺流程简述如下：

（1）高压合成工序。来自氨库的原料液氨，经液氨泵加压到 23MPa 后送往液氨预热器，被加热到 70℃ 分为两路，一路约为总量的 80% NH_3 与 103℃ 的甲铵液和来自 CO_2 压缩机的 23MPa 的 CO_2 一起进入合成塔塔顶分布器；另一路约 20% NH_3 通过尿素合成塔底部进入，在塔内完成等温高压合成反应，反应产物从塔的顶部出来。

工业生产尿素的反应分两步进行，第一步由氨和二氧化碳反应生成中间产物氨基甲酸铵（简称甲铵），其反应式为：

$$2NH_3（液）+ CO_2（气）\Longrightarrow NH_4COONH_2（液）+ Q_1$$

第二步由甲铵脱水生成尿素，其反应式为：

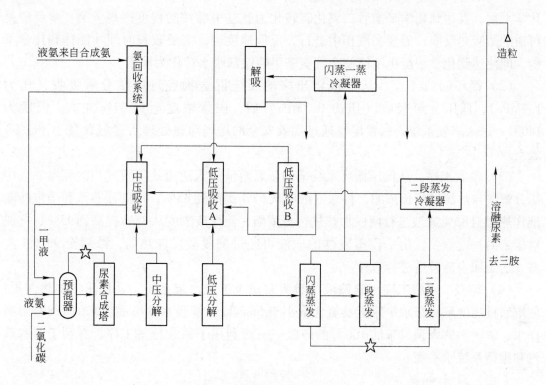

图 1　传统水溶液全循环法工艺

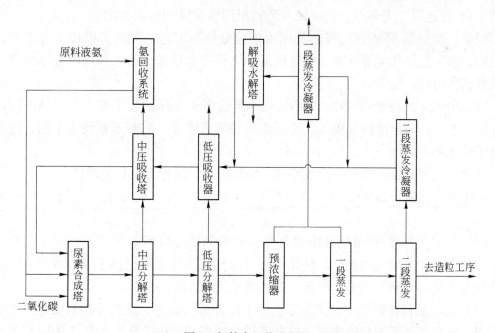

图 2　新技术工艺流程图

$$NH_4COONH_2(液) \rightleftharpoons CO(NH_2)_2(液) + H_2O(液) - Q_2$$

第一步反应是可逆的强放热反应，生成氨基甲酸铵的反应速度比较快，容易达到化学平衡，且达到化学平衡后二氧化碳转化为氨基甲酸铵的程度很高。第二步反应是可逆的微吸热反应，需要在液相中进行，反应速度慢，需要较长时间才能达到化学平衡，即使达到化学平衡也不能使全部氨基甲酸铵都脱水转化为尿素。

（2）循环回收工序。从合成塔出来的反应混合物经过中压分解吸收（压力1.7MPa），低压分解吸收（压力0.3MPa）后，尿素浓度达到67%左右，温度为140℃，送入蒸发系统；尿素尾气通过高效安全的尾气净氨处理后（氨含量小于1%）放空。

（3）蒸发工序。从低压循环系统来的尿素溶液送入逆流式降膜式预浓缩器，以中压分解气作热源进行预浓缩，将尿液浓度从67%提高到85%；用膨胀蒸汽和蒸汽冷凝液作热源对85%尿液进行两段加热进行再浓缩，使尿液浓度从85%提高到95%，完成对尿素的一段蒸发，出一段蒸发器的尿液再经过二段蒸发加热器，浓缩至99.6%左右。送至尿素造粒塔进行造粒。

（4）解吸、水解工序。碳铵液由解吸泵送至解吸水解系统，采用蒸汽加热气提，使塔底排出的解吸净水中尿素及氨含量小于5mg/kg；解吸水解塔底出来的188℃解吸净水、解吸水解塔顶出来的160℃的解吸气分级利用于尿素分解工序，有利于节省蒸汽和维持系统水平衡。

（三）技术创新点

（1）国内首次采用液相逆流等温合成，转化率提高到72.4%，具有全液相（气相比例小）、低返混、无热点、低腐蚀（塔衬里用尿素级316L）的特点。

（2）二次加热-降膜逆流换热的尿素中压分解新工艺，提高了甲铵分解率和总氨蒸出率，该工艺操作灵活可靠、投资较低；气相含水量低；回收利用解吸净水高位热可降低蒸汽消耗。

（3）开发了三段吸收-蒸发式氨冷-低水碳比尿素中压回收工艺。在传统的尿素中压分解工艺中，增加甲铵分离器，降低浓甲铵液水碳比，有利于系统水平衡，提高尿素合成转化率。

尿素中压回收工艺具有吸收效率高、操作简单、运行安全稳定的特点。

采用蒸发式氨冷凝器，设备投资低，节约循环水耗（吨尿素节约循环水在60m³以上）。

（4）开发了补碳-利用解吸水解余热的尿素低压分解回收新工艺。该工艺充分回收了解吸净液和解吸气的余热，简化了解吸流程，同时大大提高了氨吸收率，减少了系统补充水量，有利于系统水平衡，并且降低了阻力降。

（5）回收低位能热的一段蒸发工艺：中压分解气余热、蒸汽冷凝液余热分级次得以利用，收到了显著的节能效果（吨尿素浓缩耗蒸汽量比传统工艺节省80kg以上）。

（6）高效安全的尾气净氨新工艺：尾气氨含量小于1%，设计压力大于操作压力的7倍以上，操作安全，有利于环保和降低消耗。

（7）节资-节能型尿素废水处理新工艺：废水处理系统中所用设备比任何工艺都

少；尿素废水经处理后的解吸净水中尿素含量不大于 5mg/kg、氨含量不大于 5mg/kg；解吸净水和解吸气的余热都返回分级利用于尿素中压分解、低压分解工序，有利于节省蒸汽和系统水平衡。

（8）尿素造粒尾气粉尘回收与尿素造粒塔体纳入一体化设计，洗涤与回收同步，减少尿素粉尘对大气污染，降低尿素消耗，实现清洁生产。

三、实施效果

（一）环境效益

关键指标对比见表 1。

表 1　新技术与国内外同类技术的关键指标对比

序号	物料名称	单位	规格	JX 节能工艺	传统水溶液全循环工艺	CO_2 气提工艺
1	液氨（100%）	kg/t	符合 GB 536—88	570	580	578
2	CO_2（100%）	kg/t		739①	770①	768①
3	蒸汽	kg/t	1.275MPa(A)	905	1250	880①
4	电	kW·h/t		125	140	110
5	循环冷却水	m³/t	0.45MPa、$\Delta t = 10℃$	77	140	98
6	合成转化率	%		72.41	65	57
7	解吸净水中的游离氨	mg/kg		<5	<5	<3
8	解吸净水中的尿素	mg/kg		<5	<25	<10
9	排出尾气氨含量	%（体积分数）		<1	<5	<1
10	废水排放量	m³/t		无		

　　①CO_2 消耗 JX 尿素为压缩机出口流量计，水溶液和 CO_2 气提为压缩机入口流量计，CO_2 气提工艺蒸汽压力等级为 2.1MPa。

从表 1 可以看出，公司采用高效安全的尾气净氨新工艺，使尾气氨含量小于 1%，设计压力大于操作压力的 7 倍以上，操作安全；有利于环保，降低消耗。

尿素废水经处理后的解吸净水中尿素含量不大于 5mg/kg、氨含量不大于 5mg/kg，解吸净水和解吸气的余热都返回分级利用于尿素中压分解、低压分解工序，有利于节省蒸汽和系统水平衡。

尿素造粒尾气粉尘回收与尿素造粒塔体纳入一体化设计，洗涤与回收同步，减少尿素粉尘对大气污染，降低尿素消耗。

公司自主开发的 JX 节能型尿素生产装置与国内水溶液全循环装置相比，有效地回收氨和 CO_2 并综合利用，废水全回收，实现零排放，从生产源头减少了粉尘和废气对人体健康和生态环境的危害，环境效益显著，并达到清洁生产的目的。

（二）经济效益

1. 装置投资直接经济效益

以公司建设的 30 万 t/a 尿素生产装置为例，2007～2008 年若采用"CO_2 气提法"——整套装置投资约需 2.2 亿元人民币，而采用公司自行开发的节能型尿素新工艺，整套装置投资为 1.5 亿元人民币，相对 CO_2 气提法节约投资 0.7 亿元，为公司节约了大量的建设资金。

2. 装置运行的经济效益

以公司建设的 30 万 t/a 尿素生产装置为例，自 2009 年 1 月 29 日建成投产，截至 2010 年 3 月 29 日，该套装置的销售收入就达到 4.8 亿元，新增利润 4337 万元，新增税金 653 万元，装置投资成本已收回 30% 左右，经济效益明显。

3. 运行节约的经济效益

（1）吨尿素氨耗从国内现有水溶液全循环工艺的 580kg 降低到 570kg，节约氨 10kg/t 尿素；以年产 30 万 t 尿素计，年节约液氨 300t，以 2400 元/t 液氨计，年节约成本 72 万元。

（2）吨尿素蒸汽消耗从国内现有水溶液全循环工艺的 1250kg 降低到 905kg，节约蒸汽 345kg/t 尿素；以年产 30 万 t 尿素计，年节约蒸汽 10.35 万 t，以 120 元/t 蒸汽计，年节约成本 1242 万元。

（3）吨尿素循环水消耗从国内现有水溶液全循环工艺的 140t 降低到 77t，节约循环水 63t/t 尿素，以年产 30 万 t 尿素计，年节约循环水 1890 万 t，以 0.25 元/t 尿素计，年节约成本 472.5 万元。

（4）吨尿素用电消耗从国内现有水溶液全循环工艺的 140kW·h 降低到 125kW·h，节电 15kW·h/t 尿素；以年产 30 万 t 尿素计，年节约用电 450 万 kW·h，以 0.35 元/(kW·h)计，年节约成本 157.5 万元。

累计上述四项，每年可直接创造的经济效益约 1944 万元。

（三）关键技术装备

该技术的关键设备、技术包括：（1）尿素中压吸收塔，见图 4（专利号：ZL 2009 2 0168946.3）；（2）一种尿素生产用低压吸收装置，见图 6（专利号：ZL 2011 2 0003041.8）；（3）一种二次加热-降膜逆流换热的尿素中压分解工艺（专利号：ZL 2009 1 0305430.3）；（4）一种尿素合成塔，见图 10（专利号：ZL 2009 2 0082934.9）；（5）一种低水碳比-三段吸收-蒸发式空冷的尿素生产中压回收工艺，见图 11（专利号：ZL 2009 1 0060310.1）。

图 3 和图 4 分别为传统技术吸收塔及新技术吸收塔装置图。

图 5 和图 6 分别为传统的低压吸收器装置图及该技术"一种尿素生产用低压吸收装置"结构示意图。

图 7、图 8 和图 9 分别为传统的一段分解系统及该技术"一种二次加热-降膜逆流换热的尿素中压分解工艺"示意图。

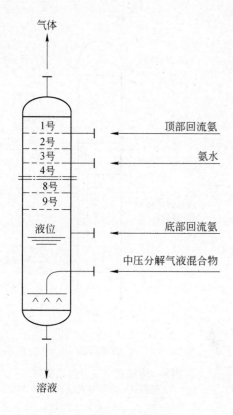

图 3 传统一段吸收塔

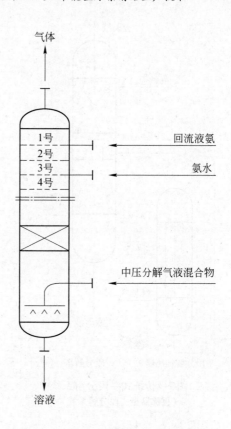

图 4 三段吸收结构的一段吸收塔

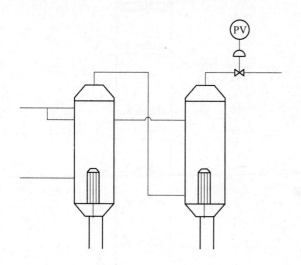

图 5 传统的低压吸收器

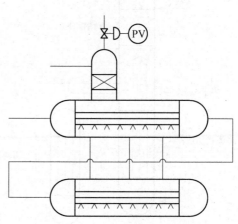

图 6 该技术低压吸收器

图 10 为该技术"一种尿素合成塔装置"示意图（合成塔整体结构装置、合成塔分布器、合成塔下降管的结构示意图）。

图 11 为该技术"一种低水碳比-三段吸收-蒸发式空冷的尿素生产中压回收工艺"示意图。

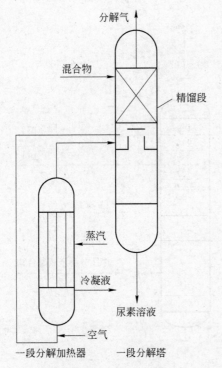

图7 传统式一段分解系统
（再沸器型一段分解系统）

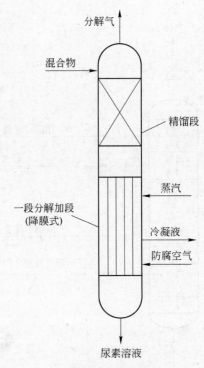

图8 传统式一段分解系统
（降膜式一段分解系统）

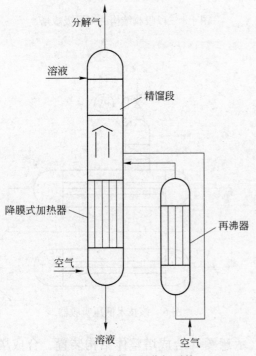

图9 新技术一段分解系统

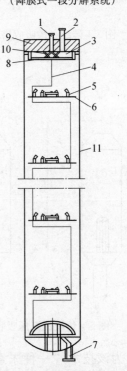

图10 新技术"尿素合成塔"装置整体结构示意图
1—原料进口；2—反应物出口；3—分布器；
4—下降管；5—上升管；6—塔盘；7—液氨进口；
8—多孔板；9—封盖；10—导向板；11—塔体

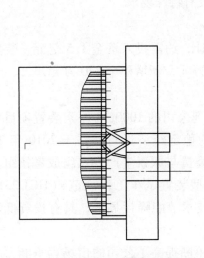
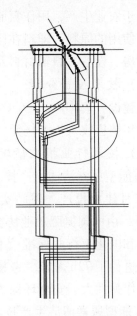

图 10-1　新型合成塔分布器的结构示意图　　　图 10-2　新型合成塔下降管的结构示意图

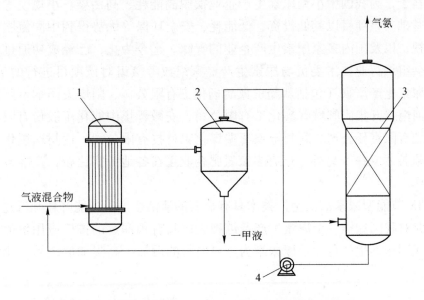

图 11　新技术尿素生产中压回收工艺的流程示意图

1—甲铵冷凝器；2—甲铵分离器；3—中压吸收塔；4—引流泵

（四）水平评价

该项目拥有多项目自主知识产权，总体技术处于国内同类工艺的领先水平。

四、行业推广

（一）技术适用范围

该技术所属行业为化工行业，终端产品为尿素，适用于尿素装置的新建、改扩建，尿素应用于农业生产，用作氮肥，同时还广泛应用于工业生产，作为化学品原料使用。该技术所使用的原料、辅料在国内均能采购或生产；所选用的全部设备在国内均能制造；对厂房、设备、原辅材料及公用设施等均没有特殊要求。

（二）技术投资分析

按照建设一套年产30万t/a尿素生产装置计，约需投入资金1.5亿元。装置建成后，实现年销售收入4.1亿元，新增利润5783万元，新增税金870万元。

（三）技术行业推广情况分析

JX节能型尿素清洁生产技术已成功地应用到公司的1000t/d尿素装置项目中，于2009年1月建成投产，现已实现连续5年多的稳定经济运行。并于2010年2月16日~19日，由中国氮肥工业协会组织行业技术委员与尿素生产专家组成考核组，按中华人民共和国化工行业标准《化学工业大、中型装置试车工作规范》（HGJ 231—91）对该装置进行了72h考核。考核结果表明，该技术节能降耗显著，具有投资低、操作简单、操作弹性大、安全环保等技术特点。

JX节能型尿素清洁生产技术的成功实施，不断提高了公司的市场竞争能力。更重要的意义在于，为我国中小型尿素生产企业摆脱高能耗、高污染、小规模等现状奠定了坚实的基础。该项目以其低投资、低能耗、安全环保等优势得到中国氮肥工业协会的高度重视，以及国内多家尿素生产企业的青睐。迄今为止，已经成功通过由中国氮肥工业协会组织行业技术委员与尿素生产专家组成考核组对该项目进行的72h考核；并向多家尿素生产厂家（包括新疆玉象胡杨化工有限公司、阳煤集团烟台巨力化肥有限公司、河南晋开集团郸城晋鑫化工有限公司、安徽晋煤中能化工股份有限公司、新疆新化化肥有限责任公司、新疆金象赛瑞煤化工科技有限公司、达州玖源化工有限公司等）提供技术支撑。另外，还有多家氮肥企业正在各地考察比较，正准备与公司进行洽谈合作。

由于JX节能型尿素清洁生产技术具有显著的清洁生产、节能降耗和低建设投资等优势，因此对我国这样一个尿素生产及消费大国具有很深远的推广应用价值，它能有效地推动我国尿素生产行业及以尿素为主要原料的后加工高附加值产品工业的健康持续发展。

案例 32　邻苯二胺连续氨解、加氢清洁生产技术
——化工行业清洁生产关键共性技术案例

一、案例概述

技术来源：宁夏瑞泰科技股份有限公司

技术示范承担单位：宁夏瑞泰科技股份有限公司

邻苯二胺的分子式 $C_6H_8N_2$，英文名称 o-Phenylenediamine，CAS 号 95-54-5，是一种广泛用于农药、医药、染料和橡胶助剂等领域的重要精细化工中间体。国内邻苯二胺的消费比例大致为：农药杀菌剂占 70%；橡胶助剂占 10%；医药领域占 5%；其他方面占 15%。

在农药行业，邻苯二胺主要用于生产苯并咪唑类杀菌剂，如多菌灵、甲基硫菌灵、甲苯达唑等，而且含有苯并咪唑结构的杀菌剂已经成为新型杀菌剂研制与开发的一个方向。目前我国已经成为多菌灵、甲基硫菌灵等苯并咪唑类杀菌剂的主要生产国和供应国。邻苯二胺衍生出的苯并咪唑类化合物不仅用于合成杀菌剂，还可以用于防止塑料污染、提高树脂强度等用途，对于国内加快抗菌塑料的研制与推广具有重要的现实意义。同时，美国、日本等工业发达国家对苯并咪唑类农用杀菌剂的需求也越来越大。因此，预计杀菌剂对邻苯二胺的需求将保持较高的稳定增长速度。

在医药行业，邻苯二胺可以合成抗精神病药物，匹莫齐特、氟哌利多、组胺药克立咪唑和兽用驱肠虫药等都是苯并咪唑化合物，均以邻苯二胺为原料，而且苯并咪唑杂环的化合物在医药领域中的新用途正在不断开发，尽管目前没有形成市场，但医药行业却是一个很有潜力的领域，因此医药行业也是邻苯二胺具有发展潜力的领域之一。

在染料行业，邻苯二胺可以合成毛皮染料棕黄 M、还原大红 GG 等，由氰乙酸甲酯与邻苯二胺合成得到新型染料中间体 2-氰基苯异咪唑，主要用于合成分散黄 8GFF 和阳离子 10GFF 等。由于邻苯二胺在染料行业合成品不多，消耗量不大，对邻苯二胺的总体市场影响较小。

邻苯二胺也可以用来合成橡胶助剂。邻苯二胺主要用于合成橡胶防老剂 MB（2-硫基苯并咪唑）和 MBZ（2-硫基苯并咪唑锌盐），目前国内有数家企业生产，但是规模不大，而且上述橡胶防老剂也属于小规模品种，市场需求平稳。

在其他领域，邻苯二胺做成苯并三唑可作缓蚀剂，用于汽车抗冻液中，特别适用于抑制铜及其合金的腐蚀；取代苯并三唑用于合成熟料用紫外线吸收剂；邻苯二胺可以合成照相用显影剂；另外邻苯二胺还可以用于合成均染剂、感光材料和分析试剂，

用来鉴定二酮等类。

总之，近年来邻苯二胺下游应用从农用杀菌剂拓展到多个领域，邻苯二胺的需求增长迅速。邻苯二胺尤其是高质量的白色邻苯二胺出口前景看好，出口量逐年上升。

目前邻苯二胺工业化合成路线有三条：邻二氯苯氨解法、邻硝基氯苯氨解硫化碱还原法和邻硝基氯苯氨解催化加氢还原法。邻二氯苯氨解法的反应温度和反应压力高，结焦严重，收率低，成本高，无竞争优势，基本不采用。我国是邻苯二胺的主要生产国，目前国内邻苯二胺的总产能 5 万 t/a 左右，全部采用邻硝基氯苯氨解硫化碱还原法组织生产，废水产生量大，每吨产品产生含硫化物 40% 以上的有机废水 6t 左右，外观呈棕褐色，COD 在 10000mg/kg 以上，多年来一直是化工行业较难治理的污染源之一。发达国家多采用邻硝基氯苯氨解催化加氢还原法进行邻苯二胺的生产，但国内未实现工业化。

瑞泰科技通过自主研发取得邻硝基氯苯氨解、催化加氢还原、连续化工程技术等关键技术的突破，开发出连续化氨解催化加氢还原制备邻苯二胺的清洁生产工业化技术，并开始组织实施 1.5 万 t/a 邻苯二胺清洁生产项目。该项目清洁生产工艺为国内首创，将从本质上大幅度降低废水的产生量，废水量仅为国内传统的氨解硫化碱还原工艺的 8%，并且易于生化处理，解决了邻苯二胺行业高含盐有机废水治理的难题；产品质量好，产品均为含量 99.0% 以上的白色邻苯二胺，国内产品含量在 90% 左右；产品收率比国内硫化碱还原工艺高 5%；能耗低，热量集成综合利用、不使用合成能耗高的硫化碱；生产成本比国内硫化碱还原工艺低 2000 元/t；并改变国内现行的间歇生产工艺，实施连续化生产，生产控制采用 DCS 系统及 ESD 系统，改变了目前邻苯二胺间歇生产工艺存在的装置稳定性和控制的稳定性不够、系统频繁切换存在的安全隐患、劳动强度大、生产现场环境差的状况。该项目产品质量、收率、原料消耗、能源消耗、成本、安全和环保性均处于国内领先地位，节能减排效果显著，具有很好的经济和环境效益。连续化氨解、催化加氢还原等关键技术申请了 3 项国家发明专利。所有技术均经过中试验证，通过了中国石油和化学工业联合会组织的中试成果鉴定，具有很好的示范推广前景，并可作为高能耗、高污染的硫化碱还原或铁粉还原工艺的替代技术，在邻苯二胺以及类似芳胺行业中进行推广，对全面提升行业的清洁生产水平，提升我国农药、医药、染料中间体的国际竞争力、促进国内产业的可持续发展具有十分重要和积极的意义。

二、技术内容

（一）基本原理

该工艺属连续化生产邻苯二胺清洁生产技术。以邻硝基氯苯和一定浓度的氨水为原料，通过四釜串联连续化氨解生产邻硝基苯胺，过量的氨气经过常压吸收、加压配制回收利用，无废气排放；加氢反应以天然气为原料采用清洁生产技术制取氢气，以氢气和一定浓度的邻硝基苯胺甲醇溶液连续化加氢生产出邻苯二胺甲醇溶液，最后经过脱溶、脱轻、精馏，生产出含量在 99.9% 的白色精品邻苯二胺。生产过程氨解消耗少量蒸汽加热原料，产生部分含盐废水，氢化部分甲醇尾气进行吸收，生成的水可经过生化方法处理，是一种低能耗、废水、废气排放少的清洁生产技术。

（二）工艺技术

与传统硫化碱工艺（工艺流程图见图 1）比较，该技术（工艺流程图见图 2）在能耗、产能、固废和废水产出、劳动强度等方面均实现了较大的改进和优化。

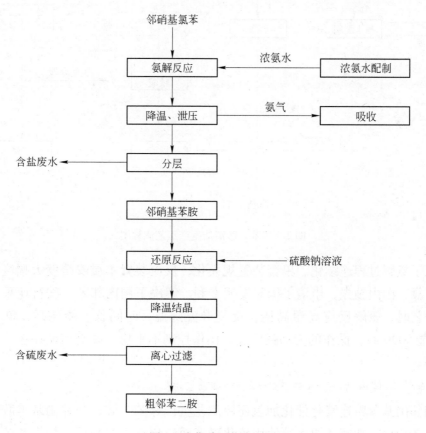

图 1　硫化碱工艺流程图

氨水与邻硝基氯化苯按一定的比例投入高压釜内，逐渐加热升温至 180℃，升压至 3.5MPa，保温反应，此时改加热为水冷却，移走大量的反应热，然后保温反应一段时间以后，泄压放至预先配好的硫化碱水溶液反应釜中进行还原反应。然后冷却结晶、离心过滤，得到含量 90% 左右的棕褐色的邻苯二胺产品。

该项目采用的是邻苯二胺连续化清洁生产工艺。

1. 连续化氨解工序

采用邻硝基氯苯釜式连续化氨解制备邻硝基苯胺，与国内通常采用的釜式间歇法相比，连续化工艺有利于原料和反应物料换热的热量集成综合利用，在节能降耗的同时，反应装置的本质安全度大幅度提高，单套装置产能达到 7500t/a，与管式连续化氨解相比，温度压力低，副反应少。

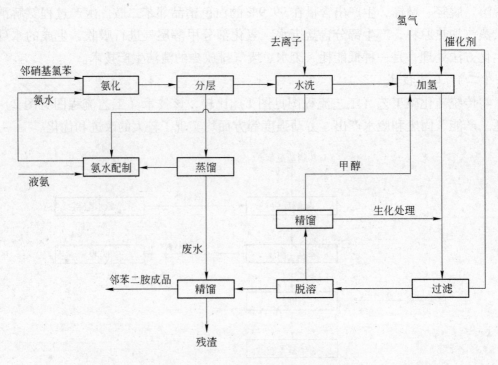

图 2　邻苯二胺清洁生产工艺流程图

实现了氨解过程连续化、单套装置规模化，反应装置本质安全度大幅度提高，技术稳定可靠、国内领先，申请了国家发明专利。解决了国内邻苯二胺行业采用间歇釜式氨解工艺时，氨解反应高温高压，反复升温降温，时间长、能耗高，单套产能低（单套产能 500t/a），操作的劳动强度大，操作控制不平稳，频繁切换存在一定安全隐患等问题。

2. 连续化催化加氢还原工艺生产邻苯二胺

采用邻硝基苯胺连续化催化加氢还原工艺生产邻苯二胺，与邻硝基苯胺间歇硫化碱还原工艺相比，加氢还原无须使用硫化碱，而硫化碱生产采用无烟煤和芒硝按一定比例混合后焙烧得到，每吨硫化碱耗煤 0.7t，能耗非常高。工艺清洁，废水量削减了92%，易于生化处理，符合清洁生产、节能减排的要求。

解决了硫化碱还原工艺生产邻苯二胺废水产生量大，高含盐有机废水处理难的行业性难题；与间歇加氢工艺相比，单套装置产能大，可达到 15000t/a，劳动强度小，生产操作稳定安全，解决了间歇还原工艺存在的单套产能低、能耗高、装置稳定性和安全性不够、物料及催化剂不断进出系统、物料及催化剂损耗大、生产现场环境差、劳动强度大、设备与地面冲洗频繁废水量大等问题。

3. 产品质量、产品收率与原料成本

硫化碱生产的邻苯二胺从水中析滤出来，大多数厂家只生产含量90%左右的灰色邻苯二胺，俗称"灰邻"。而宁夏瑞泰中试生产的产品为含量99%以上的白色邻苯二胺，俗称"白邻"，可直接提升后续的农药、医药合成产品的质量。产品质量经国外客户使用后得到确认。同时收率提升了 5 个百分点，成本下降了 10% 以上。

（三）技术创新点

1. 小试研究

通过对邻硝基氯苯氨解制备邻硝基苯胺过程的原料配比、氨水浓度、氨解反应温度、后处理等过程的研究，确定了氨解工艺流程和技术控制点；通过对氨解过程废水成分的研究，确定了含氯化铵废水资源化利用方案。

通过对催化加氢制备邻苯二胺过程的原料配比、催化剂用量、反应条件（温度、压力、时间）、脱溶、精馏等过程的研究，确定了加氢工艺流程和技术控制点，制定了产品质量的控制指标。

2. 中试研究

在小试研究的基础上，组织了连续化氨解及连续化加氢制备邻苯二胺中试生产和工程化的研究。

（1）工艺方面：考察了多级反应釜串联连续化氨解、加氢工艺流程，研究了反应釜级数、装料系数、停留时间等因素对反应转化率、选择性的影响；通过对水洗水用量、水洗温度、停留时间的研究，确定了塔式连续化水洗邻硝基苯胺的工艺和水洗工艺技术控制点；通过对氨解、加氢及后处理工序的全流程运行，验证了小试工艺技控点，进一步完善了工艺技术控制点和质量控制指标，同时确定了"三废"的处理方案。

（2）工程方面：通过对氨解反应和加氢反应的研究，确定了反应釜及其搅拌的形式，确保反应传质、传热效果；研究了加氢连续化工艺中催化剂的过滤形式，采用磁分离与膜过滤组合系统，确保催化剂循环过程流失最少；通过对各单元操作的设备选型和材质的比较，为工业化设计中的设备选择提供了依据；通过对中试反应热、工况条件下相应的物化性质等参数的测定，为工业化设计提供了基础数据。

中试采用串联反应釜，连续化稳定运行 30 余天，生产出质量合格的邻苯二胺约 35t，验证了小试研究确定的工艺技控点以及"三废"的处理方案，同时进行了相应的材质实验，为建成万吨级生产装置工程设计提供了工艺参数，为工业化装置建设打下了坚实的基础。并由中国石油和化学工业联合会组织专家，完成中试成果技术鉴定。

3. 工业化生产

目前瑞泰科技已建成 15000t/a 装置，并生产出了合格的产品。

三、实施效果

（一）环境效益

目前国内通行的硫化碱还原法生产邻苯二胺，单套产能低，产品质量差，废水量大，含盐高，治理困难，已严重影响了我国邻苯二胺行业的健康发展。该项目从源头降低了废水产生量，每吨产品产生的废水量仅占硫化碱还原工艺的 8%，易于处理达标。该项目实施后，每年可减少高含盐有机废水排放 8.25 万 t，减少 COD 排放 825t，节约用电 223.2 万 kW·h，节约蒸汽 2.52 万 t，节约水 161.28 万 t，总节约能源（折算成标煤）为 4082t/a（等价值）。如果该项目在全行业进行推广（全国按 5 万 t/a 的产量计），每年可减少高含盐废水排放 27.5 万 t，减少 COD 排放 2750t，将对整个行业的节能减排做出重要贡献。

氨解工艺比较见表 1。

表 1　氨解工艺比较

项 目	釜式连续化法	釜式间歇法	高压管道连续化法
邻硝：氨/摩尔比	1:8	1:8	1:15
反应温度/℃	170~180	170~180	230
反应时间/h	8~9	8~9	15~20
反应压力/MPa	3.0~4.0	3.0~4.0	15
产品收率/%	97	95	90
优缺点	单套产能大，操作简便，安全可靠，产品质量稳定，收率高，能量易于集成，但反应釜机械密封维护要求高	工艺成熟，但操作烦琐，劳动强度大，单套产能小、能耗高	反应器无传动设备，易实现自动控制，但氨消耗高、能耗高，副反应多，收率低，三废多

老工艺与新工艺比较见表 2。

表 2　连续化催化加氢清洁新工艺与传统硫化碱老工艺的比较

项 目		老工艺	新工艺
产品质量	含量/%	90 左右	≥99
	外观	灰褐色	白 色
产品收率/%		<90	>95
原料成本/元·t^{-1}		20000	17413
废水产生	数量/$t \cdot t^{-1}$	6	0.5
	COD/$mg \cdot kg^{-1}$	10000	10000
	组 成	$Na_2S_2O_3$、Na_2SO_3、有机物	甲 醇
	处理方式	较难处理	生化处理
公用工程消耗	循环水/$t \cdot t^{-1}$	303.4	195.8
	蒸汽/$t \cdot t^{-1}$	3.6	1.9
	动力电/$kW \cdot h \cdot t^{-1}$	408.0	259.2
工艺的优劣势		工艺成熟，但能耗高，废水量大，含盐高，难处理；间歇生产单套产能小，装置稳定性和安全性不够，劳动强度大	工艺清洁，废水量小，易于生化处理达标；产品质量好，收率高，能耗低；连续化生产单套产能大，装置稳定性和安全性好，但反应釜机械密封维护要求高

（二）经济效益

现已建成 15000t/a 装置，总投资 9800 万元，每年可实现年销售收入 39000 万元，利润 5000 万元。

（三）关键技术装备

关键技术装备如图 3 所示。

振动水洗塔

磁力沉降器

四级串联氨解釜

三级串联加氢釜

图 3　关键技术装备

（四）水平评价

邻苯二胺作为一种传统的农药中间体，20 世纪六七十年代国外就已开发了邻硝基氯苯连续化生产邻硝基苯胺以及使用镍催化剂进行催化加氢还原制备邻苯二胺的工艺，如在专利 US3230259 中公开了一种使用雷尼镍催化剂加氢制备邻苯二胺的方法。另外，日本东洋曹达会社在 20 世纪 70 年代末开发了邻二氯苯氨解制备邻苯二胺的工艺，该工艺以铜作为催化剂，在高压釜中将邻二氯苯和浓氨水于较高的温度下进行氨解反应，得到高收率的邻苯二胺。但是，近 20 年来国外无生产工艺的研究报道。

邻苯二胺工业化的合成路线有三条，分别为邻二氯苯氨解法、邻硝基氯苯氨解硫化碱还原法和邻硝基氯苯氨解催化加氢还原法。邻二氯苯氨解法的反应条件苛刻，收率低，成本高，无竞争优势，基本不采用，发达国家多采用邻硝基氯苯氨解催化加氢还原法进行邻苯二胺的生产。

该项目的技术来源为瑞泰科技自主研发的邻苯二胺连续化清洁生产工业化技术。公司自主开发了连续化邻硝基氯苯氨解、催化加氢还原技术，成功完成了连续化氨解及催化加氢还原制备邻苯二胺的中试研究，生产工艺属国内首创。2012年申请"一种邻苯二胺的制备方法"的发明专利（专利申请号：ZL 2012 1 0563863.0）和"一种钯铂双催化剂的制备方法"的发明专利（专利申请号：ZL 2012 1 0561044.2）。邻苯二胺连续化清洁生产工艺于2012年通过了中国石油和化学工业联合会组织的中试成果鉴定。

四、行业推广

（一）技术适用范围

该技术适合于采用硫化碱还原工艺生产邻苯二胺装置技术改造。并可作为高能耗、高污染的硫化碱还原或铁粉还原工艺的替代技术，在邻苯二胺以及类似芳胺行业中进行推广。

（二）技术投资分析

投资估算表见表3。

表3　邻苯二胺装置投资估算表

序号	工程或费用名称	建筑工程费/万元	设备购置费/万元	设备安装费/万元	其他费用/万元	合计/万元	比例/%	备注
一	建设投资	1050	6050	680	1220	9000		
（一）	工程费用	1050	100	20		1170		
1	邻苯二胺土建	850						
2	制氢土建	150						
3	总图运输	50						
4	安全环保费		100	20				
（二）	设备费		5950	660		6610		
1	邻苯二胺设备		3800	400				
2	制氢设备		1400	170				
3	仪　表		450	60				
4	电　气		300	30				
（三）	工程建设其他费用				1020	1020		
1	安装材料				720			
2	油漆（含材料）				150			
3	保温（含材料）				150			
（四）	预备费用				200	200		
1	基本预备费				200			
二	铺底流动资金				800	800		
三	项目总投资					9800		

（三）技术行业推广情况分析

我国是邻苯二胺主要生产国，目前国内所有厂家均采用硫化碱还原工艺进行生产。"加氢还原生产邻苯二胺技术"已被列入 2012 年国家优先支持的 17 个行业中的农药行业清洁生产技术推行方案中，适合于采用硫化碱还原工艺生产邻苯二胺装置技术改造，具有良好的应用示范前景。并可作为高能耗、高污染的硫化碱还原或铁粉还原工艺的替代技术，在邻苯二胺以及类似芳胺行业中进行推广，全面提升行业的清洁生产水平。

瑞泰科技设有独立运作的研究中心和工程设计部门，具备对外技术服务的平台和能力，一旦行业内企业有需要，可以按市场化运作的方式做好服务工作。

资源效益：与传统工艺比较，每年减少液氨消耗 600t，邻硝消耗 1450t。

环境效益：该项目从源头降低了废水产生量，每吨产品产生的废水量仅占硫化碱还原工艺的 8%，每年可减少高含盐有机废水排放 8.25 万 t，减少 COD 排放 825t，节约用电 223.2 万 kW·h，节约蒸汽 2.52 万 t，节约水 161.28 万 t，总节约能源（折算成标准煤）为 4082t/a（等价值）。

经济效益：实现年销售收入 39000 万元，完成利税 11143 万元。

案例 33　硫酸工业中高性能钒催化剂制备新技术

——硫酸行业清洁生产关键共性技术案例

一、案例概述

技术来源：开封市三丰催化剂有限责任公司

　　　　　郑州大学化工与能源学院

　　　　　中科院合肥物质科学研究院技术生物与农业工程研究所

技术实施单位：开封市三丰催化剂有限责任公司

2014 年我国硫酸年产量达到约 9000 万 t，其中硫磺制酸约为 3250 万 t，单系列装置最大能力为 100 万 t/a；硫铁矿制酸约为 2600 万 t/a，最大单系列制酸能力为 60 万 t/a；冶炼气制酸 2000 万 t/a，最大装置 150 万 t/a。截止到 2013 年 12 月份，全国规模以上的硫酸生产企业共 533 家，到 2015 年全国硫酸产量将突破 9500 万 t。根据国家环保要求二氧化硫排放量从 960mg/m² 减少到 400mg/m² 以下，也就是每生产 1t 酸要减少二氧化硫排放 0.94 ~ 1.07kg，转化率要提高 0.145% ~ 0.165% 才能达到环保要求。为了达到环保新要求，目前国内硫酸企业普遍采用以下两种方式：

（1）采用价格偏高的进口催化剂，以提高转化率的同时再用尾气吸收装置处理尾气。

（2）直接采用国产催化剂，增加大型的尾气吸收装置来制约二氧化硫排放的含量。

采用这两种措施后虽然排放能达到新国标的要求，但是大幅度提高了企业的生产成本。针对这些情况，开封三丰催化剂有限责任公司在已有基础上研发出高性能钒催化剂制备工艺，以远低于进口催化剂的价格在硫酸行业内推广应用，在多家硫酸企业使用，效果非常好，排放达到新国标，实现节能减排清洁生产的要求。使用该催化剂的三个厂家累计节能减排降低成本 1815 万元，得到了硫酸使用厂家的一致认可。

使用三丰催化剂提高了二氧化硫的转化率，从源头上解决了硫酸企业二氧化硫的排放超标问题，新工艺获得了国家发明专利，经中国石油化工联合会组织的专家组鉴定，认为达到国际先进水平。

二、技术内容

（一）基本原理

1. 硫酸转化基本过程

硫酸转化基本过程见图 1。

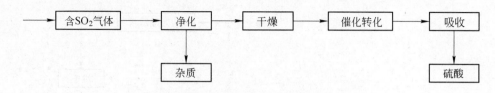

图 1　硫酸转化工艺流程图

主反应：

$$2SO_2 + O_2 === 2SO_3$$

此反应是在催化剂的作用下进行的。

2. 催化剂

钒催化剂是硫酸生产中二氧化硫转化为三氧化硫的主体，起催化作用的物质为 V_2O_5 的共熔盐，催化剂生产过程反应机理如下：

$$V_2O_5 + 2KOH === 2KVO_3 + H_2O$$

$$V_2O_5 + 6KOH === 2K_3VO_4 + 3H_2O$$

$$2KVO_3 + H_2SO_4 === V_2O_5 + K_2SO_4 + H_2O$$

$$2K_3VO_4 + 3H_2SO_4 === V_2O_5 + 3K_2SO_4 + 2H_2O$$

$$2KOH + H_2SO_4 === K_2SO_4 + 2H_2O$$

反应后的物质与精制硅藻土等经碾压后得到可塑泥状物，再经成型、干燥和煅烧工序后得到成品钒催化剂。

（二）工艺技术

将精制后的硅藻土在晾晒场进行晾晒风干，晾晒风干后的硅藻土经粉碎处理后送到混碾机，并加入硫酸及由五氧化二钒、氢氧化钾和水在化钒桶中生成的偏钒酸钾等活性组分混碾成可塑性物料，再将可塑性物料挤制成符合要求的半成品，半成品经微波干燥，使水分降低至 5% 以下，微波干燥后的半成品被输送到中频煅烧炉，在 650～720℃ 下煅烧，再将煅烧后的成品催化剂进行筛分和检验（图 2），得到合格的硫酸生产用钒催化剂。

传统工艺生产特点如下：

（1）传统生产工艺采用水蒸气加热、煤气或天然气等燃烧烟气加热方式来干燥物料，干燥效率低，能耗高，干燥时间长（通常需 18h 以上），物料受热不均匀，导致催化剂产品的品质较低。

（2）煅烧工序采用燃气炉对物料进行煅烧，其过程中同样存在效率低、加热不均匀等影响产品质量的因素，同时，在煅烧过程中产品易受烟气等有害物质的污染。

（3）无自动化生产。

新工艺（图 3）生产特点如下：

（1）采用微波干燥法替代传统烘箱或链板对成型催化剂物料进行干燥，物料干燥

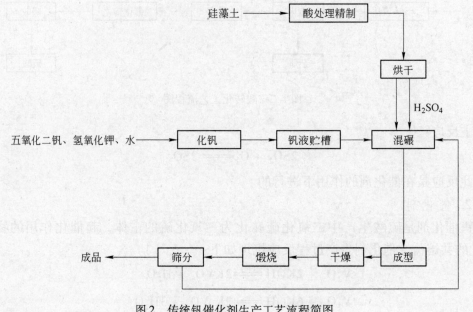

图2 传统钒催化剂生产工艺流程简图

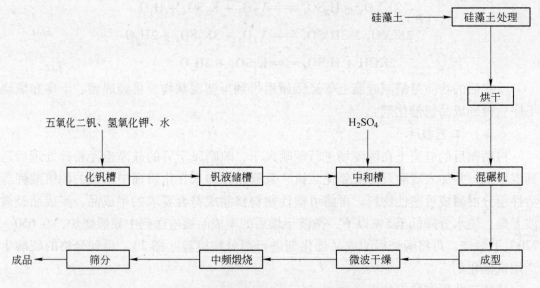

图3 钒催化剂新工艺生产流程简图

均匀，干燥时间缩短至半小时以内，无污染。

（2）采用中频炉替代传统燃气炉对干燥后的催化剂物料进行煅烧，不与燃气等接触，避免催化剂受到污染。

（3）结合微波干燥和中频煅烧实现了钒催化剂的自动化连续生产。

（三）技术创新点

1. 钒催化剂微波干燥创新

（1）催化剂物料采用微波干燥设备进行微波干燥，使其能耗降低，实现自动化连续生产。

（2）微波能够直接作用于物料表面和内部，使得干燥效率显著提高，能量得到充分利用，物料干燥时间由原来的 18h 以上缩短到 0.5h 以内。

（3）不与燃气等接触，避免催化剂被污染，比如内部孔径被烟尘堵塞。

微波干燥钒催化剂速率方程：

$$MR = (0.0176P + 0.9676)e^{-(0.0210P - 0.0324)t^{-0.1586P + 1.7403}}$$

式中，MR 为相对含水量；P 为微波强度；t 为干燥时间。

干燥前后物料电镜对比图分别见图 4 和图 5。

 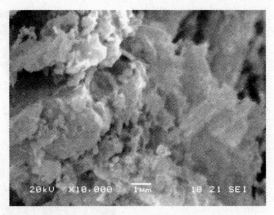

图 4　使用微波干燥的催化剂 　　　　图 5　未使用微波干燥的催化剂

钒催化剂传统干燥与微波干燥成品数据对比见表 1。

表 1　传统与微波干燥钒催化剂成品部分指标比较

检测项目	传统 S101	KS-ZW S101	传统 S108	KS-ZW S108
堆积密度/t·m^{-3}	0.635	0.543	0.628	0.542
比表面积/m^2·g^{-1}	3.097	4.668	3.273	4.542
孔容积/mL·g^{-1}	0.514	0.673	0.521	0.641
平均孔半径/nm	568	626	584	607

2. 中频煅烧钒催化剂创新

（1）采用中频工艺热能利用率高（表 2），节能达到 31.4% ~ 54.3%。

表 2　中频工艺与传统工艺能耗对比

项目	中频工艺消耗	传统工艺消耗
电/kW·h	1661.1	554.4
天然气/m^3	0	508.3
折合标煤/kg	671.1	1265.7

（2）催化剂物料不易破损，成品率可提高 8% 以上。产品强度对比见表 3。

表3　新成果产品与传统产品强度对比

样　品	新成果产品		传统产品	
型　号	S101	S108	S101	S108
催化剂强度（平均值）/N·cm^{-1}	90	128	66	55
催化剂强度（于40N/cm颗粒百分数下）/%	0	0	10	10

（3）所得硫酸催化剂产品抗压强度提高，磨损率降低。

（4）催化剂物料没有异物接触，避免了催化剂物料受到烟气、有害气体、粉尘等污染。新工艺生产的成品孔隙电镜图见图6。

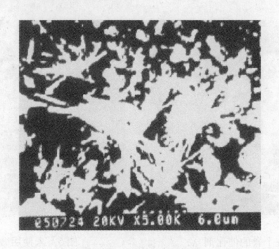

图6　新工艺成品电镜图

三、实施效果

（一）环境效益

以大新桂南化工有限公司20万t/a硫磺制酸系统为例，该技术产品与同类产品的关键指标对比见表4。

表4　新工艺产品和传统工艺产品关键技术指标对比表

技　术　指　标	新工艺产品	传统工艺产品
转化率/%	99.92	99.8
使用时长（无检修）	3年以上	1.5年
能源消耗（标煤）/kg	671.1	1265.7
年SO$_2$减排量/t	1306.12	无减排

该技术已成功应用于硫磺制酸、冶炼制酸和废酸裂解等多个制酸工艺，大新桂南化工有限公司首次实现硫酸生产企业连续18个月尾气排放达标，累计减排二氧化硫1306.12t，消除了硫酸企业尾气排放对生态环境的危害，环境效益显著，并得到当地

环保部门的肯定。

（二）经济效益

该技术已建成的 3000t/a 示范装置前期有效投资约 2100 万元，钒产品生产成本约 15000 元/t（不含税），在过去 3 年内市场平均售价（不含税）约 21000 元/t。吨产品盈利约 6000 元，其中纯利润约 5000 元，各种税金约 1150 元。在满负荷生产情况下，可实现年产值 6300 万元，完成纯利润 1500 万元，缴纳税金 345 万元。

（三）关键技术装备

该技术的关键装备包括：（1）钒催化剂专用微波干燥装置（图 7）；（2）钒催化剂专用中频煅烧装置（图 8）；（3）等离子束硅藻土改良装置（图 9）。

图 7　微波干燥装置

图 8　钒催化剂中频煅烧装置

（四）水平评价

该技术是硫酸行业中具有自主知识产权的重大技术突破，拥有国家发明专利和外观设计专利，在 2014 年 5 月被硫酸协会和中国石油化工联合会鉴定为国际先进水平，对硫酸行业清洁生产是一次重大的技术突破。

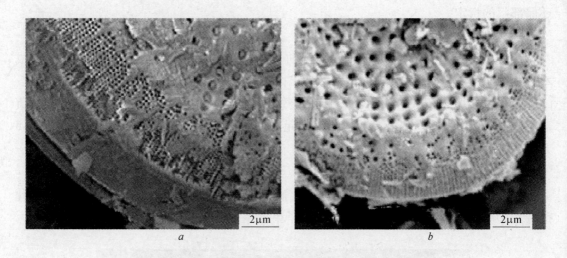

图9 等离子束硅藻土改良装置对硅藻土改良后电镜图

a—改良前；b—改良后

四、行业推广

（一）技术适用范围

（1）该技术适用于硫酸行业。

（2）该技术适用于脱硫过程。

（二）技术投资分析

按照建设一套年产 3000t 钒产品的装置计，约需投入资金 4000 万元。装置建成后可生产钒催化剂 5800t（加上现有装置），出口 2500 万 t，实现年销售收入 1.16 亿元，纯利润 2320 万元，缴纳税金 493 万元，完成利税总额 2813 万元。

（三）技术行业推广情况分析

目前应用该技术的大新桂南化工有限公司 20 万 t 硫磺制酸、江苏绿陵润发 15 万 t 铁矿制酸和 20 万 t 的硫磺制酸项目已经无故障连续运行 18 个月以上，实现在无尾气吸收的情况下达到环保废气排放标准的要求，达到节能减排、源头治理、清洁生产的要求。

到 2015 年，预计全国的硫酸产量接近 9500 万 t，使用该成果催化剂可以使平均转化率从 99.80% 提高到 99.92%。在全国只要有 50% 的硫酸厂家使用该产品，2015 年可直接减少二氧化硫排放量 3.9 万 t。

资源效益：与传统工艺对比，每年减少能源消耗 1783.8t 标煤。

环境效益：该技术可实现硫酸工业近零排放，工艺过程对环境的负荷最小，与传统生产技术相比，减少含二氧化硫排放量 3094.69t。

经济效益：直接创造经济效益 1815 多万元。

案例 34　新型催化法烟气脱硫清洁工艺与集成技术
——硫酸行业清洁生产关键共性技术案例

一、案例概述

技术来源：成都国化环保科技有限公司

技术示范承担单位：中化重庆涪陵化工有限公司

硫酸是十大重要工业化学品之一，广泛应用于各个工业部门。硫酸的产量常被作为衡量一个国家工业发展水平的标志。然而，硫酸行业又属于高污染行业，主要污染物为二氧化硫和重金属。SO_2 是大气中最主要的有害成分之一，是造成"酸雨"的主要原因。

我国也是二氧化硫排放大国，二氧化硫排放总量约占世界总排放量的四分之一。我国 SO_2 环境容量仅为 1200 万 t，但"十一五"我国 SO_2 的排放总量一直高于 2000 万 t。预计到 2020 年，全国产生的二氧化硫将达到 4350 万 t，要将排放量控制在环境容量以内，就必须减排 3250 万 t，二氧化硫的减排工作仍然任重而道远。2011 年 3 月 1 日国家新的《硫酸工业污染物排放标准》正式实施，在新的标准中硫酸尾气允许的二氧化硫排放浓度新标准为 $400mg/m^3$。国家同时对硫酸生产中 SO_2 气体排放实行总量控制，尾气若不经过处理，总量排放亦将超标，根据环保管理部门的要求，对公司硫酸尾气进行治理，减少二氧化硫排放总量，以达到国家日益严格的排放要求。

针对日渐严峻的环保压力，公司引进新型催化法烟气脱硫技术。该技术是四川大学国家烟气脱硫工程技术研究中心及成都国化环保科技有限公司共同研发并实现工业化的具有自主知识产权的烟气脱硫技术。采用自主研发的低温催化剂和烟气脱硫工艺技术，可在低温（60℃以上）常压下，将烟气中的二氧化硫直接转化为硫酸，通过脱硫塔塔内水洗再生得到的脱硫产品为 20% ±2% 的稀硫酸，再生用水采用硫酸生产系统干吸工段的生产用水，不新增生产用水。稀硫酸送至硫酸生产系统的干吸工段，既满足硫酸生产用水需要，也可回收利用硫酸，实现二氧化硫减排达标，同时提高硫酸生产系统硫资源的转化率和收集率，达到增加浓硫酸产量的目的。

该技术工业实施与运行结果表明：采用新型催化法对中化涪陵化工硫磺制酸系统的硫酸尾气治理，尾气二氧化硫浓度可达 $100mg/m^3$（标准）以下，远远低于国家新排放标准，每年可为企业减少 SO_2 的排放量约 2287.6t，副产物折算 98% 的硫酸产量 3578t，具有明显的节能减排效果，环境效益、社会效益显著，符合国家工信部关于申报清洁生产示范项目的相关政策要求。

二、技术内容

(一) 基本原理

新型催化法在多孔载体上负载活性催化成分，制备成催化剂，兼具多孔材料的吸附功能和活性组分的催化功能。在烟气通过时，烟气中的 SO_2、H_2O、O_2 被吸附在催化剂的孔隙中，在活性组分的催化作用下变为具有活性的分子，同时反应生成 H_2SO_4。催化反应生成的硫酸富集在载体中，当脱硫一段时间孔隙内硫酸达到饱和后再生，释放出催化剂的活性位，催化剂的脱硫能力得到恢复。

脱硫机理如下：

$$SO_2(g) \longrightarrow SO_2^*$$

$$O_2(g) \longrightarrow O_2^*$$

$$H_2O(g) \longrightarrow H_2O^*$$

$$2SO_2^* + O_2^* \longrightarrow 2SO_3^*$$

$$SO_3^* + H_2O^* \longrightarrow H_2SO_4^*$$

新型催化法烟气脱硫技术的核心是催化剂，四川大学国家烟气脱硫中心对脱硫剂生产这一专利技术拥有自主知识产权。该催化剂不同于传统脱硫活性焦、活性炭，它是以炭材料为载体，负载一定活性组分制备而成脱硫剂，使其对 SO_2 氧化制酸过程具有催化性。因此，该脱硫剂既有吸附功能，对硫酸有一定储存能力，更重要的是具有催化功能，将脱硫过程变为硫酸生产过程。新型催化剂使用寿命较长，无须持续添加，每年维护即可。

(二) 工艺技术

与现有的硫磺制酸尾气吸收技术（工艺流程见图1）比较，该技术（工艺流程见图2）在原二吸塔后面串联一套新型催化法尾气处理系统，对原装置改造较小。

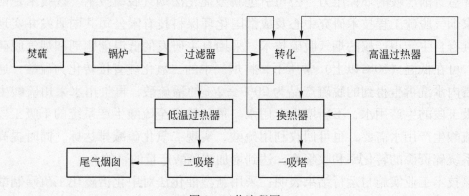

图1　工艺流程图

新型催化法的工艺流程（图2），硫酸生产的尾气先通入蒸汽或热水喷雾进行调质，使尾气湿度达到脱硫需要的条件。经调质后的尾气进入脱硫塔的催化剂固定床，尾气中的二氧化硫被催化氧化，脱硫后的尾气经烟囱排放。在催化剂上的二氧化硫经

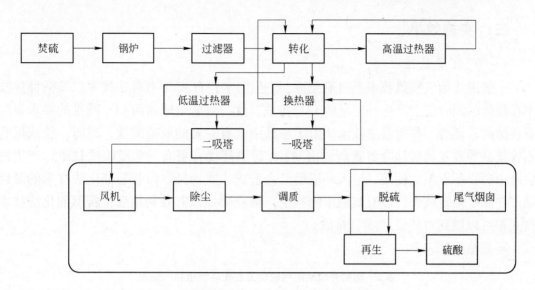

图2 新型催化法烟气脱硫工艺流程示意图

催化氧化生成硫酸，催化剂内的硫酸达到饱和后进行再生。再生时关闭该段尾气进口阀门，打开再生泵及再生水管进出口阀门，水洗再生，同时生成副产品硫酸，得到的副产物硫酸经简单过滤处理后即可返回至硫酸装置吸收塔循环槽，作为补充水添加进去。

整个系统由烟气收集、调质、脱硫、再生和酸回收部分组成。烟气收集部分主要由烟气管道、阀门、风机、烟囱组成；预处理部分主要由除尘器、调质塔等组成，脱硫部分主要设备为脱硫塔（包括脱硫剂）；酸回收部分主要由各级酸池、硫酸管道、再生泵、成品酸泵及稀酸精制系统组成。

（三）技术创新点

该技术与石灰石-石膏法、氨法、离子液法、活性焦法等技术比较，见表1。

表1 技术特点比较

创新点	技术特点
运行成本相对较低	催化剂一次添加，使用寿命长，装置运行期间，不消耗其他脱硫剂，运行费用较其他技术低。可在低温（60℃以上）常压下将烟气中的二氧化硫直接转化为硫酸；副产物20%±2%的稀硫酸可送硫酸生产系统的干吸工段，作为添加水进入生产系统，不会增加硫酸系统的生产负荷，同时可提高硫酸产量
采用新型催化剂，资源消耗低	以石灰石-石膏法为代表的传统烟气脱硫技术以石灰石为脱硫剂原料，脱硫的同时需要开采大量石灰石，脱硫副产物石膏以抛弃处理为主。新型催化法烟气脱硫技术采用自主研发的低温催化剂和烟气脱硫工艺技术，由于催化剂可以反复再生使用，不消耗其他脱硫剂
吸收余量较大，环境污染小	一般湿法烟气脱硫技术不可避免地会产生污水；部分技术在脱硫的同时还会产生 CO_2 排放；还有一些吸收法技术，产生的脱硫副产物基本不能使用，进入环境后又会造成二次污染。而新型催化法技术的脱硫副产物除了稀硫酸外，没有其他废物产生，稀硫酸加以有效利用后，烟气脱硫后，二氧化硫含量低于 $100\mathrm{mg/m^3}$（标准），真正做到对环境"零"排放

三、实施效果

（一）环境效益

一般湿法烟气脱硫技术不可避免地会产生污水；石灰石-石膏法技术以及活性焦技术在脱硫的同时还会产生一定量的 CO_2 排放，这与目前全球强调 CO_2 减排的要求显然有些偏离；还有一些吸收法技术，由于产品中含有一定的亚硫酸盐，时间一长或保管不善就会导致亚硫酸盐分解重新放出 SO_2，污染环境；更有一些吸收法技术，产生的脱硫副产物基本不能使用，进入环境后又会造成二次污染。而新型催化法技术的脱硫副产物除了稀硫酸外，没有其他废物产生，稀硫酸加以有效利用后，新型催化法技术就真正可以做到对环境"零"排放。

环境指标见表2。

表2　国内外硫酸尾气脱硫工业化环境指标一览表

指标类别	指标名称	石灰石-石膏法	循环流化床法	密相干法	氨-硫铵法	离子液法	活性焦法	新型催化法
环境指标	脱硫副产物利用	难利用	难利用	难利用	难利用	可利用	可利用	可利用
	废水	有	无	无	有	有	无	无
	CO_2 排放	有	有	有	无	无	有	无
	能否达标（低于400mg）	能	不能	不能	能	能	能	能，且有余量

该技术已在中化重庆涪陵化工有限公司实施，硫酸尾气脱硫设计规模为 35 万 m³（标准)/h，用于公司现有三条硫酸生产线和拟建 4 号线，以尾气二氧化硫含量按 860mg/m³（标准）计算，脱硫效率不小于95%，即排放尾气含二氧化硫 43mg/m³（标准），投产后每年为中化涪陵化工减排二氧化硫 2287.6t。

（二）经济效益

该技术已在中化重庆涪陵化工有限公司建成的 120t/a 硫酸尾气治理装置，总投资为3215.3 万元，其中建设投资3080 万元，利息73.1 万元，流动资金62.1 万元。每年可以为中化重庆涪陵化工减少 SO_2 的排放量约 2287.6t，年经济收益513.7 万元。该项目环境保护效益和社会效益显著，是企业生存发展所必需。

（三）关键技术装备

该技术关键设备为 2 个 φ9m 并联的脱硫塔（图3），每个脱硫塔分为 4 层，一共 8 个脱硫单元。每个脱硫单元包括前烟室、脱硫区和后烟室。脱硫塔主体为钢筋混凝土，塔内衬贴耐酸瓷板。

（四）水平评价

该技术成果作为一项具有自主知识产权的国家专利技术，已通过四川省环境保护厅的技术认证，并被国家环境保护部和科技部列入 2014 年 3 月发布的《大气污染防治

图3　尾气脱硫装置脱硫塔

先进技术汇编》。2014 年 5 月，该技术已通过中国石油和化学工业联合会院士专家组的科技成果鉴定，认为该技术达到国际先进水平。

四、行业推广

（一）技术适用范围

该技术所属行业为硫酸行业，主要是将活性炭的吸附功能和催化剂的催化功能有效结合，处理硫磺制酸装置所产生的含硫尾气；处理的尾气中 SO_2 浓度最高可达 3%，脱硫效率达 95% 以上；可以很好地适应烟气的气量变化大，烟气中 SO_2 浓度波动大，烟气成分复杂以及烟气温度在 60～200℃ 大范围波动的情况，大大优于其他烟气脱硫技术。

（二）技术投资分析

该技术在中化重庆涪陵化工投入 3215.3 万元，建成一套 120 万 t/a 硫磺制酸尾气治理项目。该技术为四川大学与成都国化环保科技有限公司共同自主开发的新技术，在国内已经很成熟可靠，已成功投产一年，运行效果良好。其产生的硫酸 5687.5t/a，年增加销售收入为 284.4 万元，年尾气减排收益 229.3 万元，年经济收益为 513.7 万元。

（三）技术行业推广情况分析

该技术是四川大学、国家烟气脱硫工程技术研究中心、成都国化环保科技有限公司共同研发并实现工业化的具有自主知识产权的烟气脱硫技术。该技术已成功在湖北大冶有色金属有限公司建成 34 万 m^3（标准）/h 新型催化法烟气脱硫装置、湖北春祥化工硫酸尾气脱硫装置、广东云浮金泰化工硫酸尾气脱硫装置、济源金利还原炉、烟化炉烟气治理装置、陕西汉中锌业硫酸尾气脱硫装置、中铁资源刚果（金）铜冶炼烟气治理装置等国内外十余套脱硫装置上运行。

经济效益：运行费用低，脱硫剂一次添加长期使用，不需不断补充，省去了不间断添加脱硫剂的成本。运行费用只有电费和水费等，所消耗的水全部用于生成硫酸，运行费用较其他技术低。

资源效益：以石灰石-石膏法为代表的传统烟气脱硫技术以石灰石为脱硫剂原料，脱硫的同时需要开采大量石灰石，脱硫副产物石膏以抛弃处理为主。按减排 1000 万 t 二氧化硫计，采用石灰石-石膏法，需消耗石灰石约 2300 万 t，产生脱硫石膏 3000 万 t 以上（基本抛弃）。而采用新型催化法烟气脱硫技术，由于脱硫剂可以反复再生使用，所以脱硫剂的消耗量仅为一次添加量 20 万 t，脱硫成本可降低约 60 亿元，同时回收硫资源生产硫酸 1500 万 t。不仅脱硫剂资源消耗低，硫资源的消耗也低。

环境效益：新型催化法技术的脱硫副产物除了稀硫酸外再没有其他废物产生，稀硫酸加以有效利用后，新型催化法技术就真正可以做到对环境"零"排放。

该技术科技含量高、节能减排能力强，经济效益和社会效益显著，是一项具有独立自主开发的成熟技术，同时，现已成功运用在装置上，保障了技术的推广应用前景。

案例35　高温炉渣处理清洁工艺与废热回收技术
——硫铁矿制酸行业清洁生产关键共性技术案例

一、案例概述

技术来源：天门福临化工有限责任公司

技术实施单位：天门福临化工有限责任公司

硫酸是化工、轻工、纺织、有色冶金、钢铁等行业的重要生产原料。硫铁矿制酸是硫酸生产的主要工艺之一。硫铁矿制酸采用沸腾炉焙烧工艺，产生的炉渣温度一般在950℃左右，目前炉渣的冷却采用水冲渣或者水喷淋两种方式。无论采用哪种方式，都会产生严重的安全隐患和职业健康危害。一是高温极易引发灼伤事故，据行业不完全统计，每年全国发生灼伤事故900余起；二是作业场所炉渣产生的高温和未充分燃烧脱硫含有的残余 SO_2、SO_3 无组织释放，大都超过作业场所职业健康危害接触限制，形成严重职业健康危害。此外，大量的热量直接由冷却水带走，热能基本没有利用，造成能源和水资源浪费和环境污染。

天门福临化工有限责任公司是生产硫酸的中型化工企业，硫酸炉渣采用外喷冷却水冷却方式。2008年以来，与华中科技大学开展产学研合作，通过多年研究，发明了高温沸腾炉渣热锅炉和成套技术，解决了废气、废水、废渣的综合处理问题，消除了安全隐患，实现了该工段的清洁生产。该技术解决了行业高温沸腾炉渣处理的共性问题，通过三年的推广，已经在行业得到广泛应用。其高温炉渣的处理方式已经在农药、铅锌冶炼等产品上得到应用，为所有高温固定炉渣利用提供了一条新路。

该技术工业实施与运行结果表明：年产20万t硫酸装置，吨酸节省蒸汽（0.6MPa）0.1t/h，每年多产蒸汽20000t；吨酸节水3t，年节水60万t。该技术在国内外首次采用封闭循环，从生产源头解决了炉渣产生的高温和未充分燃烧脱硫含有的残余 SO_2、SO_3 无组织释放问题，获得了国家相关部门和行业企业的广泛认可，对推进我国硫酸生产绿色产业革命具有重要的引领和带动作用。

二、技术内容

（一）基本原理

沸腾炉渣热回收锅炉（图1）设有进料口、出料口，内置传热管束，进料口设置抄板，抄板末端进入螺旋送料器，终端为立式挡板。锅炉滚筒处于工作状态时，高温炉渣通过料口进入锅炉后，在抄板作用下，向前螺旋式推进，推进过程中，不断加热螺旋管道内的冷水，冷却后的炉渣从出料口中排出；传热筒内，热渣和受热管内水不断进行热交换，实行冷热水逆向运动便于换热，使水温度达到预设温度。

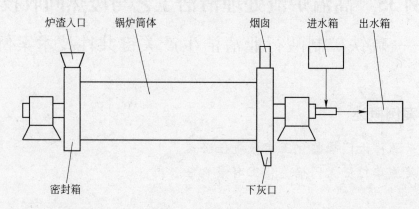

图1　主体设备示意图

该设备通过动态的旋转，封闭运行，核心技术采用模式壁集束管技术增大换热接触面积，强制水循环，提高换热效率，生产0.6MPa以下低压蒸汽。

（二）工艺技术

1. 工艺流程

工艺流程见图2。

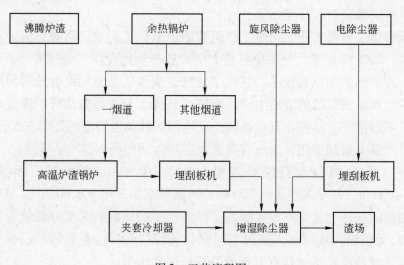

图2　工艺流程图

该工艺采用高温炉渣热回收锅炉设备，沸腾炉渣与锅炉一烟道进入高温炉渣热锅炉，其他温度较低的灰渣通过收集箱输送到夹套冷却设备，最后进行增湿除尘处理送到渣堆场。

2. 热能回收利用

沸腾炉渣的温度一般在900℃，通过设备处理使温度降低，其炉渣循环和脱盐水循环见图3，锅炉进口脱盐水的温度由25℃提高到100℃以上，然后进入锅炉系统。该工艺回收了炉渣系统主要的热能，因设备在封闭的环境中运转，对改善生产现场环境，提升硫铁矿制酸净化工段清洁生产水平，有较大的促进作用。

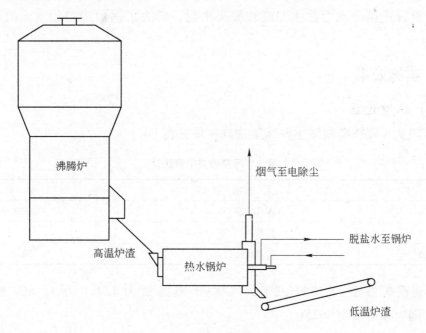

图3 热能回收利用图

3. 传统处理方式

传统处理方式见图4。

喷淋式　　　　　　　　　　　水浸式

图4 传统处理方式

（三）技术创新点及特色

（1）传热筒和蒸发管的相向运动，解决了锅炉在动态的传热问题。通过调速运行，保证锅炉出水的温度达到工艺要求。

（2）传热筒入口工艺设置，解决了炉渣运转过程中对设备磨损和腐蚀的问题。

（3）采用模式管壁技术，增大换热接触面积，解决连箱连接问题，达到了锅炉设计压力要求。

（4）软管连接冷水、热水，旋转接头密封，解决了锅炉进口给水、出口取水的问题。

三、实施效果

（一）环境效益

年产 20 万 t 硫铁矿制酸主要污染物减排量见表 1。

表 1　污染物减排量统计

编　号	项　目	数　量
1	折算减排 $CO_2/t \cdot a^{-1}$	13200.48
2	折算减排 $SO_2/t \cdot a^{-1}$	87.12
3	折算减排烟尘/$t \cdot a^{-1}$	50.69

全国硫铁矿制酸约 1850 万 t/a，CO_2 年减排量为 122.1 万 t，SO_2 减排量为 8058.6t，烟尘减排量为 4625t。

说明：大气污染物排放系数为 SO_2 按 0.0165t/t（标煤）计算，烟尘按 0.0096t/t（标煤）计算。CO_2 排放系数按 2.5t/t（标煤）计算。

该技术建成的 20t/a 硫铁矿制酸示范装置，在国内外首次实现了高温炉渣的封闭循环。与传统水浸工艺和外喷水冷却工艺比较，CO_2 年减排量为 13200.48t，SO_2 减排量为 87.12t，烟尘减排量为 50.69t。从生产源头消除了固体高温废渣粉尘和废气对人体健康和生态环境的危害，环境效益显著。

（二）经济效益

年产 20 万 t 硫铁矿制酸的经济效益：可节约标煤 5280t/a，节约水资源 27.36 万 t/a。全国硫铁矿制酸约 1850 万 t/a，全年可节约 48.84 万 t 标煤，节水 2530.8 万 t。

该技术已建成的 20 万 t/a 示范装置，节约标煤 5280t，标煤按 750 元/t 计算，节约资金 396 万元。节水 27.36 万 t，水按 1.5 元/t 计算，节约资金 41 万元，合计增加效益 437 万元。

（三）关键技术装备

该技术的关键装备包括高温炉渣热回收锅炉（图 5）和增湿除尘器（图 6）。

（四）水平评价

该技术为具有自主知识产权的原创技术，获得 1 项国家发明专利和 3 项实用新型专利授权，获 2012 年"中国石油和化学工业联合会清洁生产重点支撑技术"称号、2012 年湖北省重大科技成果奖，"沸腾炉渣热回收锅炉"成果达到国际先进水平。

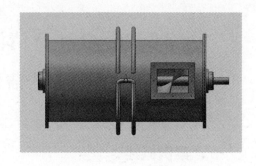

图 5　高温炉渣热回收锅炉　　　　　　图 6　卧式增湿除尘器

四、行业推广

（一）技术使用范围

该技术所属行业为硫酸制造，沸腾炉渣热回收锅炉为国内首台（套）产品。该技术解决了行业高温沸腾炉渣处理的共性问题，通过三年的推广，已经在行业得到广泛应用。

该技术已经应用于其他行业，如应城广源盐厂 75t 旋风炉块煤烧渣热能回收项目；新安集团江南化工有限公司 2 万 t 焦磷酸钠项目实施后，改善了环境，达到了现场清洁的要求，利用部分热能回收。该设备现准备应用于株洲冶炼厂 50 万 t 铅锌项目。

该技术还适用于火力发电和其他高温固体废渣的处理。

（二）技术投资分析

按照建设一套年产 20 万 t 硫铁矿制酸设备改造项目，约需投入资金 1000 万元。装置建成后可增加效益 437 万元，投资利润率约 43.7%。

（三）技术行业推广情况分析

全国有硫酸生产厂家 400 余家，硫铁矿生产硫酸装置 400 台（套），每台装置需要 2 台（套）产品。全国需求量为 800 台（套）。按每台（套）平均 150 元投资，销售收入将突破 12 亿元。

资源效益：与传统水淬工艺和外喷水冷却工艺比较，每生产 1t 硫酸可节约燃煤 30kg，节水 3t。

环境效益：全国硫铁矿制酸 1850 万 t/a，CO_2 年减排 122.1 万 t，SO_2 年减排 8058.6t，烟尘年减排 4625t。

经济效益：全国硫铁矿制酸 1850 万 t/a，可节约资金 4.04 亿元。

案例36　2,4-D 清洁生产工艺和集成技术

——农药行业清洁生产关键共性技术案例

一、案例概述

技术来源：南通泰禾化工有限公司上海技术中心

技术示范承担单位：南通泰禾化工有限公司

2,4-D 已有近 70 年的历史，因其高效广谱，成本低，无明显抗性及毒性低，产品久盛不衰。目前全球产量约为 18.9 万 t/a，销售额约为 3.5 亿美元，我国产能 8.9 万 t/a，2013 年约产 6 万 t。随着美国陶氏公司耐 2,4-D 转基因作物的开发成功，2,4-D 迎来新的市场需求，使用量将有较大增长，具有较好的市场前景。然而，国外主要市场尤其是欧美高端市场，对 2,4-D 产品品质要求很高。

目前国内外企业采用的生产工艺均为先氯化法。该法总收率低，原料消耗高。产品品质无论是纯度、气味、杂质、还是特征因子二噁英等，都远远不能满足高端市场要求。含酚废水量大且难处理，生产环境气味大，影响周边环境和其生产能力的发挥，目前只有 50% 的生产装置投入运转。

针对传统先氯化工艺存在的一系列问题，国家科技部将 2,4-D 清洁生产工艺研究列为国家科技支撑课题研究的内容。泰禾公司技术中心自 2007 年开始对 2,4-D 清洁生产工艺技术进行研究，并于 2009 年被国家科学技术部列为国家科技支撑计划课题。经公司技术人员深入研究，开发成功的 2,4-D 后氯化清洁生产工艺，很好地解决了原有生产工艺污染大、产品品质低的问题。形成自有技术的生产工艺路线，该技术属于国家 2010 年度科技攻关项目技术成果。

该技术采用先缩合后氯化工艺，产品含量从 96% 提高到 98%，产品中有害物质二噁英当量在 10^{-12} 级别，处于安全水平。将生产过程产生的含酚废水进行很好的处理利用，总收率从原有的 80% 提高到 96%，不仅从源头上减少了"三废"产生量，而且对"三废"进行了有效处理，达到了清洁生产的目的。废水量较先氯化工艺减少 95%，即每 1t 产品废水产生量降低 1t，COD 小于 2000mg/kg，酚类小于 10mg/kg，可直接生化处理。而且不产生 2,6-二氯酚及多卤代酚，避免了由其造成的恶臭气味；副产物氯化氢经水吸收后供苯氧乙酸钠酸化用，副产物氯化钠外观洁白，酚类含量小于 0.4mg/kg，可综合利用。所以该技术具有较大的推广价值。

二、技术内容

（一）基本原理

传统工艺以苯酚为原料经氯化反应，控制氯化深度后生成 2,4-二氯苯酚，2,4-二氯苯酚与氯乙酸在碱性条件下缩合生成 2,4-D。而该技术采用的是先缩合后氯化工艺，即苯酚先与氯乙酸在碱性条件下缩合生成苯氧乙酸，苯氧乙酸干燥后溶于溶剂，通氯氯化生成 2,4-D，冷却结晶熔融干燥切片得 98% 2,4-D（占总量的 95%），溶剂套用，套用多批后脱溶回收溶剂，同时回收其中的 2,4-D，含量约为 92%（主要杂质为氯化钠，约占成品总量的 5%），用于生产 97% 2,4-D 丁酯。由于缩合反应中苯酚没有副反应，没有反应的苯酚可以通过蒸馏回收套用，所以缩合收率可达 99% 以上。氯化反应由于苯氧乙酸分子中有结构较大的乙酸基，位阻效应明显，不利于 2,6-D 等杂质的生成，大大有利于收集率和产品质量的提高。

（二）工艺技术

传统工艺流程如图 1 所示。

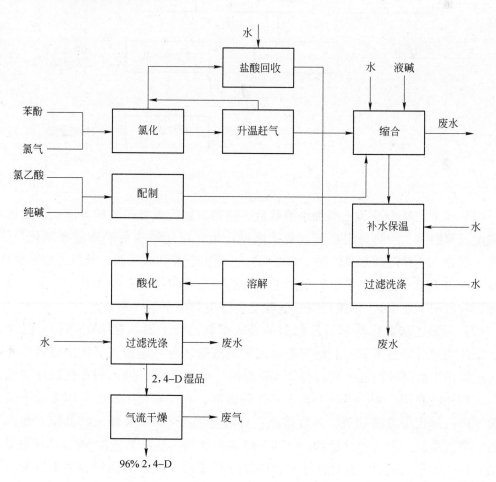

图 1　传统工艺流程

新的工艺流程如图 2 所示。

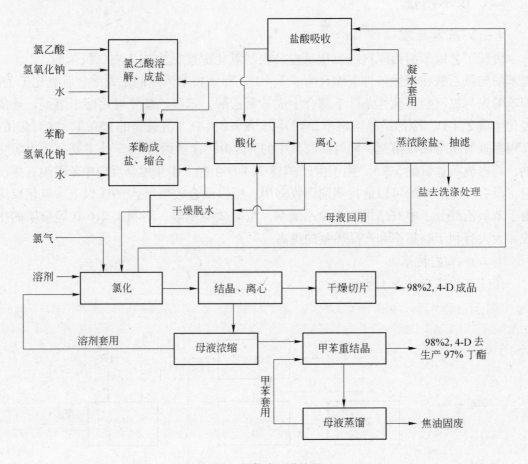

图 2 新技术工艺流程

(1) 苯氧乙酸合成氯乙酸加水溶解后，滴加液碱配成氯乙酸钠溶液；苯酚加水和液碱配成苯酚钠，加热升温后滴加氯乙酸钠溶液，反应结束后滴加盐酸酸化，降温、结晶，离心、洗涤得到苯氧乙酸。离心母液去废水蒸发回收苯酚，苯氧乙酸和氯化钠，高酚废水用于缩合反应，低酚废水用于苯氧乙酸洗涤和盐酸吸收（其中小部分外卖的盐酸吸收水用工业水），浓缩母液过滤除盐后滤液套用至下批缩合釜。

(2) 苯氧乙酸氯化将苯氧乙酸湿品投入苯氧乙酸干燥器在 100～115℃ 温度下干燥，干燥结束后转至苯氧乙酸溶解釜加入溶剂溶解。再一起转入氯化反应器中通氯反应，反应结束后降温结晶，离心得 2,4-D 湿品，熔融干燥后进入切片机切片包装，脱出的溶剂回收套用。离心母液为含 2,4-D 的溶剂，直接套至下批，套用多批产品含量明显下降后进入母液蒸馏釜，回收溶剂；母液蒸馏至 140℃ 后转入结晶釜，加入甲苯溶解、降温结晶，离心得含量约为 92% 的 2,4-D（约占成品总量的 5%），其主要杂质为氯化钠，不用水洗可直接用于生产 97% 2,4-D 丁酯，残液蒸馏回收甲苯后做固废处理（15kg/t 产品）。

（三）技术创新点和特色

与传统的先氯化工艺相比，该技术的创新点和特色如下：

（1）开发成功后氯化生产 2,4-D 新工艺。

（2）由于缩合反应中苯酚没有副反应，没有反应的苯酚可以通过蒸馏回收套用，所以缩合收率可达 99% 以上，苯氧乙酸含量可达 98% 以上，含酚废水量和含酚浓度大大降低。

（3）氯化反应由于苯氧乙酸分子中有结构较大的乙酸基，位阻效应明显，且由于溶剂的存在，不易局部过氯，不利于 2,6-D 等杂质的生成，大大有利于氯化收率和产品质量的提高。

（4）缩合废水中的羟基乙酸可以得到回收。

三、实施效果

（一）环境效益

1. 废水

（1）先氯化工艺：废水量约为 18t/t 产品，COD 约 10000mg/L，含酚约为 3000mg/L，含酚废水量大，COD 高，难以处理。

（2）新技术：含酚废水约 1t/t 产品，含酚约为 10mg/L，可直接去废水站生化处理。

2. 废气和劳动环境

氯化副产的盐酸有机杂质少，不但可套用到苯氧乙酸钠的酸化（吸收水用凝水），还可外售（吸收水用工业水）。

新工艺没有氯代酚生成的过程，从根本上避免了氯代酚污染空气的痼疾，彻底改善了劳动环境。

（二）产品质量

绝大部分为 98% 产品，且二噁英当量在 10^{-12} 级，可进入高端市场，价格比 96% 产品高约 2000 元/t。约有 5% 为含量 92% 的产品（主要杂质为氯化钠）不用水洗，可直接用于生产 97% 的 2,4-D 丁酯。

（三）经济效益

新老工艺原料消耗情况的对比见表 1。

表 1　新老工艺原料消耗对比

原　料	规格/%	单　位	老工艺	新工艺	单价/元	节约成本/元
苯　酚	99	t	0.528	0.439	9800	872.2
氯乙酸	98	t	0.65	0.495	3900	604.5
氯　气	99	t	0.8	0.669	470	61.6
蒸　汽		t	4.5	6	230	-345

原 料	规格/%	单 位	老工艺	新工艺	单价/元	节约成本/元
电		kW·h	800	800	0.7	0
溶 剂		t	—	0.105	3500	-367.5
合 计						825.8

（1）生产成本：新工艺比老工艺低793.5元/t。

（2）产品售价：新工艺比老工艺高2000元/t。（96%的平均售价为15500～16500元/t，98%平均售价为17500～18500元/t）。

（3）总体经济效益：0.95×2000+825.8=2725.8元/t。

本公司已经建成5000t/a生产装置，一年获益1360余万元，并正在建设20000t/a生产装置。

（四）关键装置

关键装置见图3～图5。

图3 氯化反应器   图4 2,4-D干燥器

（五）水平评价

该技术处于国际先进水平，首次实现了2,4-D后氯化工艺的产业化。产品通过江苏省经济和信息化委员会组织的省级新产品鉴定，2013年该产品获江苏省优秀新产品金奖。企业于2013年获"中国农药行业技术创新奖"。

图 5　切片机

四、行业推广

（一）技术使用范围
国内所有 2,4-D 生产厂家都使用同样的原料，所有设备在国内均能生产。

（二）技术投资分析
以建设一套 20000t/a 的 2,4-D 生产装置计，建设投资 1.72 亿元，包括利息，流动资金总投资 1.994 亿元，年销售收入 3.158 亿元，年净利润 0.626 亿元，缴纳税金 0.342 亿元。利税合计 0.968 亿元，投资利润率约为 31%。

（三）行业推广情况分析
资源效益：若以全国 6 万 t 产量计，采用该技术后，每年可节约原材料 1.62 万 t，综合利用副产氯化钠 3.6 万 t。

环保效益：若以全国 6 万 t 产量计，采用该技术后，每年可减排废水 102 万 t，COD 减排 1.02 万 t。

经济效益：若以全国 6 万 t 产量计，采用该技术后，可获得经济效益 1.616 亿元。

案例37 IDA法草甘膦的清洁生产技术

——农药行业清洁生产关键共性技术案例

一、案例概述

技术来源：江苏优士化学有限公司

技术示范承担单位：江苏优士化学有限公司

草甘膦是全球第一大除草剂品种，也是中国农药生产领域一个标志性产品。草甘膦有其独特的作用靶标和作用机制，因此具有广谱、高效、低残留等优异性能，被广泛应用在农业生产中。

2013年我国草甘膦产能约75万t。而生产1t草甘膦要产生约5t高浓废水，1t草甘膦用在处理废水上的投入为2000~4000元。2013年5月21日，环保部发布《关于开展草甘膦（双甘膦）生产企业环保核查工作的通知》，核查重点在于"三废"排放和母液回收及过程控制等。2014年7月3日，环保部公告了第一批符合环保核查要求的草甘膦（双甘膦）生产企业（公告2014年第47号），江苏优士化学有限公司（以下简称"优士化学公司"）名列其中。四家企业中，有两家采用甘氨酸法，有一家采用甘氨酸法和IDA（亚氨基二乙酸）法，优士化学公司采用IDA法。

IDA路线生产草甘膦，以初始原料不同可分为不同的工艺，其中工业化生产中应用较多的是二乙醇胺法和氢氰酸法。我国采用IDA法生产草甘膦的企业约占总数的50%。IDA法合成草甘膦所产生的氢气、双甘膦蒸发副产盐、高浓度母液等带来的环保和资源综合利用的问题仍然困扰着采用IDA法生产草甘膦的企业，这也是我国IDA法生产企业与孟山都公司在生产方面的差距。

近年来，优士化学公司针对IDA法的草甘膦合成过程及"三废"进行透彻分析，开发了系列草甘膦清洁生产关键共性技术：

（1）IDA法草甘膦副产氢气资源化利用技术，创新了变温吸附、变压吸附的工艺方法提纯草甘膦副产氢气，实现氢气资源化回收；

（2）双甘膦母液蒸发副产盐无害化处理技术，分离并分段洗涤提纯双甘膦副产盐，得到符合《工业盐》(GB/T 5462—2003)中二级标准的工业盐；

（3）IDA法草甘膦母液热氧化技术，以公司专利技术，开展草甘膦母液热氧化资源回收利用，并副产无水焦磷酸钠。

在上述清洁生产技术有效地减少草甘膦"三废"排放的同时，还副产纯氢、高纯氢、工业盐、无水焦磷酸钠等，进一步提升了IDA法草甘膦生产过程的清洁化，使循环经济和节能减排有机结合，对于增强企业产品竞争力，促进我国农药产业的结构调整，实现农药工业的节约发展、清洁发展、安全发展具有积极的引领和带动作用。

二、技术内容

（一）基本原理

该技术是通过有机合成的基本原理，经过一系列的化学反应和化工单元操作得到最终的产品。公司草甘膦生产工艺路线：以二乙醇胺作为起始原料，经 IDA 合成、双甘膦合成、草甘膦合成三步得到草甘膦产品。

1. IDA 合成

化学反应方程式：

$$HN\begin{array}{c}CH_2CH_2OH\\CH_2CH_2OH\end{array} + 2NaOH \xrightarrow{cat} HN\begin{array}{c}CH_2COONa\\CH_2COONa\end{array} + 4H_2\uparrow$$

$$HN\begin{array}{c}CH_2COONa\\CH_2COONa\end{array} + 2HCl \longrightarrow HN\begin{array}{c}CH_2COOH\\CH_2COOH\end{array} + 2NaCl$$

2. 双甘膦合成

化学反应方程式：

$$PCl_3 + 3H_2O == H_3PO_3 + 3HCl$$

$$HN\begin{array}{c}CH_2COOH\\CH_2COOH\end{array} + H_3PO_3 + HCHO \xrightarrow{[H^+]} \begin{array}{c}HO\\HO\end{array}P\overset{O}{\underset{}{\parallel}}-\underset{H_2}{C}-N\begin{array}{c}CH_2COOH\\CH_2COOH\end{array} + H_2O$$

3. 草甘膦合成

化学反应方程式：

$$2\begin{array}{c}HO\\HO\end{array}P\overset{O}{\underset{}{\parallel}}-\underset{H_2}{C}-N\begin{array}{c}CH_2COOH\\CH_2COOH\end{array} + O_2 \longrightarrow 2\begin{array}{c}HO\\HO\end{array}P\overset{O}{\underset{}{\parallel}}-\underset{H_2}{C}-\underset{H}{N}-CH_2COOH + 2HCHO + 2CO_2\uparrow$$

（二）工艺技术

IDA 法草甘膦生产工艺流程如图 1 所示。该示范应用技术在充分分析现有草甘膦生产过程废水、废气、废渣的组成的基础上，进行工艺改进，进一步提升了草甘膦生产过程的清洁化水平，降低了"三废"处理成本和生产成本，包含以下内容。

1. IDA 法草甘膦副产氢气资源化利用技术

（1）传统工艺：草甘膦生产过程中的亚胺基二乙酸（IDA）合成工序副产氢气，传统工艺采用的处理方式是将该副产氢气采用水封吸收夹带物料后，通过管道直接高空排放。存在资源浪费现象，也有一定的安全隐患。

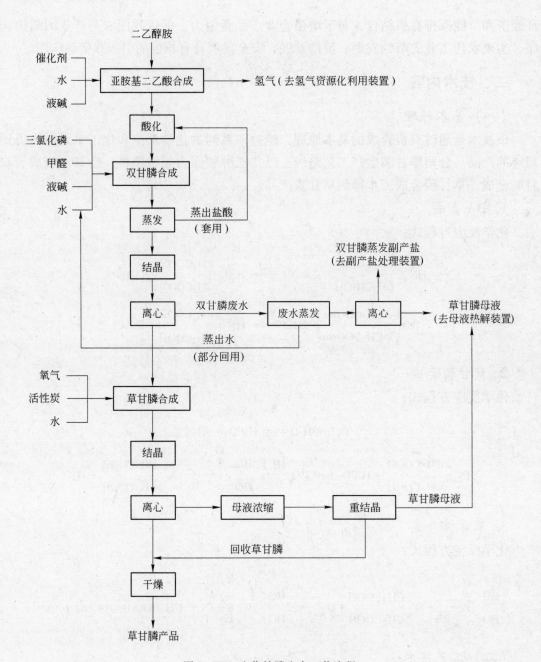

图 1   IDA 法草甘膦生产工艺流程

（2）清洁生产工艺：创新变温吸附、变压吸附的工艺方法，提纯草甘膦副产氢气，工艺过程主要包括含氢尾气预处理、变温吸附、催化剂化除氧及变压吸附提纯和压缩充装几个部分。

工艺路线如下：亚胺基二乙酸合成工序产生的含氢尾气经脱氢釜上的冷凝器冷凝后，进入尾气洗涤塔，用吸附剂再生冷凝液洗涤，再经尾气缓冲罐进入变温吸附塔，含氢尾气经变温吸附除去二乙醇胺等有机物，再流经脱氧塔，催化除氧后得到粗氢。

将粗氢通入变压吸附塔提纯后得到的纯氢或高纯氢送入氢气缓冲罐,经充装压缩机压缩后送氢气充装台,充入氢气钢瓶或长管拖车,氢气在压缩过程中产生的热量由循环冷却水带出(工艺流程见图2)。

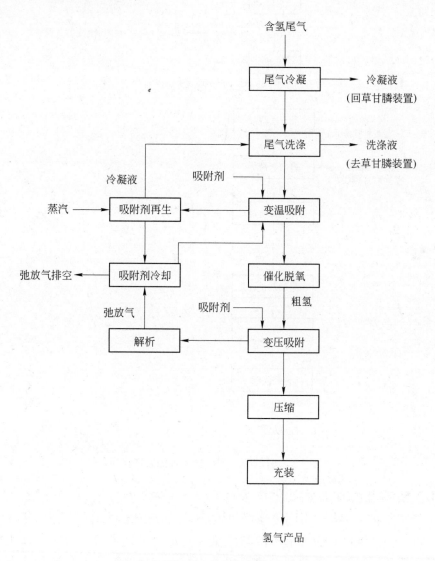

图2　草甘膦副产氢气资源化工艺流程

2. 双甘膦母液蒸发副产盐无害化处理技术

(1)传统工艺:双甘膦废水离心蒸发后产生的"双甘膦蒸发副产盐"中氯化钠的含量偏低,不能直接作为工业盐进行转移或销售。

(2)清洁生产工艺:双甘膦蒸发副产盐无害化处理(图3)主要是通过两次原水(双甘膦废水)洗涤、一次套用水洗涤、一次软化水洗涤,将盐中的有机物(双甘膦及副反应产物)、甲醛及少量的钙离子、铝离子洗涤干净,再经烘干,得到符合《工业盐》(GB/T 5462—2003)中二级标准的工业盐,作为产品销售。

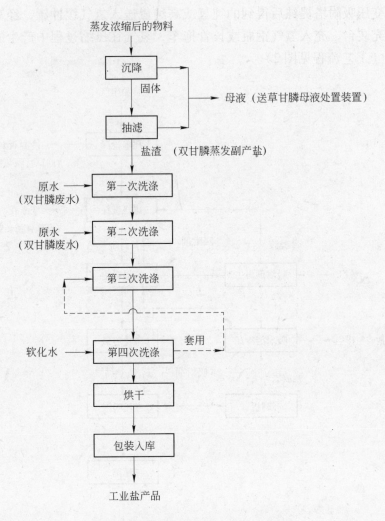

图3　双甘膦蒸发副产盐无害化处理流程

3. IDA 法草甘膦母液热氧化技术

（1）传统工艺：根据《国家鼓励发展的环境保护技术目录》（2009 年度）中推荐的综合利用方法，将草甘膦浓缩母液与硅藻土、煤渣、助剂等混合生产水泥生料助磨剂作为副产品进行销售。随着技术的不断进步，水泥生产厂家逐步改用水剂替代固体水泥助磨剂，草甘膦母液加工的水泥生料助磨剂不再具有竞争优势，并逐渐被淘汰。

（2）清洁生产工艺：针对草甘膦母液组成特性，通过控制磷钠的摩尔比，采用高温热解氧化处理技术和提纯技术，得到精制工业品无水焦磷酸钠。即草甘膦母液雾化后喷入母液热解装置，经一段反应器和二段鳞片式反应器的高温缩合后，转化成焦磷酸钠粗品，再经重结晶热过滤分离出氯化钠后得焦磷酸钠湿基，再烘干得无水焦磷酸钠产品。该技术已申请发明专利，"一种工业有机磷废液的综合处理与资源利用方法"，申请号：2013 1 0046943.3。

工艺流程见图4。

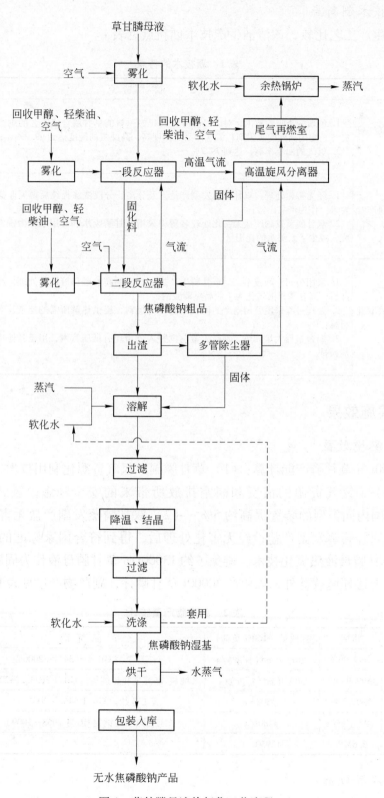

图 4　草甘膦母液热氧化工艺流程

（三）技术创新点

与传统生产工艺比较，该清洁生产技术创新点见表1。

表1 新技术的特点

技术方案	技 术 特 点
草甘膦副产氢气资源化利用技术	1. 创新变压吸附技术，对以二乙醇胺为起始原料的草甘膦合成工艺的副产氢气进行分离与提纯。使用高效的吸附剂，氢气产品的纯度高，高纯氢的纯度达到99.999%； 2. 氢气的回收率高，达到79.7%
双甘膦蒸发副产盐无害化处理技术	1. 经无害化处理，双甘膦蒸发副产盐，经分离、分段洗涤提纯后得工业盐，达到国家标准要求，作为产品出售； 2. 双甘膦蒸发副产盐无害化处理装置中采用草甘膦废水和套用水作为洗涤水，实现以废治废，减少了新鲜水的耗用量
草甘膦母液热氧化技术	1. 采用公司专利技术，对草甘膦生产过程产生的高含磷母液进行处理，经过热解处理并提纯后，高含磷母液转化为工业品焦磷酸钠； 2. 处理过程采用公司副产的回收甲醇作为燃料，提供热解所需的能量，实现了以废治废的目标； 3. 缩合过程大量放热，副产大量蒸汽并入公司现有低压管网，用于其他项目生产，实现节能减排

三、实施效果

（一）环境效益

以30000t/a草甘膦产能计算：（1）草甘膦副产氢气资源化利用技术，避免了2000万 m^3（标准）/a氢气资源的浪费和高空排放所带来的安全隐患，氢气回收率达到79.7%，比国内同类型的装置提高约5%；（2）双甘膦蒸发副产盐无害化处理技术，妥善处置了双甘膦蒸发副产盐，经无害化处理后，得到符合国家标准的工业盐产品；（3）采用草甘膦母液热氧化技术，避免了约13000t/a草甘膦母液作为固废填埋。

除产生上述环境效益外，以年产30000t草甘膦计，副产物产量见表2。

表2 副产物产量统计

项 目	指标	回收量（100%负荷）	产 品 标 准	用 途
工业氢	≥99.00%	1300万 m^3（标准）/a	《工业氢》（GB/T 3634.1—2006）	副产品
高纯氢	≥99.999%	300万 m^3（标准）/a	《纯氢、高纯氢和超纯氢》（GB/T 3634.2—2011）	副产品
工业盐	≥97.5%	41508t/a	《工业盐》（GB/T 5462—2003）	副产品
无水焦磷酸钠	≥96.5%	3780t/a	《工业焦磷酸钠》（HG/T 2968—2009）	副产品
蒸 汽	0.6MPa	12950t/a	—	系统循环

（二）经济效益

按30000t/a草甘膦产能计算经济效益。

1. 资源化与副产品回收所节约的成本（表3）

表3 节约成本所带来的效益

名称及规格	回收量（100%负荷）	单价	效益/万元·a^{-1}
纯氢	1300万m^3（标准）/a	1.125元/m^3（均价）	1800
高纯氢	300万m^3（标准）/a		
工业盐	41508t/a	75元/t	311
无水焦磷酸钠	3780t/a	4000元/t	1512
合计			3623

2. "三废"减量所节约的"三废"处理成本

该技术避免了约13000t/a草甘膦母液作为固废填埋，如按照3500元/t的处置价格计算，节省处置成本约4550万元/a。

3. 副产蒸汽回用至生产所节约的能源消耗成本

该技术充分回收草甘膦母液热解缩合所产生的热量，副产蒸汽约12950t/a，由此节约的能源成本约为260万元/a，实现了节能减排。

（三）关键技术装备

该技术的关键装备包括：（1）草甘膦副产氢气资源化利用技术装备（图5）；（2）双甘膦蒸发副产盐无害化处理装置（图6）；（3）草甘膦母液热解技术装备（图7）。

图5 草甘膦副产氢气资源化利用装备

图6 双甘膦蒸发副产盐无害化处理装置

（四）水平评价

该项目清洁生产关键技术为公司自有技术，具有自主知识产权，产权明晰无纠纷。技术成果达到国内领先水平。技术形成的专利情况见表4。

表4 该技术专利情况

序号	申请号	专利名称
1	2013 1 0046943.3	一种工业有机磷废液的综合处理与资源利用方法

图7 草甘膦母液热解技术装备

四、行业推广

（一）技术适用范围

该技术所属范围为农药制造行业。所有原辅材料在国内均能生产，所选用的设备在国内均能制造。项目关键共性清洁生产技术可以在草甘膦行业示范应用，提高草甘膦行业整体环保技术水平，同时草甘膦母液热解技术可进一步推广到含磷农药行业。

（二）技术投资分析

以配套 30000t/a 草甘膦装置计算，约需投入资金 6600 万元。装置建成后，可实现年销售收入 3900 万元，利润 1800 万元。该项目风险主要在于投资额较大，一些规模小的企业无法承担"三废"处理的投资资金，从而影响其"三废"处理和资源化利用的效率。

（三）技术行业推广情况分析

目前我国草甘膦的产能约为 75 万 t，其中采用 IDA 工艺生产的草甘膦约占总量的 50%，以每年 37.5 万 t IDA 法草甘膦计算，如果该清洁生产技术在相关厂家得到推广应用，可产生良好的环境和经济效益。

环境效益：每年妥善处理 16.3 万 t 草甘膦母液，避免 8333 万 m^3（标准）氢气资源的排放；回收并循环使用蒸汽 202 万 t，收到良好的节能减排效果。

经济效益：每年回收纯氢约 5417 万 m^3（标准）、高纯氢 1250 万 m^3（标准）、无水焦磷酸钠 4.7 万 t、工业盐 51.9 万 t。实现年销售收入 4.9 亿元。

同时，该技术可推广到其他农药废水中物质的资源化利用过程、副产氢气的资源化利用过程、含磷母液的处理过程，由此将带来更加可观的环境效益和经济效益。

案例38　有机磷废水资源化利用技术
——农药行业清洁生产关键共性技术案例

一、案例概述

技术来源：浙江新安化工集团股份有限公司

技术示范承担单位：镇江江南化工有限公司

"磷"是一种不可再生的资源，从世界范围来说，"磷"是稀缺的。但我国是磷资源储备大国，黄磷产量80万t/a以上，占全球75%。磷化物被广泛应用于日常生活的商品中，是不可或缺的生活资源。由于磷化产品的大量出口，我国富磷矿也只够开采20年。其中有机磷是黄磷深加工的主要去向，但有机磷行业对磷元素的有效利用率一般仅为60%~70%，并且还会产生大量的含磷废水，这些废水进入江河、湖泊以后会对我国水体造成严重污染。中国工程院院士、湖泊环境研究首席学术带头人刘鸿亮教授对全国55000km河段进行的调查研究数据显示：我国23.3%的河段因水质污染严重而不能用于灌溉；45%的河段鱼虾绝迹；85%的河段不符合人类饮用水标准。国家规定的废水一级排放要求TP≤0.5mg/L，而常规处理方法总磷仅可降到5~10mg/L，目前行业缺乏"高含磷废水"的有效处理技术，亟待建立可以引领行业的清洁生产标准化技术。

以全球用量最大的有机磷农药草甘膦为例，按45万t/a产量计，年消耗黄磷近13万t，而产品生产过程中磷元素的有效利用率仅为63%~65%，由此每年产生富含磷的草甘膦母液约200万t、其他含磷废水约900万t。其中草甘膦母液中含磷量为2%~3%，一直以来均采用配制10%水剂的方式来消化，但因长期施用可能导致土壤板结、盐碱化。因此，2009年2月25日农业部、工信部发布了第1158号公告，明确禁止10%草甘膦水剂的生产和使用，草甘膦母液的出路成为草甘膦生产企业迫切需要解决的重大难题。同时，国家加大了对有机磷农药行业的整治力度，相继发布1744号公告，进一步限制禁止低于30%的草甘膦混配水剂的生产，并推动草甘膦（双甘膦）行业环保核查。2013年环保部发布的草甘膦（双甘膦）行业环保核查指南中明确规定：草甘膦生产过程中磷元素的综合利用率应不低于80%，这就要求国内的草甘膦企业在母液处理过程中必须要进行磷元素的回收。

针对传统有机磷废水处理难、资源利用率低的问题，浙江新安化工集团股份有限公司从技术提升着手，立足于有机磷废水的资源化，进行了多年持续攻关，力争开发出先进、经济、高效、成熟的废水的资源化利用及治理共性技术。集团多年来持续组织研发团队对草甘膦母液处理工艺进行了深入研究，先后开发了多套草甘膦母液处理技术。例如：2005 年开发出了通氨法处理技术，可以将钠盐体系转换成铵盐体系，有效减少土壤的盐碱化；2008 年开发出了膜处理技术，但是最后发现浓液无去处，后来公司又开发出了配套的水泥窑焚烧处理技术处理浓液，但是该方法会对水泥的质量产生影响，而且处理量也相对有限，不能满足公司需要；2010 年公司又开发了母液处理后配制 30% 草甘膦水剂技术，但因市场容量有限，未能全面推广实施；直至 2011 年公司形成了系统的有机磷废水的资源化利用技术，以高含磷废水中的磷元素为原料成功制备成工业级磷酸盐产品。目前，该技术已在镇江江南化工有限公司 5 万 t/a 草甘膦生产装置后续草甘膦母液处理实现了产业化应用，运行效果良好。在浙江新安化工集团股份有限公司建成 3 万 t/a 草甘膦生产装置后续草甘膦母液处理装置并试运行。该方法的施行彻底解决了公司含磷废水处理问题，并且产生了一定的经济效益。

二、技术内容

（一）基本原理

该技术属于有机磷废水的清洁处理技术，不仅适用于草甘膦母液的处理，而且还适用于其他有机磷废水的处理。该技术针对高含量有机磷废水（如草甘膦母液）的成分特性，可以选择各种处理方式，如蒸馏气提、酸碱解、高效氧化、沉淀分离等方法，进行预处理，去除有机磷废水中影响资源化利用的杂质。对于不能直接分离或去除的杂质做进一步转化，改变其物性后再寻求不同特性进行分离去除，同时在转化的过程中将各种含磷物质全部转化为所需的目标产物磷酸盐，从而实现定向转化，便于后续提纯和深加工。

（二）工艺技术

通过含磷废水预处理、定向转化及回收和深加工等方法，实现了磷资源的回收和废水的处理，成为国际首创。

具体来说，该技术将有机磷废水通过预处理，去除有机磷废水中影响资源化利用的杂质后，再进行浓缩处理去除无机盐和水分得到磷酸盐混合液，磷酸盐混合液经定向转化得到磷酸盐粗品，粗品磷酸盐经过精制、深加工得到各种工业级磷酸盐产品（图 1）。

图 1　有机磷废水资源化利用工艺流程简图

该工艺的技术特点是：

（1）适用范围广，极具针对性的去除有害杂质。

（2）实现资源回收，将危险固废转化为化工产品。

（3）技术融合性强，可结合各种节能和分离工程手段，进一步降低成本。

（4）废水处理彻底，基本无二次污染。

（三）技术创新点

1. 建立废水成分剖析方法

开发增甘膦、氨甲基膦酸等杂质的分析方法及多种对高含磷废水中各种无用杂质的去除和控制方法。

2. 开发与处理工艺

开发和设计大型连续处理设备，降低了设备腐蚀，提高了浓缩效率，保证了无用杂质的控制指标。

3. 开发定向转向技术

实现了在可控制反应条件下，将含磷化合物转化成为含量较单一的可选磷酸盐产品，并建成万吨级的连续热法聚合装置。

4. 开发产品提纯和深加工工艺

开发了磷酸盐粗品提纯技术、各种磷酸盐互相转化和深加工技术，解决了回收产品的应用和市场问题。

三、实施效果

（一）环境效益

草甘膦是全球用量最大和增长最快的农药品种，国内产量已达 45 万 t/a ~ 60 万 t/a，对于农业生产具有举足轻重的意义。每生产 1t 草甘膦将会产生 4 ~ 5t 母液和 20t 低含磷废水，处理困难，污染大，每年将给环境带来约 4 万 t 的磷污染。通过含磷废水资源化利用技术可回收母液中 90% ~ 95% 的磷元素，再结合普通废水的达标处理，可将磷污染降到最低。

该技术根据回收的产品不同，每吨草甘膦的母液可回收 0.26 ~ 1.1t 磷酸盐产品。目前，集团江南化工子公司 5 万 t 草甘膦资源化利用产业化装置，已回收焦磷酸钠近 2 万 t，回收磷元素 4500t，节约磷矿近 3 万 t；集团本部 3 万 t 草甘膦资源化利用产业化装置也已正常运行，每年将回收十二水磷酸三钠近 3 万 t，回收磷元素 3000t。

该技术若在全行业 45 万 t/a 草甘膦生产上推广，每年可避免近 4 万 t 磷污染的环境风险，并节约磷矿约 50 万 t，具有显著的经济、社会和环境效益。

（二）经济效益

以每吨草甘膦的生产计算经济效益（表1）。

表1　经济效益情况

序　号	类　别	计算指标	经济效益
1	直接经济效益	磷酸盐产品收益 - 回收成本	615 元/t
2	间接经济效益	作为固废的处理成本 2800 元/t	2800 元/t
3	综合经济效益	615 元/t + 2800 元/t = 3415 元/t	

　　以我国草甘膦实际产能 45 万 t 计算，可实现直接经济效益 2.77 亿元，间接效益达 12.6 亿元，实现综合效益 15.37 亿元。

　　如该技术进一步推广到其他有机磷生产行业，经济效益将更加可观。

（三）关键技术装备

　　该技术的主要工艺包括预处理、节能浓缩、定向转化和深加工等 4 个部分。图 2、图 3、图 4、图 5 所示分别为预处理、浓缩、定向转化、焦磷酸钠装置，图 6、图 7 分别为回收的工业级焦磷酸钠和磷酸三钠产品。

图 2　预处理装置　　　　　　图 3　浓缩装置　　　　　　图 4　定向转化装置

图 5　焦磷酸钠　　　　　图 6　工业级焦磷酸钠产品　　　　图 7　磷酸三钠产品

（四）技术水平评价

　　该技术是新安集团完全自主开发的重大环保治理技术，已申请专利 20 余项，其中授权专利 13 项。2012 年通过石油化工联合会成果鉴定，成果达到国际领先水平，并被评为石油和化工行业环境保护、清洁生产重点支撑技术。

　　与目前其他同类处理技术相比，该技术具有磷元素综合利用率高、设备要求低、通用性较强等特点；在操作安全性上，该技术比现有处理技术的安全性更高，均为常压生产，没有高温高压操作风险。

四、行业推广

（一）技术适用范围

　　该技术所属行业为有机磷农药行业，是有机磷废水处理的清洁生产技术，可以实现磷资源的回收利用，提高磷资源的利用率。该技术成熟可靠，万吨级产业化装置已稳定运行 3 年。该技术对设备无特殊要求，设备材质均为通用型的材质，并且工艺控制条件也无苛刻要求。同时该技术使用的原理通用性强，特别是"定向转化步骤"适合于各种形态的磷及其化合物，同样适合于处理其他有机磷化工行业产生的含磷废水（料），有望形成该行业废水（料）处理的通用技术。该项技术如能在全国推广应用，可以从根本上改变有机磷化工行业的面貌，对磷化工行业的健康、可持续发展具有十分重要的意义。

（二）技术投资分析

按照 10 万 t/a 有机磷废水处理（或对应 2 万 t/a 草甘膦生产配套）投资估算（TP：20000～30000mg/L），约需投入资金 7000 万元。可以根据生产企业具体情况进行调整，若本身已有浓缩装置，则可节约相应投资。

按 10 万 t/a 有机磷废水处理的投资估算，见表 2。

表 2　投资估算

序　号	名　称	金额/万元	备　注
	项目共投资	7000	1. 整个工艺分为四个部分建设；
1	设备	4500	
2	电器、仪表	600	2. 产能扩大 1 倍，投资约增加 50%；
3	土建	500	3. 预处理难度增大，成本适当增加
4	安装、辅材	1000	
5	其他	400	包括不可预见费用 200 万元

装置建成后不仅可以有效地处理有机磷废水，还可以回收磷酸盐产品，如焦磷酸钠约 5200t，可获得 1230 万元/a 的直接经济效益，考虑到若作为固废处理，需要处理费用 2800 元/t，产生的综合经济效益可以达到 6830 万元/a。

（三）技术行业推广情况分析

新安集团子公司镇江江南化工已配套 5 万 t/a 草甘膦，建成全套草甘膦母液资源化利用生产装置及后续深度加工产品装置，主要产品为焦磷酸钠和十水焦磷酸钠，目前运行情况良好。

配套 3 万 t/a 草甘膦，集团本部也已建成全套草甘膦母液资源化利用生产装置及十二水磷酸三钠等磷酸盐产品装置，目前均正常运行。

考虑到国内有机磷行业规模大，为有效解决产品市场容量瓶颈问题，新安集团不断拓展后续衍生新产品品种，以满足有机磷资源化利用技术在行业内全面推广的需要。如进一步深加工为三聚磷酸钠和六偏磷酸钠，将草甘膦产业与磷酸盐产业联合起来，进一步拓展产品市场，形成完整的产业链。

总之，该技术通过资源利用和产品深加工，完全可解决草甘膦母液等农药生产中的高含量有机磷废水的处理问题。该技术的实施所使用的设备、原料、辅材等均无特殊要求；所回收的各种磷酸盐产品，具有较大的市场容量，几种主要的磷酸盐产品总市场容量达到了 150 万～200 万 t，广泛应用于国民经济各行业，而且出口量也较大，其技术需求和产品市场前景广阔。

案例39 一步法敌百虫清洁生产工艺技术

——有机磷杀虫剂行业清洁生产关键共性技术案例

一、案例概述

技术来源：南通江山农药化工股份有限公司

技术示范承担单位：南通江山农药化工股份有限公司

敌百虫，化学名为0,0-二甲基-2,2,2-三氯-1-羟基乙基膦酸酯，是一种高效、广谱的有机磷杀虫剂，在我国生产应用已有60多年的历史，目前仍然是杀虫剂市场比较畅销的品种。敌百虫在农业上用来防治多种作物的咀嚼害虫，如水稻螟、玉米螟、潜叶蝇、黏虫、松毛虫、天幕毛虫、金龟子、菜青虫等，用敌百虫防治地下害虫，灌根处理效果较好。在蘑菇烟熏和柑橘生产上使用效果也良好；敌百虫97%精制纯品可作为防治牛、羊内外寄生虫药剂，防治牛虻螺幼虫很有效；并广泛用于淡水养鱼业；同时与其他农药品种复配，增加杀虫效果，使用途更为广泛。特别是敌百虫97%原药方面，每年仍有一定量的出口。截至2012年5月，在工信部取得敌百虫原药（含量90%、97%）登记证的原药生产企业共有14家，合计产能4万t/a左右。其中常年正常生产的只有南通江山农药化工股份有限公司、湖北沙隆达股份有限公司、山东大成农药股份有限公司等几家企业，占目前敌百虫生产总量的80%以上。

针对传统连续化敌百虫转化率较低，原药合成含量不高，为了将低含量敌百虫精制成97%以上含量的敌百虫，需要自然冷却凝固后，再粉碎投入水洗结晶釜进行精制提纯，不仅操作环境差，而且水洗结晶过程中损失大，敌百虫收率低，废水产生量大，不能满足清洁生产、环境保护的要求。针对这一问题，南通江山农药化工股份有限公司由化工研究所牵头，专门成立了技术攻关小组，试验一步法敌百虫生产工艺及精制敌百虫清洁生产工艺。该技术实现了敌百虫一步法合成，取代了传统的三氯化磷连续生产敌百虫工艺，实现了转化率和合成原药含量的大幅度提高；开发了精制敌百虫废水的处理方法，实现了敌百虫水洗母液的套用，并且对废水实现了预处理，解决了传统含磷废水的污染问题，实现了清洁生产。

二、技术内容

（一）基本原理

该技术属有机磷合成清洁生产技术。三氯乙醛与亚磷酸二甲酯在合成釜中反应，亚磷酸二甲酯滴加三氯乙醛保温反应得到敌百虫原药，水洗釜中加水或母液，将保温结束且分析合格的敌百虫原药放到水洗釜中，用冷冻盐水冷却结晶，温度降到5℃以下时，进行离心。

分离后的湿敌百虫，进入流化床干燥器干燥，得到97%精制敌百虫。离心母液进入母液池，然后打入水洗釜继续套用，套用结束后的母液加入氯化钠将敌百虫盐析出来，盐析完敌百虫后的废水进行微电解处理后送生化处理。其生产过程在理论上仅消耗三氯乙醛、亚磷酸二甲酯、水，无废气排放，废水经过微电解处理后特征污染物去除率达到99%以上，解决了敌百虫废水污染大、难处理的问题。

反应方程式如下：

$$CH_3O\!-\!\underset{CH_3O}{\overset{}{P}}\!-\!OH + CCl_3CHO \longrightarrow CH_3O\!-\!\underset{CH_3O}{\overset{O}{P}}\!-\!\underset{OH}{\overset{}{CH}}\!-\!CCl_3$$

（二）工艺技术

与传统三氯化磷连续生产敌百虫技术（工艺流程见图1）比较，该技术（工艺流程见图2）在原料、反应流程、产品路线、废水（废气）产出等方面均实现了较大的改进和提升。

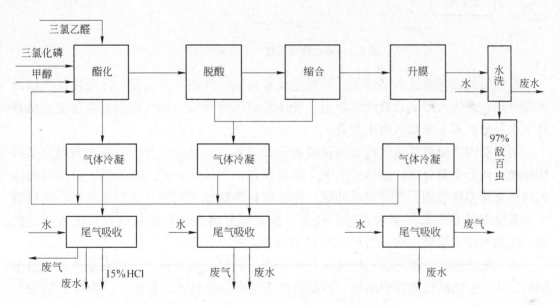

图1 传统三氯化磷连续生产敌百虫技术工艺流程简图

该技术采用甲醇和三氯乙醛分别以一定的流量加入混合器，然后再进入酯化器，同时三氯化磷和回流液以一定流量连续加入酯化器；酯化液经冷凝后经气液分离器后，液体进回流总管连续加入酯化器套用，气体至筛板塔吸收后，液体入废水总管，不凝气体送氯甲烷回收工段；一次吸收塔下水进回收盐酸贮槽，二次吸收塔下水进废水总管。

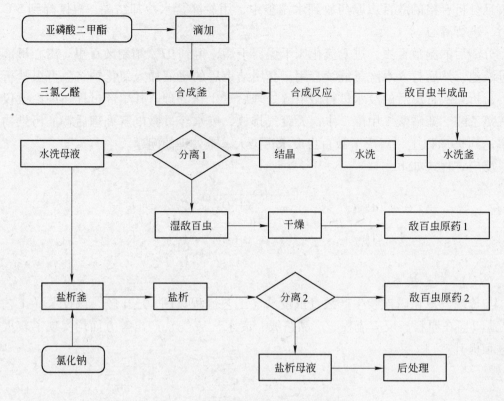

图 2　一步法敌百虫技术工艺流程简图

脱酸后的酯化液进入缩合釜，脱酸釜及缩合釜的气相一并冷凝；冷凝液经气液分离器分离，液体入回流总管继续套用，气体经填料塔吸收，尾气经真空泵排空，填料塔下水及分离器下水都入废水总管。

缩合釜内合成敌百虫经内溢流管溢流至升膜管，经过四次升膜，每次升膜出来的物料经旋风分离器分离，液体进入下一次升膜管，气体一并进入冷凝器、分离后液体入回流总管连续套用，气体经缓冲罐，再经填料塔吸收，尾气经真空泵排空，填料塔下水及分离器下水都入废水总管；最后一次升膜分离出来的成品敌百虫进入成品贮槽。成品再用水溶解提纯，得到97%精制敌百虫。

将三氯乙醛高位槽三氯乙醛放入合成釜中，开启合成釜搅拌，用夹套热水升温至60℃，从二甲酯高位槽缓慢滴加二甲酯到合成釜中，控制滴加温度75～85℃；滴完二甲酯后，搅拌保温4h，保温结束后将保温结束且分析合格的敌百虫放到结晶釜中，用－10℃冷冻盐水冷却结晶，当温度降到5℃以下时，进行离心。离心后的湿料敌百虫经绞龙输送到流化床干燥器进行干燥，得到97%的精制敌百虫，干燥好的敌百虫成品通过包装机进行各种规格的包装。

离心母液打入水洗釜套用，套用结束的母液打到盐析釜，加入一定量的盐，冷却到5℃以下，进行离心操作，湿品敌百虫分批进流化床干燥器进行干燥，得到敌百虫原药。

盐析母液进入盐析母液槽，经微电解预处理去除特征污染物后送生化处理。

（三）技术创新点及特色

与传统三氯化磷连续生产敌百虫技术比较，该技术创新点及特色见表1。

表1 技术创新点及特色

序号	技术创新点及特色
1	建立了一步法高效反应技术，以亚磷酸二甲酯与三氯乙醛直接反应取代传统的甲醇与三氯化磷先发生酯化反应，再与三氯乙醛反应合成敌百虫，大大缩短了反应工序，降低了能源消耗及装置的设备投资，提高了亚磷酸二甲酯装置的资源利用效率，大幅度提高了反应转化率，缩短工艺路线的同时提高了装置的安全性，从源头上对生产工艺进行了简化
2	开发了水洗母液套用技术，摸索了敌百虫原药与水的最佳配比，通过母液的套用，一方面减少了传统工艺废水的产生量，另一方面提高了精制敌百虫的收率
3	敌百虫水洗结晶过程产生的废水，采取技术攻关措施，将传统的敌百虫一步法生产中得到90%的敌百虫，再经过水洗洁净提纯，可得到更高含量的敌百虫。但是，水洗后的敌百虫废水，不仅含有少量的敌百虫，还含有高浓度磷（简称TP），含有有机污染物（总量以COD表示），且盐分含量也较高，处理难度很大，属于难处理的工业废水，采取常规的生化处理方式很难达到指标要求。通过技术攻关，采用新的废水预处理方法，使得废水中的特征污染物去除率达到99%以上，解决了水洗结晶敌百虫废水的环保问题

围绕以上存在的问题，南通江山农药化工股份有限公司组织技术人员和生产人员一起进行了清洁生产工艺技术攻关和改造，基本实现了一步法敌百虫生产的清洁生产。

三、实施效果

（一）环境效益

以生产每吨100%敌百虫计，该技术与传统生产工艺的关键指标对比见表2~表4。

表2 传统生产工艺生产1t 100%敌百虫的消耗

原料及总耗	实物量/kg	单价/元·t⁻¹	单耗/元
甲醇	437.30	3218	1407.23
三氯化磷	577.18	4025	2323.15
三氯乙醛（一次）	664.86	6528	4340.21
总耗/元		8070.59	

表3 一步法生产1t 100%敌百虫的消耗

原料及总耗	实物量/kg	单价/元·t⁻¹	单耗/元
二甲酯	463	8416	3896.61
三氯乙醛（二次）	602	8490	5263.80
总耗/元		9160.41	

注：表2、表3中原料成本以2013年公司统计资料的制造成本为准。

表4 工艺改造前后"三废"产生情况（对97%，5000t/a生产能力的装置）

类 别	废水量/t	废气/t	COD总量/t
老工艺	39945	1080	225
一步法工艺	1710	0	2.25
削减量	38235	1080	222.75

现有生产工艺生产100%敌百虫的原料消耗为8070.59元，同样生产97%敌百虫的成本为8070.59×0.92×1.30+2560=12212.43元（加工费2560元/t），一步法合成敌百虫原料消耗9160.41元，可节约成本3052.02元/t，原料消耗较现有生产工艺低，并且能源消耗和设备维修都少。

该技术已建成的5000t/a敌百虫（97%）装置，在国内外首次实现了废气近零排放，与传统工艺技术比较，年减排废水约3.8万t，从生产源头上减少了高浓度有机磷废水的排放，环境效益显著。

（二）经济效益

该技术已建成的5000t/a示范装置，一期工程有效投资约3000万元，97%精制敌百虫产品生产成本约9160元/t，在过去3年内市场平均售价约18120元/t。吨产品盈利约8960元，其中纯利润约5470元，各种税金约1950元。在满负荷生产情况下，可实现年销售收入9060万元，完成纯利润2735万元，缴纳税金975万元，投资利润率约91.2%。

（三）关键技术装备

该技术的关键装备包括：（1）三氯乙醛和亚磷酸二甲酯反应技术装备（图3）；（2）水洗结晶技术装备；（3）流化床干燥技术装备。图3和图4分别为反应技术装备和干燥技术装备装置图。

图3 反应技术装备装置图　　　　图4 干燥技术装备装置图

（四）水平评价

该技术为具有我国自主知识产权的重大原创技术，曾获2010年度国家发明专利技术授权，拥有2项中国发明专利授权，分别为《一步法敌百虫原药的制备方法》和《敌百虫废水预处理方法》，其中《一步法敌百虫原药的制备方法》已获国家发明专利授权，专利成果达国际领先水平，同样被称为有机磷杀虫剂行业的一次"技术革命"。

四、行业推广

(一) 技术使用范围

该技术所属行业为有机磷杀虫剂行业，主要产品为97%精制敌百虫，精制敌百虫废水预处理后可以直接送生化处理后达标排放，可完全替代传统三氯化磷连续生产合成敌百虫生产技术，而且废水产生量及排放的废水浓度大幅度降低。所有的原料均能够实现公司内部生产，且原料三氯乙醛与老工艺比较，质量有了很大提高，从而大幅度提高了产品质量。而且所选用的全部设备在国内均能制造；对厂房、设备、原辅材料及公用设施等均没有特殊要求。

(二) 技术投资分析

按照建设一套年产10000t敌百虫产品的装置计，约需投入资金9000万元。装置建成后可实现年销售收入2亿元，纯利润约5500万元，缴纳税金2000万元，投资利润率约61.1%。

(三) 技术行业推广情况分析

目前应用该技术的南通江山农药化工股份有限公司，于2010年建成了年产5000t敌百虫生产装置，现已实现了连续四年多的稳定经济运行。

该技术可完全替代以三氯化磷、甲醇为主体的连续化合成敌百虫的传统生产技术，按目前敌百虫国内生产情况分析，该技术每年精制敌百虫产量5000t，相当于国内总产量的30%。该技术按此份额推广应用后可产生良好的资源、环境和经济效益。

资源效益：与传统三氯化磷连续合成敌百虫技术比较，每年减少三氯化磷消耗2885t，减少甲醇消耗2185t，减少三氯乙醛消耗约300t，减少工业水消耗3.9万t。

环境效益：该技术可实现敌百虫合成尾气零排放，工艺过程不产生其他危险固废，与传统生产技术相比，减少有机磷高浓废水排放量3.8万t/a。

经济效益：实现年销售收入9000余万元，完成利税近1000万元。

案例40 扑虱灵清洁生产技术

——原药制造行业清洁生产关键共性技术案例

一、案例概述

技术来源：江苏安邦电化有限公司

技术示范承担单位：江苏安邦电化有限公司

扑虱灵是一种高效、残效长、安全、高选择性的昆虫生长调节剂，主要用于防治水稻、蔬菜、大豆、果树、茶叶、花卉的害虫等。

扑虱灵项目是国家"七五"科技攻关项目，江苏安邦电化公司于1989年在国内首家建成100t/a的中试装置。项目建成投产后，分别于1992年获化工部科技进步一等奖、1993年获国家科技进步二等奖。随着工艺的不断优化和调整，产品质量的稳步提高及市场需求量的猛增，到2009年底，扑虱灵生产装置的规模达到了2500t/a。

在扑虱灵光氯化生产过程中使用四氯化碳作为反应溶剂，但根据《关于消耗臭氧层物质的蒙特利尔议定书》，作为ODS（消耗臭氧层物质）物质，到2010年1月1日四氯化碳被限制出售和禁止作为溶剂使用。为了寻求替代溶剂，安邦公司曾先后委托多所高校和科研单位帮助，但没有解决此难题，最终经过本公司科技人员攻关，找到了适合的溶剂氯化苯，并根据新溶剂对原有工艺进行改进，通过中试摸索和调优，最终实现了工业化。该技术目前国内文献尚未见报道。公司于2007年申请了发明专利，并于2011年获得了国家专利局的授权（专利号：ZL-200710191089.4）。通过工业化大生产的实践，氯苯可完全替代四氯化碳，防止了四氯化碳对大气臭氧层的破坏，有利于大气环境的保护。通过替代每年可以实现减排四氯化碳约250t。

对反应过程产生的废水，原来工艺是直接排放到废水系统进行生化处理，经过改造及技术提升，将其中的氨氮进行回收利用，既降低了氨氮含量，又增加了经济效益和社会效益，在同行业中具有很强的示范意义。

二、技术内容

（一）基本原理

该技术寻求一种四氯化碳的替代溶剂，安邦公司科技人员通过查阅相关资料，使用三氯甲烷、甲苯、氯苯、三氯乙腈等有机溶剂与四氯化碳进行对比试验的小试确定氯化苯可以替代四氯化碳，作为扑虱灵光氯化的溶剂，并根据新溶剂对原有工艺进行改进，通过中试摸索和调优，自行研发一种噻嗪酮的合成方法，于2007年申请了发明专利，并于 2011 年获得国家专利局的授权，获得了国家专利（专利号：ZL-200710191089.4）。

（二）工艺技术

与原有工艺（见图 1）比较，该技术对大气环境的保护和氨氮回收利用均实现了较大的改进和提升。

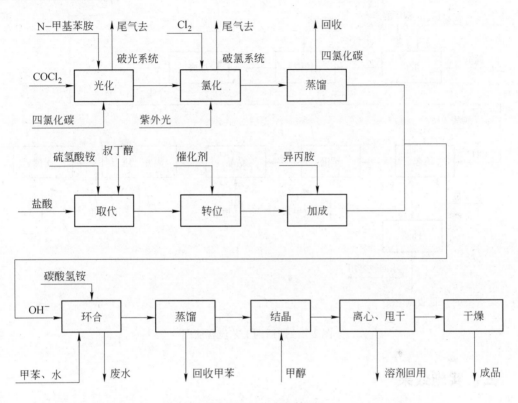

图 1 原工艺流程简图

该技术（工艺流程见图 2）将扑虱灵生产过程中的四氯化碳溶剂全部替换为氯化苯，且替代后氯化苯的沸点相对较高、饱和蒸汽压较大，使得氯苯的单耗比四氯化碳降低。该技术还根据氯化铵不溶于环合液（噻嗪酮的甲苯溶液）的原理，先将环合反应时产生的氯化铵从环合液中分离出来，然后将环合液中剩余的氯化铵水洗后集中输送到预处理装置；预处理装置通过烧碱中和、蒸汽吹脱工艺，将高浓废水中氨氮析出，然后用硫酸吸收，蒸发析盐出副产硫酸铵用作肥料。

（三）技术创新点

与原有工艺比较，该工艺的技术创新点及特色见表 1。

表 1 技术创新点及特色

序 号	技术创新点及特色
1	使用氯苯替代扑虱灵生产过程中的四氯化碳，保护大气臭氧层
2	氨氮废水无害化回收利用，保护水环境

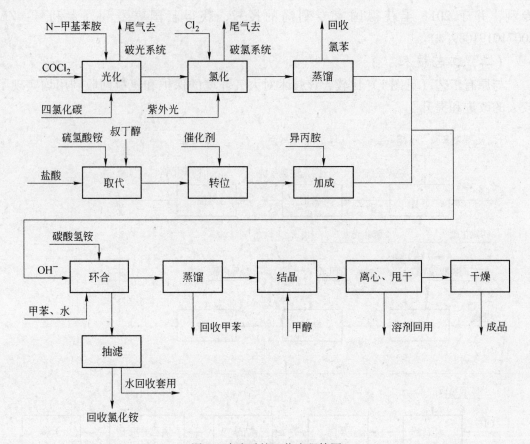

图2 改造后的工艺流程简图

三、实施效果

（一）环境效益

该技术实施后，四氯化碳的单耗由 100kg/t 降为 0，全年可减排四氯化碳约 250t/a；且替代后氯苯的沸点相对较高、饱和蒸汽压较大，使得氯苯的单耗仅为 50kg/t。详见溶剂替代前后原材料消耗对照见表2。

表2 四氯化碳溶剂替代前后原材料消耗对照表

原料名称	改造前单耗/kg·t⁻¹	改造后单耗/kg·t⁻¹	全年减排/t·a⁻¹
四氯化碳	100	0	250
氯 苯	0	50	-125

经氨氮废水的无害化处理后，在每年扑虱灵生产过程产生的 370t 氨氮中约有 350t 被回收利用，仅有 20t 左右进入公司废水处理系统。

（二）经济效益

该技术已建成的 2500t/a 扑虱灵清洁生产示范装置投资约 5180 万元，可实现年销售收入 7885 万元，完成纯利润 1511 万元，缴纳各种税金 504 万元，投资利润率约为 29.17%。

（三）关键技术装备

该技术的关键装备包括：（1）光氯化反应设备（图 3）；（2）氯化铵分离设备（图 4）；（3）蒸氨设备（图 5）。

图 3 光氯化反应设备

图 4 氯化铵分离设备

图 5 蒸氨设备

（四）水平评价

该项目中光氯化生产所需的四氯化碳溶剂替换为氯苯，由江苏安邦电化有限公司自行研发，国内文献未见报道。

该项目中氨氮废水的无害化回收利用是由江苏安邦电化有限公司和江苏南大金山环保科技有限公司共同开发的一项新技术，氨氮的回用率超过90%，成果达到国内领先水平，真正实现了清洁生产。

四、行业推广

（一）技术适用范围

该技术所属行业为精细化工原药生产行业，主要产品为噻嗪酮，副产氯化铵；可完全替代四氯化碳作为光氯化溶剂的传统生产技术；且氨氮废水的无害化回收利用可推广到高浓氨氮废水的处理方案中。

该技术所使用的原辅材料在国内均能生产；所使用的设备在国内均能制造；对厂房、设备、原辅材料和公用设施均没有特殊的要求。

（二）技术投资分析

按建设一套年产1万t（总需求量）扑虱灵生产装置计算，约需投入资金1.8亿元，装置建成后可生产噻嗪酮1万t，副产氯化铵2000t，实现销售收入3.2亿元，纯利润0.65亿元，缴纳税金0.2亿元，完成利税总额0.85亿元，投资利润率约36.11%。

（三）技术行业推广情况分析

目前应用该技术的江苏安邦电化有限公司于2012年建成年产2500t扑虱灵的示范性生产装置，现已实现连续、稳定、经济运行。

该技术可完全替代四氯化碳作为光氯化溶剂的传统生产技术，按目前国内扑虱灵生产情况（年需求量10000t）分析，该技术每年可替代四氯化碳1000t，且可减少氨氮排放1200t，可以产生良好的环境和经济效益。

环境效益：该技术可实现四氯化碳的完全替代和氨氮废水的无害化回收利用，与传统生产工艺相比，减少四氯化碳排放1000t/a、氨氮排放1200t/a，保护了大气环境和水环境。

经济效益：实现年销售收入3.2亿元，完成利税0.85亿元。

案例 41　硫铁矿制酸低温热回收技术
——制酸行业清洁生产关键共性技术案例

一、案例概述

技术来源：南京海陆化工科技有限公司

技术实施单位：山东明瑞化工集团

硫酸是重要的基础化工原料。多年来我国硫酸产量一直居世界首位，2013 年我国硫酸总产量达到 8650 万 t，其中硫磺制酸 3967 万 t，占 45.9%；硫铁矿制酸为 2157 万 t，占 24.9%；冶炼烟气制酸 2473 万 t，占 28.6%。硫磺制酸经过近十年开发、推广应用，目前我国约有近 80% 硫磺制酸装置回收了低温余热，但硫铁矿和常规气浓（SO_2 浓度 7% ~ 10%）的冶炼烟气制酸，由于进入制酸系统的水分较多，回收低温余热难度较大，所以直到 2014 年 2 月山东明瑞化工集团 12 万 t/a 硫铁矿制酸低温余热回收装置投产之前，我国还没有一套硫铁矿和常规气浓冶炼烟气制酸装置回收低温余热。也就是说，山东明瑞化工集团硫铁矿制酸低温余热回收装置是我国第一套装置。硫铁矿制酸每一步反应都是放热反应，主要化学反应如下：

第一步反应：
$$\frac{1}{2}FeS_2 + \frac{11}{8}O_2 == \frac{1}{4}Fe_2O_3 + SO_2 + 426.6kJ/mol$$

第二步反应：
$$SO_2 + \frac{1}{2}O_2 == SO_3 + 99kJ/mol$$

第三步反应：
$$SO_3 + H_2O(液) \longrightarrow H_2SO_4(液) + 137kJ/mol$$

目前我国硫铁矿制酸装置回收了第一步反应热的 70% 左右的热量和少量的第二步反应的热量，第三步反应的热量基本没有回收，全部由循环冷却水带到空气中，总的热回收率约 55% 左右。利用南京海陆化工科技有限公司开发的低温热回收技术（专利号：201420153638.4）可以回收第三步反应热的 85% 左右，使硫铁矿制酸总的热回收效率由 55% 提高到近 70%，解决了我国硫铁矿制酸一大难题。

二、技术内容

（一）基本原理

该技术属于硫铁矿和常规气浓冶炼烟气制酸清洁生产新技术。制酸过程的含 SO_3

的一次转化气体送入热回收塔，热回收塔采用高温（190℃左右）和高浓（99%左右）硫酸吸收 SO_3，吸收过程的反应热（$SO_3 + H_2O$（液）$\rightarrow H_2SO_4$（液）$+ 137kJ/mol$）被高温高浓硫酸吸收，温度升高到200℃左右，再将200℃高温、高浓硫酸泵送到蒸汽发生器，将热量传给水产生 0.8MPa 的低压蒸汽，从而将以前不能回收的制酸第三步的反应热回收产生了低压蒸汽。

（二）工艺技术

图 1 为传统的制酸吸收原理图。传统吸收工艺是采用较低浓度（93%~98%）和较低温度（60~80℃）的硫酸吸收 SO_3 气体，吸收反应热后使酸温升高约30℃，然后送到酸冷却器用循环冷却水将吸收过程的反应热带到大气中。

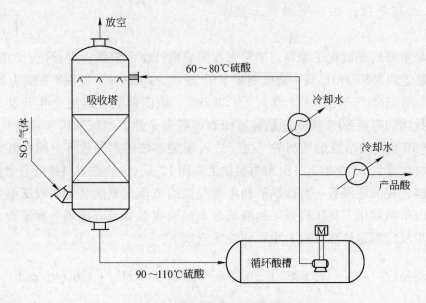

图 1　传统的制酸吸收原理图

图 2 为该技术原理图。该技术是采用高温（180~200℃）和高浓（99%左右）的硫酸吸收 SO_3 气体，吸收的反应热使酸温升高约20℃，然后送到蒸汽发生器将热量传给蒸发器中的水产生低压蒸汽，同时利用外送高温产酸加热沸腾炉后中压锅炉给水和全装置脱盐水，充分回收热量，总的回收热量相当于每产 1t 酸回收 0.4~0.55t 低压蒸汽。

（三）技术创新点及特色

与传统硫铁矿制酸吸收工艺相比，该技术发明的创新点及特色为：

（1）为了使吸收过程的反应热能产生蒸汽，该技术采用高温（180~200℃）和高浓（99%左右）硫酸吸收，同时解决了高温高浓酸吸收会产生大量酸雾的问题。

（2）利用外送高温产酸加热沸腾后中压锅炉给水，使中压锅炉产汽量增加，从而实现了在不需要任何外界能量的情况下低温余热向高温余热的转移。

（3）利用外送高温产酸预热全厂脱盐水，提高了余热回收率。

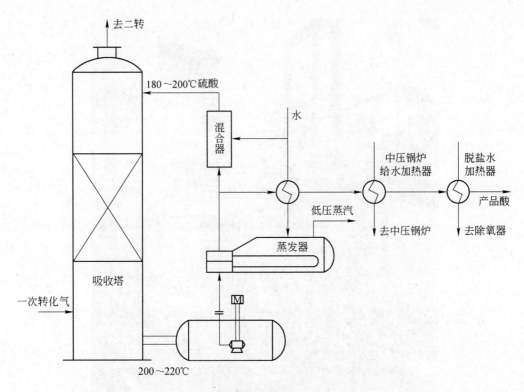

图 2 新技术原理图

三、实施效果

（一）环境效益

采用该技术，每生产 1t 硫酸回收的热量最少相当于 0.45 ~ 0.55t 低压蒸汽，同时减少循环水消耗约 425t/h，以山东明瑞化工集团 360t/d 装置为例，每小时回收的热量相当于 6.75t/h 低压蒸汽，一年相当于回收 54000t 低压蒸汽，减少 340 万 t 循环水消耗。54000t 低压蒸汽相当于节约标煤 5400t，340 万 t 循环水相当于节约标煤 0.00014 × 340 万 t = 0.047 万 t = 470t，每年总的节约标煤量相当于 5876t，相当于减排二氧化碳 17628t。

（二）经济效益

山东明瑞化工集团已建成的我国第一套硫铁矿制酸低温余热回收装置总投资约 2000 万元，每年回收的热量约 54000 万 t 低压蒸汽，每吨低压蒸汽按 100 元计，每年回收的蒸汽收益为 540 万元，投产后不到 4 年可以回收全部投资，经济效益非常好。

（三）关键技术装备

该技术的关键装备包括：（1）高温吸收塔（图 3）；（2）硫酸蒸汽发生器（略）；（3）硫酸中压锅炉给水加热器（略）。

图 3　高温吸收塔

（四）水平评价

该技术为国内首创，具有自主知识产权，成果达到国际领先水平。

四、行业推广

（一）技术使用范围

该技术所属行业为无机盐行业，主要适用于硫铁矿或正常气浓（SO$_2$ 浓度为 7% ~ 10%）冶炼烟气制酸行业，主要设备和材料全部为国产，尤其适用于需要低压蒸汽的企业。

（二）技术投资分析

年产 12 万 t/a 硫铁矿制酸低温余热回收装置需要的投资约 2000 万元，年回收低压蒸汽 54000t，低压蒸汽的价格按 100 元/t 计，每年收益为 540 万元，不到 4 年即可回收全部投资。

（三）技术行业推广情况分析

目前应用该技术的山东明瑞化工集团 12 万 t/a 硫铁矿制酸低温余热回收装置已投运近 5 个月，运行平稳，各项指标优于设计值，可以大规模推广应用。2013 年我国硫铁矿和冶炼烟气制酸总产量为 4630 万 t，如有一半的产能采用低温余热回收装置，每年可回收的热量相当于 1000 万 t 低压蒸汽，相当于每年节约标煤 100 万 t，减排二氧化碳 300 万 t，环境效益非常显著。

第五章 轻工行业

案例 42   白酒酿造副产物清洁化生产工艺与关键技术
——白酒行业清洁生产关键共性技术案例

一、案例概述

技术来源：泸州老窖股份有限公司

技术示范承担单位：泸州老窖股份有限公司

白酒行业是我国食品工业的主导产业之一。2013 年白酒产量为 1230 万 kL，实现销售收入 5050 亿元。在白酒行业对国民经济的持续发展起到重要作用的同时，一些问题也困扰着白酒企业的发展。如酿酒固、液副产物（丢糟、底锅水、冷却水）的未有效利用与治理、酿造过程中的高消耗问题。

据不完全统计，2013 年白酒酿造过程耗水约 5 亿 t，丢糟产生量约 5000 万 t。酒糟中含有较高浓度的有机酸、腐殖质等，若不及时处理，暴露在空气中容易霉烂变质，会对大气环境、土壤及水体造成污染。如果酿酒过程产生的冷却水等废水不妥善处理，会对水资源环境产生不利的影响，从而阻碍行业的健康、持续发展。

针对白酒酿造过程中固、液副产物污染物排放量大、处理难等问题，公司自主开发了白酒酿造副产物清洁化生产工艺与关键技术。开发的酿酒副产物清洁化生产工艺，实现了白酒酿造的清洁化生产，并使酿酒固、液副产物实现能源化、资源化、全量化利用。开发出冷却水循环技术，通过冷却水的循环使用，不仅可节约大量水资源，而且还减少了废水处理量及排放量。公司开发出生物降水技术，该技术是根据固态酿造糟渣中纤维素、半纤维素含量高，残存淀粉已过度老化，醋酸、乳酸等有机酸含量高的特点，构建以兼性厌氧细菌、丝状菌群、耐热性芽孢杆菌等为优势菌的微生物群落体系。通过多种菌株生长繁殖代谢过程的代谢热和强制循环通风组合的方式，达到将水分降至 35% 以下的目的。丢糟循环流化床解耦燃烧技术利用耦合流化床热解与提升管燃烧的双流化床，使热解与燃烧分开，进而将热解产生的气体作为再燃燃料引入半焦燃烧；燃烧灰可作为有机肥资源化利用，实现了丢糟的零排放。

该技术的实施和运行结果表明：酿酒过程中冷却水的再利用率达到 90%；通过双床热解耦合燃烧技术生物质能化利用丢糟，节约了煤的用量，减少了 CO_2 排放量，大大减轻对环境的负荷，实现清洁生产，节能减排。

二、技术内容

（一）基本原理

1. 冷却水循环利用技术原理

采用冷却水专用管网系统收集冰桶热水，经二级冷却塔冷却，返回酿酒生产车间循环使用，提高冷却水利用效率，减少废水排放。

2. 丢糟生物降水工艺原理

酿酒废弃酒糟在特定的生产场地，通过专利生产工艺控制，配合专用辅料，利用微生物发酵，将废弃酒糟中的残余营养物质分解成二氧化碳和水，同时释放出大量热量，利用持续产生的生物质热量，使水分迅速脱离料堆，散失到大气中，从而达到丢糟生物降水的目的。

3. 丢糟循环流化床解耦燃烧技术原理

采用热解气化-再燃烧新技术，将丢糟的热解气化与燃烧过程分离，实现高水分含量丢糟的稳定、充分燃烧。

（二）工艺技术

与传统白酒固、液副产物处理方式（工艺流程见图1）比较，该工艺（工艺流程见图2）在冷却水利用、丢糟降水方式、丢糟燃烧方式等方面进行了创新和改进。

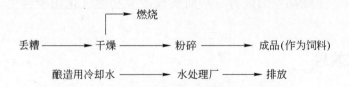

图 1　传统的白酒酿造副产物处理工艺流程图

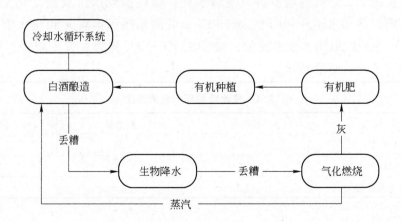

图 2　新工艺副产物处理工艺流程图

（1）建立了冷却水循环利用系统，采用冷却塔循环水方式，蒸酒过程形成的冷却水由管网自然流入热水回收池，经喷淋塔冷却后，泵回循环使用。

（2）建立微生物降水工艺，在丢糟中添加微生物制剂，通过发酵代谢的方式降低丢糟中的水分，解决丢糟水分含量高、燃烧热效率低的问题，为双床热解气化与蒸汽转化耦联的产业化奠定重要的技术基础。

（3）将降过水的丢糟进行燃烧，该工艺结合实际循环流化床工艺和公司实际情况，给出了两种适用于工业示范研究的工艺系统，即"给料系统-内置返料阀的流化床-提升管-旋风分离器-分配阀"的工艺系统和"给料系统-内置返料阀的流化床-提升管-旋风分离器"+"热解气处理系统"的工艺系统。燃烧产生的热量用于白酒酿造生产蒸汽；燃烧产生的灰可制成有机肥用于原料种植；从而实现固态酿造的清洁生产、节能减排，并获得了可观的经济效益。

（三）技术创新点

（1）开发出酿酒副产物清洁化生产工艺。该技术实现了白酒酿造的清洁化生产，并使酿酒固液副产物能源化、资源化、全量化利用。

（2）开发出冷却水循环技术。该技术通过对冷却水的循环使用，不仅可节约大量水资源，而且还减少了废水处理量及排放量。

（3）开发出丢糟生物降水技术。该技术利用微生物生长繁殖代谢过程的代谢热和强制循环通风组合的方式，达到将水分降至35%的目的。

（4）开发出丢糟循环流化床解耦燃烧技术。该技术使高水分的丢糟稳定充分燃烧且具有不易结渣、燃烧高效的优势，从而实现废弃物燃气化用于再生产，并有效减少NO_x排放。

三、实施效果

（一）环境效益

该项目实施后，环境效益显著。吨酒水耗、煤耗及废水排放量变化见表1。通过该项目的实施，冷却水循环利用率达到90%，吨酒水耗每年减少50万t生产用水，节约用煤9000t，减少50万t废水排放，减少23900t CO_2排放。大大减轻了对环境的负荷，实现清洁生产，节能减排。

表1 技改前后环境效果对比

项　目	技改前	技改后	减少量
吨酒水耗/t	35	10	25
吨酒煤耗/t	1.8	1.35	0.45
吨酒废水排放量/t	32.5	7.5	25

（二）经济效益

该技术建成的示范区，前期投入为17114万元；年平均利润总额1489.5万元；年平均所得税372.4万元；年平均净利润1117.1万元；总投资收益率8.7%（多期平均）；项目资本金净利润率6.5%（多期平均）。

（三）关键技术设备

该技术的关键装备包括：（1）冷却水循环设备；（2）生物降水设备；（3）循环流化床解耦燃烧装置。图3和图4分别为传统丢糟处理装置图和新技术丢糟处理装置图。

图3　传统丢糟处理装置图

图4　新技术丢糟处理装置图

（四）水平评价

该项目整体技术处于国内领先水平，拥有多项发明专利；该技术由企业和合作单位共同开发，知识产权完全归属于企业。

四、行业推广

（一）技术使用范围

该技术所属行业为白酒酿造行业，所需原辅料主要为白酒酿造固、液副产物，其他原料及设备无特殊要求；该技术适用于国内白酒生产企业。

（二）技术投资分析

按照建设年处理酒糟5万t的项目，约需投资1.4亿元；实现年销售收入约0.45

亿元，净利润约 0.1 亿元。

（三）技术行业推广情况

目前泸州老窖股份有限公司已建成酿酒副产物清洁化生产示范性生产区，并实现了稳定运行。

该技术可降低冷却水的使用量；提高丢糟的利用价值，并实现丢糟的零排放。按目前国内年产丢糟 5000 万 t 计算，该技术推广后每年节约用煤约 900 万 t，减少二氧化碳排放量约为 2000 万 t；减少废水排放量约 4 亿 t；冷却水利用率达到 90％；产生良好的环境和经济效益。

案例 43　固态法小曲白酒机械化改造技术

——白酒行业清洁生产关键共性技术案例

一、案例概述

技术来源：劲牌有限公司

技术示范承担单位：劲牌有限公司

几千年来，我国白酒酿造工艺几乎没有大的改变，整个白酒行业一直禁锢在传统工艺的桎梏中，长期延续着作坊式的生产模式，其过程缺乏严格的连贯性和统一性，关键节点均由人工控制，不仅效率低下，工人劳动强度大，酒率、酒质也极不稳定，从而导致最终产品质量的参差不齐。除此之外，传统工艺还存在着高能耗、高污染的问题。可以说，在消费需求旺盛、市场竞争激烈的今天，传统酿酒工艺已经严重制约了白酒行业的工业化、信息化发展，成为无数白酒生产企业发展难以突破的瓶颈。因此，生产工艺的革新一直是白酒行业几十年来的重要课题，实现白酒生产工艺的全面工业化和现代化，更是整个行业多年来的梦想。

固态法小曲白酒机械化改造项目是由劲牌有限公司自主立项、独立研究完成的一套全机械化酿酒工艺系统。该项目建立了全机械化的流水线生产模式，提高了工作效率，并将传统的生产经验转化为科学的工艺控制参数，利用自动化控制系统对生产过程实行标准化控制，实现了白酒质和量的稳定。该项目开发的带压蒸粮技术，实行360°旋转带压蒸粮，精确控制粮食蒸煮过程中的工艺参数，大幅度降低蒸粮煤耗；首创的糖化箱温控技术，能将传统粮层厚度由 15cm 提高到 60cm，能够对物料进行 24h 在线控温，保持物料糖化培菌效果的均匀一致，并自动进出物料；不锈钢槽车低温长时间发酵技术，将全年发酵环境温度控制在 20~23℃，提高了淀粉利用率与原酒品质；创新开发的探汽上甑馏酒技术，减少了生产物料的中间转运过程，使生产过程连续化、简单化，攻克了白酒行业机械取代人工上甑的技术难题，提高了工作效率；创新开发的全过程信息化控制技术，实现物料从泡粮、输送、蒸煮、摊凉、加曲、糖化、冷却、发酵、蒸酒整个酿造过程的自动化控制。固态法小曲白酒机械化改造项目实现了小曲白酒由手工作坊式生产向机械化流水线生产模式的成功转变，对整个白酒行业发展具有里程碑的意义。

固态法小曲白酒机械化新工艺应用于 6 万 t 小曲原酒生产后，实现节约人力成本 75%；提高原粮出酒率 4 个百分点，每年降低粮耗 10%；小曲酒重要香味成分乙酸乙酯由 0.60~0.70g/L 提高到 1.0~1.2g/L；有害成分高级醇类物质由 1.2g/L 降低到 0.80g/L，降低 33%；吨酒耗煤降低 33.27%，平均每年节约原煤 22000t；吨酒污水排放量较传统工艺减少 44.4%，减少污水排放量 48.53 万 t。该项目的推广应用无疑将是整个酿酒行业的一大突破，将帮助实现白酒企业生产效率及产品品质的大幅度提升，改善传统白酒工艺高能耗、高污染的状况，减轻环境压力，助推绿色生产。

二、技术内容

（一）基本原理

采用新型自主研发压力旋转灭菌锅通过低压初蒸、焖粮、复蒸使原材料高粱快速糊化，利用糖化发酵剂中的根霉菌分泌直连淀粉酶，转化酵母菌所需的单糖，高粱在新型研发的糖化箱内进行酿酒微生物（根霉菌、酵母菌）24h 恒定环境（设置糖化时间、糖化温度、糖化湿度）糖化培养，再利用酵母菌提供酒化酶将单糖转化为乙醇。整个工艺流程利用机械化设备替代人工繁重的体力劳动；将原有的操作经验转化为科学的工艺控制参数，利用自动化控制系统准确执行；利用完善的自动控温监控系统，实现四季的稳定生产。

（二）工艺技术流程对比

传统酿造工艺流程见图 1。

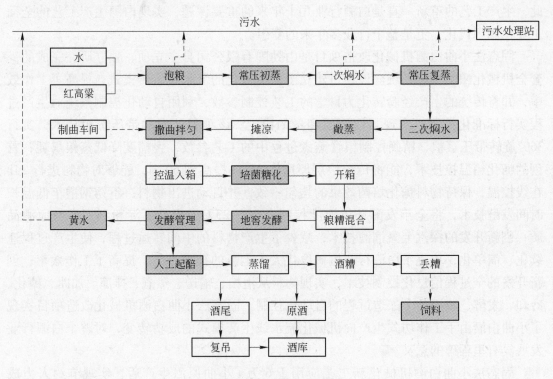

图 1　传统酿造工艺流程

机械化酿造工艺见图 2。

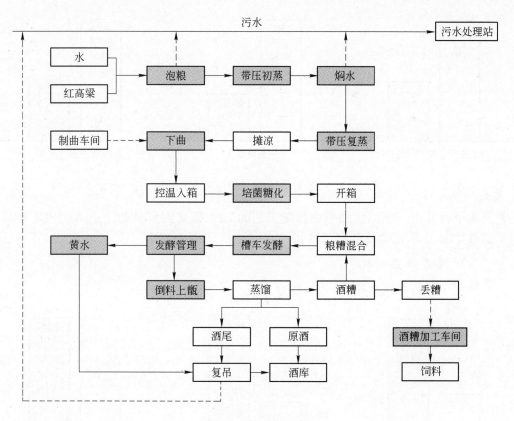

图 2　机械化酿造工艺

（三）技术创新点

（1）首创小曲酒全过程的机械化生产线，并在部分工序实现了自动化。

（2）首创带压蒸粮技术，准确控制蒸粮过程中的工艺参数，大幅度降低蒸粮煤耗。

（3）首创的糖化箱床温控技术，自动进出物料并能够对物料进行 24h 在线控温。

（4）开发了不锈钢槽车低温长时间发酵技术，物料全过程不沾地，提高了淀粉利用效率和原酒品质。

（5）开发了探汽上甑馏酒技术，使生产过程连续化、简单化。

三、实施效果

（一）环境效益对比

环境效益指标对比见图 3。

（1）综合能耗是指将蒸汽和电的消耗量折算为标煤的消耗量，折算公式为：蒸汽量 ×0.1286 + 用电量 ×1.229/10000。

（2）固态法小曲白酒机械化酿造工艺，克服了传统工艺劳动强度大、生产效率低、原酒酒质、酒率稳定性差的缺陷。固态法小曲白酒酿造生产的粮食出酒率比传统

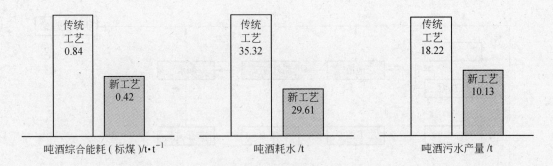

图 3　环境效益指标对比

工艺高 4 个百分点，原酒优级率由传统工艺的 20% 提高到 80% 以上，人力成本较传统车间降低 75%，平均综合能耗降低近 50%。

（二）经济效益对比

经济效益指标对比见图 4。

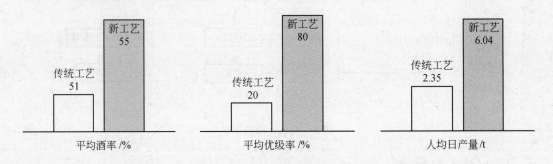

图 4　经济效益指标对比

目前湖北劲牌酒业有限公司阳新项目部三栋酿造车间投产，每月人均产酒量是传统工艺的 3.5 倍以上，人力成本较传统工艺车间降低 75%，高粱平均出酒率比传统工艺高 4 个百分点，按年产原酒 5 万 t 计算，在相同投料量的情况下，每年较传统工艺节约原料 4500t，节约成本 1350 万元。

新工艺对产品品质改善明显，产酒的优级率比传统工艺高 3 倍。

新工艺采用规模化流水线作业，生产效率大大提升，人均日产量比传统工艺提高 157%。每年节约人工成本约 3500 万元，全年可以节约总成本 7500 万元左右。

（三）关键技术装备

关键技术装备对比如图 5 所示。

（四）水平评价

2013 年 11 月 19 日，在北京职工之家酒店成功组织了固态法小曲白酒机械化酿造工艺的部级科技成果鉴定会。专家组肯定了劲牌有限公司申报的"固态法小曲白酒机械化酿造工艺"的首创性及先进性，并给予了"整体技术达到国际领先水平"的鉴定结论。

传统泡粮

进出物料均由人工完成，劳动强度大，耗水量大

新工艺泡粮

全自动进出物料，耗水量小，节约资源

传统蒸粮

依靠班长的经验蒸粮，熟粮稳定性较差；常压蒸粮，蒸汽消耗量大

新工艺蒸粮

标准化的蒸粮工艺，程序自动控制，确保蒸粮的稳定性；高压保压蒸粮，大大减少蒸汽用量

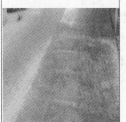
传统摊粮

固定的通风凉床，人工布料和翻拌，多次撒曲，劳动强度大，生产区域雾气重

新工艺摊粮

物料在输送过程中降温，由设备定量加曲拌匀，劳动强度小，生产区域雾气少

传统糖化培菌

物料厚度约15cm，糖化过程中温度不可控，进出物料由人工完成，有粮食碾压浪费的现象

新工艺糖化培菌

物料厚度60～70cm，糖化过程可控温，物料随链板出入，输送速度可调节，不破坏粮食感官

传统发酵

地窖7天发酵，受四季气温变化影响较大；出入料由人工完成，劳动强度大

新工艺发酵

不锈钢槽车发酵，发酵周期16天，发酵间四季恒温控制，叉车转运

传统蒸馏

上甑、出糟、原酒计量入库均由人工完成，劳动强度大

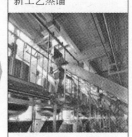
新工艺蒸馏

上甑、出糟、原酒计量入库均由设备自动完成，劳动强度小，工作效率高

图5　新、老工艺装备对比

四、行业推广

（一）技术适用范围

不同香型白酒生产的基本原理基本一致，因此该项目部分工序的创新可直接应用于其他香型白酒的生产，或对该套工艺进行二次开发，以适应自己酒厂的生产要求。

（二）技术投资分析

机械化酿造工艺因涉及到的设备较多，前期的设备制作成本将会较高，且设备运行成本比传统工艺要高，因此必须充分利用机械化生产线的规模效益及人工成本来降低生产的成本。以劲牌公司目前单个车间年产 1.3 万 t 的生产规模计算，设备投资约为 8600 万元，预计 4 年可收回投资。

（三）行业推广情况

该项目的技术不仅应用在固态法小曲白酒酿造工艺的研究上，也可应用于整个白酒行业其他香型工艺技术研究，以及相关食品行业（如酱油等产品）的安全生产应用，具有广阔的应用前景。此前，国内白酒行业仅有少部分企业对部分工序进行了简单的机械化改造。在劲牌公司成功将该技术应用到生产后，大批量国内知名白酒企业到劲牌公司进行参观交流，并由此带动了整个白酒行业的机械化改革。

另外，中国酿酒工业协会白酒分会技术委员会（扩大）会议 2011 年在劲牌公司成功召开，全国白酒十强企业到公司参观学习新工艺，并将"酿酒机械化"列入"中国白酒 158 计划"，在全行业内进行机械化工艺推广应用，并将其作为今后五年的重点工作内容。

案例44 基于连轧连冲及自动卷绕裁片工艺的卷绕式蓄电池清洁生产技术

——电池制造行业清洁生产关键共性技术案例

一、案例概述

技术来源：江苏双登集团有限公司

技术示范承担单位：江苏双登集团有限公司

根据我国电池行业"十二五"发展规划，电池工业的发展重点是调整产品结构，即进行高技术、高附加值产品结构调整。铅蓄电池重点发展密封免维护铅蓄电池，提高和改进防酸隔爆型铅酸蓄电池的性能，减少与淘汰传统的开口式与排气式电池。加快铅蓄电池企业的技术改造，采用先进的设备和工艺，有效控制生产过程的环境污染，实现清洁生产。鼓励胶体铅蓄电池、圆柱型铅蓄电池和双极性等新型蓄电池的研究与发展，鼓励对36V/42V汽车体系电池的研究开发，提高铅蓄电池比能量和铅的利用率。

传统的卷绕式铅酸电池主要生产工艺包括铅粉制造、板栅铸造、极板制造、化成、电池装配。长期以来，传统的铅酸蓄电池生产工艺是涂片、固化干燥、分片（打磨极耳与边框）、包膜，生产中产生大量的铅粉尘，给生产工人的安全和健康带来极大的隐忧；另外，传统的注酸过程依靠人工注酸，产生大量酸雾，并且为开放式化成，车间酸味刺鼻，对工人的健康造成了较大危害。

该项目通过对生产工艺技术的改造，实现了卷绕式铅酸蓄电池正极连铸连轧连冲和负极的连铸，既提高了产品质量，又节约了能耗；同时实现了连冲湿法覆膜、连涂连切、自动卷绕，减少了车间粉尘尤其是铅粉的产生，并在注酸化成过程中采用内化成法，极大地改善了生产车间的生产环境。该项目采用连铸连轧连冲式板栅制备技术、自动裁片技术、自动卷绕技术等多项生产工艺为国内首创，符合国家清洁生产示范项目——应用示范项目支持的范围。

该技改项目的总体年节电约为136万kW·h，节汽15000t；用水实现零排放，水的重复利用率达94%；基本实现铅粉尘和酸雾的零排放。2010年我国铅酸蓄电池产量超过13000万kW·h。其中，若80%用卷绕式铅酸蓄电池替代，推广该项目技术至少每年可节约电能28684万kW·h，节约蒸汽317万t。相当于减少SO_2排放3150万t、CO_2排放340138万t，烟尘排放1758万t。

二、技术内容

(一) 基本原理

该项目通过对板栅、卷绕、覆膜切片、化成等生产工艺进行技术改造，使生产效率大大提高，在减少耗能的同时，还大大减少了铅粉、酸雾的排放，改善了工作环境。

(二) 工艺技术

原生产线具体工艺流程如图1所示。

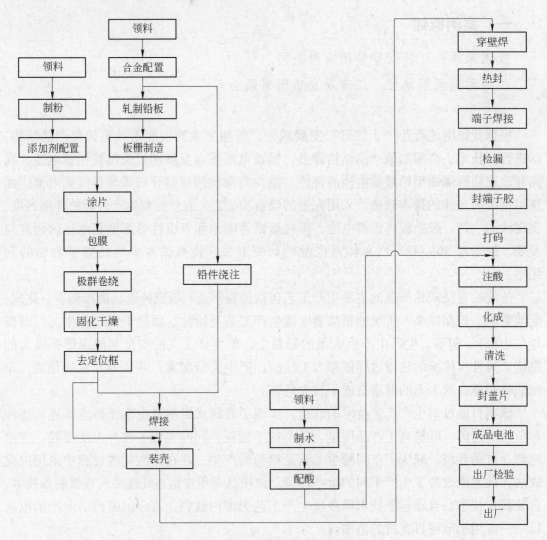

图1 原生产线具体工艺流程

在解决以上几个关键技术问题的基础上，该项目确定产品生产工艺包括板栅制造、制粉、和膏、涂片、固化和化成等，具体工艺流程如图2所示。

该项目板栅制造时采用新型连铸连轧连冲的工艺生产板栅，将外购的铅锑合金熔化（电加热），采用自行设计制造的连铸连轧连冲设备直接得到带状的板栅；制粉采

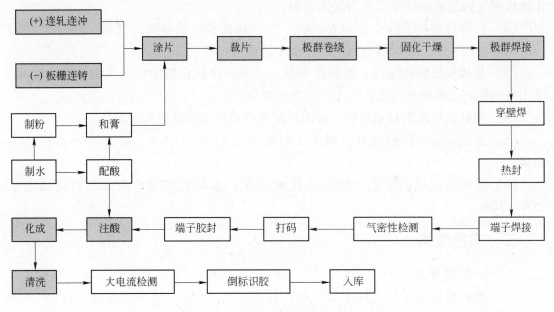

图 2　新工艺流程

用铸粒机将铅锭铸造铅粒，再通过铅粒提升机送入储粒仓储存，对铅粒进行时效处理，采用粗铅粒回送器把不合格的铅粉、铅皮或铅粒送入磨筒进行二次研磨；和膏过程按配方将铅粉加水混合，再缓慢加入硫酸、添加剂等混合，当铅膏的密度和稠度合适时即可供涂板机使用；涂片、分切时将铅膏涂在板栅上，制成湿极板，将带状连接在一起的极板利用全自动覆膜涂板分切系统切断，不需进行打磨分片；采用蒸汽固化干燥工艺，在固化房中进行；极群焊接采用全自动铸焊机将极柱与极耳铸在一起；装配封胶时将极群组放入电池槽内，将电池槽口和槽盖（环氧树脂胶及固化剂）的底部用电热板加热至适当的温度呈软化状态，然后将完整的槽盖加压在一起，使其粘合；注酸、化成时酸雾经吸风通道吸入酸雾处理器进行中和处理，不对外排放，化成时需要将电池放入冷却水槽中冷却，冷却水经水处理系统处理后循环使用；采用水洗干燥机对电池进行 2 次清洗；最后经产品检验合格后，包装入库。

（三）技术创新点

该项目生产工艺创新点如下：

（1）项目板栅正极采用连铸连轧连冲工艺，负极采用连铸工艺，生产的板栅较常规重力浇注板栅工艺生产的板栅具有厚度薄（重力浇注等工艺生产的板栅厚度一般为 3.5 ~ 4.0mm，而连铸连轧生产的板栅厚度一般为 1.3 ~ 2.0mm，仅为普通板栅的一半以下，本项目为 0.6mm）、表面平整（不需要前期打磨，而打磨是蓄电池生产过程最主要的铅尘来源，大大减少铅尘的产生量，提高了原料铅的利用率）、不需另铸零件及焊接零件、板栅连在一起呈带状可整体涂板、减少固化干燥时间、节约蒸汽（因板栅厚度仅为普通板栅的一半以下，干燥时间大大缩短）等优点。板栅生产由铸片更改为连铸连轧连冲方式，生产效率提高 500%，减少铅炉，降低铅蒸气排放与耗电量。

正极板栅连铸连轧连冲生产线为国内首创。

（2）自行设计加工的全自动卷绕机，生产速度快、效率高，实现了卷绕电池高速、高质量的生产，是卷绕电池生产过程中的重点关键设备。

（3）带状板栅整体涂板，提高涂板效率，减少涂板设备的清洗次数，节约用水。采用自动控制的板栅分切工艺，不产生含铅废气。

（4）和膏工序选用自动加料、自动控制搅拌速度和温度的和膏设备。

（5）极板不需要打磨极耳，减少了打磨工序人员约 20 人，并完全不再产生铅粉尘。

（6）采用内化成的工艺，缩短了化成周期，基本无酸雾产生，节约化成电量 25% ~ 30%。

三、实施效果

（一）环境效益

（1）池板栅采用连铸连轧方式，生产效率提高 500%，铅炉的数量可以由 12 台（600kg/台）减少到 2 台（3000kg/台），由于铅液面与空气的接触面积减小，铅烟中铅的排放量减少了约 80%。

（2）采用连铸连轧连冲工艺生产的板栅不需要分片、打磨极耳，完全不再产生铅粉尘，彻底消除了铅酸蓄电池生产过程中污染最严重的环节，基本没有铅尘排放，在改善环境的同时，提高了原料铅的利用率。

（3）电池极板在涂片后立即卷绕，不会产生传统电池生产过程中由于极板干燥后包膜产生的铅粉尘。

（4）项目采用真空注酸，化成采用全密闭化成槽，注酸化成过程无酸雾污染。

（5）化成采用内化成方式，实现生产用水"零排放"。

新、老项目环境效益对比见表 1。

表 1 项目改造前后环境绩效对照表

污染物名称	重力浇铸排放量	新技术排放量
废气中铅	0.2t/a	0.01t/a
废水	1840t/a	1500t/a
COD	45.5mg/L	40mg/L
SS	89.2mg/L	70mg/L
Pb^{2+}	12.7mg/L	1mg/L
pH 值	5 ~ 8	6 ~ 9
酸雾净化率	70%	99%

（二）经济效益

对新型结构（卷绕式）阀控密封铅酸蓄电池在不同领域与其他电池相比，可以看出，当应用于启动领域时完全可以使用 12V50A·h 电池替代 12V120A·h 普通铅酸电池，而且性能更为优越。12V50A·h 型卷绕电池耗铅量远低于 12V120A·h 电池，价格更低，同时该电池寿命是普通电池的 2~3 倍。如果将国内销售的 12V120A·h 电池都采用卷绕电池替代，将可为国家直接节约铅资源 1.4 万 t/a。

（三）关键技术装备

根据工艺技术改造内容，该项目新增了板栅加工线、极板连涂连切线、自动卷绕机、铸焊机/穿壁焊机、真空注酸机和化成充放电机共计 60 台（套），其中板栅加工线和极板连涂分切线为企业自主开发，并委外定制加工，铸焊机/穿壁焊机进口、真空注酸机从国外进口，其他设备均在国内采购。

（四）水平评价

该项目已获得授权实用新型专利 3 件，新申请发明专利 2 件。项目产品通过泰州科技局科学技术成果鉴定，被认定为江苏省高新技术产品。产品已通过了美国 UL、欧盟 CE 认证，经美国工业 500 强企业 COOPER 电气委托北方汽车质量监督检验鉴定试验所检测。

四、行业推广

（一）技术适用范围

该项目技术适用于新型结构（卷绕式）阀控密封铅酸蓄电池制造行业。

（二）技术投资分析

该项目实际总投资 5382.9 万元，其中，国产设备投资 1820.9 万元，进口设备投资 3562 万元。该项目正常年利润总额 1708.52 万元，按照 25% 缴纳所得税，税款为 427.12 万元，净利润为 1281.32 万元。所得税后利润提取 10% 的法定公积金，其余部分为企业未分配利润。

（三）技术行业推广情况分析

该项目技术先进、工艺成熟、市场前景广阔，具有较大的经济价值和社会价值，对提升我国电池行业技术水平、促进产业结构调整和技术升级有较强的带动作用。

资源效益：电池板栅采用连铸连轧连冲方式，生产效率提高 500%，铅炉的数量可以由 12 台（600kg/台）减少到 2 台（3000kg/台）；采用进口化成设备，在放电过程中将先前充进的电回收用于充电，降低了能耗；采用连铸连轧连冲工艺生产的板栅厚度仅为普通板栅的一半以下，因此大大缩短了干燥时间，总体节电约为 1358100kW·h/a。采用蒸汽固化干燥工艺，在固化房中进行，该部分实现节汽 15000t/a。化成采用内化成方式，实现生产用水"零排放"，化成完的电池采用水洗干燥机进行 2 次清洗，替代改造前工艺采用人工清洗的方式，实现水资源的高循环利用率，经核算，该项目重复用水率达到 94%。

环境效益：项目采取的废水、废气、噪声、固废等污染治理及清洁生产措施，达到了有效控制污染和保护环境的目的。

经济效益：项目正常年利润总额为 1708.52 万元，按照 25% 缴纳所得税，税款为 427.12 万元，净利润为 1281.32 万元。

案例 45 年产 4 万 kL 黄酒清洁生产工艺与装备技术
——黄酒行业清洁生产关键技术案例

一、案例概述

技术来源：会稽山绍兴酒股份有限公司、宁波市味华灭菌设备有限公司、浙江国祥空调设备有限公司、徐州创元机械制造有限公司、象山恒大机械有限公司

技术示范承担单位：会稽山绍兴酒股份有限公司

黄酒产业属于劳动密集型的行业，也是高污染行业，资源利用率低、高消耗、低质量、低效益、高污染的粗放型特征仍未有改变，对生态环境的压力仍然很大。解决黄酒的粗放型增长问题，推行清洁生产是一条可持续发展的有效途径。主要途径和方法包括厂房合理布局、产品设计、原料选择、工艺改革、节约能源与原材料、资源综合利用、技术进步、加强管理、实施企业与产品的生命周期评估等方面。

针对传统黄酒粗放型生产特征，会稽山绍兴酒股份有限公司等公司合作开发在保持传统酿造工艺技术基础上，采用标准化仓储技术代替散装（简易袋子包装）、蒸饭机的余热回用、生曲及熟曲的自动化连续生产替代间歇生产、发酵单罐冷却、密闭式自动化压滤机、自动化洗坛灌酒装备等清洁生产技术，深度应用于粮食原料处理、蒸饭、制曲、发酵、压榨、煎酒等酿造生产线关键环节，来推动生产装备的技术创新和生产过程的资源节约，实现黄酒传统制造向现代先进清洁制造的改造提升，以在行业中作出示范，对整个黄酒生产行业提高科技含量、促进清洁生产起到积极作用。该项目能有效减少能源消耗，实现企业节约能源目标。项目新增制曲、蒸饭、发酵、压榨、煎酒等先进清洁生产设备。实施后，可实现年节约蒸汽 651.35t、节约用水 23.02 万 t、节约用电 18.865 万 kW·h/a，折标煤 129.91t。节约成本 556 万元/a。

二、技术内容

（一）基本原理

黄酒是中国的民族特产，属于酿造酒，在世界三大酿造酒（黄酒、葡萄酒和啤酒）中占有重要的一席。酿酒技术独树一帜，成为东方酿造界的典型代表和楷模。其中以浙江绍兴黄酒为代表的麦曲稻米酒是黄酒历史最悠久、最有代表性的产品。它是一种以稻米为原料酿制成的粮食酒。不同于白酒，黄酒没有经过蒸馏，酒精含量低于20%。不同种类的黄酒颜色亦呈现出不同的米色、黄褐色或红棕色等。

黄酒的传统酿造工艺，是一门综合性技术。根据现代学科分类，它涉及食品学、营养学、化学和微生物学等多种学科知识。我们的祖先在几千年的生产实践中逐步积累经验，不断完善，不断提高，使之形成极为纯熟的工艺技术。

中国传统酿造黄酒的主要工艺流程见图 1。

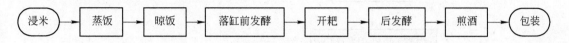

图 1　中国传统酿造黄酒的主要工艺流程

（二）工艺技术

与传统机械化黄酒酿造技术（工艺流程见图 2）比较，该技术（工艺流程见图 3）在原辅料、麦曲生产、出酒率、资源综合利用等方面均实现了较大的改进和提升。

该技术采用标准化钢板筒仓把原料糯米从运输车直接运至倒料斗经过筛选机筛选

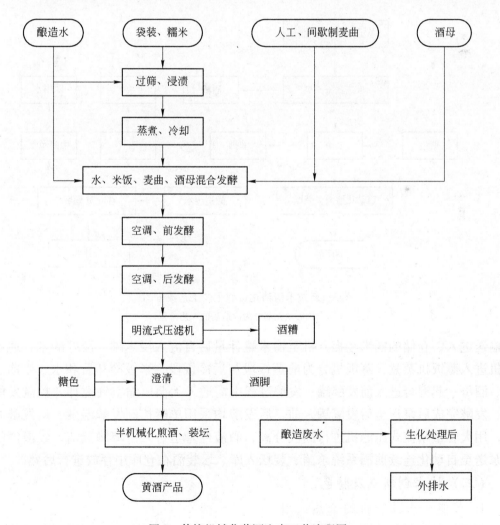

图 2　传统机械化黄酒生产工艺流程图

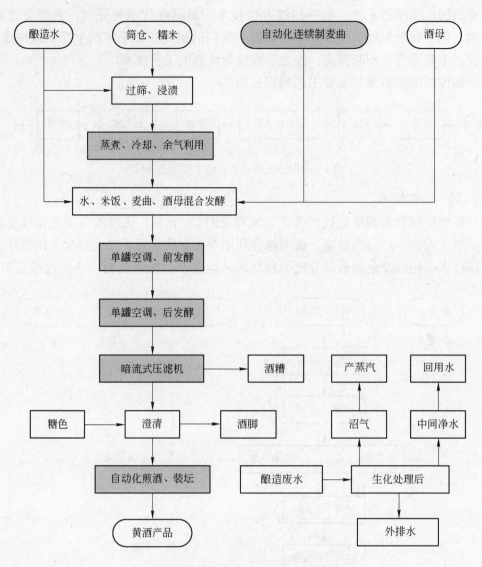

图 3　新技术清洁化黄酒生产工艺流程图
(图中色底填充部分为改造后的工艺流程)

后输送进入，仓储的糯米经提升机至输米罐计量后自流入浸米罐，浸好的米，通过输送机进入蒸饭机蒸煮，蒸饭机分为前蒸饭段与后冷饭段，米饭冷却后和水、生曲、纯曲、酒母一起混合进入前发酵罐。发酵过程中需通入无菌压缩空气搅拌并控制发酵温度，发酵完成后泵送至后发酵罐，前、后发酵均采用单罐控制发酵温度。后发酵完成后，用大容量暗流式压滤机进行固液分离，酒液经管道进入澄清罐澄清，经澄清的酒用泵送至自动化连续煎酒系统杀菌、装坛入库。坛装酒在仓库中存放进行后熟。

（三）技术创新点及特色

1. 节能——蒸饭机的余热回用

蒸饭机是酿制黄酒用以蒸饭的设备。大米从进料口一端加入，利用调节板使米层厚度为 20~35cm，由于网带的缓慢移动，大米被蒸汽连续加热成米饭，经风吹冷后从另端出口处出来。在加工过程中消耗大量的蒸汽，蒸汽的尾气一般都无序排放，造成大量的浪费。该技术采用蒸汽尾汽集中收集装置，通过蒸汽与水的热交换装置，产生的热水回用于大米浸泡，节约能源约 10%。

2. 工艺改造——生曲、熟曲的自动化连续生产替代间歇生产

该关键技术由宁波长荣酿造设备（味华）有限公司支持开发，采用自动控制型圆盘制曲机，自动化连续生产替代间歇生产，曲质量大幅度提高（约提高 60%），克服了麦曲的质量难以控制、季节性比较明显、不便于大规模生产管理、容易被虫污染的缺点，具有良好的经济效益。至少可节约小麦用量 30%，约 1187.7t。

自动控制型制曲机工艺流程见图 4。

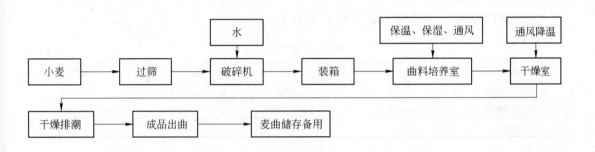

图 4 自动控制型制曲机工艺流程图

设备自动化程度高，以实现无人化管理为目标：风量、风压、温度、湿度等制曲要素均由制曲程序自动控制并记录。人性化程度高：PLC 编程控制，触摸屏操作，使制曲程序参数可修改并保存（多达 10 套制曲程序）。圆盘盘体制作精度高：漏料少，出曲后盘体上基本无残存料，翻曲彻底。进出料高度数字化显示：进出料更加便捷。开放式中心立柱设计：清洗彻底，维护方便。风机、盘体驱动均采用变频器控制：节能并实现自动化运行。

3. 设备自动化改造

（1）发酵单罐冷却：该关键技术由浙江国祥空调设备有限公司主持开发。传统工艺采用整个房间及发酵设备采冷通风，能源消耗较大，不容易控制发酵。该技术采用单发酵罐冷却控制方法，设备能效高，可减少采冷通风的浪费，节约用电约 5%。也有利于工艺控制，有利于冷冻水的合理利用。节能效果显著。

（2）密闭式自动化压滤机：该关键技术由徐州创元机械制造有限公司主持开发，采用了多项在国内首创、独创的新技术。该压滤机进气方式采用国内独特的上进气方式。进气通道为上进气，内置于机器中，集中供气。它的优点是机器外部清洁、整洁，便于操作人员察看和安装，不易堵塞。采用的进气胶圈和 φ820mm 压滤机的进气胶圈通用，使用成本低，好维护。φ1000mm 压滤机滤板直径增大，和原 φ820mm 压滤机相比，在占地面积接近的情况下，过滤面积大、容积大、单位时间内处理酒醪的能力大，工作时无酒液挥发，出酒率可提高 0.5%，减少劳动用工，效益十分显著。

（3）自动化灌坛酒装备：该关键技术由象山恒大机械有限公司主持开发，采用了专为陶质酒坛而开发的集清洗、灭菌、上灰及灌装于一体的全自动机组。打破了我国酿酒业坛装酒沿用了几千年手工操作的历史，从繁重的体力劳动中解放出来，实现了真正意义上的工业化、自动化生产。该机组不仅大幅度节省了人力资源，而且清洗、灭菌更彻底、更卫生，由于大部分清洗水循环使用，又大幅度节省了水资源，灌酒装置采用了专利技术，使灌酒能精确定位（定量），不冒酒、不滴酒，杜绝酒损，同时减少了酒精损耗。可节约用工 50% ~ 60%，节约用水 80%。

三、实施效果

（一）环境效益

该项目实施后，总用能明显下降，见表 1。

表 1　环境效益对比

项　目	水/万 t	电/万 kW·h	蒸汽/万 t	标煤/t
项目实施前	33.2	226	1.42	2077.42
项目实施后	10.18	207.135	1.3549	1947.51
节约量	23.03	18.865	0.0651	129.91

可实现年节约蒸汽 651.35t、节约用水 23.03 万 t、节约用电 18.865 万 kW·h/a，折标煤 129.91t。

（二）经济效益

目前该技术项目已建成，正在试产。项目投资额为 5400 万元，预期收益节约成本 556 万元/a。与原工艺相比，年可节约原材料大米 158.14t，小麦 1187.7t；节约蒸汽 651.35t、用水 23.02 万 t、用电 18.865 万 kW·h，节约标煤 129.91t（见表 2）。

表 2　黄酒行业清洁生产综合效益汇总表

序　号	清洁生产方案	节蒸汽量 /t·a⁻¹	节电 /万 kW·h·a⁻¹	节水 /万 t·a⁻¹	折标煤量 /t·a⁻¹	节约成本 /万元·a⁻¹	合计/万元（增产、减料、节工）
1	节能——蒸饭机的余热回用	558.3			55.08	10.6077	10.6077
2	工艺改造——生曲、熟曲的自动化连续生产替代间歇生产					280.3	280.3
3	设备自动化改造	93.05	18.865	5.1	74.83	248.865	265.1815
4	发酵单罐冷却		16.865		59.03	16.865	19.9215
5	密闭式自动化压滤机	93.05	2		15.8	200	200
6	自动化灌坛酒装备			5.1		32	45.26
	合　计	651.35	18.865	5.1	129.91	539.7727	556.0892

（三）关键技术装备

该技术的关键技术装备包括：余热回收蒸饭机（图5）、自动控制型生曲、熟曲系统（图6）、发酵单罐冷却（图7）和密闭式自动化压滤机（图8）。

图5　余热回收蒸饭机

图6　自动控制型生曲、熟曲系统

图7　发酵单罐冷却

图8　密闭式自动化压滤机

（四）水平评价

该技术为具有国内外自主知识产权的行业重大首创技术，与宁波市味华灭菌设备有限公司（宁波长荣酿造设备有限公司）、浙江国祥空调设备有限公司、徐州创元机械制造有限公司、象山恒大机械有限公司等合作开发拥有1项中国发明专利授权、7项中国实用新型专利授权，成果达到国内领先水平。以现代科技改造传统产业，节能减排效果显著，社会、经济和环境效益明显，对推动传统行业——黄酒生产行业的发展具有重大意义。

四、行业推广

（一）技术应用范围

该项目属于黄酒酿造行业，主要产品为黄酒，可选用于以谷类大米、小麦等为原辅料的黄酒生产。所选用的全部设备在国内均能制造；对厂房要求适合设备布置；对公共设施无特殊要求。

（二）技术投资分析

年产4万kL黄酒清洁生产示范项目，投资约为5400万元，节约成本共计556万元/a，预计9.71年收回投资。

（三）技术行业推广情况分析

该项目已于2013年年底应用于会稽山绍兴酒股份有限公司年产4万kL黄酒建设项目中，目前已实现连续一季度的稳定试产运行。

该项目实施对我国黄酒行业清洁生产水平的提升具有良好示范效应；有助于提升黄酒产品质量和资源综合利用效率。目前全国黄酒产量为140万kL/a。该技术如在行业企业加以推广，可产生良好的资源、环境和经济效益。

资源效益：与传统黄酒酿造业相比，每年节约大米1500t、节约小麦4.1万t。

经济效益：可实现年节约蒸汽2.2万t、节约用水800万t、节约用电660万kW·h，折标煤4830t；每年还可节约大米1500t、节约小麦4.1万t。节约成本共计2.24亿元/a。

案例46　酵母发酵尾液综合利用技术

——酵母行业清洁生产关键共性技术案例

一、案例概述

技术来源：安琪酵母股份有限公司

技术示范承担单位：安琪酵母（赤峰）有限公司

酵母工业的发展符合国家产业政策，对国家实施能源替代战略、发展循环经济都具有重要意义，具有可持续发展的前景；酵母应用范围不断拓展，已涉及国民经济发展的多个领域，推进相关领域食品营养与安全，关系国计民生，而且带动多个行业技术进步。酵母行业是高科技行业，技术进步是行业发展的动力和基础，也只有不断采用新技术，推广清洁生产技术，提高酵母工业原料利用率和污染物治理的技术含量，才能不断减少酵母工业废弃物的排放，降低废水治理成本，提高综合利用水平，最终促进酵母工业的健康、可持续发展。

安琪酵母（赤峰）有限公司在企业不断发展的过程中始终重视环境保护的问题，根据国家可持续发展战略，保护环境，调整产业结构，大力开展清洁生产。经过对环保废水处理技术的不断实践和应用，公司逐步形成了一整套糖蜜酵母废水治理新技术的应用体系，并取得了较好的处理效果。因此，安琪酵母（赤峰）有限公司启动了发酵废水浓缩液综合利用工程应用示范项目，对废水进行综合处理和利用。

酵母废水含有丰富的 N、P、K 以及有机物质、微量元素，利用国内先进技术进行处理后，将废水经过蒸发、干燥加工成粉状产品，既实现了废弃物综合利用，又减少了对环境的污染和破坏。同时可实现较大的附加值，是一种"变废为宝"的处理方式。该项目产品可作为有机肥使肥力低下的农田增添有机质，提高肥力，促进农业生产发展，实现农业生态环境的良性循环，或者作为饲料添加剂及化工助剂在其他领域得到应用。

该项目技术的推广应用对于解决以糖蜜为原料的酵母企业的水污染治理提供了依据，对于推动酵母行业的发展，实现酵母工业的清洁生产具有重要的示范意义。

二、技术内容

（一）基本原理

该技术应用成果为：以糖蜜为原料生产酵母的废水治理研发及产业化应用。

采用关键技术基本原理如下：

（1）六效带强制循环降膜蒸发器。采用降膜式和强制循环式混合加热的方式，将稀溶液加热至沸腾，使其中部分水分汽化，从而达到浓缩溶液的目的。该技术采用连续式生产过程，具有浓缩比高、黏度范围大、传热效果好、处理量大、蒸汽能耗低和排放污水 COD 含量低等优点，适用于热敏性浓度较高、黏度较大的物料蒸发。

（2）高浓度废水干燥技术设备。采用旋转式雾化干燥和压力式喷雾干燥技术，并对进料模式、喷雾塔关键内部结构加以改进，将酵母发酵液浓缩液喷雾干燥制成水溶性有机肥料，解决了单一喷雾方式物料易于软化粘壁，甚至堵塞出料口，造成系统瘫痪的技术难题。

（3）酵母源水溶性生物有机肥料。酵母发酵浓液富含小分子有机质和氮、磷、钾及微量元素，既可以用作有机肥料的生产原料，提高肥料中的有机质和中微量元素，改善肥料品质，也可以作为冲施肥直接施用于各种经济作物，改良土壤。

（二）工艺技术

生产工艺流程见图 1。

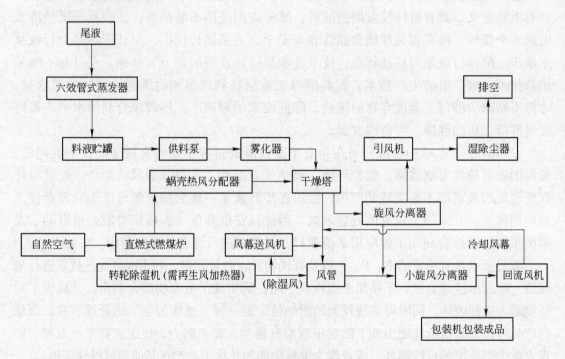

图 1　生产工艺流程简图

（三）技术创新点及特色

生产酵母产生的废水经过蒸发变成浓缩液，然后经过喷塔干燥技术，制成清洁环保的有机肥，使企业的生产形成良性循环。

三、实施效果

（一）环境效益

该项目实施后，每年可以减少 COD 排放量 2000t；减少氨氮排放量 7t。

（二）经济效益

该项目已建成10000t/a的粉状有机肥生产线，项目投资2804万元。吨产品成本为782元（不含税），售价为1500元，实现年利润717万元，投资利润率为20.1%。

（三）关键技术装备

该项目关键技术装备包括：（1）高浓度废水蒸发浓缩技术设备（图2）；（2）高浓度废水干燥技术设备（图3）。

图2　六效带强制循环蒸发器　　　　　图3　高浓度废水干燥技术设备

（四）水平评价

该技术为具有自主知识产权的原创技术，整体技术水平达到国际先进水平。

四、行业推广

（一）技术使用范围

该项目所属行业为酵母发酵行业，项目运行后生产的产品主要是有机肥，所用的设备全部国产化，对厂房、设备、原辅材料等没有特殊要求。

（二）技术投资分析

按照建成年产10000t有机肥的生产规模计算，总投资需要2800万元左右，建成后年销售收入为1500万元，利润717万元。

（三）技术行业推广情况分析

该项目已在安琪酵母（赤峰）有限公司稳定运行1年多，生产出的产品符合国家产品质量要求。

环境效益：该项目实施后，每年可减少污水排放20000t；减少COD排放2000t，减少氨氮排放7t。

经济效益：该项目实施后，每年新增利润717万元，税收135万元。

案例47　木糖分离工艺清洁生产应用关键技术

——木糖行业清洁生产关键共性技术案例

一、案例概述

技术来源：山东福田药业有限公司

技术示范承担单位：山东福田药业有限公司

我国玉米产量居世界第二位，农业废弃物玉米芯资源丰富，玉米芯通过工业生产提取木糖，大大提高了农产品的附加值。近十几年来，国内木糖产业规模化生产速度非常快，已成为世界木糖及木糖醇产品的第一生产与出口大国，其国际市场占有率达到70%以上。但由于目前生产木糖受工艺限制，生产过程产生的废液量大，硫酸盐及COD含量依然较高，导致处理难度与费用较高。通常，生产1t结晶木糖，会形成约1t的木糖废分离母液。改造前木糖分离母液色泽深，黏度大，含杂糖较多，只能用于制取焦糖色，市场价值很低。所以，必须对现有的木糖传统工艺进行改造，实现清洁生产，保持该产业在国际市场的优势地位，还要满足国家环保及宏观经济战略调整要求。

山东福田药业有限公司开发了木糖生产中分离工艺所产生的母液为原料，经酵母发酵去除葡萄糖，再经净化提纯、色谱层析分离、有机溶剂结晶等工艺，得到高纯度树胶醛糖晶体和木糖晶体，使木糖分离母液全部得到利用，实现了木糖分离工艺的清洁生产。

通过该技术改造后将分离母液（干基计）中的木糖和树胶醛糖分别分离纯化，得到结晶木糖和结晶树胶醛糖，其木糖产品及树胶醛糖产品纯度均在99%以上。示范项目处理6600t木糖母液（干基计），产树胶醛糖1000t，结晶木糖3000t，形成工业产值18360万元，在木糖分离工艺阶段减少COD的产生2500t。

该技术可以充分利用原料资源的优势，降低生产成本，促进木糖行业的清洁生产和节能减排，通过采用新型清洁生产技术替代传统技术，推广副产物和废弃物高值综合利用技术，提高回用率，具有广泛的应用示范作用。

二、技术内容

（一）基本原理

该技术以木糖生产中所产生的母液为原料，经酵母发酵去除葡萄糖，再经净化提纯、色谱层析分离、有机溶剂结晶等工艺，得到高纯度树胶醛糖晶体和木糖晶体，使木糖分离母液全部得到利用，实现了木糖分离工艺的清洁生产。

（二）工艺技术

技术改造前木糖分离母液均低价出售或者排放处理，无法体现其中的树胶醛糖和木糖组分的应用价值和经济价值。改造后提取树胶醛糖和木糖，其工艺流程见图1。

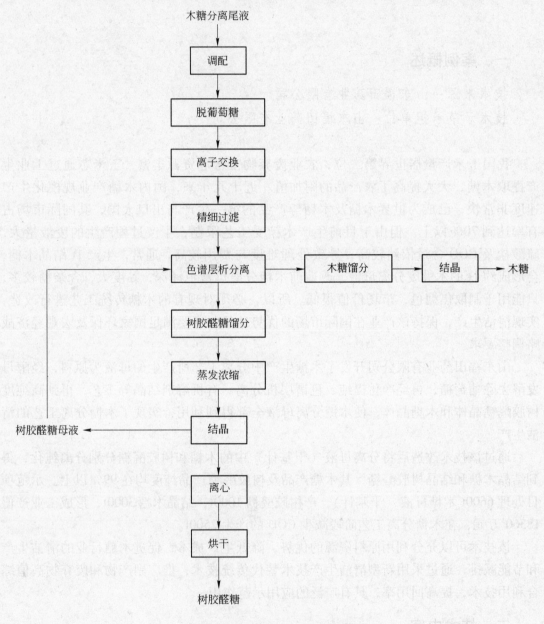

图1　技术改造后工艺流程简图

（三）技术创新点

（1）技术改造后木糖分离母液生产高纯度结晶树胶醛糖、结晶木糖，使木糖水解分离母液达到了高值化利用，并实现了木糖生产过程的清洁生产。

（2）改造中采用活性干酵母去除木糖分离母液中的葡萄糖，葡萄糖含量从17%降低到2%以下，具有很好的去除效果和经济效益。

（3）采用模拟移动床色谱层析分离技术分离木糖和树胶醛糖，具有分离效率高、分离收率显著等优点。

（4）剩余木糖分离母液经过加氢处理，可得到纯度70%以上的液体木糖醇，实现木糖分离母液的全部利用。

三、实施效果

（一）环境效益

在木糖分离工艺阶段可以减少有机物的产生量：

按1t木糖生产形成约1t左右的木糖废分离母液（COD为200～300g/L）折算，在生产环节，吨产品减少COD的产生250kg。

$$250g/L \times 1000kg = 250kg$$

示范项目1万t木糖，在木糖分离工艺阶段减少COD的产生2500t。

$$250kg/t \times 10000t = 2500t$$

（二）经济效益

该技术已建成年产1000t树胶醛糖生产示范装置，实际投资5800万元。通过该技术可将6.6t分离母液（干基计）中的木糖和树胶醛糖分别分离纯化，得到结晶木糖和结晶树胶醛糖，得到木糖产品3t和树胶醛糖产品1t。目前的市场价格是纯度99%的结晶木糖为1.6万元/t，纯度99%的结晶树胶醛糖为20～40万元/t。

该示范项目的经济效益：处理6600t木糖分离母液（干基计），产树胶醛糖1000t，结晶木糖3000t，形成工业产值18360万元。

（三）关键技术装备

该技术的关键技术装备是模拟移动床色谱分离装置（如图2、图3所示）。

模拟移动床色谱从间歇变为连续，使色谱技术发生新的飞跃，具有高分离率、低能耗、常温运行等优点。不但能适应连续生产的需要，而且由于模拟了逆流，使得填料与溶媒能反复利用，从而大大提高了效率，降低了成本。

（四）水平评价

山东福田药业有限公司木糖分离母液清洁生产技术，开辟了我国树胶醛糖规模化生产途径，在我国功能糖发展史上具有重要的里程碑意义。该技术获授权发明专利1项，实用新型1项，综合技术达到了国内领先水平。

四、行业推广

（一）技术适用范围

该技术适用于木糖生产企业。

图 2　模拟移动床色谱分离装置 1　　　　　图 3　模拟移动床色谱分离装置 2

（二）技术投资分析

该技术年处理木糖分离尾液 6600t（绝干计），年产树胶醛糖 1000t，年产结晶木糖 3000t，项目投资额 5800 万元，年实现收入 18360 万元，年利润总额 4749 万元，投资利润率 67.8%。

（三）技术行业推广情况分析

目前，应用该技术的山东福田药业有限公司，于 2013 年 6 月份建成了年处理木糖分离母液 6600t 示范生产装置，实现了装置的稳定可靠运行。

经济效益：该示范项目处理 6600t 木糖分离母液（干基计），可生产树胶醛糖 1000t、结晶木糖 3000t，形成工业产值 18360 万元。

全行业推广应用的经济效益：按全行业 8 万 t 木糖产量计算，将形成工业总产值 10 亿元以上。

社会效益：在木糖分离工艺阶段可以减少有机物的产生量。按 1t 木糖生产形成约 1t 左右的木糖废分离母液（COD 为 200000～300000mg/L）折算，在生产环节吨产品减少 COD 的产生 250kg。示范项目 1 万 t 木糖，在木糖分离工艺阶段减少 COD 的产生 2500t。

全行业推广应用的社会效益：全行业木糖产量 8 万 t，在木糖分离工艺阶段可以减少 COD 的产生 2 万 t。

案例 48　利用制革废毛和废渣生产皮革复鞣剂和填料技术
——皮革行业清洁生产关键共性技术案例

一、案例概述

技术来源：中国皮革和制鞋工业研究院

技术示范承担单位：河北中皮东明环境科技有限公司

在制革过程中，只有 20% 左右的原料皮转变为革，其余的形成废物和副产品。我国每年产生上百万吨的固体废弃物，革制品行业每年产生几十万吨的裁剪边角余料。另外，皮革制品破旧后就会成为垃圾。这些主要成分为蛋白质的有机垃圾在长时间堆置后会腐烂变质，其中有毒的铬盐和染料等化工材料会释放出来，还会释放出含醛类、含氮、含硫等有害气体，对生态环境造成严重污染，同时也是资源的极大浪费。因而开发利用制革废弃物，将污染物转化为有用资源，是一个亟待解决的重要课题。

目前，针对回收的牛毛无有效利用途径的问题，该技术对牛毛经过水解、改性处理制备蛋白填料，回用于制革生产。制革过程中产生的含铬制革废渣，由于含有重金属铬盐，目前基本上都进行填埋处理。该技术开发了一种新型提取胶原蛋白粉方法，可以降低胶原蛋白中的铬和灰分含量，同时降低干燥成本。提取的胶原蛋白经过多种方法改性，得到系列蛋白基皮革复鞣填充剂，回用于制革生产。对提取胶原蛋白后剩余的含铬残渣，经过处理后制备再生铬鞣剂，对铬进行再生利用，回用于制革生产。经过染色加脂的制革废渣由于同时含有铬盐、染料和加脂剂等化工材料，综合利用难度最大。该技术开发具有染色性能的皮革填充剂，回用于皮革生产中，充分利用废弃物中的染料、复鞣剂和加脂剂，提高了皮革废弃物的综合利用效率。

该技术的实施与运行结果表明：制革废毛的综合利用率达到 90% 以上；含铬废渣的综合利用率达到 99% 以上；染色后皮革废弃物的综合利用率达到 99% 以上。其中的保毛脱毛并回收利用废毛生产蛋白填料生产线可以降低制革废水中 30% 以上的 COD 含量，减排 COD 约 2000t，推广到全行业每年可以减排 COD 5 万 t 以上。其中的利用含铬废渣制备铬鞣剂和胶原蛋白复鞣填充剂生产线可以降低 99% 以上的含铬废渣排放量，年减排铬盐（Cr_2O_3 计）500t，推广到全行业每年可以减排铬盐 1 万 t 以上，减排含蛋白废料近 50 万 t。其中的利用染色后废渣制备染色填充剂生产线可以降低 99% 以上的含铬废渣排放量，推广到全行业每年可以减排铬盐（Cr_2O_3 计）3000t 以上，减排蛋白废料近 10 万 t。该技术不但可以解决废弃物对环境的污染问题，而且可以有效利用含铬废弃物中的铬盐和胶原蛋白,解决填埋处理成本高和浪费资源的问题,为制革区提供可持续发展的模式,对推进我国制革业的可持续发展具有重要的引领和带动作用。

二、技术内容

该技术将制革固废进行资源化利用,包括利用废毛制备蛋白填料技术、利用含铬废渣生产蛋白基皮革复鞣填充剂和铬鞣剂技术以及利用染色后废渣生产染色填充剂技术。

（一）基本原理

1. 利用废毛制备蛋白填料技术

基本原理:保毛脱毛得到的废毛的主要成分是角质蛋白,该技术将废毛使用还原剂对毛蛋白中的双硫键进行破坏水解,通过控制工艺条件得到相对分子质量较高的蛋白,制备成为蛋白填料。

2. 利用含铬废渣生产蛋白基皮革复鞣填充剂和铬鞣剂技术

这部分技术包括含铬废渣中胶原蛋白提取技术、蛋白基复鞣填充剂生产技术、利用提取胶原蛋白后铬泥生产铬鞣剂技术。

（1）铬废渣中胶原蛋白提取技术。基本原理:采用碱-酶结合一步水解法从含铬废渣中提取胶原蛋白。先使用碱对革屑进行水解,再使用酶对初步水解的革屑水解液和残渣进行深度水解,提取得到胶原蛋白。该技术在采用碱-酶结合一步水解法的同时,采用循环法进行胶原蛋白提取,使用低浓度胶原蛋白的水解液和水解残渣的水洗液代替水用于革屑的水解,其优点是可以得到高浓度的胶原蛋白,而且可以充分回收胶原蛋白,另外,所得胶原蛋白中的铬含量和灰分含量也比较低。

（2）蛋白基复鞣填充剂生产技术。

1）丙烯酸树脂改性胶原蛋白填充剂的制备技术。胶原蛋白分子上的活泼氢在自由基引发剂的作用下可以产生自由基离子,或者先用含双键的改性剂对胶原蛋白进行预改性,在胶原蛋白分子上引入双键,再在自由基引发剂的作用下使用丙烯酸单体进行接枝共聚反应,得到丙烯酸树脂改性胶原蛋白复鞣剂。

2）氨基树脂改性胶原蛋白复鞣填充剂的制备技术。基本原理:先利用有机胺与醛类物质反应制备氨基树脂预聚体,再利用氨基树脂上预留的羟甲基与胶原蛋白上的氨基反应,并引入水性基团,制备氨基树脂改性胶原蛋白填充剂。

3）聚氨酯改性胶原蛋白填充剂的制备技术。基本原理:先利用多元异氰酸酯和多元醇反应制备聚氨酯预聚体,再利用聚氨酯预聚体上预留的异氰酸酯基与胶原蛋白上的氨基反应,并引入水性基团,制备得到聚氨酯改性胶原蛋白填充剂。

（3）利用提取胶原蛋白后铬泥生产铬鞣剂技术。基本原理:该技术使用硫酸将残渣溶解过滤后得到酸性水解液，再加入重铬酸盐在保持酸性条件下加热反应，酸性水解液中的胶原蛋白被重铬酸盐氧化而消耗掉，含铬胶原蛋白转化成为具有鞣性的铬盐，所加入的重铬酸盐被还原后生成三价铬，与水解液中的铬盐共同组成铬鞣剂，未被还原的重铬酸盐可用其他还原剂彻底还原。

3. 利用染色后废渣生产染色填充剂技术

基本原理：先将含染料皮革废弃物粉碎，再用碱法水解的方法提取其中的胶原蛋白，由于染料和复鞣剂在碱性条件下容易溶解，而且皮胶原的水解也促使了与其结合的染料和复鞣剂的溶解，因此可以将含染料皮革废弃物中的胶原蛋白、染料和复鞣剂同时都提取出来，得到含染料和复鞣剂的胶原蛋白溶液。将所得溶液用氨基树脂预聚体对胶原蛋白进行改性，提高胶原蛋白的填充性能，就得到同时具有染色和填充性能的皮革化工材料。

（二）工艺技术

1. 利用废毛制备蛋白填料技术

废毛的传统工艺处理方法为填埋或焚烧处理。

该技术生产的蛋白填料回用于制革生产中的复鞣填充工序，具有较好的填充性能，可以改善皮革的丰满性能和手感。

工艺技术：见图1。

2. 利用含铬废渣生产蛋白基皮革复鞣填充剂和铬鞣剂技术

含铬废渣传统处理工艺技术为填埋或焚烧处理。

（1）含铬废渣中胶原蛋白提取技术。含铬废渣经过水解过滤后得到铬泥，铬泥经

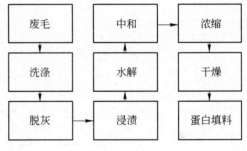

图1 利用废毛制备蛋白填料工艺技术流程

过二次水解后得到滤液1和铬饼，铬饼洗涤后得到滤液2，合并滤液1和滤液2得到低浓度的胶原蛋白水解液，将该水解液代替水再循环用于含铬皮革废弃物的水解，就可以得到高浓度的胶原蛋白溶液。使用项目的循环法提胶技术可以不经过浓缩将胶原蛋白溶液的浓度提高到15%以上。

工艺技术：见图2。

（2）蛋白基复鞣填充剂生产技术及利用提取胶原蛋白后铬泥生产铬鞣剂技术。从含铬废渣（削匀革屑）综合利用技术路线图中可以看出，削匀铬屑经过再生处理后得到铬鞣剂产品和蛋白基皮革填充剂，都可以回用于制革生产，不会产生废料和废水。

工艺技术：见图3。

3. 利用染色后废渣生产染色填充剂技术

染色后废渣的传统处理工艺技术为填埋或焚烧处理。

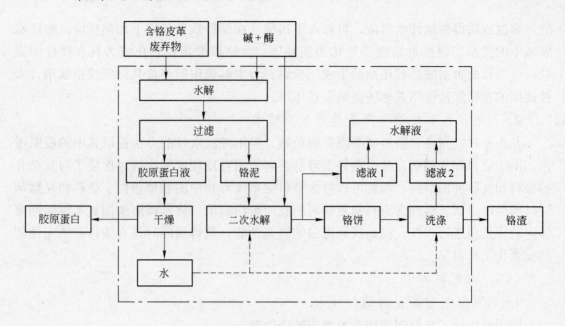

图 2 循环法提取胶原蛋白技术工艺流程图

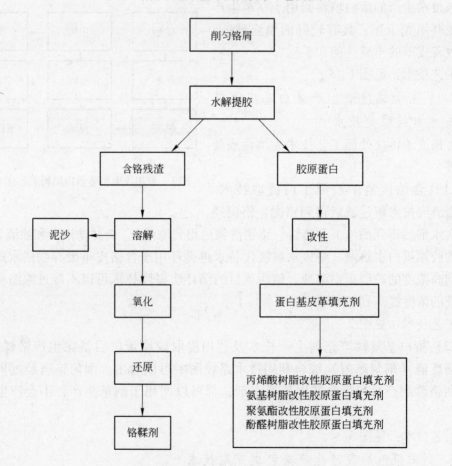

图 3 含铬皮渣综合利用技术路线图

该技术充分利用了废渣中的染料和复鞣剂，制备皮革染色填充剂。

工艺技术：见图4。

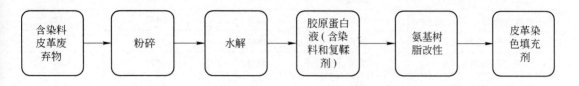

图4　皮革染色填充剂制备技术工艺流程

（三）技术创新点

该项目技术达到了国际先进水平，主要包括以下技术创新点：

（1）利用循环法得到了低铬、灰分含量的胶原蛋白，同时降低了胶原蛋白的干燥成本。通过该技术从含铬皮革废弃物中提取胶原蛋白可以降低生产成本20%以上，降低胶原蛋白中的铬含量和灰分含量30%以上。该技术已获得专利授权。

（2）采用多种方法对胶原蛋白改性，提高胶原蛋白填充性，改善皮革手感和染色性能，解决纯蛋白材料复鞣填充效果差的问题。

（3）使用化学方法除去与铬盐牢固结合的有机小分子，得到纯度较高且具有良好鞣制性能的铬鞣剂。解决了回收铬鞣剂对皮革产品质量影响的问题。该技术已获得专利授权。

（4）将染料和胶原蛋白、复鞣剂等一起提取，并经过改性，制备染色填料。在复鞣填充工序使用，产品还具有预染色和降低制革生产中染料用量的作用，同时解决了染色后皮革废弃物综合利用中的问题。该技术已获得专利授权。

三、实施效果

（一）环境效益

利用废毛生产蛋白填料生产线可以降低制革废水中30%以上的COD含量，减排COD约2000t，推广到全行业每年可以减排COD 5万t以上。

利用含铬废渣制备铬鞣剂和胶原蛋白复鞣填充剂生产线可以降低99%以上的含铬废渣排放量，年减排铬盐（Cr_2O_3计）500t，推广到全行业每年可以减排铬盐1万t以上，减排含蛋白废料近50万t。

利用染色后废渣制备染色填充剂生产线可以降低99%以上的含铬废渣排放量，推广到全行业每年可以减排铬盐（Cr_2O_3计）3000t以上，减排蛋白废料近10万t。

（二）经济效益

该技术已建成的年处理1万t皮革废弃物示范装置，前期有效投资约为3710万元，该技术包括的所有产品的经济效益见表1。

表1 利用制革废毛和废渣生产皮革复鞣剂和填料技术经济效益

项 目	蛋白填料	蛋白基复鞣填充剂	再生铬鞣剂	染色填充剂
成本(不含税)/元·t^{-1}	2000	3500	2500	2300
市场平均售价(不含税)/元·t^{-1}	4500	6000	8000	5000
吨产品盈利/元	2500	2500	5500	2200
吨产品纯利润/元	2000	2000	4400	1760
吨产品税金/元	500	500	1100	440
销售收入(满负荷生产)/万元	2000			
完成利润/万元	215			
缴纳税金/万元	71.3			
投资利润率/%	5.8			
投资利税率/%	7.7			
节约废弃物填满成本/万元	1000			

(三) 关键技术装备

该技术的关键装备包括：(1) 蒸球、反应釜装置（图5）；(2) 压滤装置（图6）。

图5 蒸球、反应釜装置 　　　　　　　　　图6 压滤装置

(四) 水平评价

该技术为具有我国自主知识产权的原创技术，拥有3项发明专利，再生铬鞣剂制备技术曾获2012年度国家轻工联合会科学技术奖一等奖。皮革废弃物综合利用技术体系获得了2007年度段镇基皮革和制鞋科学技术奖二等奖。该项目技术达到了国际先进水平。

四、行业推广

(一) 技术适用范围

制革企业实现各类皮革废弃物进行分类收集就可以使用该项目的技术。

（二）技术投资分析

该项目按照年处理 1 万 t 皮革废弃物计，约需投资 3710 万元。项目每年可以节约废弃物填埋成本 1000 万元，同时生产的铬鞣剂、蛋白填料和复鞣填充剂实现年收入 2000 万元，纯利润 215 万元，缴纳税金 71.3 万元，综合经济效益达到 3000 万元以上，投资利润率为 5.8%。

（三）技术行业推广情况分析

该项目建成后，将废毛和废渣在制革工业区内通过再生利用，生产成为制革生产所必需的铬鞣剂和复鞣填充剂，回用于生产，不但可以解决废弃物对环境的污染问题，而且可以有效利用含铬废弃物中的铬盐和胶原蛋白，解决填埋处理成本高和浪费资源的问题，为制革区提供可持续发展的模式。该项目技术的应用示范为广大制革企业提供了一个最佳的选择，推广应用后可产生良好的环境、经济和社会效益。

案例49 制革加工主要工序废水循环使用集成技术
——皮革行业清洁生产关键共性技术案例

一、案例概述

技术来源：中国皮革和制鞋工业研究院

技术示范承担单位：徐州南海皮厂有限公司

皮革行业是由制革、制鞋、皮具、皮革服装、毛皮及制品等分行业组成的一个完整产业链。制革为下游制品行业提供原材料成品革，是整个皮革行业的基石，也是行业产生污染的主要环节，对整个皮革行业能否可持续发展发挥重要的基础作用。

2012年我国规模以上制革企业745家，从业人员近20万人，工业总产值1705.41亿元，轻革产量7.47亿 m^2，占全球皮革产量的20%以上。但是，制革生产存在着布局分散、生产集中度较低、企业规模小、数量多等问题，据行业统计，行业内规模以下企业数量占50%以上。

制革生产的主要工序是在水介质中完成，通过物理、化学和机械等作用将各种原料皮加工成成品革。因此，制革工业生产过程中水消耗量和水排放量较大（年耗水约为1.4亿t，废水年排放量约为1.2亿t），占我国工业废水总排水量的0.5%左右；水重复利用率较低，仅为5%左右；主要污染物排放中化学需氧量（COD）占皮革行业排放总量的80%以上；废弃物的综合利用率也较低。

针对传统制革技术存在的污染大、负荷高、鞣制过程三价铬吸收率低、资源综合利用率低等问题，中国皮革和制鞋工业研究院与徐州南海皮厂有限公司共同开发了制革加工主要工序废水循环使用集成技术。该技术开发了高效清洁制革加工主要工序废水循环使用的集成技术工艺和新方法，取代了传统制革生产加工工艺，实现了资源转化率和利用率的大幅度提升，解决了传统制革技术的污染问题，并实现了浸灰脱毛废液和鞣制废液的循环与再循环使用，形成了生态制革新工业生产模式。

该技术工业化实施与运行结果表明：以投皮2000张牛皮标张的制革企业为例，每天减少硫化物的产生量约0.2t，减少石灰的产生量约1.5t，减少COD的产生量约2.4t，同时减少约300t废水的排放。该技术在国内外首次从生产源头解决了制革行业重污染的环保难题，对于推动我国绿色制革、生态制革具有现实的引领作用和带动作用。

二、技术内容

（一）基本原理

该技术属制革主要工序废水循环使用的清洁生产技术。无硫化物排放及节水的制革保毛脱毛及废液循环利用技术建立在免疫化学基础上，通过碱（石灰）将毛中的双硫键转化为更为牢固的新交联键，从而实现保毛脱毛；少铬高吸收铬鞣技术及综合利用示范集成技术利用大分子交联固定剂将鞣革过程中所使用的三价铬更有效地固定在皮胶原的羧基，产生较为牢固性的结合，同时提高其利用效率；示范集成技术通过制革清洁化技术集成、工艺平衡，实现制革最佳清洁生产技术集成。

（二）工艺技术

与传统制革生产技术比较，该技术在清洁组批、脱毛浸灰、脱灰软化、浸酸鞣制、液固废产出等方面均实现了较大的改进和提升。传统制革技术和本技术工艺对比见图1。

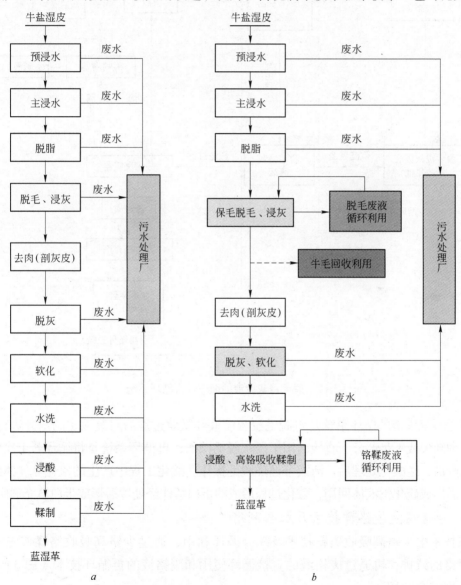

图1　传统制革技术与新制革技术工艺对比

a—传统制革生产技术工艺流程；b—新制革生产技术工艺流程

1. 无硫化物排放及节水的制革保毛脱毛及废液循环使用

该技术中无硫化物排放及节水的制革保毛脱毛及废液循环利用，通过低硫、低碱度保毛脱毛浸灰技术；脱毛废液的循环技术和脱毛废液的再循环技术（图2）应用，最终实现无硫排放。

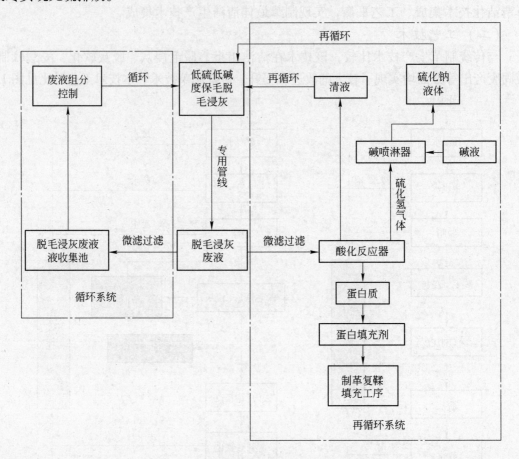

图2　脱毛浸灰废液的循环与再循环系统

脱毛浸灰废液的循环系统是将脱毛浸灰废液经微滤过滤后对废液中的组分进行控制，补充各种缺失或不足部分，直接回用于浸灰脱毛操作；再循环系统是将循环若干次后的脱毛浸灰废液，经酸化处理后，清液可循环脱毛操作，酸化工程中产生的硫化氢气体经碱喷淋回收后形成硫化钠液体回用，酸化过程形成的蛋白絮体经处置后形成蛋白填充剂回用。

2. 少铬高吸收铬鞣技术及综合利用

该技术中少铬高吸收铬鞣技术及综合循环利用，通过少铬高吸收铬鞣首先实现铬鞣工序铬的减排；再通过废铬液的直接循环使用和废铬液的再循环技术（图3）应用，最终实现综合利用。

废铬液的直接循环系统是将废铬液经微滤过滤后，对废铬液中的组分进行控制，补充不足部分的铬含量直接回用于下一批次的铬鞣操作；再循环系统是将直接循环若

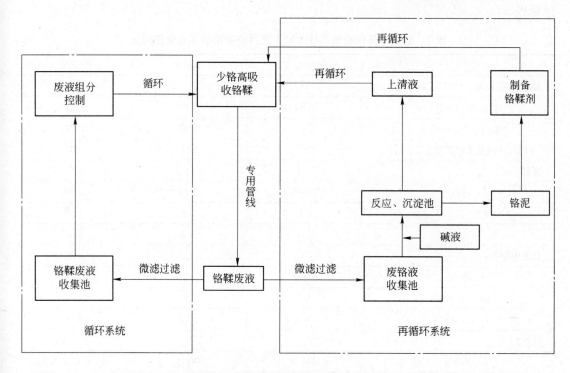

图 3　含铬废液的循环与再循环系统

干次后的铬鞣废液，经处理后，上清液循环使用，沉淀产生的铬泥经处理后形成铬鞣剂再回用，从而实现铬鞣工序中的铬的减排。

3. 清洁化的集成技术

将上述两项清洁化技术与无铵脱灰、清洁化涂饰技术等进行技术集成、工艺平衡，实现制革生产污染物总体减排。

（三）技术创新点及特色

与传统制革技术比较，该技术创新点及特色见表 1。

表 1　技术创新点及特色

序　号	技术创新点及特色
1	建立了以低硫低碱度保毛脱毛的制革脱毛技术系统，通过脱毛废液的循环和再循环技术应用，实现了制革脱毛废液的无硫化物排放的工业化核心技术，降低了制革废水的污染负荷，提高了资源利用率和转化率，实现了硫化物源头减排工业体系
2	开发了少铬高吸收铬鞣工艺清洁化技术，取代重污染的传统铬鞣技术，通过废铬液的循环和再循环技术的应用，有效地控制了制革过程中重金属的污染问题，降低了生产成本
3	集成技术实现了工艺平衡，满足生产需求，并实现了制革废水污染负荷的总体减排

三、实施效果

（一）环境效益

以生产加工 1 kg 盐湿皮计，新技术与传统制革技术的主要污染物指标和变化值指标见表 2。

表 2　新技术与传统制革技术的主要污染物指标和变化值对比

工　序	传统技术	新技术	变化值
保毛脱毛、浸灰:			
硫化物(以 S 计)/g	8.69	3.48	5.21
碱度(当量 OH⁻)	2.06	0.82	1.24
COD(从浸灰工序到脱灰工序)/g	253	164	89
鞣制:			
铬/g	3.048	0.25	2.798
硫化物(以 S 计)/g	6.8	5.5	1.3
COD/g	3.3	2.2	1.1
鞣后湿操作:			
铬/g	0.894	0.125	0.769
硫化物(S)/g	1.9	0.6	1.3
COD/g	28.6	23.3	5.3
总计:			
COD/g	284.9	189.5	−95.4 (33.49%)
硫化物 (以 S 计) /g	17.39	9.58	−7.81 (44.91%)
铬/g	3.942	0.375	−3.57 (90.49%)
碱度 (当量 OH⁻)	2.06	0.82	−1.24 (60.19%)

该技术建成的年加工 60 万张牛皮鞋面革的制革企业,每年减少 COD 的产生量约为 715.5t;减少硫化物产生量约为 58.58t,经再循环利用实现了无硫排放;减少铬产生量约为 26.78t,从生产源头实现主要污染物的减排,环境效益显著。

（二）经济效益

以生产加工每 1t 盐湿皮计,新技术与传统制革技术的生产成本指标和变化值指标见表 3。

表 3　新技术与传统制革技术的生产成本指标和变化值对比

工　序	传统技术费用/元(吨盐腌皮)	新技术费用/元(吨盐腌皮)	变化值/元(吨盐腌皮)
脱毛、浸灰			
总　计	79.9	52.9	−27
脱灰、软化			
总　计	14.7	60	+45.3
浸酸、鞣制			
总　计	288.5	213	−/−75.5
鞣后湿操作			
总　计	67.6	84.6	+17
合　计	450.7	410.5	−/−40.2

该技术建成的年加工60万张牛皮鞋面革的制革企业,生产成本降低30.15万元。

（三）关键技术装备

该技术的关键技术装备包括:(1)脱毛废液毛分离及循环使用装备(图4);(2)脱毛废液收集、过滤及酸化处理技术装备（图5）；（3）含铬废液的处理及再生处理装备（图6）。

保毛脱毛转鼓

毛分离设备

图4 脱毛废液毛分离及循环设备装置图

图5 脱毛废液循环设备装置图   图6 废铬液循环设备装置图

（四）水平评价

该技术为具有自主知识产权的重大原创技术,已经申请一项国家发明专利（专利已受理）。

四、行业推广

（一）技术使用范围

该技术所属行业为制革行业,主要生产产品为牛皮鞋面革生产加工。该技术所选用的设备全部为国产设备和一些国产非标设备,对厂房、设备、原辅料及公用设施等均没有特殊要求。

（二）技术投资分析

该项目技术总体改造资金约为 4000 万元。如投资建新厂，按照建设年产 60 万张牛皮鞋面革产品的企业进行测算，需要投资金约 1.7 亿元，最终形成年销售收入达 4.8 亿元，纯利润约 3000 万元，税金 2500 万元，完成利税总额约 5500 万元，投资利润率约为 17.64%。

（三）技术行业推广情况分析

目前，该技术的应用企业于 2013 年形成了年产 60 万张牛皮鞋面革的示范生产系统，现已经连续运行了近一年的时间。

该技术可以完全替代传统的制革技术。按目前国内牛皮鞋面革生产情况分析，若采用该技术年生产加工 3000 万张鞋面革，相当于目前国内鞋面革总产量的 30% ~ 40%，该技术按此份额推广应用后，可产生良好的环境效益和经济效益。

环境效益：该技术实现硫化物零排放；与传统生产技术相比，减少 COD 产生量约 715.5t/a，减少铬的产生量约 26.78t/a。

经济效益：该技术应用实现年销售收入 4.8 亿元，利税 5500 万元。

案例 50　铅蓄电池复合极板连续化清洁生产技术
——铅蓄电池行业清洁生产关键共性技术案例

一、案例概述

技术来源：新乡市亚洲电源科技有限公司

技术示范承担单位：新乡市亚洲电源股份有限公司

随着工业发展和社会进步，铅蓄电池成为能源储存、汽车启动、新能源短程低速汽车动力牵引的重要主导角色。2013 年我国铅蓄电池产量达到 2.05 亿 kV·A·h，同比增长 15.4%，2007～2013 年，除了 2011 年行业环保整治造成产量增速下滑以外，行业复合增速达到 22%。但目前国内铅蓄电池制造企业普遍采用重力浇铸工艺进行板栅制造，该工艺装备生产效率低下，耗能高，污染物排放量大。

2012 年 3 月 20 日，国家环保部、国家发改委等九部委再度召开全国会议，联合部署开展 2012 年环保整治专项行动，要求进一步落实环境整治措施，加大督办力度，加速淘汰落后产能，防止铅蓄电池企业污染反弹。截至 2012 年 6 月 30 日，铅蓄电池及再生铅行业在生产和试生产企业总共 394 家，其中铅蓄电池在生产企业 363 家，试生产企业 10 家，合计 373 家。极板产约能 14079 万 kV·A·h，电池产能约 14485 万 kV·A·h；再生铅在生产企业 20 家，试生产 1 家，合计 21 家，再生铅产能 34 万 t。

2012 年 7 月 1 日，国家工信部、环保部共同制定的《铅酸蓄电池行业准入条件》开始实施。准入条件中明确鼓励采用自动化生产工艺（拉网、冲孔、连铸连轧板栅制造工艺），这些新技术、新工艺将全面带动我国铅蓄电池产业技术升级，提高自动化清洁生产水平。

针对铅蓄电池循环寿命短、生产过程污染大等弊端，该示范工程建立了铅蓄电池复合极板清洁化生产系统。该技术实现了蓄电池寿命的提升与原材料铅的减量化，减少了再生铅资源的循环周期，同时连续化的清洁生产技术取代传统的单机单锅低效率生产，实现了资源转化利用率大幅度提升与重金属铅污染物源头削减。

二、技术内容

（一）基本原理

该技术为铅蓄电池复合极板连续化生产技术。合金铅在熔炼炉中加热，经连续浇铸机滚筒模具拉网冲孔形成连续网状板栅，在进行连续涂膏同时将复合物（超细玻璃纤维纸）复合到极板两侧，之后再切割成单独极板。生产过程理论上铅烟污染物年排放量仅为 60kg/条生产线，为铅蓄电池复合极板清洁生产技术。

（二）工艺技术

与传统普通重力板栅浇铸工艺比较，该技术在生产方式、生产速率等方面均实现了较大的改进和提升。该技术采用具有滚筒模具的连续浇铸机替代普通重力浇铸机，合金铅在熔炼炉中加热，经连续浇铸机滚筒模具形成连续板栅，连续板栅经传送带经过连续填充设备进行连续涂膏，将已涂膏的连续板栅经过旋转切割机切割成板栅，经过预热炉干燥处理形成复合极板。

技术改造前铅蓄电池极板生产的工艺流程见图1。

图 1 旧工艺流程图
（注：以上各环节均为单片或双连片间歇式生产）

技术改造后铅蓄电池极板生产的工艺流程见图2。

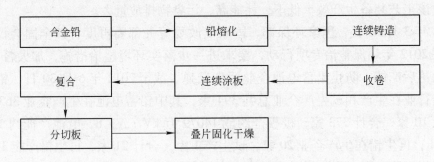

图 2 新工艺流程图
（注：以上各环节中铸造、收卷、涂板、复合、分切板均为连续化生产）

（三）技术创新点及特色

与传统重力浇铸板栅相比，该技术创新点及特色见表1。

表 1 技术创新点及特色

序 号	技术创新点及特色
1	熔铅炉温度控制在400℃左右，其余工序为冷加工，实现铅蓄电池清洁生产，可达到清洁生产2级标准，生产过程中几乎没有下脚料产生，节约再生铅资源，铅利用率高
2	超细玻璃纤维纸在含铅极板两侧，分别复合超细玻璃纤维纸，使极板被包裹在一个低内阻的空间里，在蓄电池充放电过程中，由极板的化学反应引起的极板收缩膨胀都在可控范围内，不允许因活性物质脱落造成铅蓄电池的寿命终止，此项技术可提高蓄电池使用寿命
3	超细玻璃纤维纸，性能优异的无机非金属材料，绝缘性好、耐热性强、抗腐蚀性好、机械强度高，它是以玻璃球原料经高温熔制、拉丝、络纱、织布等工艺制造成的，其单丝的直径在20μm左右，相当于一根头发丝的1/5，每束纤维原丝都由数百根甚至上千根单丝组成。玻璃纤维通常用作复合材料中的增强材料，电绝缘材料和绝热保温材料

三、实施效果

该示范项目产品与传统产品技术参数对比见表2。

表2 示范项目产品与传统产品技术参数对比

产品 参数		混合产品(带筋条隔板)		铅钙产品(袋状隔板)	
		传统产品 (+BM/-BM)	轻量产品 (+BM/-CC)	传统产品 (+BM/-BM)	轻量产品 (+BM/-CC)
1	电池质量/kg	15.1	14.6	15.2	14.7
2	5h率容量/A·h	52.0	51.8	51.6	52.1
3	20h率容量/A·h	60.8	60.6	60.2	61.3
4	高倍率放电特性 (-15℃、300A) 持续时间/m:s	2:19	2:20	2:26	2:30
	第5秒电压/V	8.88	8.98	9.31	9.39
5	充电接受性能/A	17.4	16.9	16.8	17.2
6	RC/min	109	107	106	111
7	CCA/A	439	444	491	498
8	自放电(40℃、28天) 剩余-15℃、300A持续时间/m:s	1:37	1:40	2:01	2:03
9	定电压充电减液/g(40℃、14.4V×28天)	250	254	47	45
10	40℃ JIS 重负荷寿命/次	330	325	153	151
11	40℃ JIS 轻负荷寿命/次	7500	7800	8700	9100
12	75℃ JIS 轻负荷寿命/次	3500	3500	3550	3600
13	40℃过充电寿命/次	13	13	10	10

(一)环境效益

该技术将铅蓄电池极板的传统制作工艺进行升级,以年产200万 kV·A·h 蓄电池为例,传统工艺需要配备30台铸板机,即30个熔铅炉(污染源),每个熔铅炉(2t)每年产生30kg铅烟污染物,每年总排放900kg铅烟。而新技术单条生产线采用4t熔铅炉1台,产能为200万 kV·A·h/a,铅烟污染物总排放仅为60kg/a。同时,节约28个熔铅炉消耗的电能及产生的废渣,生产环节可实现水电能耗降低40%~50%。该技术的实施可节约国家矿产资源,降低再生铅资源消耗循环周期,在相同产能情况下可实现重金属排放量降低50%~60%。可以实现降低单位电池产量能耗0.3kW·h/kV·A·h,降低单位电池产量耗铅量5.0×10^{-3}t/(kV·A·h)。通过极板的复合技术,在同等质量情况下,该技术可以降低单只电池用铅量8%~10%。

(二)经济效益

该示范工程设备投资2600万元,辅助设备(含铅粉机、和膏机、化成设备组装设备)投资1800万元,总投资4400万元,可年产铅蓄电池200万 kV·A·h,年销售额7.2亿元,净利润3601万元,投资回报期极短,具有很大的经济效益和推广示范效益。

（三）关键技术装备

该技术的关键设备包括：（1）连铸机；（2）连续涂板机；（3）滚切分板机。

技术改造前装备见图3。

图3 技改前车间设备

技术改造后装备见图4、图5。

图4 连续涂板机

图5　滚切分板机

（四）水平评价

该技术达到国际先进技术水平。比较先进的欧美国家已经应用到铅蓄电池的生产中，利用该技术可使铅蓄电池生产摆脱高污染的行业困境，达到清洁生产2级标准，国内推广该技术的前景良好。

四、行业推广

（一）技术使用范围

该技术所属行业为铅蓄电池行业，主要产品为铅蓄电池复合极板，可应用于汽车启动用铅蓄电池、储能用阀控密封铅蓄电池、新能源汽车动力用铅蓄电池的生产制造。

（二）技术投资分析

按照建设一套年产200万 kV·A·h 蓄电池的设备计算，约需投资4600万元（极板生产部分）。装置建成后可生产汽车用免维护蓄电池280万只（以 60A·h 代表型号为例），实现年销售收入7.2亿元（需单独配置蓄电池装配设备），净利润3601万元，缴纳税金0.288亿元。

备注：该项目属于技术改造类项目，故所涉及的投资分析均为极板生产部分的资金投入量，不包含化成充电、电池装配、土建等。

（三）技术行业推广情况分析

应用该技术的新乡市亚洲电源股份有限公司于2014年1月建成了铅蓄电池复合极板连续化生产系统。目前该技术装备运行稳定，且已将所生产的复合极板1700t（可生产电池10万只）通过济宁远征电源公司生产蓄电池使用，供给北汽福田汽车配套以及零售。

　　该技术可完全替代铅蓄电池极板生产系统，按照目前铅蓄电池国内生产情况分析，该示范工程单条生产线可替代铅蓄电池年产量200万kV·A·h，相当于国内总产量的1%，该示范工程推广应用后可产生良好的环境效益和经济效益。

　　单条生产线每年可节约再生铅资源350t；减少铅烟排放840kg；节约水电能耗40%~50%；提高蓄电池使用寿命30%以上；实现年销售收入7.2亿元，净利润3601万元。

案例 51　木薯淀粉行业清洁生产集成技术

——薯类淀粉行业清洁生产关键共性技术案例

一、案例概述

技术来源：中国环境科学研究院/环保部清洁生产中心

实施单位：武鸣县安宁淀粉有限责任公司

木薯亦称树薯，大戟科植物，原产于美洲热带地区的亚马逊河流域，是世界 7 大作物之一，与马铃薯、红薯并列为世界三大薯类作物。目前，世界木薯主产国有尼日利亚、巴西、刚果（金）、印度尼西亚、泰国、莫桑比克、加纳、安哥拉、坦桑尼亚等。中国于 19 世纪 20 年代引种栽培，首先在广东高州一带栽培，随后引入海南岛，现已广泛分布于华南地区，以广西、广东和海南栽培为最多，福建、台湾、云南、江西、四川和贵州等省的南部地区亦有栽培。

木薯可供食用、饲用和工业上开发利用。木薯块根淀粉是工业上主要的制淀粉原料之一。木薯淀粉作为一种基本原材料，广泛应用于食品、医药、造纸、纺织、石油钻井、建材、饲料等领域，目前世界上以淀粉为原料的产品多达 2000 种以上。我国的木薯淀粉市场巨大，木薯淀粉产量远远不能满足国内市场的需求量，长期以来需要大量从国外进口木薯淀粉。据 FAO（联合国粮食与农业组织）统计，自 1980 年以来，中国木薯淀粉进口量均大于出口量，并且进出口量的逆差不断扩大。中国作为世界上最大的木薯淀粉进口国，2010 年和 2011 年进口量分别为 73.46 万 t 和 86.78 万 t，约占世界进口总量 40%。由此可以看出，我国木薯淀粉外贸依存度较高，国内产品市场潜力大。

然而，目前我国木薯淀粉加工企业普遍资源利用效率低，污染物产生量大，对末端处理设施造成巨大的减排压力：淀粉提取率低（约 85%），造成木薯原料消耗量较大，且未能提取的淀粉直接进入废水中，导致 COD 产生量较大；木薯淀粉加工产生的木薯渣一般直接进入厌氧发酵过程，根据物质平衡计算，其中至少还存在 50% 的淀粉残留在木薯渣中，其与部分纤维素（30%～50%）在废水处理阶段被降解，成为废水中 COD 的主要来源；此外，木薯淀粉生产企业水循环利用率较低，导致新水耗量和废水产生量也较大。以我国每年加工木薯淀粉 310 万 t 计算，每年木薯淀粉加工产生 COD 总量约 124 万 t，排放废水超过 6200 万 m^3。

针对以上问题，环保部清洁生产中心设计开发了木薯淀粉行业清洁生产集成技术，采用国际先进的 RECP（资源高效利用和清洁生产）理念，在武鸣县安宁淀粉有限责任公司完成了 2 万 t/a 木薯淀粉清洁生产示范工程一期建设，改进了木薯清洗、破碎，淀粉分离、精制等工艺技术，并实现了纤维素的分离和回收。到2013年11月底，示范工程一期全部建成，并投入生产调试，污染减排效果显著，淀粉资源利用率提高9个百分点，清水用量减少50%，COD产生量降低60%以上，淀粉品质大幅度提升，污染物减排成效与企业效益显著，初步实现了"双赢"的目标。

二、技术内容

（一）基本原理

该技术属薯类淀粉行业清洁生产技术。木薯原料中除含有大量淀粉外，还含有一部分纤维素、蛋白质等物质，目前木薯淀粉加工企业通常仅分离回收了其中的部分淀粉资源，剩余的未能回收的淀粉以及纤维素、蛋白质等其他资源，未经分离或经分离后作为木薯渣直接进入了废水处理阶段的厌氧过程，仅用于生产沼气，或卖给酒精生产企业用作原料，从而造成部分资源浪费、价值削减。从清洁生产、污染预防的理念出发，通过改进升级相关清洗、破碎设备，提高木薯淀粉收率，并分离出木薯中的纤维素、蛋白质等物质，分别进行资源利用，从而避免其进入废水中，成为COD的主要来源，此外，采用先进淀粉精制工艺、增加水循环率，进而大幅度削减新水耗量和废水排放量。

（二）工艺技术

木薯淀粉传统工艺流程如图1所示。

与传统工艺相比，清洁生产工艺（图2）在资源利用、工艺路线、设备集成等方面均实现了较大的改进。

其具体工艺流程为：原料木薯通过带

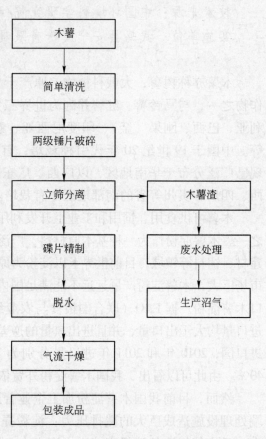

图1 木薯淀粉传统生产工艺流程

式输送机进入二级振动筛，进行干法筛分，去除90%以上的泥沙；经干法筛分后原料木薯通过三级浆式清洗，将木薯表面沙粒几乎全部洗净，保证进入破碎工段的木薯不含固体杂质；经清洗单元的木薯通过一级锤式碎解机预破碎后，浆料输送至锉磨机进行锉磨，使薯浆中的自由淀粉颗粒与纤维完全解离、结合型淀粉与纤维最大程度的解离；浆料进入多级离心筛筛分洗涤，纤维素排出进行资源利用；剩余浆料进入卧螺离心机，分离出蛋白质，并对其进行资源利用；淀粉乳进入多级旋流站，经多级逆流洗涤精制，得到精制淀粉乳；精制淀粉乳进入刮刀脱水机脱水；脱水后的淀粉经气流干

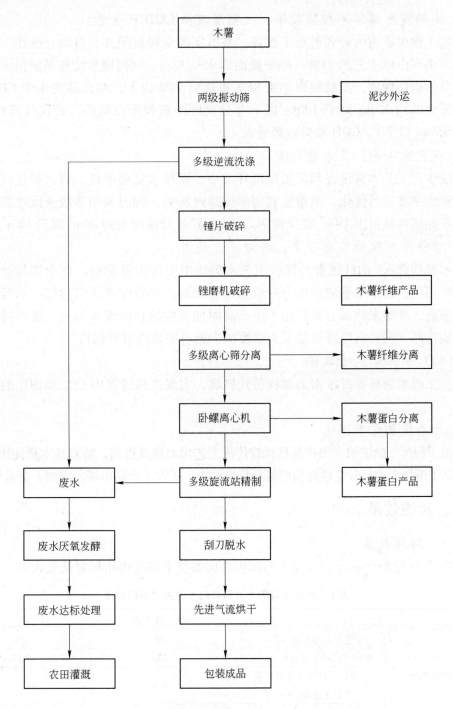

图 2　木薯淀粉清洁生产工艺流程

燥机烘干，达到商品淀粉的要求。已建成的示范工程一期完成了纤维素的分离，即将建设的二期工程将进一步实现对蛋白质的分离和利用。

（三）技术创新点及特色

与传统生产技术比较，该技术有以下创新点及特色。

1. 提高淀粉解离率和回收率，大幅度减少 COD 产生量

示范工程引进国内外先进加工设备，基本实现全程封闭式、自动化操作，破碎环节淀粉解离率由原工艺的 85% ~ 88% 提高到 95% 左右，同时减少淀粉精制损失和气流烘干环节的跑粉现象，淀粉提取率由 85% 提高到 94% 以上，吨产品废水中 COD 产生总量由原来的约 400kg 降到 100kg 以下（分离纤维素和蛋白质后，若仅分离纤维素，则降至 150kg 以下），COD 减排效果显著。

2. 优化水平衡，节水量巨大

传统生产工艺木薯洗涤和淀粉精制环节中，循环水复用率低，清水耗量巨大。示范工程对水平衡进行优化，水重复利用率提高到 80%，同时采用多级逆流洗涤精制淀粉，吨产品清水耗量由 19m^3 减少到 9m^3，废水产生量由原来的 20m^3 降到 10m^3 以下。

3. 难降解有机物前端分离，资源高效利用

鲜木薯约含 3% 的纤维素，传统工艺木薯渣中夹带大量淀粉，企业将其返回厌氧工序生产沼气，由于木薯渣中部分纤维素不易降解，导致废水难以达标。示范工程淀粉提取率高，纤维素前端分离并用于生产高附加值的膳食纤维和饲料，蛋白质分离生产蛋白质产品，既提高经济效益又大幅度减少废水中难降解有机物。

4. CO$_2$ 和 SO$_2$ 大幅减排

示范工程木薯秆等纤维素为燃料替代燃煤，实现产热过程中 CO$_2$ 和 SO$_2$ 的大幅度减排。

5. 产品质量大幅提高

示范工程生产的淀粉主要产品指标较传统工艺均大幅度提高，特别是木薯淀粉黏度的提升满足了市场上大部分变性淀粉的原料特性要求，扩大了产品市场，增加了企业利润。

三、实施效果

（一）环境效益

以生产 1t 淀粉产品计，新技术与国内外同类技术的关键指标对比见表 1。

表 1　新技术与国内外同类技术的关键指标对比

指　标		改　造　前	改　造　后
资源能源利用	单位产品耗水量/m^3·t^{-1}	19	≤9
	单位产品耗电量/kW·h·t^{-1}	220	≤165
	单位产品鲜木薯消耗量（不计泥沙）/t·t^{-1}	4.1	≤3.8
	淀粉收率/%	85	≥94
污染物产生	单位产品废水产生量/m^3·t^{-1}	20	≤10
	单位产品 COD 产生量/t·t^{-1}	0.4	≤0.10
废物回收利用	水循环利用率/%	41	≥88
	蛋白回收率/%	0	≥70
废水排放	排放废水 COD 浓度/mg·L^{-1}	无法稳定达标（≥300）	稳定达标（<100）

实现我国木薯淀粉全行业（以 310 万 t 产量计）COD 产生量降低 93 万 t，废水产生量和排放量削减 3100 万 m³，资源综合利用产品增加 93 万 t，改造企业生产废水经处理后稳定达标排放。

（二）经济效益

该技术已建成的 2 万 t/a 示范生产线，前期有效投资约 5341 万元，木薯淀粉生产成本约 2996 元/t（含税）。吨产品盈利约 5740 元，其中纯利润约 490 元，各种税金约 148 元。在满负荷生产情况下，可实现年销售收入 6844 万元，完成纯利润 735 万元，缴纳税金 296 万元，投资利润率约 13.8%，投资利税率约 19.3%。

（三）关键技术装备

该技术的关键装备包括：（1）清洗系统——振动筛 + 滚筒筛 + 浆式清洗机（图 3）；（2）破碎系统——锤片破碎机 + 锉磨机（图 4）；（3）分离系统——离心筛（图 5）；（4）精制系统——多级旋流站（图 6）。

图 3 清洗系统

图 4 破碎系统

（四）水平评价

该技术为具有我国自主知识产权的原创技术，成果达到国际领先水平，所建成的示范工程达到国际同行业先进水平，大力地促进了该行业的跨越式发展。

图 5　分离系统

图 6　精制系统

四、行业推广

（一）技术使用范围

该技术所属行业为薯类淀粉行业，主要产品为木薯淀粉，纤维素、蛋白质资源利用产品可作为商品出售，也可完全替代以马铃薯、红薯等其他薯类生产淀粉的生产工艺。所选用的全部设备在国内均能制造；对厂房、设备、原辅材料及公用设施等均没有特殊要求。

（二）技术投资分析

按照建设年产 10 万 t 木薯生产线计，约需投资 1.8 亿元。建成后可生产木薯淀粉 10 万 t，实现年销售收入 3.3 亿元，纯利润 0.5 亿元，缴纳税金 0.3 亿元，完成利税总额 0.8 亿元，投资利润率约 27.8%。

（三）技术行业推广情况分析

目前，应用该技术的武鸣县安宁淀粉有限责任公司于 2013 年建成了年产 2 万 t 木薯淀粉清洁生产示范一期工程，并投入生产调试，自 2013 年 11 月 20 日至 2014 年 2 月 22 日，运行稳定，生产木薯淀粉总计 1.2 万 t。

该技术可完全替代木薯淀粉传统生产技术，也可替代其他薯类淀粉（如马铃薯、红薯等）生产技术，按目前国内生产情况分析，该技术每年可生产木薯淀粉约 310 万 t。该技术推广应用后可产生良好的资源、环境和经济效益。

资源效益：与传统工艺比较，每年减少木薯消耗 93 万 t、清水耗量 3100 万 m^3，节电 17050kW·h，资源综合利用产品增加 93 万 t，生物燃气产量达到 1 亿 m^3；

环境效益：与传统工艺比较，每年减少 COD 产生量 93 万 t，废水产生量 3100 万 m^3，废水采用现有处理工艺即可实现经济可行的达标排放。

经济效益：实现年销售收入 102.3 亿元，完成利税 24.8 亿元。

案例 52   玉米深加工副产物发酵耦联清洁生产关键技术

——玉米深加工行业清洁生产关键共性技术案例

一、案例概述

技术来源：秦皇岛骊骅淀粉股份有限公司

技术示范承担单位：秦皇岛骊骅淀粉股份有限公司

玉米深加工工业是我国国民经济中的重要产业之一，因其产品多、功能全，与人们的生活密切相关。特别是近年来，我国的玉米深加工产业更是取得了突飞猛进的发展，目前我国的深加工玉米用量已达到 5200 万 t，其深加工产品更是涉及氨基酸、有机酸、淀粉糖、多元醇和酒精等多个领域。

按照国家产业政策调整的规划部署，特别是《关于促进玉米深加工业健康发展的指导意见》实施以来，我国的玉米深加工产业已经进入了转变增长方式的新时期，不再是鼓励简单扩大加工量和同质低水平的重复建设，而是着重于资源节约和清洁生产，提高原料利用率和产品的技术含量和高附加值，建设环境友好型的玉米深加工企业。因此，随着玉米深加工产品的不断拓展，最大限度地提高玉米副产物的综合利用率和实现清洁减排生产，已经成为玉米深加工行业可持续发展的必由之路。

近年来，虽然玉米深加工产业取得了长足的发展，但这种发展主要是低层次的产量扩增，是资源、能源高度依赖型的发展，更为重要的是在玉米深加工过程中产生的副产物和原料中未被充分利用的成分，甚至是被作为废物排放，造成环境污染。特别是玉米浸泡水和玉米皮的深度利用已成为限制玉米深加工产业清洁生产的瓶颈问题，严重困扰着行业的可持续健康发展。公司在贯彻国家节能减排和清洁生产政策时，适时针对玉米深加工过程中副产物利用率低、附加值低、对环境带来一定压力的情况，通过前期大量的实验室研制、小试和中试等科研实验，成功地研发了玉米深加工副产物发酵耦联清洁减排关键技术。此项技术充分利用玉米深加工过程的副产物，以玉米浸泡水含有的蛋白作为氮源，葡萄糖母液含有的可发酵性糖作为碳源，按比例混合后再加入微量元素制成培养基，调节好培养基 pH 值和温度，接入菌种，在培养过程控制好发酵温度，经过发酵周期后培养出饲料酵母发酵液，再通过蒸发浓缩、喷雾干燥等工序得到饲料酵母产品。

玉米深加工副产物发酵耦联技术的成功开发与实施，彻底解决了由于玉米浸泡水不能充分利用和深度处理而造成的环境污染问题，突破了长期制约行业健康发展的瓶颈，在提高玉米深加工副产物的综合利用率和产品附加值的同时，解决了饲料酵母生产中的发酵培养浓度低以及产品菌体细胞数低等问题。该项目的应用示范，必将成为带动整个行业发展的技术进步，对玉米深加工企业将制约企业发展的劣势转变为促进企业发展的资源优势，实现企业的可持续发展具有重要意义。

二、技术内容

（一）基本原理

饲料酵母是利用碳源和氮源为原料进行发酵培养的一种单细胞酵母蛋白。该技术采用饲料酵母和肌醇耦联的生产工艺，利用玉米浸泡水含有的蛋白作为氮源，葡萄糖母液含有的可发酵性糖作为碳源，生产饲料酵母产品，同时副产肌醇和钙磷粉。

（二）工艺技术

该工艺是骊骅公司自主研发且拥有独立知识产权的技术，改变了原有玉米浸渍水直接外排，或经简单蒸发后低价销售，或部分加入到玉米纤维渣中生产饲料产品的现状。原加工工艺流程见图1。

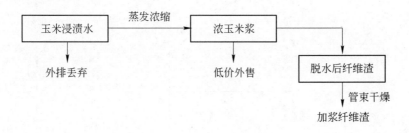

图1　原加工工艺流程

新工艺利用玉米浸泡水含有的蛋白作为氮源，葡萄糖母液含有的可发酵性糖作为碳源，按比例混合后再加入微量元素制成培养基，调节好培养基 pH 值和温度，接入菌种，在培养过程控制好发酵温度，经过发酵周期后培养出饲料酵母发酵液，再通过蒸发浓缩、喷雾干燥等工序得到饲料酵母产品。该技术改变了玉米浆过去只是经过简单蒸发浓缩即低价销售甚至外排的现状，大大提高了产品的价值。

新技术工艺流程见图2。

（三）技术创新点

（1）充分利用玉米深加工中的废弃液——玉米浸泡水，生产饲料酵母、肌醇和磷酸氢钙。采用饲料酵母和肌醇耦联生产，将生产肌醇产生的菲汀废液作为生产饲料酵母的培养基，充分利用菲汀废液中含有的氨基酸等营养物质，生产饲料酵母。在解决环保问题的基础上，既创造了经济价值，又实现了清洁生产。

（2）酵母的培养受浓度限制，培养基最高浓度不超过8%，一般都保持在6%以下，否则将影响菌体密度，而低浓度的培养需要大量的电汽消耗。该技术改变了发酵培养浓度，突破了传统发酵工艺浓度的限制，在保证培养时间不变、产品质量不降低

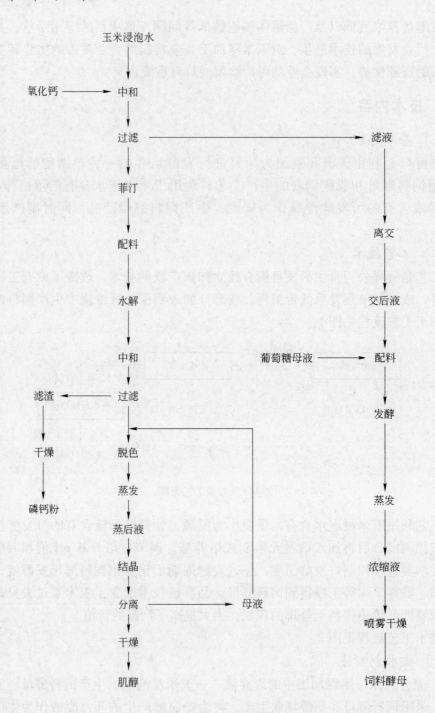

图 2 新技术工艺流程图

的前提下，将培养浓度提高了一倍，极大地降低了生产成本，为项目的产业化提供了条件。

（3）由于饲料酵母最主要的质量标准就是菌体数，所以许多厂家靠过滤发酵液来保证菌体数，但滤液很容易造成二次污染。该技术采用高密度培养，实现了全液干燥，避免了菌体过滤产生二次污染，在保证饲料酵母产品菌体数的同时，真正实现了清洁生产。

（4）对环状喷射自吸式发酵罐进行设计改造，使发酵过程中溶氧利用率达到50%，生产1kg酵母固形物所需的空气量仅为鼓泡式发酵罐的25%~30%，可降低能耗30%。

（5）发酵液采用高速离心喷雾干燥机干燥，发酵液瞬间干燥成为干粉，保持了酵母细胞的完整性，满足饲料酵母细胞数标准要求。

（6）使用氨水调节培养基pH值，使菌种不仅吸收培养基中的有机氮，还充分利用氨水中的无机氮，提高菌种生长速度，发酵周期在8h以内，菌体数可达18亿个/mL以上，产品菌体数达到180亿个/g以上。

三、实施效果

（一）环境效益

该项目通过对玉米深加工副产物的综合利用开发，可以大大减少淀粉企业外排的污水量，以年加工100万t玉米的淀粉企业为例，按目前三分之一的玉米浸泡水经处理后直接排放技术，该技术实施后，每年可减少废水排放量20万t，按淀粉工业水污染排放标准（GB 25461—2010）中COD浓度限值150mg/L计，每年可减少COD排放30t。

（二）经济效益

该产业化项目总投资9945万元，项目达产后计划年增销售收入30575万元，实现利润13027万元，上缴税金4010万元。

（三）关键技术装备

改造前用于处理玉米浆的主要设备有管束干燥机、蒸发器等设备，图3所示为蒸发器蒸浆操作一角；图4为管束干燥机的侧面图。

图3　蒸发器　　　　　　　图4　管束干燥机

该项目新增三级发酵罐、多效蒸发器、喷雾干燥机、离子交换柱、结晶罐、三足分离机、震动流化床等设备共计 237 台（套）。图 5、图 6 为项目设计及实施过程的主要设备图。

图 5　设计过程采用的实验设备

图 6　生产车间现场的多级发酵系统及离子交换系统

（四）水平评价

玉米深加工副产物发酵耦联清洁减排关键技术，经过骊骅公司技术人员的多年研发，以及实验室研制、小试以及中试阶段的开发，顺利地实现了利用玉米深加工产生的玉米浸泡水和葡萄糖母液生产高附加值的饲料酵母产品。经中国发酵工业协会组织的专家鉴定，该技术已达到国际领先水平，2008 年被国家发改委列为国家重大产业技术开发项目，被中国食品工业协会评为全国食品工业科技进步优秀项目，并获得了河北省医药行业科学技术奖二等奖。试验产品经北京市营养源研究所检测，各主要技术指标均达到和超过了 QB/T 1940—1994 中的要求，目前该技术已取得了国家发明专利（专利号：ZL200910175296.X）。

四、行业推广

（一）技术适用范围

该技术适用于对玉米淀粉生产过程中产生的废弃物玉米浸泡水和葡萄糖生产的副产品母液进行综合利用，解决了制约行业发展的玉米浸泡水深度处理和利用问题，实现了副产品的高值化利用。

（二）技术投资分析

以公司年产饲料酵母 4.2 万 t 的生产线为例，项目计划总投资 9945 万元，项目达产后计划年增销售收入 30575 万元，实现利润 13027 万元，上缴税金 4010 万元。

（三）技术行业推广情况分析

目前，公司应用该技术已经建成了一条年产饲料酵母 4.2 万 t 的生产线，年处理玉米浆 49 万 t，目前项目已经正式投产运行。

以 2009 年为例，我国玉米深加工行业将产生约 1500 万 t 的玉米浸泡水，按工业污水进行处理需要耗电约 4.5 亿 kW·h，同时由于玉米浸泡水中含有 5% 左右的可溶性氨基酸，将会造成约 75 万 t 的可溶性氨基酸完全浪费。因此，利用该技术在玉米深加工行业中进行推广，可以使上述问题得到有效解决，推广前景广阔，节能潜力巨大。

若全行业中有三分之一的淀粉产能采用该技术处理玉米浸泡水，则每年可实现销售收入 30 亿元，完成利税 17 亿元，经济效益十分显著。

以 2009 年产玉米浆 1500 万 t 为例，若其中 30% 外排，则该项目全面实施后行业每年可减少排放玉米浸渍废水 450 万 t，其中 COD 减排 675t，环境效益显著。

玉米深加工副产物发酵耦联清洁减排关键技术的研制成功，彻底解决了由于玉米浸泡水不能充分利用和处理而造成的环境污染问题，突破了限制行业可持续健康发展的瓶颈，在提高玉米深加工副产物的综合利用率和产品附加值的同时，实现了清洁生产，有利于促进行业的技术进步与升级，同时也为畜牧养殖行业提供了新的蛋白饲料，促进畜牧养殖业的发展与繁荣。

案例53 本色麦草浆清洁制浆技术

——造纸行业清洁生产关键共性技术案例

一、案例概述

技术来源：山东泉林纸业有限责任公司

技术示范承担单位：山东泉林纸业有限责任公司

造纸工业是我国国民经济的重要产业，是改革开放以来发展最快的制造业之一，至今仍然处于高速增长中。鉴于我国国情，森林资源匮乏，以木材为主要原料制浆造纸不太现实；草类纤维原料制浆在中国历史悠久，是当今世界草类浆产量最多的国家，至今非木材纤维浆仍占国内原生浆产量的绝大部分，构成中国造纸工业独有特色。但是由于受原料结构和技术水平的限制，造纸工业排放的废水给环境造成了一定的负面影响。长期以来，秸秆被大量焚烧，不仅浪费了宝贵的资源，还污染了大气环境，威胁交通运输安全，成为一个亟待根治的严重社会问题。开发低污染清洁制浆技术，对保护我国本已十分匮乏的森林资源，充分利用农作物秸秆等纤维资源，对发展循环经济，提高农林产品综合利用，解决制约我国造纸纤维原料严重不足的瓶颈问题，促进我国造纸工业的健康可持续发展，具有十分重要的战略意义。

传统的秸秆制浆生产线采用的设备生产效率较低，工艺技术也较落后，造成资源消耗高，废水产生量较大，废水中且含有一定量的可吸附有机卤化物 AOX 等污染物，废水处理费用较高，增加了企业生产成本，既不符合清洁生产的标准，也制约了企业的进一步发展，行业亟须进行技术工艺的升级改造。泉林纸业公司自主研发了"本色麦草浆清洁制浆技术"，主要包括新式麦草备料技术、立锅大液比亚铵蒸煮技术、机械疏解＋氧脱木素技术、浆料精选技术以及与清洁制浆技术相配套的锤式破碎机、封闭除尘系统、立式蒸煮锅、氧脱木素塔及拨料器等关键设备，获得相关发明专利18项。采用该技术可降低物料消耗如制浆清水、纤维原料、蒸汽、制浆化学品等，降低生产成本，提高清洁生产水平。该技术通过了中国轻工业联合会组织的鉴定，鉴定意见为："攻克了麦草清洁制浆重大难题，推动了非木材纤维的科学合理利用的进程，经济、社会和环境效益显著，创新性显著，属国际领先水平。"利用该技术对传统的制浆生产线进行技改，可实现新技术的产业化，将现有制浆生产线改建成为应用示范项目，浆纸产品符合环保健康等要求，对绿色的生产和消费具有很好的引领作用。

本色麦草浆清洁制浆技术应用于10万 t 麦草浆生产线后，每年可节约清水305万 m^3，节约麦草原料7万 t，减少废水排放量315万 m^3，减少进入中段水的 COD 产生量

9423t，减少 COD 外排量 190t，消除 AOX 的产生，减少用电 650 万 kW·h，纸浆收得率提高 10% 以上。该技术的推广应用将对节能减排、改善环境、综合利用秸秆、提升行业清洁生产水平以及造纸行业可持续发展起着重大的推动作用。

二、技术内容

（一）基本原理

该技术属秸秆制浆清洁生产技术。麦草的化学组分主要为纤维素、半纤维素和木素，制浆的目的是分离出纤维素用于制造纸张。麦草经切断、筛选除尘后进入蒸煮器，在高温环境中与蒸煮化学药品发生化学反应，绝大多数木素及部分半纤维素被溶出，分离出的纤维素（含少量未溶出的半纤维素）经后续的机械疏解、氧脱木素、洗涤、筛选净化过程得到纸浆，用于纸张的生产。溶出的木素及部分半纤维素被作为废液进入资源化处理系统。

（二）工艺技术

1. 传统的工艺

传统的制浆生产线备料采用切草机、双锥除尘器的备料工艺（图1），蒸煮采用蒸球烧碱法蒸煮工艺，黑液提取采用四台鼓式真空洗浆机串联机组，浆料的漂白采用CEH 三段连续漂白。

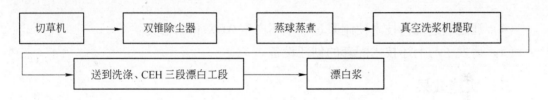

图1 传统的制浆生产技术工艺流程简图

2. 新技术工艺流程

采用新式备料技术和自主研发设备锤式破碎机、圆筒筛；采用亚铵法大液比立锅循环加热蒸煮工艺；采用"高硬度制浆-机械疏解-氧脱木素"组合技术；采用专利技术设备，如洗浆机单螺旋挤浆机、氧脱木素塔等设备。

根据本色麦草浆的质量要求，该项目纤维原料仍然为 100% 的麦草，经备料、蒸煮、洗选、氧脱木素进行生产。蒸煮黑液仍采用原有的资源化处理方式，送到蒸发车间浓缩再经喷浆造粒工艺后制成商品有机肥，制浆废水送到废水处理场处理。工艺流程见图2。

（三）技术创新点

（1）发明了以锤式破碎机、圆筒筛为关键设备的备料系统。

（2）研发了麦草立锅大液比高硬度置换蒸煮技术。

（3）研发了机械疏解＋氧脱木素组合技术。

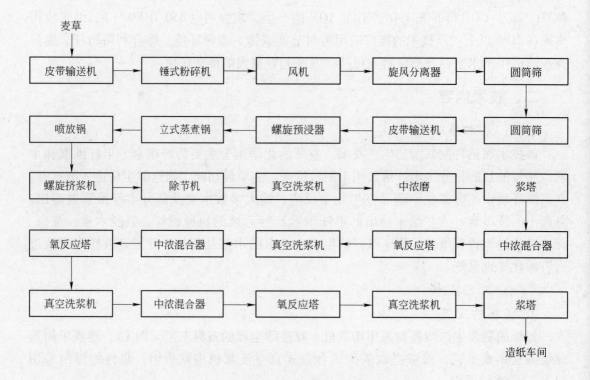

图2 本色麦草浆清洁制浆技术工艺流程简图

（4）通过改进工艺技术使制浆过程中不产生 AOX 和二噁英。

（5）研发了与上述技术配套的创新设备。

三、实施效果

（一）环境效益

该技术及相关装备应用于生产后取得了良好的效果：纤维原料消耗降低 10%，除尘效果提高 10%，备料合格率提高 10% 以上，蒸煮化学药品用量降低 5%，蒸煮耗汽量降低 20%，清水用量降低 50%；制浆过程中没有二噁英的产生；黑液提取率大于90%，吨浆产生黑液量 8~9m³，蒸发后的固形物含量高达 60%，黑液黏度大大降低，提取率高，蒸发性能好，为后续资源化利用奠定了良好的基础。

新技术与传统技术指标对比见表 1。

表1 新技术与传统技术的关键指标对比

指 标	传统技术	新技术	新技术的先进性
草片合格率/%	85	92	最大限度去除了杂细胞和硅
蒸煮终点 K 值	9~12	18~22	纤维破坏少，纸浆强度大，首次制备高硬度草浆
吨浆黑液产生量/m³	12~14	8~9	节能、节水，当前报道的最低值
黑液提取率/%	80~85	>90	降低中段水负荷，当前世界草浆制浆最高水平
稀黑液固形物浓度/%	10~11	13~15	有利于黑液浓缩，当前草浆生产中报道的最高值

续表1

指　标	传统技术	新技术	新技术的先进性
黑液可浓缩固含量/%	45~48	55~60	有利于浓缩液利用，是草浆黑液达到的最高水平
蒸煮化学品用量/%		减少5	节能、降耗，降低成本
蒸煮蒸汽用量/%		减少20	
制浆清水用量/%		减少50	化学草浆耗水量最低
细浆得率/%	51	56	化学制浆中的最高值
耐度/次	8	62	远超过阔叶木浆，达到国内外最高水平
抗张力/N	37	40.2	

以生产10万t草浆计：与传统技术相比，每年可节约清水305万 m³，节约麦草原料7万t，减少废水排放量315万 m³，减少进入中段水的 COD 产生量9423t，减少 COD 外排量190t，消除了 AOX 的产生，减少用电650万 kW·h，节约用汽10万t，节能总量折合标煤约10511t，大大降低了单位产品的能耗，清洁生产效果显著。

（二）经济效益

应用该技术对传统的10万t生产线进行技改，项目总投资9600万元。年实现销售收入29100万元，利润总额1710万元，税后利润1300万元。投资利润率13.52%，投资利税率21.28%。

（三）关键技术装备

该技术的关键装备包括锤式破碎机、圆筒筛、立式蒸煮锅、单螺旋挤浆机、氧脱木素塔。图3和图4所示分别为传统的制浆工艺装备和本色浆清洁生产技术装备。

图3 传统的制浆工艺装备图　　　　图4 本色浆清洁生产技术装备图

（四）水平评价

该技术为具有我国知识产权的重大原创技术，拥有18项中国发明专利。该技术通过了中国轻工联合会组织的鉴定，鉴定意见为："攻克了麦草清洁制浆重大难题，推动了非木材纤维的科学合理利用的进程，经济、社会和环境效益显著，创新性显著，属国际领先水平"。"秸秆清洁制浆及其废液肥料资源化利用新技术"获得 2012 年国家技术发明奖二等奖。

四、行业推广

（一）技术适用范围

该技术适用于非木纤维制浆造纸领域，在麦草、玉米秸秆等秸秆富产区都可采用，适用范围广泛。该技术的运用降低了行业造纸纤维原料的对外依赖度。其他原辅料在国内均能生产，所用的设备在国在内均能制造。对厂房、设备、原辅材料及公用设施等没有特殊要求。

（二）技术投资分析

建设年产 10 万 t 秸秆清洁制浆线，总投资约 4 亿元，生产线建成后年销售收入约 4 亿元，利润约 1 亿元，废水经处理后达标排放，部分回用。

（三）技术行业推广情况分析

该技术已应用于山东泉林纸业有限责任公司。经国家发改委批准，公司采用该技术正在建设年处理 150 万 t 秸秆制浆造纸综合利用项目，预计 2015 年竣工。同时，在国内秸秆富产区逐步推广建设秸秆制浆造纸综合利用项目，吉林德惠市秸秆综合利用项目和黑龙江佳木斯市秸秆综合利用项目均已批复立项，正在施工建设中。

生态效益：以年产 10 万 t 生产线为例，可高效地处理麦秸秆 25 万 t，避免因随意燃烧或不当处理而造成的环境污染；节省木材 40 万 m^3，约合保护天然林 7 万亩；生产过程不产生可吸附有机卤化物 AOX。

经济效益：以年产 10 万 t 生产线为例，新增销售收入 29100 万元，利润总额 1710 万元，税后利润 1300 万元。

案例54 化机浆生产过程废水密闭循环减量化排放技术

——造纸行业清洁生产关键共性技术案例

一、案例概述

技术来源：山东太阳纸业股份有限公司自主主持研发

华南理工大学

中国制浆造纸研究院合作研发

技术示范承担单位：山东太阳纸业股份有限公司

作为国民经济的基础产业，制浆造纸工业仍面临较多的问题，是节能减排的重点行业。目前环保形势日益严峻，尤其是在南水北调沿线，对废水的处理要求非常高，规定排放河流废水必须达到Ⅳ类水的要求，即 COD 含量应低于 30mg/L，这些指标对于制浆厂废水来说要求是非常高的。2010 年废水排放量为 39.37 亿 t，占全国工业废水总排放量的 18.58%，排放废水中化学需氧量 COD 为 95.2 万 t，占全国工业 COD 总排放量的 26.04%。

化学机械浆是目前造纸行业的主要浆种之一，但其废水处理困难，处理成本高等问题，仍然困扰着化学机械浆的发展。传统化机浆制浆废水处理设计是采用厌氧+生化好氧处理，其废水经处理后，COD 虽然得到了一定的降低，但是最终的出水 COD 还是高达 400mg/L 以上，这些 COD 很难降解，各企业不得不采用综合废水稀释方式，以达标排放。

面对这一难题，公司与华南理工大学经调查和技术论证，开发出具有自主知识产权的国际领先的化机浆生产过程废水循环再利用新技术，同时中国制浆造纸研究院作为协作单位给予了大力支持。该技术主要是采用车间加强废水循环利用，提高废水浓度，再蒸发浓缩的方式，把废液浓缩后送进燃烧炉中烧掉以热能回收，来实现化机浆用水的循环再利用。

目前，化机浆车间实现废水密闭循环，以进口高效机械再压缩式蒸发技术蒸发螺旋挤压机废水、漂白废水和低浓磨等低浓废水，再经新型高效设备增浓和碱回收燃烧来实现化机浆生产过程水的循环再利用。该技术为国内首次开发使用，是对高收得率化机浆废水处理技术的巨大革新，在做到环境友好的同时，节约了能源和资源，对高收得率化学机械浆制浆及造纸行业的可持续发展具有十分重要的意义。该技术已实现了产业化应用，带动当地林业产业化，改善生态环境，达到自然良性循环，社会效益惠及多方。

二、技术内容

（一）基本原理

该技术属于造纸废水处理清洁生产技术。化学机械将废水采用加强车间内废水封闭循环，提高浓度。在废水进行蒸发器之前先通过逆流换热，达到蒸发条件，选择国际先进的机械蒸汽再压缩蒸发器作为一段蒸发设备，将废水高效浓缩至15%，并与化学浆黑夜混合，经六效管式降膜蒸发器浓缩至45%，采用板式降膜蒸发器，热源为高速热风机对冷凝汽进行加热并回用，后经新型碱回收炉燃烧，回收了碱和热量，冷凝水也得到了循环利用，从而实现化机浆生产过程废水的循环再利用。该技术基本不使用新鲜蒸汽，节约能源，具有良好的蒸发能力，该技术为目前国内首家开发，总体达到了国际先进水平。

（二）工艺技术

与传统造纸废水处理技术（工艺流程见图1）比较，该技术（工艺流程见图2）在处理方式、工艺流程、处理设备等方面均实现了较大的改进和提升。

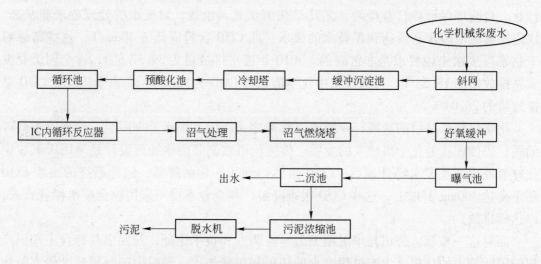

图1 化学机械浆废水传统处理工艺流程简图

目前，国内化机浆废水处理普遍采用厌氧、好氧等处理方式。因为化学机械浆废水中，COD_{Cr} 含量为13000mg/L，溶解性 COD_{Cr} 含量为11600mg/L，COD_5 为5300mg/L，SS 含量为1250mg/L，厌氧 COD 的处理结果只能达到1000~1300mg/L，即使再附加好氧和深度处理，COD 的处理结果也只能达到400~500mg/L，这个结果仍远远高于山东省的废水排放标准，各企业不得不普遍采用厂区综合废水稀释的方法来达标排放。

化机浆生产过程用水，尽量分层次循环利用来减少用水量，减少纤维流失，提高废水浓度，以有利于后面蒸发器的蒸发。化机浆废水分为以下几种：

（1）化机浆挤压撕裂机的废水。因为废水中含有大量的碎木片，采用了圆筒细格

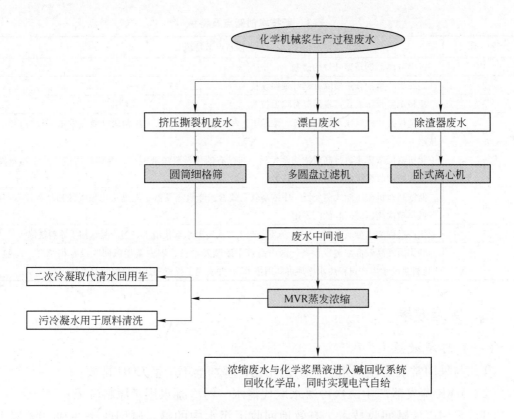

图2　化学机械浆生产过程废水循环再利用工艺流程简图

筛处理，碎木片可以回用，废水COD约为13000mg/L，筛后废水流到废液中间池，再经过0.10mm筛孔压力过滤筛进行精细过滤，过滤后的滤液进入到废液储存塔。

（2）螺旋压榨机的废水。COD约为14000mg/L，这种废水为漂白后的废液，采用了多圆盘过滤机，因为废水中含有大量的纤维，纤维可以回用到消潜浆池中再利用，废水到废液中间池，其后的流程同上。

（3）锥形除渣器和压力筛处理前渣浆废水。COD约为7000mg/L，由于浓度较高，则进入到卧式离心机内进行再分离。分离后的渣浆可以送白板纸作为芯浆使用，废水回到废液中间池，其后的流程同上。

MVR蒸发设备产生的轻污冷凝水完全回到化机浆车间洗涤使用，重污冷凝水则循环浓缩蒸发去碱回收，主盘磨纤维分离器产生含纤维冷凝水稀释浆料使用。蒸发系统主要由MVR蒸发器、热蒸汽压缩风机、热交换器、废水循环泵组成。系统不使用新鲜蒸汽而是使用电作为主要能源，同时充分利用冷却水次热蒸汽经压缩风机压缩后的蒸汽。蒸发器的蒸发能力由空气压缩机的转速控制，全线采用DCS控制。该技术引进机械式蒸发器等关键设备，在碱回收低浓蒸发工段应用机械式蒸汽再压缩技术，最终实现化机浆生产废水循环再利用。

（三）技术创新点及特色

与传统化学机械浆制浆工艺比较，新技术创新点及特色见表1。

表1 新技术创新点及特色

序 号	创新点及特色
1	纤维分离器创新型叶片的研制
2	高速离心机配合重质除砂器纤维回收技术
3	机械蒸发再压缩式蒸发器复合除垢技术
4	改造提升化机浆废水闭路循环、浓缩工艺和关键设备，首次采用两级高效蒸发浓缩设备相组合技术
5	化机浆低浓废水进行高效浓缩蒸发后，与已有的化学浆黑液混合，继续利用传统蒸发器蒸发，再进入碱回收系统燃烧回收碱和热能
6	低浓高效机械压缩式蒸发器、中浓高效六效管式降膜蒸发器、先进苛化和碳酸钙制造技术、环保低臭型次高压碱回收炉的采用
7	生产过程废水分质回用，MVR 蒸发器产生二次冷凝水取代清水、污冷凝水用于原料洗涤
8	利用国外高效低浓蒸发设备，国内高效中浓蒸发设备，国内新型碱回收设备相结合，首创了"化机浆废水生产过程废水循环再利用技术"，并实现了投资和运行费用的完美统一

三、实施效果

（一）环境效益

（1）与采用常规的化机浆生产工艺相比，基本上不产生 COD 排放；

（2）MVR 蒸发器产生二次冷凝水取代清水、污冷凝水用于原料洗涤；

（3）采用废液碱回收技术，有效地回收了污水中的碱。碱回收率在 98.0% 以上，而传统碱回收率为 85% ~ 93%。

（二）经济效益

该技术经济效益见表2。

表2 该技术经济效益

项 目	化机浆生产过程废水循环再利用技术	传统化机浆废水处理技术
关键技术与设备	采用封闭循环、MVR 蒸发器、六效蒸发器、碱回收	采用物化、厌氧、好氧处理、深度处理
蒸发处理水的电耗/kW·h	由 1.65% 浓缩到 15%：电耗为 $(15kW \cdot h/t) \times 0.55 = -8.25$ 元	—
二次冷凝水效益	每吨废水能回收 0.72t 二次冷凝水代替清水使用：$0.72 \times 2.5 = +1.8$ 元	—
MVR 综合成本/元·m^{-3}	$-8.25 + 1.8 = -6.45$	—
碱回收处理综合成本	碱回收废液处理成本 -21.4 元/m^3 每 $1m^3$ 废液可以发电 16.35kW·h，产生效益：$16.35 \times 0.55 = +8.99$ 元 每 $1m^3$ 废液可以生产烧碱 16.5kg，产生效益：$16.5 \times 1.07 = +17.66$ 元 $17.66 + 8.99 - 21.4 = +5.25$ 元	—
每 $1m^3$ 废液总的处理成本/元	约为 $-6.45 + 5.25 = -1.2$	-4

　　该项目每年能够减少 COD 总量 4.6 万 t，回收碱 2.4 万 t，产生热量 1.2 万 kcal❶/kgds，可增加销售收入 14.5 亿元，年综合利润为 4 亿元，具有显著的经济效益，同时也创造了显著的社会及环境效益。

　　（三）关键技术装备

　　有别于传统化学机械浆废水处理技术，新技术关键在于化机浆废水的浓缩以及热值的回收利用。其关键装备包括：（1）新型机械蒸汽再压缩式蒸发器（MVR），见图 3、图 4；（2）国内先进低臭型次高压碱回收炉。

图 3　新型机械蒸汽再压缩式蒸发器（MVR）

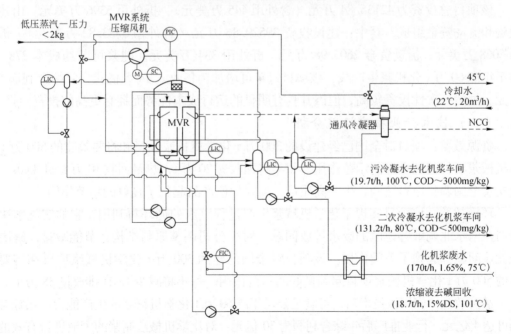

图 4　新型机械蒸汽再压缩式蒸发器（MVR）设备简图

_____

❶ 1kcal ≈ 4.18kJ，下同。

（四）水平评价

该技术经国内外科技查新，首次创新性地采用国际先进水平的蒸发设备，结合国内新型成熟的碱回收设备，回收化机浆废液中的碱和热量，并实现生产过程废水的循环再利用。公司对化机浆废水闭路循环和浓缩工艺流程、设备均进行了大量创造性革新，在做到环境友好的同时，节约了能源和资源。

山东省科技厅委托济宁市科学技术局，2009 年 12 月 12 日在兖州市主持召开了山东太阳纸业股份有限公司、华南理工大学、中国制浆造纸研究院联合研发的"化学机械浆废水零排放技术研发技术"项目科技成果鉴定会。

该技术申报国家发明专利后，届时将形成相关自主知识产权 4 项，公司将根据国家知识产权有关规定进行成果应用，并积极推动其产业化进程。该项目总体技术水平达到国际先进水平。

四、行业推广

（一）技术使用范围

该技术所属行业为制浆造纸行业，主要产品为纸浆、纸、纸板。所使用原料为国产或进口木片；该技术利用化学机械浆生产过程中产生的造纸废水；所使用关键设备采用芬兰技术制造，其他设备在国内均能制造；对厂房、公用设施等均无特殊要求。

（二）技术投资分析

该项目总投资为 42135.84 万元（含外币 445 万美元）、折外币 5396 万美元。由建设投资和流动资金组成，其中：建设投资 39529.86 万元（含外币 3383.82 万美元）、折外币 5068 万美元；流动资金 2605.98 万元、折外币 334 万美元。吨浆可节约成本 278 元；对于年产 60 万 t 化机浆生产线，该项目每年可增加销售收入 14.5 亿元，年综合利润为 4 亿元。虽然一次性投资较高，但因其具有明显的运行成本优势而拥有更高的投资回报率。

（三）技术行业推广情况分析

资源效益：项目对全国已经建设的 300 万 t 化学机械浆项目和将要筹建的 500 万 t 化学机械浆项目起到良好的示范作用。每年将回收碱 20 万 t，热量回收 10 万 kcal/kgds。对公司及全国调整原料结构，生产高质量、高附加值产品起到了良好的示范作用。

环境效益：该项目实现了化学机械浆生产过程废水的循环再利用，它的实施解决了公司在南水北调敏感地区的废水排放问题，对于公司调整原料结构，节能减排，解决林农就业问题都起到了关键作用。该项目对全国已建的 300 万 t 化学机械浆项目和将要筹建的 500 万 t 化学机械浆项目起到良好的示范作用。每年将减少 COD 排放量 38 万 t。

经济效益：应用该技术后，可满足公司年产 60 万 t 化学机械浆的生产能力，年综合利润可达 4 亿元。行业推广后年综合利润为 30 亿元，对化学机械法制浆的废液进行有效的处理，实现了清洁生产和循环经济，符合环保要求和国家产业政策，具有良好的产业化前景。

该技术为我国制浆造纸工业的清洁生产和节能减排提供了新的思路和解决方案，对加速推进我国林纸一体化进程具有重要意义和良好的经济、社会、环境效益。

案例55　沼气回收综合利用技术

——造纸行业水处理清洁生产关键共性技术案例

一、案例概述

技术来源：山东十方环保能源股份有限公司
　　　　　山东恒能环保能源设备有限公司
技术示范承担单位：东营华泰新能源科技有限公司

（一）沼气回收利用项目背景情况

据统计，到2011年年底，我国民用沼气池达到3400多万口，污水处理厂、食品加工厂、酒厂等大中型沼气工程达2500多处，年产沼气总计超过180亿 m^3，对比我国2011年天然气用量1120亿 m^3，这部分能源相当可观。目前，大量的沼气利用还是以低品位的热利用为主，随着集中式沼气工程不断发展，沼气提纯和发电等能量利用率更高，能量输出更多。

沼气的主要利用方式有：（1）直接民用取暖、照明和炊事等；（2）直接燃烧产生蒸汽，用于工业供热；（3）内燃机发电上网；（4）经净化提纯后并入天然气管网或用作车用燃料等。在我国农村，沼气工程由于规模小、技术落后，基本以直接燃烧供暖、炊事等低端利用方式为主；而大型污水处理厂和垃圾填埋厂等产生的沼气，一般就地燃烧供热或直接火炬燃烧。沼气供应具有非常强的区域性，输送距离有限，实际利用效率较低；另外，沼气发电工程需额外负担昂贵的上网费用，再加上发电输出效率较低，因此，我国一般的沼气发电项目都很难单独盈利。沼气通过提纯制取天然气，不仅能增加燃烧的热值，还能减轻环境污染，是一种较好的沼气利用方式。

沼气提纯净化能量损失最小，且得到的可输送能量最多。相比其他几种沼气利用方式，将沼气提纯后作为燃气或者汽车燃料等可实现沼气的高效利用，是最有前景的一种利用方式。

公司废水厌氧处理过程中每天产生约60000m^3（标准）的沼气，直接燃放的问题一是能源价值得不到利用；二是沼气中硫化氢对环境存在严重的危害。为提高沼气的利用价值，减轻环境污染，必须实现清洁生产，降低企业能源消耗。

（二）沼气回收利用示范效果

将沼气回收提纯制成天然气将会大大提高沼气的利用价值。提纯制取的天然气安全环保、无污染，使用方便。可直接满足造纸企业高档造纸涂布烘干的需要，也可作为车用燃气使用。

（三）沼气回收利用推广应用目标分析

公司通过增设沼气回收综合利用项目，每年可制取天然气 1397 万 m^3（标准），实现节能 18931t 标煤，减排二氧化碳 47327t、减排二氧化硫 2250t，达到了清洁生产和资源综合利用的目的，实现了资源节约和环境保护，具有较好的经济效益和社会效益。

二、技术内容

（一）基本原理

沼气中成分较多较杂，有一些气体（如硫化氢、二氧化碳等）夹杂在沼气中，在应用过程中对工艺、设备、环境都将产生一定的影响。

沼气中的硫化氢是一种可燃性无色气体，常温下为无色有臭鸡蛋气味的气体，有剧毒，密度比空气大，溶于水后的水溶液为氢硫酸，氢硫酸对钢铁有较大的腐蚀作用，对与之接触的输送管道和使用机械的使用寿命有较大影响。而且硫化氢在燃烧过程中产生二氧化硫，对人体和环境的危害较大，因此沼气在使用过程中应除去硫化氢。

沼气中的二氧化碳是一种无色无味气体，溶于水形成碳酸，对金属有腐蚀作用。二氧化碳有灭火阻燃作用，常用作灭火剂，在以燃烧放热或以燃烧做功为目的的系统中，二氧化碳的存在通常会降低燃烧热的利用率、降低火焰温度、降低汽缸容积利用率，导致放热或做功过程中成本增加。因此在这类气体的使用过程中，只有将二氧化碳降低到较低的含量，才能达到使用要求，提高设备效率，降低使用要求，因此在沼气提纯中须进行脱碳处理。

对沼气的脱硫脱碳处理后，沼气的使用价值能在原有基础上提高 20% 左右，可给企业带来很好的经济效益和社会效益。因此，该项目采用以废水厌氧处理过程产生的沼气为原料，通过脱硫、脱碳工艺制取天然气。

（二）工艺技术

原工艺流程见图 1。

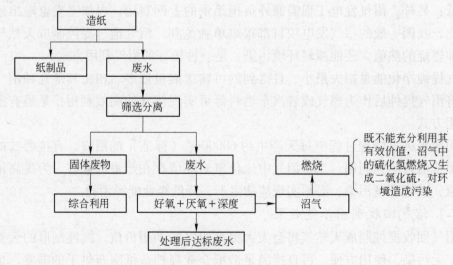

图 1　项目改造前的工艺流程图

项目清洁生产模式见图2。

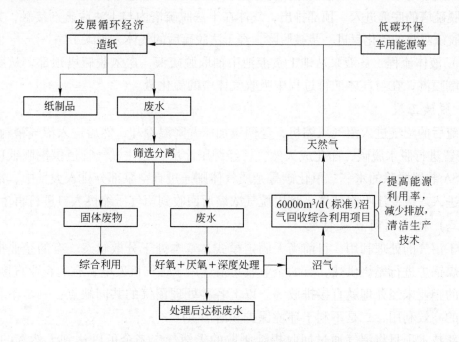

图 2　60000m³/d(标准)沼气回收综合利用项目清洁生产模式

新工艺流程见图3。

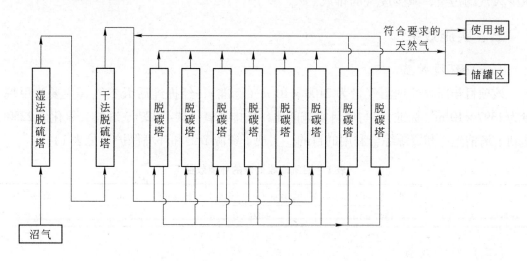

图 3　沼气回收综合利用工艺流程示意图

1. 脱硫工段

(1)气体流程：气体从水处理厌氧池出来，通过管道输送进入水封罐，在水封罐洗涤除去气体中的液态水和微尘等后，从湿法脱硫塔的中下部进入脱硫塔，在脱硫塔内与从顶部喷淋下来的脱硫液逆流接触，气体中的硫化氢被部分除去后，从脱硫塔顶部排出，进入第二级湿法脱硫塔。依次进入总共五级湿法脱硫塔，历经五级湿法脱硫后，进入湿法脱硫后的水封罐，经水封罐去除气体中夹带的脱硫液等液态水滴后进入干法脱硫塔内，从干法脱硫塔的底部进入，顶部排出，气体在干法脱硫塔内与干法脱硫剂接触，其中未被湿法脱硫吸收的硫化氢进一步被脱除，经干法脱硫后的气体去脱碳工序。

（2）液体流程：贫液泵从地上贫液池中抽取脱硫液，送入脱硫塔顶部，从脱硫塔内部顶端喷淋，在与气体逆行过程中吸收气体中的硫化氢。

2. 脱碳工段

脱硫后的沼气进入沼气压缩机，经两级加压并降温冷却，然后进入沼气精制（SP-SA）装置进行脱水脱碳，净化成天然气，经调压计量后送往燃气管道供铜版纸项目使用。SPSA 装置脱除的水、二氧化碳等杂质气体则通过真空泵部分排入大气中，部分进行回收进入二级变压吸附装置，将甲烷气浓缩后回收到沼气压缩机入口进行再生产。

（三）技术创新点及特色

对于沼气的处理利用，目前尚无固定模式，基本处于分散状态。有的企业把沼气通入燃煤锅炉进行燃烧供热，有的企业收集沼气用于燃气机发电，有的企业直接放燃，甚至有的企业未经处理就直接排放等。以上各种处理沼气的共同缺点：一是不利于能源资源的高效利用，二是不利于环境保护和清洁生产。

而新技术项目将沼气通过回收提纯制取的天然气，完全可以达到天然气的标准，甚至可以达到并超过车载天然气的标准，能够缓解能源紧张状况，通过脱硫脱碳可以减少大气的污染，减少废气的排放。

三、实施效果

（一）环境效益

该项目年回收处理沼气量为 $2100 \times 10^4 m^3$（标准），经提纯后天然气（主要为甲烷）量为 $1397 \times 10^4 m^3$（标准）。与项目实施前比，减排二氧化碳 47327t、减排二氧化硫 2250t。达到了清洁生产和资源综合利用的目的，实现了资源节约和环境保护（见表1）。

表1　沼气回收处理的环境效益

项　目	年处理量/m³（标准）	热值/kcal·m⁻³（标准）	折标煤系数/kg·m⁻³（标准）	折标煤/t
处理后（天然气）	1397×10^4	9486	1.3551	18930.8

（二）经济效益

1. 基础数据

销售量及价格见表2。

表2　销售量及价格（含税价）

序　号	项　目	年销售量	销售价格/元
1	天然气	$1397 \times 10^4 m^3$（标准）	3.0
2	硫　磺	1125t	1740

2. 营业收入

该项目正常年份营业收入（不含税）为 2998 万元。

3. 经济效益分析

在现有价格体系及计算基准下，该项目总投资收益率为 40.06%，项目资本金净利润率为 30.50%，项目投资所得税前财务内部收益率为 44.72%，项目投资所得税后财务内部收益率为 35.46%，项目资本金财务内部收益率为 35.46%。

（三）关键技术装备

东营华泰新能源科技有限公司 60000m³（标准）/d 沼气回收综合利用项目工艺技术是采用国内厂家的，分为两部分：脱碳采用山东十方环保能源股份有限公司工艺技术及设备，其脱碳技术采用变压吸附分离提纯工艺，这是该项目的关键技术；脱硫采用山东恒能环保能源设备有限公司的工艺技术及设备，其脱硫技术采用湿法氧化法脱硫＋干法脱硫的脱硫方法。东营华泰新能源科技有限公司采用该技术后，还将做进一步的消化吸收和优化。

从水处理厌氧过程中产生的沼气，经过沼气回收项目（图4）提纯净化后，制成天然气，供生产车间使用。三期厌氧水处理见图5。

图4　厌氧沼气回收项目　　　　　图5　三期厌氧水处理

（四）水平评价

沼气综合利用项目技术已在国内应用，但在造纸行业利用水处理过程中厌氧发酵产生的沼气提纯制成天然气并回用到造纸生产过程中，在国内尚属首例。

沼气回收综合利用项目，提高了能源利用率，减少了废气排放，具有能源节约和环境保护的重要意义，为整个造纸行业及厌氧污水处理厂的健康发展开辟了清洁生产发展模式，对行业的可持续发展具有示范作用。

四、行业推广

（一）技术使用范围

将沼气回收提纯制成天然气将会大大提高沼气的利用价值。提纯制取的天然气安全环保、无污染，使用方便。可直接满足造纸企业高档造纸涂布烘干的需要，也可作为车用燃气使用。在能源紧缺的今天，这种能源利用方式，既缓解能源紧张状况，又降低能源采购使用成本，具有较好经济效益、环境效益和社会效益。

东营华泰新能源科技有限公司建设的 60000m^3（标准）/d 沼气回收综合利用项目，采用的技术先进可靠，操作简便，系统模块化，运行费用低，利润空间大，在回收处理沼气的同时，实现了资源节约和环境保护，是一种清洁可持续的发展方式。该技术适用于能产生沼气的行业领域，均可提纯净化制成天然气。

（二）技术投资分析

该项目建设投资 3762 万元，其中工程费用为 3205 万元。项目建设期为 8 个月。年均总成本费用为 2177 万元，年均固定成本为 748 万元，年均可变成本为 1429 万元，年均经营成本为 1923 万元。

（三）技术行业推广情况分析

该项目每年可制取天然气 1397 万 m^3（标准），实现节能 18931t 标煤，减排二氧化碳 47327t、减排二氧化硫 2250t，具有较好的环境效益、经济效益和社会效益。无论是对制浆造纸企业还是对厌氧处理污水处理厂来说，从原料到应用市场，都带来了希望和生机。总之，该项目推广示范的清洁生产发展方式，前景非常广阔。

案例 56　低碳低硫制糖新工艺与全自动连续煮糖技术
——制糖行业清洁生产关键共性技术案例

一、案例概述

技术来源：华南理工大学

技术示范承担单位：广西大新县雷平永鑫糖业有限公司

糖业是我国高耗能及废弃物排放量最大的食品行业，平均能耗是发达国家的1.5 倍，年排放二氧化碳 2000 万 t，高耗能、重污染已成为影响行业可持续发展的瓶颈问题。同时，随着人民生活水平的不断提高，对食糖质量的要求越来越高。目前，我国糖厂绝大多数生产一级白砂糖，质量不高，难以适应市场及经济发展的需要。因此必须努力提高制糖企业的生产自动化程度，实现清洁生产和资源综合利用，提高产品质量，调整产品结构，适应市场需求，提高自主创新能力和市场竞争力。

目前 98% 的甘蔗糖厂采用亚硫酸法制糖工艺，在蔗汁或糖浆澄清过程中要用到大量的硫磺和磷酸，所生产的一级白砂糖质量等级低于碳酸法，含硫量高达 20mg/kg 以上，不耐储存，容易变质。该项目将糖厂锅炉烟道气中含有的大量二氧化碳应用于亚硫酸法制糖工艺，替代部分硫磺、磷酸对蔗汁或糖浆进行澄清，既能减少二氧化碳的排放量，又能很好地提高白砂糖的品质，达到工业饮料用糖标准，并可进一步降低生产成本。实施该项目后，不仅能解决亚硫酸法糖厂白糖品质不高、不稳定的问题，使沿用了百年的传统亚硫酸法制糖工艺得以彻底改良，而且降低了生产成本，节能减排增效效果显著。

在制糖生产连续化自动化方面，目前我国大部分甘蔗糖厂从预处理、提汁、澄清到蒸发过程都已经实现了连续化生产，而煮糖（结晶）过程绝大部分制糖企业仍然采用传统的间歇式煮糖工艺，已成为甘蔗糖厂连续化生产的瓶颈。为了改变这一现状，20 世纪 90 年代，国内开始引进了卧式连续煮糖罐，但是由于占地面积大、需要建厂房车间、晶体颗粒不均匀、轮洗不方便、需要较高的加热蒸汽压力等缺点而没有广泛应用。为此，该项目率先在甘蔗制糖行业采用立式连续煮糖罐，替代传统的间歇式煮糖罐，实现制糖全过程的连续化和自动化。项目实施后，立式连续煮糖可以使用低品质的蒸发三效、二效汽煮制丙膏，相比间歇煮糖罐使用废汽煮制丙膏，煮糖蒸汽消耗大为减少，降低了糖厂的能耗，符合国家节能减排的政策；同时由于实现了煮糖过程的自动化，降低了煮糖工序的操作难度，减轻了劳动强度，提高了产糖率和蔗渣打包率，降低了生产成本，同时煮糖工序减少了人为因素的影响，保证了产品质量的稳定。

二、技术内容

（一）基本原理

（1）低碳低硫制糖工艺，是在不改变原有亚硫酸法主体工艺的基础上，在澄清工艺中把碳酸法和亚硫酸法的技术优点结合起来，以半碳半硫的澄清方法对蔗汁或糖浆进行澄清，提高蔗汁的澄清效果及糖浆质量，确保产品质量稳定。

（2）采用立式连续煮糖罐代替传统的间歇煮糖罐煮制丙糖膏，利用立式连续煮糖糖膏对流好的特点，尽量提取母液中的蔗糖分，降低废蜜纯度，减少废蜜量；同时利用低品质热源作加热介质，降低全厂耗汽量。立式连续煮糖罐由自上而下垂直放置的四个结晶罐组成，结晶罐之间通过管道相互连接，每个罐均装有机械搅拌器，以增强糖膏的循环；各罐都装有旁路系统，当其中某一罐需要清洗时，接通其相关旁路，其他各罐便可正常工作。正常情况下设备全自动运行，不需要人工干预，降低了劳动强度。

（3）关键技术包括以下几项：

1）低碳低硫技术：

① 确定混合汁饱充上浮的混合汁及预灰 pH 值，烟道气 CO_2 浓度与来量，饱充时间等工艺条件的最优化水平，充分发挥混合汁饱充上浮处理的除杂脱色作用。

② 确定糖浆饱充时糖化钙添加量、糖浆温度及 pH 值，烟道气 CO_2 浓度与来量及饱充时间等工艺条件最优化水平，保证糖浆饱充上浮处理效果。

③ 实现混合汁饱充上浮及糖浆饱充上浮过程石灰乳、糖化钙及 CO_2 等澄清剂用量在线检测、自动控制，使系统始终处于最优的工作状态，以提高其澄清效率。

④ 亚法生产工艺的改良，确定半硫法的最佳生产工艺，保证后续生产的澄清效果，在减少澄清剂用量的前提下，提高清净效率，实现亚法糖厂白砂糖质量质的飞跃。

⑤ 解决浮渣传统过滤处理存在的吸泥困难、滤泥粘鼓等问题，在尽可能回收其糖分的基础上，进一步提高其综合利用附加值。

2）全自动立式连续煮糖技术：

① 根据连续结晶煮制过程的各阶段物料变化，稳定、准确地控制各结晶室的过饱和度。

② 提高测量仪表的可靠性和准确性，为自动控制系统提供准确的输入信号。

③ 研究平衡蒸发强度与结晶速度的关系，为立式连续结晶过程提供稳定的工艺条件，使整个连续结晶过程处于受控状态。

④ 研究开发适合（配套）连续结晶工艺的连续助晶系统，为结晶成糖工段提供连续化生产的保障。

(二) 工艺技术

1. 低碳低硫工艺技术路线

工艺流程见图1。

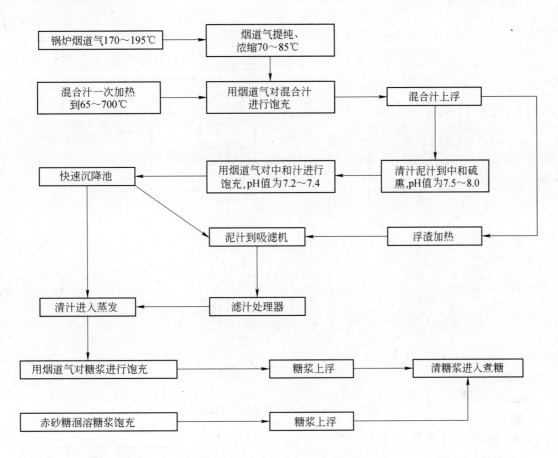

图1 半碳法生产工艺技术流程图

2. 传统亚硫酸法澄清工艺

工艺流程见图2。

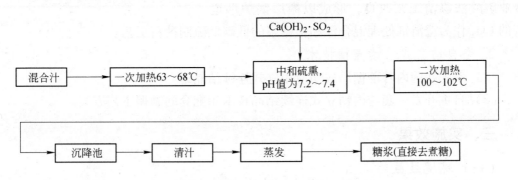

图2 传统亚硫酸法澄清工艺技术流程图

3. 全自动立式煮糖工艺技术路线

工艺流程见图 3。

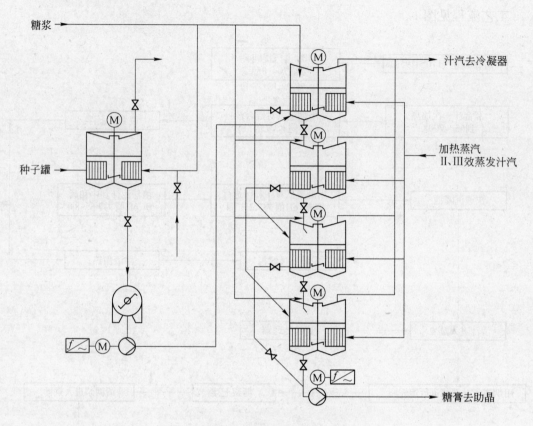

图 3　全自动式连续煮糖罐工艺流程图

4. 传统间歇煮糖工艺

工艺流程见图 4。

（三）技术创新点及特色

1. 低碳低硫制糖工艺

该项目率先将烟道气饱充糖汁技术成功应用
于亚硫酸法澄清工艺改良，形成以糖厂锅炉烟道
气的 CO_2 作为澄清剂处理混合汁和粗糖浆的低碳低硫制糖新工艺。

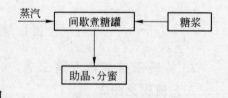

图 4　传统间歇煮糖工艺流程图

2. 全自动立式连续煮糖技术

（1）率先在国内甘蔗糖厂成功应用立式连续结晶罐。

（2）自主开发一套与丙糖立式连续结晶技术相配套的制糖工艺方案。

三、实施效果

（一）环境效益

按雷平公司年榨蔗量 150 万 t 的甘蔗糖厂为基准计算，每年需用二氧化碳量为

8500t，即减排 8500t 二氧化碳，相当于每年增加 85000 美元（约 55 万元人民币）的环保经济效益。项目实施后减少了 CO_2 的排放量，减少了烟气热量的排放量，具有良好的环境效益。

（二）经济效益

从以上采取的技术措施、新技术设备后所达到的目标计算，从生产方面提高产品质量和多产糖的经济效益和节能减排方面的环保效益考虑，可得到以下几方面的数据。

1. 低碳低硫制糖工艺

（1）糖率提高 0.1%，总产糖量增加：$150 \times 0.1\% = 1500t$，经济效益增加：$1500t \times 4600$ 元/t = 690 万元；

（2）饮料用糖产率提高 30%，差价按 100 元/t 计，经济效益增加：18 万 $t \times 30\% \times 100$ 元/t = 540 万元；

（3）减少硫磺用量 20%，经济效益增加：$1650 \times 20\% \times 1800$ 元/t = 62.6 万元；

（4）减少磷酸用量 15%，经济效益增加：$750 \times 15\% \times 4600$ 元/t = 51.7 万元。

以上几项每年可增收节支：690 万元 + 540 万元 + 62.6 万元 + 51.7 万元 = 1344.3 万元。

2. 全自动立式连续煮糖技术

（1）蔗渣打包率提高 0.83%，一个榨季节省 12450t 蔗渣，则一个榨季节约费用：$12450t \times 250$ 元/t = 311.25 万元；

（2）投入立式连续结晶罐日生产能力可产白砂糖提高 10% 以上，一个榨季榨蔗时间缩短约 10 天，每天管理费（含机械材料费、人工费等）约 8 万元，则 10 天节约费用：8 万元 × 10 天 = 80 万元；

（3）采用自动立式连续煮糖设备后，丙煮糖岗位工每班可减少 3 人，3 个班共 9 人，按岗位工年工资 5 万元计算，每年可节约人工成本 45 万元；

（4）一个榨季节省 12450t 蔗渣，按碳含量 30% 计算，则含碳量约为 3735t，产生二氧化碳 13695t，则每年可减少 13695t 二氧化碳排放，可节约环保费用 88.6 万元。

以上几项立式连续煮糖技术每年可增收节支：311.25 万元 + 45 万元 + 80 万元 + 88.6 万元 = 524.85 万元。

其他节约的材料及费用都不计入，仅以上几项每年增收节支就达到 1869 万元。

3. 投资收益情况

该项目总投资为 5100 万元，实施后每年增加经济效益为 1869 万元，三年可回收投资成本。该项目对降低生产成本、提高全厂连续化、自动化生产起到重要作用。是一个很值得推广的项目。

（三）关键技术装备

关键技术装备见图 5、图 6。

（四）水平评价

1. 低碳低硫制糖新工艺

目前国际上烟道气饱充技术主要用于两步法的精炼糖生产，该项目首次将烟道气

图 5　自动立式连续结晶罐　　　　　图 6　低碳低硫制糖工艺烟道气吸收设备

饱充技术用于难度更大的亚硫酸法制糖工艺，即采用一步法生产工业饮料用糖。该工艺结合了亚硫酸法和碳酸法的优点，与传统的亚硫酸法比较，具有以下优点：

（1）提高产品质量，提升产品档次。由于利用了碳酸钙吸附性以及亚硫酸钙的特点，提高了蔗汁、糖浆澄清效果，解决了传统亚硫酸法糖厂澄清效率低、无法生产低色值和低残硫工业饮料用糖等问题。

（2）提高产糖量。由于澄清效率高，非糖分除去多，被处理物料纯度会提高 1%，在煮炼过程中结晶率也提高，至少能增加糖分回收率 0.12% 对糖料以上。

（3）解决了传统碳酸法的滤泥处理难题。该项目流程的滤泥与亚法滤泥混合后失去碱性，可以发酵用作复合肥，避免了碳酸法制糖工艺碱性滤泥的处理难题。

其主要技术指标比较见表 1。

表 1　新技术与国内外同类技术的关键指标对比

指　标	企业水平		国内平均水平	国际水平
	实施前	实施后		
白砂糖色值（IU）	128 ~ 140	90 ~ 100	130 ~ 150	60 ~ 150
二氧化硫含量/mg·kg⁻¹	22 ~ 26	5 ~ 8	20 ~ 30	10 ~ 15

2. 立式连续煮糖罐

随着生产规模扩大，雷平永鑫公司煮糖工序的设备不配套的问题日益凸显。为了解决煮糖工序存在丙糖煮糖罐残旧、丙糖膏煮制罐的不足、糖膏对流差，废蜜纯度高、废蜜产率大、煮糖耗汽大等问题，公司于 2011 年率先采用立式连续煮糖罐代替原有的间歇煮糖罐煮制丙糖膏，实现丙膏结晶过程的连续化、自动化，改变甘蔗制糖行业煮糖结晶过程的工作方式，对糖厂实现制糖全过程自动控制起到了推广示范作用。

该项目于 2011/2012 年榨季在雷平永鑫公司投入使用，经测算，混合汁经过烟道气饱充上浮后，除去大部分胶体等非糖物，大幅度提高了澄清效率，减少了石灰、硫磺、磷酸等的用量，提高了糖浆质量，降低了白砂糖色值及残硫量。标煤与蔗比、白砂糖色值、含硫量等指标都比往年有所下降，并减少了锅炉烟气的排放，降低了各种材料消耗量。该项目实施后，在节约蔗渣的同时，每年减排烟气量 5 亿 m³（烟气温度由 160℃ 降到 75℃ 排放），减少排放热量 9613 万 kcal。项目实施前后企业清洁生产水平的提升情况如下：

（1）煮糖汽耗降低 10% 以上，处理 100t 甘蔗耗标煤达到 4t 以下，优于国内甘蔗制糖甘蔗耗标煤 5% 的行业水平。

（2）白砂糖色值从约 140IU 降到约 100IU，含硫量从约 20mg/kg 降到 8mg/kg 以下，达到工业饮料用糖标准。

（3）烟道气减排 30% 以上，年减排二氧化碳 8500t，减少硫磺用量 336t。

四、行业推广

（一）技术适用范围

该技术所属行业为甘蔗制糖行业，主要产品为白砂糖，原料主要为甘蔗，对厂房、设备、原辅材料及公用设施等均没有特殊要求。

（二）技术投资分析

该项目技术先进、成熟、可靠，是国内自主研发的新技术、新工艺。项目实施后可确保制糖企业亚硫酸法制糖工艺改良及减少 CO_2 气体的排放，提高了白砂糖质量，进一步降低了能耗，改善了当地环境，项目技术风险极小。

按照建设一套低碳低硫制糖新工艺与全自动连续煮糖的装置计，约需投资 5100 万元。装置建成后可实现年新增销售收入 3500 万元，纯利润 1700 万元，缴纳税金 200 元，完成利税总额 1900 万元，投资利润率约 33.3%。

（三）技术行业推广情况分析

该项目采用亚硫法与碳酸法双重作用来对混合汁和糖浆进行澄清处理，利用碳酸钙、亚硫酸钙沉淀颗粒强吸附能力，结合上浮清净技术，提高亚硫酸法糖厂澄清效果，提高清汁质量。既能很好解决碳法厂滤泥综合利用难、污染严重的问题，又能解决亚法糖厂白砂糖色值高、残硫量高、浊度及灰分高等质量问题，是对传统亚法生产的一个重大改良。

低碳低硫制糖工艺是针对广西甘蔗制糖企业亚硫酸法生产白砂糖品质不高、不耐储存、生产成本偏高的特点进行研究的，成果应用前景广阔。广西有 104 家甘蔗糖厂，目前只有 3 家糖厂采用碳法澄清工艺生产白砂糖，其余甘蔗糖厂采用亚法澄清工艺生产白砂糖。提高白砂糖产品质量、降低生产成本、节能减排是当前一项重要的工作，符合广西经济发展的需要，所以课题成果产业化前景良好。目前如果广西 101 家亚硫酸法制糖企业都采用半碳法生产工艺技术，不仅对制糖企业有很好的经济效益，而且对广西的环境保护起到积极作用。

全自动立式连续煮糖技术是针对广西甘蔗制糖企业自动化、连续化程度不高，蒸汽消耗量高，生产成本偏高的特点进行研究的，成果应用前景广阔。广西有104家甘蔗糖厂，95%的甘蔗糖厂采用间歇式结晶技术工艺生产白砂糖。实现结晶工序的连续化生产，减轻工人劳动强度，减少人为因素的影响，保证产品质量的稳定，降低生产成本是当前一项重要的工作，符合广西经济发展的需要，因此课题成果产业化前景广阔。如果目前广西90多家甘蔗糖厂都采用立式连续结晶生产工艺技术，不仅对制糖企业有很好的经济效益，而且对广西糖业的自动化和信息化建设起到积极作用。

综上所述，该技术可完全替代以亚硫酸法及间歇式结晶的传统生产工艺技术，该技术推广应用后可产生良好的资源、环境和经济效益。

资源效益：与传统亚硫酸法技术比较，每年硫磺用量减少20%，磷酸用量减少15%。

环境效益：每年减排烟道气30%以上，减排二氧化碳8500t。

经济效益：销售收入3500万元，纯利润1700万元，缴纳税金200万元，完成利税总额1900万元。

案例 57　节水降耗闭合循环用水处理清洁工艺与集成技术
——制糖行业清洁生产关键共性技术案例

一、案例概述

技术来源：广西大学

　　　　　华南理工大学

　　　　　广西佳诚环保有限公司

技术示范单位：广西来宾永鑫小平阳糖业有限公司

　　我国甘蔗糖厂以前用水的观念认为水是"取之不尽，用之不竭"，尤其是糖厂一般靠近河边，糖厂生产取水相当方便。无节制的用水观念使制糖工业成为耗水和污染较集中的产业，生产用新鲜水消耗高，同时又向环境排放大量含有丰富污染物的废水，对产糖区水域造成严重污染，是我国废水和废弃物排放量最大的食品行业，也是我国每万元工业产值水耗最高的行业之一。在环保部公布的 1811 家重点废水污染源企业中，糖厂占 142 家。2008 年，我国糖业废水排放量 8 亿 t，约占我国工业废水总排放的 3.7%，COD❶ 排放量 32.5 万 t，约占我国工业 COD 排放总量的 6.4%。2006 年相关数据显示，糖厂每处理 1t 甘蔗耗用新鲜水约 $6m^3$，排放污水约 $6.5m^3$，是发达国家的 5 ~ 10 倍。因此，制糖工业用水量，废水排放造成的环境污染问题已成为社会关注的热点，并成为制约制糖行业持续健康发展的重要因素。

　　自推广糖厂清洁生产和循环经济以来，糖厂在节水及减排方面投入大量的资金，并取得一定的效果，在节水及减排的局部攻关上取得一定突破。但是，由于用水观念未能根本转变，当前糖厂缺少一个整体的规划设计，仅仅从节水以达到减排的目的出发，虽在生产过程中利用甘蔗本身带来的水进行循环使用，但仍有 40% 左右的水达标处理后外排，未能充分利用甘蔗本身所含 75% 的水分，因而未能实现真正意义的零取水、零排放。若将甘蔗重 40% 的水量处理后用作生活饮用水，则每年可产水约 3000 万 t，可提供 100 万人一年所需的淡水用量，经济效益和社会效益明显。制糖行业要持续健康发展，就要开发一套引领行业实现清洁生产，达到零取水、零排放的标准化技术。

　　针对糖厂目前存在的用水和排水问题，广西大学、华南理工大学、广西佳诚环保有限公司联合研发了糖厂节水降耗闭合循环用水处理技术。该技术应用系统工程原理，充分利用甘蔗自身水分，以循环经济及环境可持续发展为核心，以"甘蔗含水资

---

❶COD 为化学需氧量。

源化"为目标，进一步解决糖业节水减排共性关键技术问题。通过开发高效专用设备，从源头上减少污染物的产生；对制糖生产过程不同排水/废水的污染特性研究，完善糖厂现有生产排水/废水循环利用技术；集成研发废水生化处理技术、中水深度处理技术及树脂再生废水处理技术，实现综合集成技术创新，建立糖厂节水减排的新模式。

该技术工业实施和运行结果表明，制糖行业在生产期间达到零取水，且水的重复利用率达100%，剩余需要外排的水经中水回用技术处理后，可以用于生活饮用水，实现零排放。该技术从资源高效利用、清洁生产、废弃物资源化与高值化利用等节水减排方面发展关键技术，实现全面升级，带动我国制糖行业的可持续发展，这不仅在技术上是一大突破，在生产观念上也具有深远的意义。该技术具有显著的经济、社会和生态效益，有良好的示范推广作用和广阔的市场前景。

二、技术内容

（一）基本原理

系统根据糖厂各种水体的特性，采用清洁生产技术，在源头上减少废水的生成，减轻生化系统负荷。改进相关工艺及设备、优化厂区排水管网，完善各种独立水循环系统，提高循环利用效果，减少污水排放。强化末端废水治理效果，对废水分级处理，首先采用活性污泥法，对废水进行处理，使水质达到《污水综合排放标准》（GB 8978—1996）一级标准。再对经过处理后的水采用深度处理技术，使水质达到锅炉入炉水及饮用水标准，根据生产各工序对水质要求分级利用，实现生产期间零取水、少排放。

（二）工艺技术

与制糖行业传统取、排水系统（流程见图1）比较，该技术（流程见图2）根据

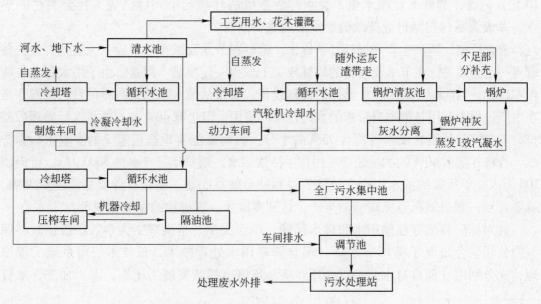

图1　制糖行业传统水系统工艺流程简图

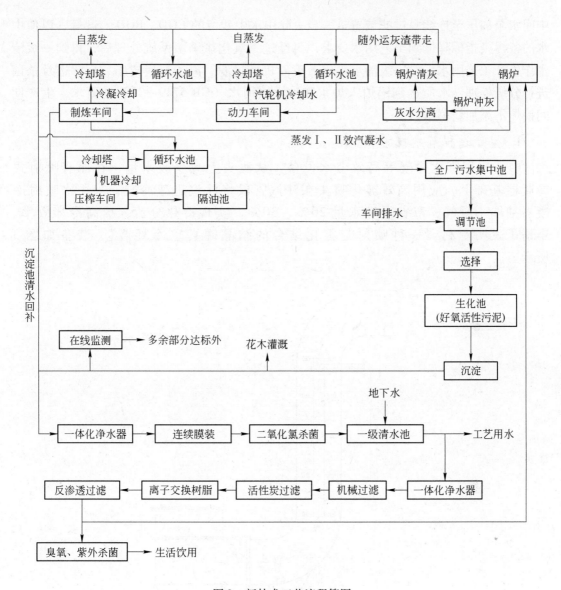

图 2　新技术工艺流程简图

各种水体的特性，从源头上控制污水排放量，改进相关工艺及设备，进一步细化各种水体独立循环系统。

　　该技术将各车间循环用水系统进行优化，实行全闭合循环用水系统，废水末端采用活性污泥法进行处理，处理后的中水 80% 左右回用于补充各车间循环冷却水池，其余中水由提升泵抽至一体化净水器，采用微砂吸附，去除中水中的悬浮物。在高分子协助剂的作用下聚合成易于沉淀的絮凝物，经过蜂窝沉降池沉降，再经过石英砂过滤，以降低中水的部分 COD、BOD❶、SS❷ 以及色度等，出水进入到中间水池；之后再由

---

　　❶BOD 为五日生化需氧量。
　　❷SS 为悬浮物。

中间水泵加压至连续膜过滤装置进一步去除中水中残留的 COD、BOD、SS 等，以使中水的各污染指标降低到工艺用水要求，再经过二氧化氯杀菌系统处理后，得到一级清水作生产工艺用水。对一级清水采用石英砂机械过滤、离子交换树脂、反渗透及杀菌进行分级处理，水质达到锅炉入炉水和生活饮用水（GB 5749—2006）要求，生产期间锅炉不添加新鲜水。

1. 生产过程节水技术

（1）采用雾化冷凝等高效节水设备，从源头上减少废水量；在原有喷射式冷凝器基础上，应用高效雾化喷头在汁汽管段将汁汽迅速冷凝，采用水喷射冷凝器抽取不凝气，节省循环水量 20% ~ 30%，实现冷热分流，提高冷却效率。申请了发明专利"一种喷射与雾化结合的结晶罐真空冷凝器"，装备如图 3 所示。

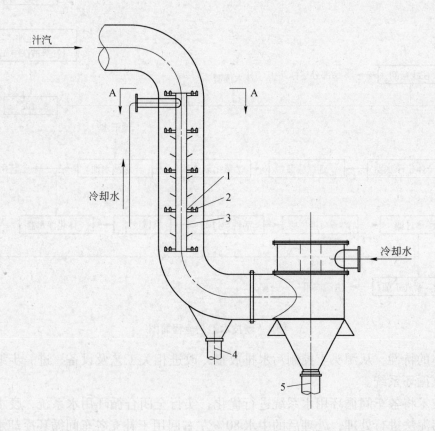

图 3　高效喷淋冷凝器
1—雾化件；2—雾化喷头；3—中央水管；4—汁汽凝结水；5—水不凝气凝结水

（2）采用新式循环水冷却塔冷却制炼车间蒸发及煮糖高温汽凝水，满足工艺用水后剩余部分作为其他设备冷却补充用水。冷却效果得到改善，热交换效率得到提高，装备如图 4 所示，实施效果见表 1。

图 4　新式循环水冷却塔

表 1　循环水冷却效果

设 备 名 称	进水水温/℃	出水水温/℃
新循环水冷却塔	85～90	35～38
旧循环水冷却塔	85～90	40～43

（3）采用新型管道雾沫分离装置，降低蒸发及煮糖过程凝结水的含糖量。

采用自行研制的新型管道雾沫分离装置，获得授权发明专利 1 项"一种管道式罐外捕汁器"（专利号：ZL200910114335.5），二效蒸发罐汽凝水含糖浓度降低到 1/20000 以下，提高汽凝水回用率，减少糖分损失与废水处理系统负荷。专利授权证书与新型管道雾沫分离装置结构图如图 5 所示。

（4）采用生产过程辅助澄清剂的配置新技术，减少过程用水量。

应用自有知识产权的超声波石灰乳强化消和装置（专利号：ZL200910114334.0）见图 6，强化乳化过程，提高石灰乳质量，并可相应提高石灰乳浓度，减少消和用水

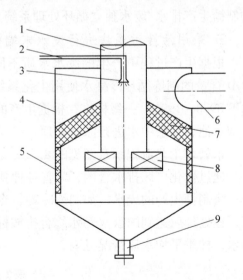

图 5　管道雾沫分离器

1—汁汽入口管；2—热水管；3—喷头；4—圆形外筒；

5—导流板；6—汁汽出口管；7—填料层；

8—旋流器；9—出水管

图6 超声波石灰乳强化消和装置

量；用磷酸复合物脱色剂（专利号：ZL201010154171.1）溶液代替工业磷酸加入混合汁或粗糖浆或赤砂糖回溶糖浆中，既增加了蔗汁的脱色效果，又减少了稀释水的用量。

2. 进一步优化厂区排水管网，完善各种独立水循环系统

对循环回水管路改造、压榨轴承冷却水系统改造、汽轮机冷却水系统、锅炉冲灰水系统、工艺热水罐及热水管网、车间机泵冷却水系统改造、车间排水沟渠形成完备的制糖生产排水/废水独立循环处理系统，如图7所示。

3. 采用活性污泥法进行废水末端处理

根据生产过程中产生的废水水质不同，如对含油污的压榨轴承冷却水，高COD、BOD含量的制炼循环冷凝水使用生化系统进行处理，使其达到《污水综合排放标准》（GB 8978—1996）一级标准，根据生产的具体情况，将80%左右回用于补充制炼循环冷却水池，其余中水进行深度处理。

水处理工艺流程示意图见图8。

通过优化厂区排水管网，完善各种独立水循环系统，增加生化末端处理系统等工作，将制糖生产的废水，如制炼冷凝、冷却水、化验用水、生产冲洗用水及生活污水等，经处理后达到国家《污水综合排放标准》（GB 8978—1996）一级排放标准，成为中水，榨季平均水质情况见表2。

表2 中水水质

项 目	pH值	COD/mg·L^{-1}	BOD/mg·L^{-1}	SS/mg·L^{-1}	浊度
控制值	6~9	≤100	≤20	≤70	≤50
榨季平均数值	7.5	20.5	5.3	15	10

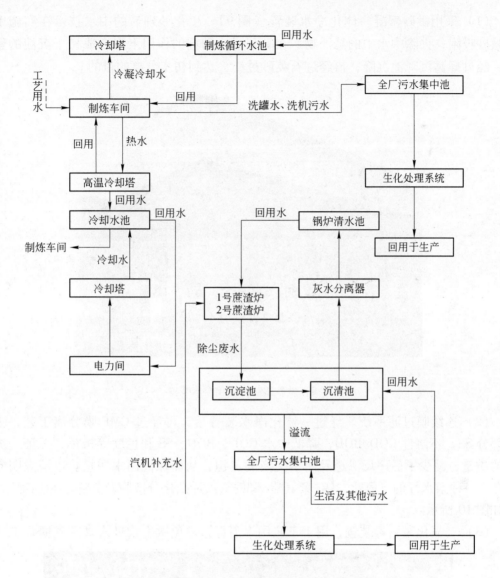

图7 主要生产过程排水/废水循环处理系统

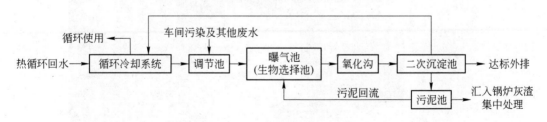

图8 末端生化水处理流程

4. 中水深度处理技术

开发了适用于糖厂中水的深度处理技术,建立中水处理系统,通过加强出水消毒,实现甘蔗含水资源化利用。建立了200m³/h中水回用处理系统。

（1）采用微砂絮凝一体化净水装置（图9）。生化处理后的中水技术在实施中使用微砂吸附，去除中水中的悬浮物。在高分子协助剂的作用下聚合成易于沉淀的絮凝物，经过蜂窝沉降池沉降，再经过石英砂过滤，达到初步分离的目的。

图9　微砂絮凝一体化净水装置

（2）连续膜过滤系统。经过一体化净水装置后，再经过 CMF 膜分离工艺，去除大部分 SS、不溶性 COD/BOD，降低中水 COD、BOD、SS 和色度等指标，保证一级清水的质量，减少了后序反渗透及离子交换的负担，从而保证出水质量。申请发明专利1项"一种亲水性的三氧化二铝/聚氨酯/聚偏氟乙烯杂化分离膜及其制法和用途"，装备如图10所示。

（3）二氧化氯消毒装置，用于工艺用水消毒，避免微生物进入真空煮糖系统（糖

图10　连续膜过滤系统

膏温度在 70℃ 左右），从而影响产品卫生，减少对水处理系统的影响。装备如图 11 所示。

图 11　二氧化氯消毒装置

使用该系统处理后的水能达到《城镇污水处理厂污染物排放标准》（GB 18918—2002）一级 A 标准，中水水质得到大幅度提升，能更好地回用于生产。中水回用处理系统处理效果见表 3。

表 3　中水回用处理系统处理后水质

项　目	pH 值	COD/mg·L^{-1}	BOD/mg·L^{-1}	浊度	SS/mg·L^{-1}
控制值	7~9	≤50	≤10	≤10	<10
榨季平均数值	7.3	5.6	3	0.3	未检出

5. 建立饮用水及锅炉入炉水（补充）处理系统

饮用水及锅炉入炉水（补充）处理系统工作流程见图 12。

工艺采用一体化净水器（图 13）对进入系统的水体再一次进行絮凝沉降并过滤。采用机械过滤器（图 14）进一步净化水体，采用压力机械砂滤器。采用混合离子交换器（图 15），利用交换树脂对水体中的离子进行交换、脱除。采用 pp 棉过滤器（3μm）（图 16）保护反渗透系统（图 17），防止砂滤过程有沙子流失，影响反渗透系统的使用。采用反渗透系统再次净化水体。采用紫外及臭氧杀菌装置（图 18）消毒使出水达到生活饮用水标准。

使用环保型高价反离子树脂再生装置（图 19）对一级清水进行深度处理，水质达到锅炉入炉水和生活饮用水（GB 5749—2006）要求，生产期间锅炉不添加新鲜水。锅炉用水（锅炉入炉水和炉内水）经检测分析结果见表 4 和表 5。

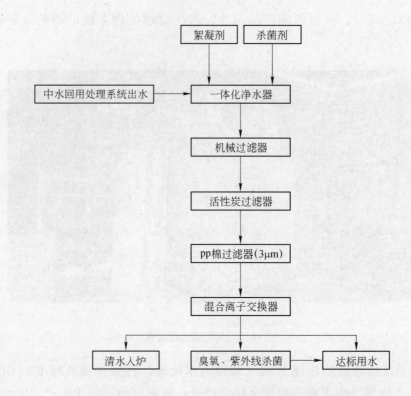

图12 饮用水及锅炉入炉水（补充）处理系统工作流程

图13 一体化净水器   图14 机械过滤器

表4 入炉水质量分析

指 标	分 析 值	技 术 要 求
总硬度/mmol·L^{-1}	0.026	≤0.03
pH 值	7.3	≥7.0
含糖分/×10^{-6}	23	≤25
温度/℃	102	100~105

图 15　混合离子交换器

图 16　pp 棉过滤器（3μm）

图 17　反渗透系统

图 18　臭氧杀菌装置

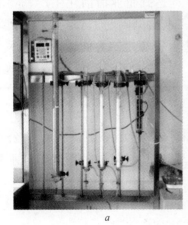

a　　　　　　　　　　　*b*　　　　　　　　　　　*c*

图 19　高价反离子树脂再生装置图

a—小试装置；*b*—中试装置；*c*—工业化生产装置

表5　炉内水质量

指　　标	分　析　值	技　术　要　求
总碱度/mmol·L^{-1}	8	6~12
pH值（25℃）	11.3	11±1
PO$_4$含量/mg·L^{-1}	11	1~15

从表中数据可知，技术实施后锅炉用水质量满足生产技术要求。

中水系统处理前的水质没有达到国家生活饮用水的标准，经处理后达到国家标准GB 5749—2006，技术的实施还建立向厂内生活区供应生活饮用水的管网，能够每天向生活区提供足够量的生活用水，其水质经第三方检测机构采样分析，符合国家标准。

（三）技术创新点及特色

（1）率先在国内实现甘蔗含水资源化利用，对水分级处理利用，产品达到生活饮用水标准，生产期间零取水、零排放。

（2）结合惯性、离心及表面接触等技术，研发管道式高效雾沫分离装置，降低蒸发及煮糖过程凝结水的含糖量。二效蒸发罐汽凝水含糖浓度降低到1/20000以下，提高汽凝水回用率，减少糖分损失与废水处理系统负荷。

（3）开发适用于糖厂中水的深度处理技术，建立了200m³/h中水处理系统，通过加强出水消毒，实现甘蔗含水资源化利用。

（4）开发环保型高价反离子树脂再生新技术，以提高树脂的脱附效果，并根据工艺流程回收洗脱液，实现再生废水零排放。

三、实施效果

（一）环境效益

该技术将无产出的"废水治理"模式转变为有效益的"废水资源化"模式，实现正常生产不需要补充新鲜水，用水循环利用率达100%，达到企业清洁化生产和零取水、零排放的目标，从根本上解决了"用水量大"和"水污染问题"，改善了周边环境生态平衡，并对外提供生活饮用水，减缓企业周边淡水资源短缺等问题。该技术与传统水系统比较，减少新鲜水耗用量2373.43×10⁴m³，减少COD排放量2373430kg，减少SS排放量661400kg，减少BOD₅排放量474686kg，减少氨氮排放量237343kg。

（二）经济效益

该技术项目已建成，投资1341万元，按照广西来宾永鑫小平阳糖业有限公司2012/2013年榨季生产实绩计算，则少抽取新鲜水量2373.43×10⁴m³，节约新鲜水费3797.49万元，减少缴纳排污费261.67万元。

（三）关键技术装备

（1）源头控制工序设备：雾化冷凝器、新型管道雾沫分离装置。

（2）水处理工序设备：高温冷却塔、连续膜过滤系统、一体化净水器、二氧化氯消毒装置、反渗透系统。

（四）水平评价

该技术是具有我国自主知识产权的重大原创技术，拥有自主知识产权的核心专利技术 9 项，发表论文 13 篇，培养研究生 9 名，其中环保型树脂再生新技术"高值化糖品绿色加工关键技术及应用"获得 2012 年广东省科技厅授予的广东省科学技术奖一等奖。经过鉴定，该技术成果达国际领先水平，实现了正常生产不需要补充新鲜水，用水循环利用率达到 100%，提升了行业用水技术水平，从根本上实现了行业节水降耗、清洁生产的目标。

四、技术行业推广

"节水降耗闭合循环用水处理系统"在小平阳公司实施以来，效果显著，建立了糖厂节水减排的新模式。

该项目成功实施后，永鑫华糖集团下属各公司（如广西都安、广西雷平、广西来宾、广西西场、云南富宁公司等）都参照小平阳公司用水处理工艺，进行了节水技术改造，对生产内部用水采取冷热分流、清污分流、分类处理等措施，取得了良好的效果。广西东糖迁江制糖有限公司、广西东糖凤凰制糖有限公司、广西东糖桂宝制糖有限公司、广西农垦红河制糖有限公司、广东广垦糖业集团（湛江农垦局）、云南南恩糖业、广西洋浦南华糖业集团等数十家企业，分别到小平阳公司参观考察项目运行情况，对该系统给予一致肯定。技术组为广西农垦金光制糖有限公司进行节水、中水回用设计，设计的系统运行稳定，操作简便，解决了该公司取水及排水问题。

该项目的实施对引导和推动全国制糖业节能减排起到良好的示范作用，推进了资源高效利用、清洁生产、废弃物资源化与高值化利用等节水减排关键技术的发展，具有良好的辐射功能和示范推广作用，对实现产业升级、推动甘蔗制糖业健康持续发展具有重要意义。

案例 58 糖厂热能集中优化及控制技术
——制糖行业清洁生产关键技术示范案例

一、案例概述

技术来源：广州甘蔗糖业研究所

技术示范承担单位：广西来宾永鑫小平阳糖业有限公司

食糖是关系国计民生的重要产品，既是我国食品、饮料、医药等产业不可或缺的基础原料，又是我国居民的生活必需品。我国是食糖产销量大国，食糖产销量仅次于巴西、印度，居世界第三位，2013/2014 年榨季中国食糖产量达 1300~1350 万 t。随着我国社会经济的发展，制糖行业的发展潜力巨大。

然而，与我国糖业迅速发展不相称的是制糖生产的能耗状况。当前我国制糖企业的平均标煤消耗为 6(t)/100(t 糖料)，是国际平均水平的 1.5 倍，是国外先进制糖企业的 2 倍，吨蔗耗电量 31.5kW·h，是国际平均水平的 1.6 倍，且各企业的能耗水平也存在较大差异。

针对我国制糖行业高耗能、技术装备落后、生产过程自动化、信息化管理程度低等制约糖业生存与可持续发展的关键技术问题，广西来宾永鑫小平阳糖业有限公司与广州甘蔗糖业研究所合作研发，投入应用了糖厂热能集中优化及控制系统。该系统将自动控制、优化技术、信息技术应用于糖厂热能管理，实现蒸发、煮糖等主要热能消耗工段的网络化自动控制；通过热力模型进行热力方案优化，最终实现热力系统的优化控制，使热力系统高效稳定运行。

该项目实施与运行结果表明：在示范糖厂可实现 100t 甘蔗消耗标煤 3.85t 以下，比目前国内行业最先进水平还低 8.3%，比目前国内行业平均水平低 31%，与 2009 年行业平均水平比较，处理 100 万 t 甘蔗可节约 1.72 万 t 标煤。制糖综合汽耗降到 40% 对蔗比以下，相对目前行业平均水平降低 12% 以上。蒸发一效汁汽冷凝水含糖量低于 30mg/kg，锅炉热水回炉利用率达到 95% 以上。

该项目的实施对提高我国制糖行业节能减排和清洁生产水平具有重要意义，使得糖厂能源管理不再走局部管理和凭经验管理的老路子，极大地提升糖厂生产和能源管理水平，推动传统制糖技术优化升级，提升制糖产业的效率和竞争力。降低了生产成本，实现节能减排，具有较好的经济效益和社会效益。

二、技术内容

（一）基本原理

通过糖厂热力系统的网络化、自动控制，对生产主要热能消耗工段进行集中优化，达到进一步节能的目的。课题着重于解决糖浆锤度在线检测的稳定性、煮糖母液过饱和度控制等关键技术难题，实现蒸发、煮糖等单元操作稳定的自动控制；在此基础上再将糖厂主要热力工段通过工业以太网联系在一起，实现各主要热力工段的网络化控制；各工段能耗相关数据共享，并通过建立热力系统数学模型对全厂热力方案进行调优，网络控制系统根据调优的热力方案对各单元实行优化控制，从而保证糖厂既有设备在完成生产任务的前提下，运行于最小的能量消耗状态，使全厂热力系统高效稳定运行，达到进一步节能的目的。

　　（二）工艺技术

　　该系统由三个子系统组成，即分别建立蒸发、煮糖工段的自动控制子系统，各子控制系统与锅炉动力系统一起通过局域网连接，由上位计算机实现集中管理。上位机通过各工段实时数据，动态分析生产过程能耗状况，并根据热力系统模型对生产过程热力方案进行优化，进而通过控制网络对各工段实施优化控制，从而达到稳定生产和节能减排目的。传统手动操作控制框架流程见图1。

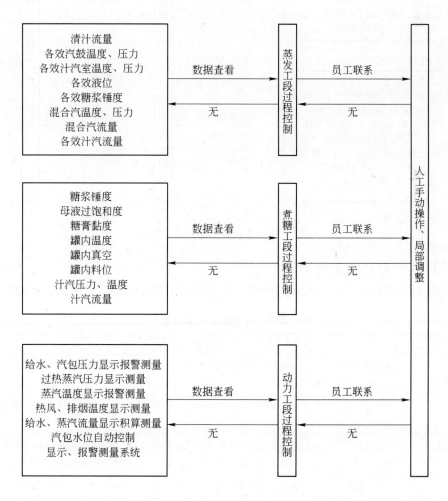

图1　传统手动操作控制框架流程图

新的系统技术路线总体框图见图2。

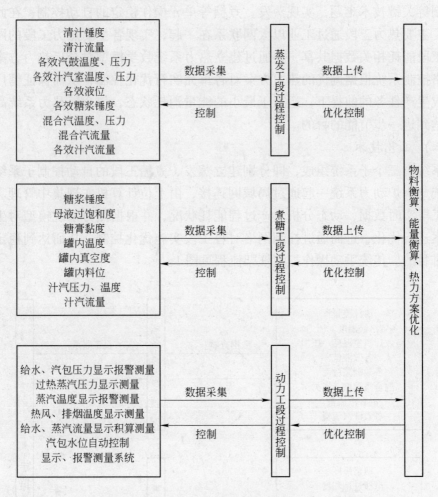

图2 新的系统技术路线总体框图

（三）技术创新点及特色

与传统的各岗位人工手动操作控制生产要素比较，该系统的技术创新点及特色见表1。

表1 技术创新点及特色

序 号	技术创新点及特色
1	通过建立蔗渣炉燃烧过程主要参数的数学模型，采用广义预测控制技术，实现蔗渣炉燃烧过程自动控制及优化控制
2	双参数自动煮糖控制系统能够提供对煮糖过程十分重要的过饱和度和晶体含量参数，结合模糊控制算法，使煮糖过程达到理想状态
3	工艺过程产生的铬渣疏松多孔，氧化铁含量高达40%以上，易于实现深度脱铬并可用于生产铁系脱硫剂副产品，工作硫容优于商业脱硫剂产品，实现了铬铁矿资源综合利用与铬渣近零排放
4	组网与优化控制，结合自控系统和组网技术使糖厂生产稳定运行在各个优化参数状态下，并通过 PSO 优化算法求解模型，得到符合当前设备状态和生产状态的热能优化方案

三、实施效果

(一) 环境效益

本项目于 2011 ~ 2012 年榨季投入生产运行，已连续实现三个榨季的生产稳定经济运行，在标煤耗、蔗渣打包率等主要经济技术指标于同行中均处于高水平（见图 3）。

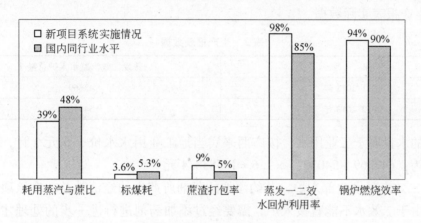

图 3　主要技术指标对比图

(二) 经济效益

1. 蒸发工段减少白砂糖损失的经济效益

清汁经过蒸发后的糖分损失主要体现在粗糖浆与清汁纯度差上。根据榨季实际生产数据报表，2011/2012、2012/2013 年榨季使用蒸发自动控制系统后产生的经济效益计算如下：

2011/2012 年榨季使用蒸发自动控制系统后，粗糖浆与清汁视纯度差为 - 1.09AP，混合汁对蔗平均值为 91.29%，混合汁锤度平均值为 17.20°Bx，榨季总榨蔗量为 586095.152t，其经蒸发后减少损失的糖量为：586095.152 × 91.29% × 17.20% × (1.43% - 1.09%) = 312.90t。

2012/2013 年榨季采用蒸发自动控制系统，粗糖浆与清汁视纯度差为 - 1.12AP，混合汁对蔗平均值为 91.05%，混合汁锤度平均值为 16.85°Bx，榨季总榨蔗量为 710778.522t，其经蒸发后减少损失的糖量为：710778.522 × 91.05% × 16.85% × (1.43% - 1.12%) = 338.05t。

因此，使用蒸发自动控制系统的两个榨季，蒸发工段物料少损失白砂糖为 312.90 + 338.05 = 650.95t，每吨糖按 5500 元计，直接经济效益为 650.95 × 5500 = 358.02 万元。

2. 蒸发工段减少耗用蒸汽量的经济效益

2010/2011 年榨季耗用蒸汽与蔗比为 40.43%，2011/2012 年榨季耗用蒸汽与蔗比为 36.96%，2012/2013 年榨季耗用蒸汽与蔗比为 39.83%，节省的蒸汽量为：586095.152(40.43% - 36.96%) + 710778.522(40.43% - 39.83%) = 24602.17t。

按 1t 蔗渣可产生 2.4t 蒸汽，蔗渣按 300 元/t 计，节省的蒸汽量产生的经济效益为：24602.17 ÷ 2.4 × 300 = 307.53 万元。

3. 汽凝水全部入炉节约燃料的经济效益

蒸发二效汽凝水全部入炉，能减少处理新鲜水及加热新鲜水的成本，具体计算如下：

（1）节约水量所产生的经济效益。在使用时，蒸发二效汽凝水全部可以入炉，表 2 所示为生产报表实际数据。

表 2　生产报表数据

榨　季	蒸发二效汽凝水入炉总量/t
2011/2012 年	43369
2012/2013 年	54030

节约的水量属于工业用水，按广西来宾当地工业用水水价 1.6 元/t 计，则产生的经济效益为：（43369 + 54030）× 1.6 = 155838.4 元。

（2）二效汽凝水全部入炉，节约添加的药剂所产生的经济效益。在该项目投入建设以前，由于二效水不能直接入炉，需要经过添加药剂进行进一步的处理才能重新入炉使用，在处理时添加的药剂成本价为 10.26 元/t，2011/2012 年榨季和 2012/2013 年榨季使用该项目蒸发自控控制系统后，蒸发二效汽凝水能够全部入炉，那么两个榨季节约添加药剂所产生的经济效益为：（43369 + 54030）× 10.26 = 999313.74 元。

二效水入炉后产生的总的经济效益为：

$$155838.4 + 999313.74 = 1155152.14 \text{ 元} \approx 115.52 \text{ 万元}$$

4. 煮糖工段的经济效益

安装自动煮糖设备后，2011/2012 年榨季公司废蜜纯度为 36.73GP，比 2010/2011 年榨季的 37.85GP 下降了 1.12GP，按废蜜折成 90°Bx 与蔗比为 3.08%，比 2010/2011 年榨季的 3.17% 减少了 0.09%，按 2011/2012 年榨季总榨蔗量 58.61 万 t，则本榨季比上榨季增产白砂糖量为：（58.61 × 90% × 3.17% × 37.85%）÷ 99.7% － (58.61 × 90% × 3.08% × 36.73%) ÷ 99.7% = 362.734t，按当年白砂糖 6500 元/t 计算，增加的经济效益为：6500 × 362.734 = 235.78 万元。

5. 总的经济效益

该项目实施期间的两个生产榨季所产生的经济效益总体情见表 3。

表 3　经济效益总体情况

项　目　名　称	效益金额/万元
蒸发工段减少白砂糖损失的经济效益	358.02
蒸发工段减少耗用蒸汽量的经济效益	307.53
汽凝水全部入炉节约燃料的经济效益	115.52
煮糖的经济效益	235.78
产生经济效益的总额	1016.85

（三）关键技术装备

1. 锅炉燃烧自控系统

蔗渣炉运行优化控制系统建立在 DCS 控制系统的基础上，通过与 DCS 通讯，获取蔗渣炉机组的所有状态与参数，以这些数据为基础，建立蔗渣炉燃烧过程的蒸汽压力、炉膛负压、烟气氧含量、进料量、蔗渣水分、送风量、引风量等主要参数的数学模型，采用广义预测控制技术，实现蔗渣炉燃烧过程自动控制及优化，得到影响蔗渣炉运行性能的各个控制量的最优值，并以偏置值的形式反馈到 DCS，实现蔗渣炉运行性能的闭环控制。蔗渣炉运行优化控制系统给出运行可调参数的最佳值，如最佳的蒸汽压力、蔗渣进料、炉膛负压、烟气含氧量，最佳的一次风压，二次风压等，并将这些值传送给 DCS，由 DCS 完成具体的控制任务（图4）。

图4　锅炉 DCS 自动控制系统操作平台

生产应用效果：

（1）锅炉过热蒸汽压力控变化曲线，见图5。

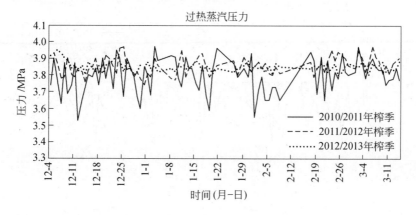

图5　锅炉过热蒸汽压力变化曲线

（2）锅炉排烟温度变化曲线，见图6。

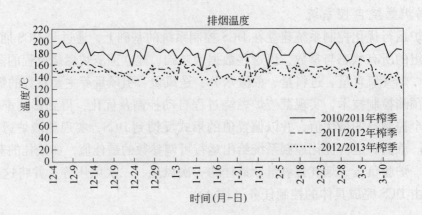

图6 锅炉排烟温度变化曲线

（3）锅炉烟气含氧量变化曲线，见图7。

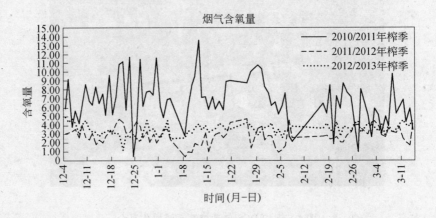

图7 锅炉烟气含氧量变化曲线

（4）锅炉炉膛压力变化曲线，见图8。

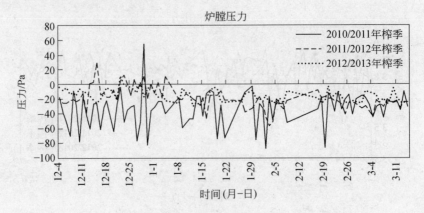

图8 锅炉炉膛压力变化曲线

从以上运行曲线图可以看出，实施自动燃烧系统前后过热蒸汽压力、排烟温度、炉膛负压、烟气含氧量等指标的运行曲线变化很大（2010/2011 年榨季为实施前；2011/2012、2012/2013 年榨季为实施后），各指标控制前后波动范围有了大幅度减小，各项指标都能较好地控制在范围内。从图中还可以看出，2012/2013 年榨季的运行效果比 2011/2012 年榨季还要好，主要因为 2011/2012 年榨季是实现燃烧自动控制的首榨季，处于参数调试、控制程序优化的榨季，2012/2013 年榨季已取得较好的经验，控制趋于稳定，所以运行效果比 2011/2012 年榨季好。具体对比见表 4。

表 4　实施自动燃烧系统前后各指标运行效果对比

控 制 指 标	实施前（2010/2011 年榨季）	实施后（2011/2012、2012/2013 年榨季）
蒸汽压力	波动大	波动小，能很好地运行在值设定附近
排烟温度	高，最好为 200℃	大幅度降低，波动小
烟气含氧量	大，且波动大	大幅度降低，波动小
炉膛负压	波动大	波动小

2. 蒸发工段自动控制系统

通过工业控制计算机、控制器等构成 DCS 集散控制系统（图 9）对蒸发工段各工艺参数的数据进行实时采集，对各工艺控制点进行自动控制，保证了蒸发工序的生产工作安全、均衡、稳定，为下一道煮糖工序得到锤度、流量稳定的粗糖浆提供保证，

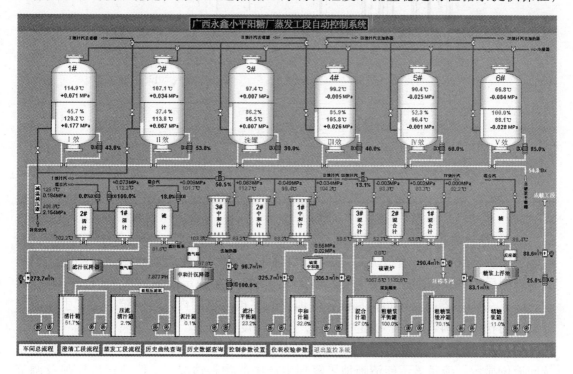

图 9　蒸发工段自控系统操作界面

为锅炉提供合格高温蒸发汽凝水，降低锅炉燃料消耗，抑制蒸发"跑糖"，有效地降低蒸发排水 COD，达到了降低生产成本、提高产品质量和节能降耗的目的。

同时，通过现场总线将所有测量、控制参数发送到生产调度系统服务器，通过网络传输的方式将所有数据传输到各个节点，使现场操作工、生产调度员等通过计算机可随时查看生产情况，提高了制糖生产过程自动化、信息化控制水平和生产管理水平。

该系统在生产中获得了良好的应用效果，具体体现在以下几方面：

（1）采用自动控制系统后，由频繁、紧张、费力的人工手动操作模式转换为简单、清晰的电脑界面操作，极大地减轻了岗位操作工人开关汁汽阀、入汁阀的劳动强度。

（2）工艺流程图及操作界面简洁明了，各效蒸发罐及各蔗汁加热器温度数据反馈更直观、快捷，手动/自动切换功能简易，便于岗位工的操作，使调节更加快速，实现了蒸发"五定操作"（稳定入料、稳定真空、稳定液面、稳定排水、稳定汽压），从而实现了蒸发糖浆锤度的稳定控制，图10所示为人工及自动控制末效蒸发糖浆锤度变化曲线（图中实线为人工控制显示，虚线、点线为自动控制显示）。

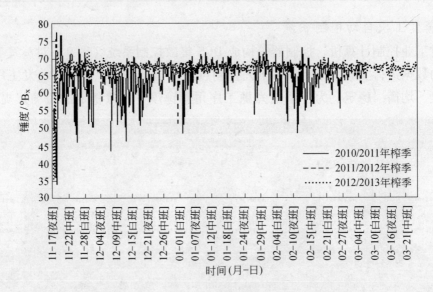

图10　人工及自动控制末效蒸发糖浆锤度变化曲线

从图10可看出，在应用了自动控制系统的 2011/2012 年、2012/2013 年榨季，与未安装使用蒸发自动控制系统的 2010/2011 年榨季相比，生产效果变化很明显，采用自动控制后，糖浆锤度的波动范围大幅度减小，实现了稳定控制。

（3）各加热器的温度指标都能较好地控制在预定范围内，与传统的人工手动操作开关阀门相比，调节更好，稳定性更强，波动幅度也更小。

（4）各个蒸发罐的液位控制更加稳定，减少了液位波动。通过该蒸发自动控制系统的液位显示、流量显示能清晰地了解到生产中的物料情况，更能快速地反映及调节物料，使物料处理均衡。

3. 煮糖工段自动控制系统

过去制糖生产过程中最重要的煮糖工序，由于缺乏可靠的专用传感器及其控制系统，绝大部分糖厂仍然停留在人工操作阶段，采用原始的玻璃板取样、眼看手摸的手段凭经验进行煮糖操作，容易造成生产波动，蒸汽消耗比发达国家高出 30% 以上，产品质量和糖分回收受到很大影响。因此，煮糖工段过程自动控制技术的研究是提高制糖业管理水平和降低能耗的关键之一。

双参数煮糖自动控制系统（图 11）主要是采用母液浓度和糖膏锤度双参数控制方案，与只测量糖膏浓度的单参数控制系统相比，除了提供准确的母液浓度之外，系统的优势在于还能够提供对煮糖过程十分重要的过饱和度和晶体含量参数，再结合模糊控制算法，使煮糖过程达到理想状态。母液浓度和糖膏锤度按照预先设定的较为理想的工艺曲线稳定上升，避免了煮制过程出现伪晶和母液过多现象，减少煮制过程煮水量，缩短煮糖时间，从而减少煮糖用汽量，达到节能目的。

图 11　煮糖自控系统操作平台

4. 组网与优化控制

为实现全厂数据采集，使用 OPC 通讯协议通过以太网将分布在各工段现场的参数采集到数据服务器，将数据动态显示出来，并对这些数据进行记录、存储、报警、查询和上传至其他服务器。系统的核心是 IBM 服务器，通过光纤、以太网采集而来的数据集中在服务器上，操作站、网页发布等都通过工业交换机访问服务器获得实时数据。

在实现锅炉动力、蒸发、煮糖等主要热力工段的网络化自动控制的基础上，建立起糖厂热力系统模型（图 12），从整个糖厂生产平衡出发，对生产过程热力方案进行优化，并通过生产网络系统实现优化控制，保证全厂热力系统高效低耗运行，将过程控制技术和过程优化技术相结合，提升糖厂生产和能源管理水平。

图 12　糖厂热能集中优化控制系统的中央网络系统界面

（四）水平评价

该技术项目申请国内专利 7 项，其中申请发明专利 6 项；制定行业技术规范 1 项。该项目的实施对提高我国制糖行业节能减排和清洁生产水平具有重要意义，极大地提升了糖厂生产和能源管理水平，推动了传统制糖技术优化升级，提高了制糖产业的效率和竞争力。

四、行业推广

（一）技术使用范围

糖厂热能集中优化及控制系统将自动控制、优化技术、信息化技术相结合应用于糖厂热能管理，对糖厂节能具有重要的意义。该项目的实施和应用主要在广西永鑫来宾小平阳糖厂进行，经过三年的建设，取得较好的成果，使得糖厂能源管理不再走局部管理和凭经验管理的老路子，极大地提升了糖厂生产和能量管理水平，使来宾永鑫小平阳糖厂成为运用现代信息技术改造传统制糖工艺的典范。在糖厂热能集中优化及控制系统方面积累了丰富的经验，能够用以指导我国糖业热能集中优化管理措施的具体方向。

（二）技术投资分析

按建成年处理 100 万 t 甘蔗的糖厂热能集中优化及控制项目工程，约需投资 1486 万元。系统建成后，每年可增加经济效益 1016 万元，投资回收期为 1.5 年。

（三）技术行业推广情况分析

该示范工程完成后，在制糖综合汽耗降到 40% 对蔗比以下，比目前行业平均水平降低 12% 以上，与 2009 年行业平均水平比较，处理 100 万 t 甘蔗，可节约 1.72 万 t 标煤以上。该项目在全行业推广后，全行业每年可节约标煤 177 万 t 以上。每年减少锅炉烟气排放约 177 亿 m^3，减少二氧化碳等温室气体排放 21 亿 m^3，对实现"十二五"期间我国工业的节能减排目标和实现我国在哥本哈根会议上向国际社会所承诺的温室气体减排任务具有重要的意义。

第六章 电力行业

案例 59 零能耗脱硫资源综合利用技术
——燃煤发电行业清洁生产关键共性技术案例

一、案例概述

技术来源：上海外高桥第三发电有限责任公司

技术示范承担单位：上海外高桥第三发电有限责任公司

大量排放二氧化硫所带来对环境的严重危害，人们已感受至深。《中华人民共和国大气污染防治法》明确要求控制致酸物质的排放，控制其造成的危害。毋庸置疑，国家对于燃煤电厂要实施"硬性"脱硫，已是大势所趋，火电厂二氧化硫控制的根本途径为烟气脱硫，但如何控制管道的低温腐蚀则是从脱硫烟气中获得利益的前提条件。

基于此，上海外高桥第三发电有限责任公司从 2007 年开始专门成立了"脱硫岛零能耗技术"研究小组，进行了科研攻关。考虑到湿法钙法脱硫的最终烟气温度为 50℃ 左右这一新因素，锅炉的排烟温度一般取值为 120～130℃ 的传统设计思路受到挑战，进一步降低锅炉排烟温度的设计创新自然被提了出来。而要进一步降低排烟温度，解决低温腐蚀是首要难题，是必须解决的关键技术。

该项目运用 DOE 方法对影响低温腐蚀的因素进行综合分析和测试，最终确定最佳的相关工艺参数，实现了换热器设置在静电除尘器后的低尘区运行，解决了传统烟气余热回收装置的磨损和堵灰问题，并在机组的实际运行中，运用质量控制技术，确保运行条件满足最佳参数要求，实现了脱硫岛零能耗技术，提高了高温烟气的利用效率。

该项技术首次突破性地解决了长期以来困扰火电厂低温烟气余热回收面临的金属低温硫酸腐蚀问题。对各种金属管材的防腐蚀特性和传热温度对金属材料腐蚀速率的影响进行了大量基础性的试验工作。研究成果表明，低温余热的回收不仅切实可行，而且通过对传热管壁温的控制能有效防止金属的低温腐蚀，在系统的控制上实现了全自动控制方式，最大限度地避免了人工干预控制的方式，为火电厂烟气热源的回收和利用这一巨大的废热利用潜力开拓了全新的局面。

二、技术内容

(一) 基本原理

排烟损失是锅炉运行中最重要的一项热损失,我国火力发电厂的很多锅炉排烟温度都超过设计值较多。为了减少排烟损失,降低排烟温度,节约能源,提高电厂的经济性,凝结水在低温省煤器(也称低压省煤器)内吸收排烟热量,降低排烟温度,自身被加热、升高温度后再返回汽轮机低压加热器系统,代替部分低压加热器的作用,是汽轮机热力系统的一个组成部分。低温省煤器将节省部分汽轮机的回热抽汽,在汽轮机进汽量不变的情况下,节省的抽汽从抽汽口返回汽轮机继续膨胀做功,因此,在燃料消耗量不变的情况下,可获得更多的发电量。

该技术是将传统的低温省煤器技术应用于烟气脱硫系统的延伸,它既保留了低温省煤器的部分特质,同时又对传统低温省煤器系统进行了很大的改进。将该技术应用于脱硫系统后,不但能大大提高机组的经济性,还能将脱硫吸收塔内的工业水使用量降低 40% 以上。

(二) 工艺技术

1. 传统的工艺

以山东某发电厂为例,电厂两台容量 100MW 发电机组所配锅炉是武汉锅炉厂设计制造的 WGZ410/100-10 型燃煤锅炉,由于燃用煤种含硫量较高,且锅炉尾部受热面的积灰、腐蚀和漏风严重,锅炉排烟温度高达 170℃,为了降低排烟温度,提高机组的运行经济性,在尾部加装了低温省煤器。低温省煤器系统布置图见图 1。

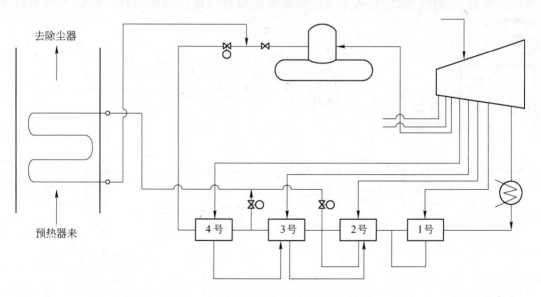

图 1　山东某电厂低温省煤器系统连接图

低温省煤器尽管在国内和国外已经有运用业绩,但从上述的例子中不难发现,加装前锅炉排烟温度较高(均达到 170℃ 左右),而加装后排烟温度仍处于较高的温度

（主要受制于煤的含硫量较高，另外还受材料性价比的约束），这里最主要的问题是机组在低负荷工况下，特别是在低温季节，烟气余热回收装置的外表面极易凝结硫酸露，继而迅速出现酸腐蚀及积灰堵塞，在短期内就会导致换热装置的报废并危及机组的运行安全。

2. 新的技术工艺流程

在排烟余热利用方面，取消脱硫系统传统的 GGH，改在吸收塔前加装烟水换热器，其水侧并联在回热系统第二级低压加热器上，从 2 号低加进口引出部分或全部冷凝水，送往烟水换热器。

烟气从锅炉出来后，依次通过空气预热器、电除尘器和引风机，通过开启的脱硫入口挡板进入到脱硫区域内，烟气经增压风机增压后进入到烟水换热器内。

从 2 号低加进口引出的部分或者全部凝结水在烟水换热器内吸收排烟热量，降低排烟温度，而自身却被加热、升高温度后再返回低压加热器系统，在 2 号低加的出口与剩下的凝结水汇集后进入到 3 号低加。由于其系统并联在加热器回路之中，代替部分低压加热器的作用，是汽轮机热系统的一个组成部分。也就是说，烟气放出的这部分热量被烟水换热器利用于回热系统中，将排挤部分汽轮机的回热抽汽，减少了回热系统对低压缸的抽汽，该排挤抽汽将从抽汽口返回汽轮机继续膨胀做功，因此在机组运行条件不变、汽轮机进汽量不变的情况下有更多的蒸汽进入低压缸做功，从而提高装置的经济性。

烟气在烟水换热器中降温后进入到脱硫吸收塔中进行脱硫，而后经脱硫出口挡板至烟囱排放。同样，烟气也可不经过脱硫系统而直接通过脱硫旁路挡板进入烟囱后排放（图 2）。

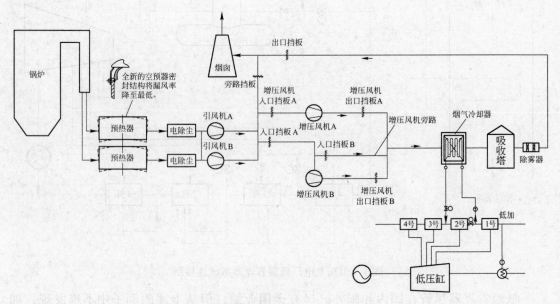

图 2　系统优化后连接示意图

（三）技术创新点

（1）该技术首创性地解决了机组运行负荷变化对传热管运行工况影响的问题，实现了传热管壁温在所有运行工况下全程自动控制，保证了传热管的运行安全性和使用寿命。

（2）受热面的低温腐蚀控制技术。该技术首次突破性地运用 DOE 对各种金属管材的防腐蚀特性和传热温度对金属材料腐蚀速率进行了试验工作，通过对传热管壁温的控制能有效防止金属的低温腐蚀，解决了长期以来困扰火电厂低温烟气余热回收面临的金属低温硫酸腐蚀的问题。

（3）建立了一整套的科学管理和自动控制体系，以保证系统长期稳定、可靠、经济运行。锅炉排烟余热回收热交换器壁温自动控制系统，专利号为 ZL200710039653.0。

（4）研发了与上述技术配套的创新设备。授权专利：低温省煤器的系统连接装置，专利号为 ZL200820055258.1，在产业化应用中取得的突出成果获得了第六届上海市发明创造专利奖一等奖。

（5）大幅度节约脱硫系统的水耗。这主要是由于在进入脱硫吸收塔之前烟水换热器就将烟气温度从 125℃ 冷却到 80～90℃，这样就节省了吸收塔内大量的工业冷却水使用量，以 100 万 kW 的机组为例，单台炉＋两台炉公用系统的工业水消耗量平均值不大于 160t/h，而加装了烟水换热器后，单台炉＋两台炉公用系统的工业水消耗量平均值仅为 97t/h，工业水使用量减少了 40.6%。此外，由于工业水的使用量减少，污水排放量和水处理费用都大大减少。这是传统意义上的低温省煤器所不具备的优点。

（6）由于吸收塔的用水量减少，从烟囱中排出的烟气量从 3800000m³/h 减少到 3100000m³/h，烟气排放量大幅度减小。此外，根据管道的阻力特性可知烟气动能与流速呈平方关系，烟气携带的动能大大减小，同时也大大减轻了排出烟气中携带的石膏含量，缓和了周边地区的"石膏雨"现象。

管排照片见图 3～图 5。

图 3　投用一年后的管排照片　　图 4　投用两年后的管排照片　图 5　清除表面浮灰后的管排照片

三、实施效果

(一)技术成果

该项目已获得授权的国家技术发明专利 1 项,实用新型专利 2 项,有 3 篇论文在国内外学术期刊和会议上发表。该项目绝大部分研究成果属于通用技术,普遍适用于新建机组和改造机组,传热管的低温腐蚀控制技术普遍适用于所有火力发电厂的烟气余热回收,并将对长期被火电厂浪费的巨大烟气热能的回收和利用这一想法变成了现实。传热管壁温自动控制系统保证了低温腐蚀控制技术在机组日常运行过程中的安全实施,为提高设备的运行质量控制水平和使用寿命提供了保障,掌握了核心技术和自主知识产权。

(二)经济效益

该技术根据试验设计的结果,控制合理的排烟温度,并按照排烟温度的水平调整换热面积,大幅度降低排烟温度,平均可降低机组供电煤耗 $2.5 \sim 3 g/kW \cdot h$。若项目成果得以推广,全国每年可节约标煤约 1000 万 t,减排 CO_2 约 2600 万 t。该项技术执行和实施后,脱硫的综合运行能耗降至零,再加上脱硫机组 0.015 元/$kW \cdot h$ 的电价补贴,烟气脱硫系统首次颠覆性地成为了经济增长点,电厂从以往的"要我脱硫"变成现在的"我要脱硫",彻底改变了传统的被动环保意识,为我国电力环保事业做出了巨大的贡献。该项目研究成果自 2009 年 5 月 19 日首次在上海外高桥第三发电厂 100 万 kW 超超临界机组工程成功应用后,两台机组的运行煤耗下降了 $2.71 g/kW \cdot h$,年节煤量 3.2 万 t 标煤,年节水量 56 万 t,年节约用电量 844 万 $kW \cdot h$。近三年累计新增利润 6623 万元,新增利税 1123 万元。

(三)社会效益

该技术以外高桥第三发电厂两台 1000MW 超超临界机组作为示范工程的首次实施,取得了巨大的成功。该项目突破了传统技术对锅炉低温烟气余热回收利用的一系列瓶颈,掌握了核心技术,拥有多项自主知识产权。随着电厂逐年递增的煤价,该项目的节能减排效益日益凸显,具有良好的推广前景。

该技术通过对脱硫系统的改进和优化,在燃煤量不变的情况下实现脱硫系统的低能耗甚至是零能耗运行,使火电机组彻底改变了传统的被动环保意识,为我国电力环保事业的发展做出了巨大贡献。

该项技术在外高桥第三发电厂两台超临界机组上成功使用后,得到了业内的广泛关注。

(四)水平评价

在该项目的专家评审鉴定会上,与会专家一致认为,上海外高桥第三发电有限责任公司的"脱硫岛零能耗系统"在我国率先改变了电厂脱硫减排不节能的传统观念,实现了既减排又节能的双重目标,为我国的火电节能环保树立了良好的典范,为环境保护事业做出了重大贡献。该项目达到了国际先进水平。

四、行业推广

（一）技术适用范围

该项技术在上海外高桥第三发电有限责任公司两台 1000MW 超超临界机组上率先投入使用，烟气余热回收利用系统将机组排烟温度从 130℃ 左右降低到 90℃ 左右。该系统分别于 2009 年 5 月和 10 月在外三的 7 号机组与 8 号机组上投用。投用两年后对换热管内部检查结果表明，管壁干燥、积灰程度轻微，对换热管割管进行金属分析的结果表明，硫腐蚀对金属有效壁厚的减薄最大处仅为 0.067mm（管子实际壁厚 3.5mm），几乎可以忽略不计。设备运行安全可靠，使用寿命得到充分保证。

上述技术属于通用技术，原则上可适用于任何火电机组的新建配套或老机组改造。

（二）技术投资分析

该项目的投资额约为 4500 万元（两台机组）。

按项目建设投资/（年节水直接经济效益 + 按节煤模式计算的年节能直接经济效益）计算，该项目静态投资回收期为：

$$静态投资回收期 = 4500/(2276.4 + 156 + 2 \times 79.2 - 216) = 1.89 \text{ 年}$$

（三）技术行业推广情况分析

该项技术具有良好的推广前景，对新建机组和改造机组都普遍适用。尤其是对于排烟温度较高的中小型机组，可根据排烟温度的水平按需调整换热面积，大幅度降低排烟温度，得到更好的机组煤耗收益。

实际使用效果证明，该项技术安全可靠、设备的使用寿命完全能满足预期要求。该项技术突破性地解决了低温烟气热量回收存在的腐蚀和积灰等"老大难"问题，并将其应用于机组热力系统，产生了显著的经济效益。

第七章 制造行业

案例 60 铜包铝双金属层状复合导体技术
——电线电缆行业清洁生产关键共性案例

一、案例概述

技术来源：大连沈特电缆有限公司

技术示范承担单位：大连沈特电缆有限公司

党的十八届三中全会上，节能环保议题再次被纳入打造中国经济"升级版"的决策之中。改革开放以来的 30 多年，中国经济取得的巨大进步世界有目共睹，但如今高耗能产业盲目发展已经成为中国转变经济发展方式的"拦路虎"。今年以来频频出现的雾霾天气，引起了中央政府对环境保护的强烈关注，也坚定了严抓环保产业的决心。

我国电线电缆行业年产值达 10000 亿元，铜、铝两种导体材料分割了线缆市场。中国铜精矿的供应不到 30%，超过 70% 的比例需要依赖进口。2013 年全球铜产量达 2110 万 t，我国铜消费量总计达 850 万 t，约占世界供给总量的 40%。目前我国电缆用铜大部分从国外进口，国外矿产垄断企业竞相提价，造成电气成本居高不下。而我国已探明铝矾土储藏量为 37 亿 t，占世界产量的 60% 左右，且具备定价权，应大力开发。

随着双金属层状复合导体技术的发展，大连沈特电缆有限公司将铜层连续、均匀地包覆在铝芯线上，并使两者接触界面上的铜与铝原子间形成冶金结合，开发了铜包铝电线电缆。既发挥了铜的优良导电性和铝的质量轻的特点，又消除了铝易氧化、接触电阻大、接头难以焊接的弊端，是一种新型的导体材料。

该技术生产的铜包铝电线电缆产品，同时具备铜良好导电性与铝的密度小、质量轻的复合特性。在等电阻使用情况下，载流量更大，线损更小，温升更低，且具有比铜线更柔韧和更易于成型的特性。铜包铝线缆的密度仅为纯铜线的 40% 左右，线缆质量轻，方便运输及施工，减轻工人的劳动强度，并可直接降低采购成本及安装敷设成本。最为重要的是铜包铝线缆可节省大量铜、标煤、钢材、燃油等资源消耗，完全符合国家"十二五"规划中节能减排、低碳的产业发展政策，具有较大的经济效益和社会效益。

在铜价居高不下和资源短缺的情况下，无论是客户还是供应商，在保证电气性能相同的情况下，都选择铜包铝线来代替纯铜，是目前一个切实可行的方法，也有利于行业的健康发展，同时对抑制铜价和节约资源都将起到积极的作用。

二、技术内容

（一）基本原理

该技术是采用先进的包覆焊接制造工艺技术，将高品质铜带同心地包覆在铝杆线芯的外表面（图1），使铜层和线芯之间形成牢固原子间的冶金结合（图2），成为具有和铜相同导电性能的复合金属材料，是一种新型的节能低碳环保型生产技术。

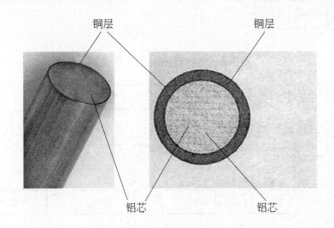

图1　铜包铝复合导体截面图

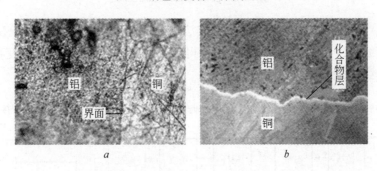

图2　铜铝双金属冶金结合效果图

a—拉拔后的金属结合界面；*b*—退火后的金属结合界面

（二）工艺技术

与传统纯铜电线电缆生产工艺（图3）比较，新技术（图4）在工艺过程、节能降耗方面均实现了较大的改进和提升。

新技术生产要求：（1）铜层同心地包覆在铝芯线上；（2）两种金属界面实现冶金结合；（3）导线有足够的长度。

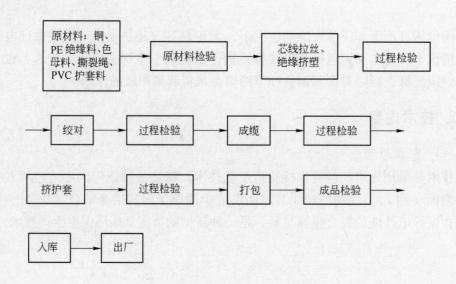

图 3　传统纯铜线缆工艺流程图

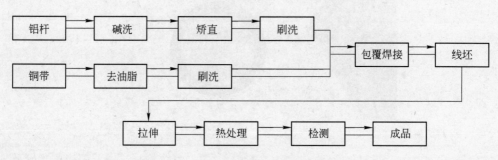

图 4　铜包铝线缆工艺流程图

　　新技术生产方法：采用包覆焊接-拉拔法（图 5）：（1）将铜带包覆在芯线上，焊接纵缝，制成线坯;(2)通过多次拉拔，获得所需直径（铜和铝同比例变径）;(3)通过热处理，最终实现冶金结合。

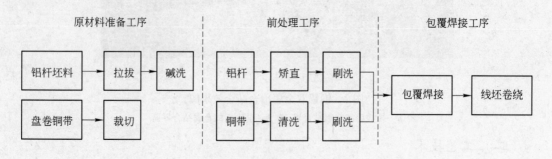

图 5　包覆焊接生产工序

　　首先应对原材料（铜带和铝芯线）进行彻底的焊前处理，除去表面的油脂和氧化层。然后将铜带和铝芯线同时送入复合箱，处于惰性气体保护中，以防止清理后的铜带和铝芯线再次氧化。在包覆焊接装置中，铜带在多对垂直成型轮和水平成型轮的作用下，沿纵向逐步形成圆管状并将铝芯线包覆其中，然后进入焊接区用高速氩弧焊方法将圆管的纵缝不断地焊接起来，形成铜包铝线坯并缠绕在卷盘上。随后，将线坯送入拉丝机中，进行多道次拉丝模拉拔。线坯在拉拔过程中，达到规定直径的导线，同时使铜、铝截面实现固相冶金结合。最后，通过热处理（退火工艺）赋予铜包铝线所需的力学性能。

包覆焊接前处理过程：铝杆进入焊接机前要经过垂直成型轮和水平成型轮来确保铝杆的直线型。铝杆矫直过程中还要进行对其去除表面氧化层的处理，用一对既有自转又有公转的带金属刷丝的刷轮来完成。

对铜材的处理：在铜材进入包覆焊接机前首先进行对铜带的清洗，用的是15%的工业洗洁精，主要去除铜带表面的油污和杂物，然后用9块毛巾包在铜带上将其擦干。最后是两个旋转的金属丝刷将其表面的氧化铜刷去，刷子和铜带之间的压力用它们之间所通过的电流来表示，一般为2~3A。如果太大就会将铜带刷得太薄，如果太小就不能将铜带上的氧化铜彻底刷掉。

包覆焊接过程：处理好的铜带和铝杆进入包覆焊接机内，首先在开机5min之前应先冲入氩气。将里面的空气排出，在焊接前有5组成型轮将平的铜带逐步轧变成圆形。

铜带的焊接过程：铜包铝线的生产最关键的工序就是铜带的焊接过程，其焊接时的工艺参数如表1所示。

表1 工艺参数

焊接电流/A	电弧电压/V	焊接速度/m·mm^{-2}	氩气流量/L·mm^{-2}	钨极直径/mm	电源种类与极性
90~160	9~11	10	5~7	3.2	直流正接

铜带成为和铝杆同心圆的环形包在铝杆的外面以后，其缝隙在0.5mm左右。焊缝和焊枪的距离为0.5~0.8mm，此距离要根据生产的实际速度和焊极的电压来调整，以确保焊缝的饱满，两侧呈直线，光亮，焊接中不出现焊瘤和砂眼现象为准。

收线：收线的要求是要将有质量问题的线坯减掉，并迅速地封住线坯的头端。以防止里面的氩气外泄。排线要密实、有规律、不准压线。

铜包铝线的拉拔设备及工艺：铜包铝线由于其特殊的结构特点，是不能用普通的拉丝设备的。其拉丝设备及关键部件是轧尖机、专用拉丝模具等。为了使铜包铝线便于穿模，必须将其端头轧尖，所用的设备为轧尖机。铜包铝线拉拔时各参数如表2所示。

表2 铜铝固相结合模具参数

拉伸道次	1	2	3	4	5	6	7	8	9	10	11
模孔直径/mm	9.2	8.3	7.4	6.5	5.6	5.0	4.4	3.8	3.2	2.8	2.56

在每道次的模具中是分成三个模具来完成此道次的面缩率的，这样有利于保证铜

层的完整性。

铜包铝线的专用模具的模孔形状较为复杂，按拉拔所起的作用不同可以分为四个部分：入口锥、工作锥、定径区、出口区。铜包铝线由于表面为铜层，里面为较软的铝，因而拉丝模具的形状和尺寸可以参照纯铜的模具来选择，工作锥的锥角取25°。

拉拔配模设计：拉丝模具的材料一般采用硬质合金，金刚石和人造金刚石等。拉制铜包铝线所选用的模具的材料为人造金刚石模具。根据截面总收缩率的要求，由铜包铝线成品线的直径确定线坯直径。根据铜包铝线的特点，确定每一拉拔道次的面缩率，从而定出每一道拉丝模的直径。在单次拉丝机上拉拔的道次面缩率及模具的直径的确定比较方便。因为各道次线材的变形量相互间没有连带关系，只要道次面缩率在规定的范围内即可。拉拔道次面缩率过小，拉拔时只有铜层变形而铝芯几乎不变形，极易造成铜层堆积现象。拉拔时面缩率过大，必然导致拉拔力和变形量的增加，润滑条件恶化，使铜层损伤，并易产生粘模现象甚至断线。通过拉拔工艺，使两种金属共同产生塑性变形，从而使双金属在逐渐减径过程中解除表面达到接近原子间距离，形成结合层，在一定条件下，一定范围内，其变形程度（变形前后线材截面之比）越大，固相结合质量相对越好。

由于线坯中铜层内径与铝芯间有一定的间隙，当线坯开始拉拔时，主要是铜层产生缩径，而铝的变形量很小，因而道次面缩率不能太大，可在15%左右，否则容易造成铜层的损伤。因此，可以选用 $\phi9.2mm$ 的模具，将线坯由 $\phi10.0mm$ 拉拔到 $\phi9.2mm$，随后在拉拔初期，铜包铝塑性很好，应采用25%左右的较大道次面缩率。经过多次拉拔后，铜和铝的强度、硬度提高，塑性、韧性降低，产生加工硬化现象，铜包铝线的拉拔性能变差，因而道次面缩率应逐渐减小，一般为15%~18%。当拉拔到 $\phi1.0~2.0mm$ 时，为了降低硬度和强度，回复塑性，必须进行退火，退火后再进行拉拔。

每一次拉拔时，可以采用两个或者三个模孔直径逐次减小的模具串排在一起进行拉拔。采用这种方式的优点是可以减少模具的磨损。这样一方面减少了每个模具的模孔直径与线材直径之差；另一方面前两道模具对拉拔力有阻止作用，相当于加了一个反拉力，线材在反拉力的作用下直径变细，便于通过模具，从而减小了对模具的磨损。其缺点就是增加了模具的数量。

铜包铝线的退火工艺：铜包铝线的退火工艺与铜铝单质导线的退火有比较明显的差异。铜线在再结晶温度以上至熔点以下的几百摄氏度范围内的任意点上退火都可以，对温度的波动反应不甚敏感。但铜包铝线对炉温的限定比较严格，走线管之间温差不许太大。在另外一种情况下，各走线管温度基本一样，走线速度不变，设定的炉温仅仅上下相差20℃时，也会出现不同的结果；设在上限时，铜铝合金层很快加厚，导线变脆，伸长率明显降低；设在下限时，导线的伸长率增加得很少，不明显。

导体的软化与否取决于双金属各自是否都达到了再结晶温度，关键因素有两个，即在走线管内通过的时间和被加热的状态，这对合理确定工艺参数有直接关系。铝的再结晶温度是 100℃，铜是 270℃，因此实际操作运行时，炉温往往设定在 400℃，同时要使导体圆截面温度产生差异，还要使导体圆截面每一点都达到再结晶温度，这就必须有一定的热量传递时间。两种金属的热导率有差异，铜为 0.923cal❶/（cm·s·c），铝为 0.52cal/（cm·s·c），铜的传热速度几乎比铝快 1 倍，且铜在外表铝在内心，热量由外传向内心层。因此，走线速度（亦在炉管内）通常是相同截面铜线的一半。

铜包铝线的退火炉炉温一般控制在 400℃ 左右，走线速度视导体截面大小而定。由于相对铜线的退火温度低，在进水槽冷却时产生的蒸汽量少，不时地出现氧化现象，为增加蒸汽量和提高蒸汽的密度，水槽的温度不应过低，一般应控制在 70℃ 左右，同时进线端的导体套一定要套到走线管上，用以缩小水蒸气出口截面，缓解入口处蒸汽的被动，使导体处于稳定预热状态，提高软化效果。

（三）工艺创新点

实现了铜铝双金属冶金结合：铜包铝线采用先进的包覆焊接制造技术，将高品质铜带同心地包覆在铝杆或钢丝等芯线的外表面，并使铜层和芯线之间形成牢固的原子间的冶金结合。使两种不同的金属材料结合成为不可分割的整体，可以像加工单一金属丝那样做拉拔和退火处理，拉拔过程中铜和铝同比例变径，铜层体积比则保持相对恒定不变。

与传统单质金属导体技术相比，该技术开拓了双金属导体的全新工艺，是继铜芯电线电缆后的创新型产品，无疑是未来几年电线电缆行业发展的亮点，将带动整个行业的发展。

三、实施效果

（一）环境效益

按目前公司线缆年产量 30000t（约 300000m）计算：

首先，在线缆等长度条件下，每生产 1t 铜包铝线缆即可节省铜资源 2.18t 或 1.38t（铜密度为 8.89g/cm^3，铜包铝密度为 3.32g/cm^3/3.63g/cm^3，铜铝两种金属面积比为 10%/15%，含铜量 26.8%/含铜量 36.8%），30000t 铜包铝可为国家节省铜资源 65400t 或 41400t。

其次，每生产 1t 铜包铝线缆，耗电能 150kW·h，每生产 1t 纯铜线缆耗电能 350kW·h，30000t 铜包铝可节省电能 600 万 kW·h。

再次，国家发改委数据显示，每生产 1t 电解铜，能耗值为 0.95t 标煤。每节约 100t 铜，可节约 95t 标煤，工业锅炉每燃烧 1t 标煤，就产生二氧化碳 2620kg、二氧化硫 8.5kg、氮氧化物 7.4kg。按节约 41400t 铜计算，将直接减少向大气排放 103044.6t 二氧化碳、351.9t 二氧化硫、306.36t 氮氧化物。

最后，铜包铝电线电缆在生产过程中零排放，且比铜缆轻，在运输过程中，燃油

---

❶ 1cal ≈ 4.18J，下同。

的消耗量也降低30%～40%。优良的弯曲性能及较轻的质量，节约了电线电缆桥架钢材30%。我国生产1t钢的能耗约为1.3t标煤，节约30t钢材，就意味着节约了39t标煤，39t标煤还将意味着直接减少向大气排放102.1t二氧化碳、331.5kg二氧化硫、288.6kg氮氧化物。

（二）经济效益

该技术已建成的300000m/a生产线前期有效投资约为2亿元，销售收入24亿元，其中纯利润约1.44亿元，利税总额2.4亿元。在满负荷生产情况下，可实现年销售收入33亿元，完成纯利润1.98亿元，投资利润率约6%，投资利税率约10%。

（三）关键技术装备

该技术的关键设备包括包覆机、退火设备罐式真空充气退火炉（图6）。

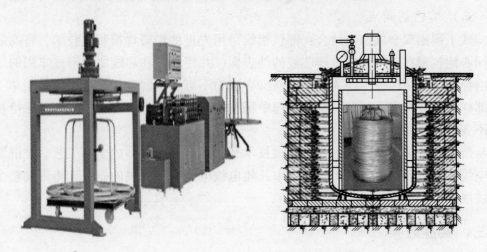

图6　包覆机、退火设备罐式真空充气退火炉

（四）水平评价

该技术拥有42项国家发明及实用新型专利，成果达到国内先进、国际领先水平。

四、行业推广

（一）技术适用范围

该技术所属行业为电线电缆行业，主要产品为各型号铜包铝芯电线电缆，可完全替代纯铜电线电缆。

1. 电力传输

包括以下材料：电力电缆导体材料；建筑布电线导体材料；绞线材料；汽车和机车专用电缆导体材料；计算机电缆、控制电缆、电焊机电缆及其他数据电缆内导体材料。

2. 高频信号传输

包括以下材料：柔型同轴射频电缆材料；网络电缆内导体材料；有线电视同轴电

缆的首选导体材料。

3. 其他领域

包括以下材料：音频、视频导体材料；电源线导体材料；电脑周边线、电脑排线的导体材料。

（二）技术投资分析

按建设年产 3000km 铜包铝线产品的生产线计，约需投资 2 亿元，实现年销售收入 24 亿元，纯利润 1.44 亿元，纳税金额 0.98 亿元，完成利税总额 2.4 亿元，投资利润率约 6%。

（三）技术行业推广情况分析

目前应用该技术的大连沈特电缆有限公司，于 2012 年建成了年产值达 35 亿元的生产基地，现已实现了三年多的连续稳定经济运行。

该技术可完全替代传统铜线缆的生产技术，按目前电线电缆国内生产情况分析，该技术应用推广后可产生良好的资源、环境和经济效益。

资源效益：与传统铜线缆技术比较，每年减少 40% 铜金属消耗。

环境效益：该技术可近零排放，工艺过程不产生废气和废液，与传统技术相比，还将减少大量的二氧化碳、二氧化硫及氮氧化物的排放量。

经济效益：实现年销售收入 24 亿元，完成利税 0.98 亿元。

社会效益：有效防止电缆偷盗，具有"免盗性"社会效益。

事实证明，铜包铝电线电缆用于全国多项工程，已经完全代替了铜电缆的性能。公司在借鉴国内外现有成果的基础上进行研究和试验，取得了大量的数据，还对导体的截面、导体在各种有害、腐蚀溶液中，在焊接的接头上，在耐高温中，在拉拔退火工艺上做了试验，同时对其在高频下的交流电阻、载流量、集肤效应、邻近效应等进行了测试，得出的结论与国外研究结果的结论一致，进一步确认铜包铝导体与铜导体直流电阻相同时（截面面积比铜约大 20%）具有以下优点：

（1）其导体间与接线端子的热循环指标要比铜好；

（2）其交流电阻、载流量要比铜好，从而线损要比铜低，通电节电率达到 10%；

（3）其与锡的可焊性和铜相同；

（4）其接触电阻与铜相同；

（5）连接容易，可靠绕性好；

（6）质量轻、价格比铜低；

（7）通电运行与铜线同样安全可靠。

案例 61 新型清洁高效煤粉工业锅炉成套技术及装备应用

——装备制造行业清洁生产关键共性技术案例

一、案例概述

技术来源：山西蓝天环保设备有限公司
实施单位：山西蓝天环保设备有限公司

工业锅炉是我国重要的用能装备，截至 2011 年年底，我国在用锅炉 62.03 万台，其中电站锅炉 0.97 万台，工业锅炉 61.06 万台，总容量约 351.59 万 MW。截至 2012 年，工业锅炉达到了 62.4 万台，约占锅炉总台数的 98%。迄今为止，在工业锅炉中，85% 以上是燃煤锅炉，每年消耗约 7 亿 t 煤，平均效率为 65% ~ 70%，污染物排放量居高不下。据工信部节能与综合利用司统计，2012 年，燃煤工业锅炉累计排放烟尘 410 万 t、二氧化硫 570 万 t、氮氧化物 200 万 t，分别占全国排放总量的 32%、26% 和 15% 左右，是造成雾霾天气的主要原因之一。针对严重的雾霾污染状况，我国从"十一五"开始将节能减排列为国民经济发展的重要约束指标。"十二五"规划要求单位工业增加值能耗比"十一五"降低 18%。近期国家出台的《大气污染防治十条措施》、《关于加快发展节能环保产业的意见》等相关政策，明确要求全面整治燃煤锅炉，大力度推广符合技术要求的环保高效锅炉。

传统工业锅炉行业中存在以下弊端：

（1）传统工业锅炉多为链条炉，其燃烧方式为层燃，排烟温度较高，烟气中主要包含二氧化硫、二氧化碳以及一氧化氮等有害气体。高温烟尘的排出不仅消耗大量能源，而且对环境造成非常大的危害。

（2）多数传统工业锅炉的运行并没有安装相应的检测仪，这直接导致锅炉操作人员对锅炉燃烧状况不清楚，无法调整锅炉负荷和运行的工况，造成大量的能源浪费。

（3）传统锅炉在煤炭燃烧过程中产生较多的黏结物质。这些黏结物质附着在锅炉受热表面，影响锅炉受热，会大幅度降低锅炉的热效率。

新型清洁高效煤粉工业锅炉成套技术以煤粉燃烧为核心，集成"煤质测控、低氮燃烧与固硫、高效除尘及脱硫、尾部烟气脱硫"等多项具有自主知识产权的专利技术，解决了煤种适应性、燃烧稳定性和污染物减排等多项技术难题，开发出了 2.8 ~ 58MW，4 ~ 130t/h 系列化煤粉工业锅炉产品。该成套技术煤粉燃尽率在 98% 以上，锅炉热效率达到 90% 左右，排烟含尘量不高于 30mg/m³（标准）、$SO_2 \leqslant 100mg/m^3$（标准）、NO$_x$≤200mg/m^3（标准），且具有较高的 PM2.5 脱除效果，可完全满足《锅炉大气污染物排放标准》（GB 13271）的要求。该技术通过"新型高效煤粉工业锅炉——污染物脱除成套技术及其应用"、"新型高效煤粉工业锅炉系统技术"、"14MW 双炉膛带转折式燃烬室卧式水管煤粉锅炉技术"、"29MW 新型高效煤粉工业锅炉及系统技术"、"58MW 新型高效煤粉工业锅炉及其烟气净化技术"等多项科技成果鉴定，已达到国际领先水平。

二、技术内容

（一）基本原理

新型高效环保煤粉工业锅炉以煤粉燃烧为核心技术，采用煤粉集中制备、精密供粉、空气分级燃烧、炉内脱硫、水管（或锅壳）式锅炉换热、高效布袋除尘、烟气脱硫和全过程自动控制等先进技术，实现了燃煤锅炉的高效运行和洁净排放。

（二）工艺技术

图1为传统工业锅炉工艺流程图。传统链条炉煤直接由给煤料斗进入链条炉，燃料煤为块煤。其着火方式为单面着火，运行时燃料无自身扰动，沿炉排长度方向燃料层有明显的分区。由于着火条件不好，拨火必须人工操作，且金属耗量大。由于链条炉排锅炉普遍存在设计配套不合理、运行管理粗放、自动化程度低等不足，整体装备技术水平落后，运行效率不高，导致我国在用燃煤工业锅炉平均运行效率仅65%左右，比国际先进水平低10%~15%。

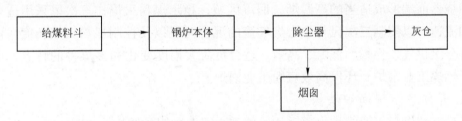

图1　传统工业锅炉工艺流程图

图2为新型环保煤粉工业锅炉工艺流程图。与传统工业锅炉相比，添加了煤粉加工、配送装置，提高了煤的品质，有利于锅炉热效率的提高。采用先进的悬浮室燃技术，配备低氮燃烧器，保证了锅炉快速点火、高效稳定燃烧。其配套的脱硫设施和高

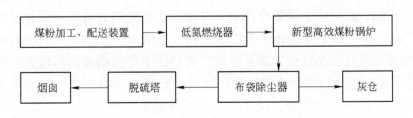

图2　新型环保煤粉工业锅炉工艺流程图

效布袋除尘系统，保证了烟气清洁排放。在整个工艺高效环保运行的同时，公司还为该工艺配备了现代自动控制技术，使得司炉人员减少，工作环境更好。锅炉运行、输煤、燃烧、脱硫除尘、出渣等实现全过程自动化控制。

（三）技术创新点

煤粉燃烧技术是先进的燃煤技术，具有燃烧速度快、燃烬率高、烟气热损失低等优点。但将煤粉燃烧技术应用于工业锅炉，存在小空间燃烧、煤种选择、煤粉制备、高效稳定燃烧、自动控制等技术难题。

与传统工业锅炉相比，该新型高效煤粉工业锅炉具有节能高效、环保清洁、自动化程度高、操作简单等优势，污染物排放水平接近或达到燃油/燃气锅炉，可作为链条炉排锅炉的升级换代产品，同时可缓解我国油、气能源短缺的状况。

1. 克服小空间燃烧等技术困难，开发煤粉工业锅炉稳燃方法及装置

针对小空间稳燃问题，该技术通过助燃风改性，加快煤粉点火及燃烧速度的方法，实现了在锅炉系统启动期间，使用较低点火强度的点火装置，即可实现快速、稳定点燃煤粉及稳定煤粉火焰，改变大多数煤粉锅炉消耗大量燃油点火启动的现状。同时配套设计了主要由臭氧发生器、中心管、一次风管、煤粉预燃室及助燃风室组成的燃烧器，采用合理配风方式，保证了煤粉在狭小空间内的稳定高效燃烧。

该低氮高效旋流燃烧器主要由一次风管、二次风管、三次风室、钝体、预燃室组成。来自一次风管的直流煤粉气流经钝体的作用向外扩散，在预燃室预燃后，经燃烧器喷口喷出，分别与旋流二次风、三次风相遇并混合。二次风采取强旋流方式，以有利于燃烧器前端形成适当的高温烟气回流区域，稳定煤粉火焰；三次风采用适当旋流强度和流速，以控制三次风与中心烟气流的混合时机以及控制煤粉火焰长度。该燃烧器具有分级供气、稳燃、低氮、高效、适合负荷大幅度变化和多煤种的特点，可广泛应用于燃煤工业窑炉、环保高效煤粉工业锅炉。

2. 开发了新型锅炉结构

新型高效煤粉工业锅炉主要采用卧式和立式两种锅炉结构：

（1）卧式双炉膛结构为下支撑方式，左右侧双炉膛，煤粉在炉膛空间的高温环境下得到充分燃烧；通过炉膛壁面布置足够的水冷受热面，使高温烟气在炉膛内及时冷却到对流受热面安全工作所允许、且不结渣的温度范围内；带转折式燃烬室结构，为煤粉充分燃烬提供所需要的空间，满足其在炉内足够的停留时间，从而取得较高的燃烧效率；采用强制水循环 + 自然循环的复合循环方式，解决了水力偏差问题。

（2）立式锅炉在炉墙上设置有两对呈对冲方式布置的旋流燃烧器，这样就能保证煤粉和空气混合的更加充分，旋流燃烧器还能合理组织一、二次风的混合时间，能减少 NO_x 的生成，同时快速点火，即开即停，锅炉由于炉膛截面面积较大，换热较为充分，炉膛内水流速较快，辐射换热速度较快，在竖直烟道内依次布置有省煤器和空气预热器，有效抑制 NO_x 的形成，减少污染物的排放，同时能实现大型化的集中供热，且便于调控。

为适应锅炉容量大型化,开发了立式锅炉结构,采用立式框架支吊结构"π"形布置,左右侧双炉膛,中间用耐火砖隔开,上部增加折烟管,结构设计新颖,布置紧凑,既保证了煤粉足够的燃烧空间,又节省了占地面积。

3. 开发了多段组合污染物脱除成套技术

多段组合污染物脱除成套技术及其应用主要包括"燃前煤质测控及污染物脱除"、"低氮燃烧及燃烧中脱硫"、"布袋除尘器除尘和脱硫"、"尾部烟气脱硫"等技术,具体步骤为:对原料煤通过洗选的方法降低燃料煤的硫分和灰分;选用低氮旋流燃烧器进行燃烧,实现煤粉低氮燃烧;采用布袋除尘技术,完成对燃烧后烟气的高效除尘,实现烟气脱硫;在布袋除尘后,采用烟气脱硫技术,进行尾部烟气脱硫。该技术将煤的燃烧前、燃烧中、燃烧后污染物脱除技术进行组合应用,采取从原料煤开始至尾部烟气净化的多段污染物脱除技术,从而获得较高的烟尘、二氧化硫脱除效率。最终可达到排烟含尘不高于 30mg/m³(标准),$SO_2 \leqslant 100mg/m^3$(标准),$NO_x \leqslant 200mg/m^3$(标准),林格曼黑度为 1,均低于我国工业锅炉排放指标,满足了严格的环保要求,同时有益于 PM2.5 的减排。

4. 实现了新型高效煤粉工业锅炉装备成套化、系列化

新型高效煤粉工业锅炉通过将煤粉储存及输送系统装备、燃烧系统装备(锅炉本体、空预器、燃烧器等)、烟气处理系统装备(布袋除尘器、脱硫系统等)、控制系统装备(配电柜、传感器等)等进行系统装备集成,形成新型高效煤粉工业锅炉成套技术及装备,同时基于该成套技术及装备,开发出了一系列产品。

该成套化装备及系列化产品经多家权威机构鉴定,认为技术水平先进,装备水平领先,已达到国际先进水平,部分关键技术达到国际领先水平。

三、实施效果

新型清洁高效煤粉工业锅炉与传统链条炉相比,节能 30% 以上,节煤效果显著,由节煤产生的污染物减排效果明显。

(一)环境与节能效益

该技术实施后,取得了良好的污染物减排效果。与传统工业锅炉相比,新型高效煤粉工业锅炉排污量极少。

以 58MW 新型高效煤粉工业锅炉项目为例,其排污效果与传统工业锅炉对比如表 1 所示。

表 1 传统锅炉和新型锅炉污染物排放对比

排放浓度	烟尘 /mg·m⁻³(标准)	二氧化硫 /mg·m⁻³(标准)	氮氧化物 /mg·m⁻³(标准)	烟气黑度
传统工业锅炉	>100	>100	>300	1
新型高效煤粉工业锅炉	≤30	≤100	≤200	1

设煤热值为6000kcal/kg、热效率为90.5%，采用开发的58MW新型高效煤粉工业锅炉，其节能减排量如表2所示。

表2 58MW 新型高效环保型煤粉工业锅炉的节能减排量

锅炉运行类型	运行时间/h·a⁻¹	节煤量/t·a⁻¹	减排量/t·a⁻¹			
			烟 尘	SO₂	CO₂	NOₓ
冬季供暖	3000	8602	52	243	20537	37

从表2中数据可以看出，58MW新型高效环保型煤粉工业锅炉节煤效果显著，节煤形成的减排效果非常大。1台（58MW）建筑物供暖锅炉运行一个采暖季即可节煤约8602t，减少了烟尘排放52t、SO_2排放约243t、CO_2排放20537t、NO_x排放37t。

由此可见，以58MW新型高效煤粉锅炉为代表的一系列新型高效煤粉工业锅炉的污染物排放值远低于国家排放标准。该锅炉既节能减排，又有利于减少PM2.5排放，具有显著的环保效益。

（二）经济效益

目前，新型清洁高效煤粉工业锅炉及污染物脱除成套技术装备已广泛进入市场，总容量超过20000蒸吨。

以58MW新型高效煤粉工业锅炉的运行为例，表3所示为三类工业锅炉运行成本的比较。

表3 58MW 燃气、链条及煤粉锅炉运行成本比较

项 目	高效煤粉锅炉	链 条 炉	差 值
1. 基本参数对比			
每天平均运行时间/h	20	20	20
全年平均运行天数/d	150	150	—
锅炉额定蒸汽产量/t·h⁻¹	80	80	—
锅炉热效率/%	0.90	0.65	—
2. 燃料费用对比			
燃料热值/kcal·kg⁻¹	7000	7000	—
燃料消耗量/kg·h⁻¹	7643.49	10583.29	2939.8
年燃料量/t	16051.32	23027.47	6976.15
单位燃料价格/元·t⁻¹	1000	1000	—
年燃料费用/万元	1605.13	2302.75	697.62
3. 系统耗电量对比			
运行耗电量/kW	700	600	—
年用电量/kW	2100000	1800000	—
1kW·h电费/元	0.70	0.70	—
年电费/万元	147	126	-21

续表3

项 目	高效煤粉锅炉	链 条 炉	差 值
4. 运行费用对比			
运行工人人数/人	10	20	
每人每月费用/元	2500	2500	
年人工费用/万元	12.5	25	12.5
5. 检修费用对比			
年检修费用/万元	20	60	40
6. 燃烧产物处理费用对比			
每年总灰量/t	2.4	3.45	1.05
每吨处理费用/万元	15	15	—
每年处理费用/万元	36	51.75	15.75
合计总运行费用/万元	1528.79	2106.41	774.86

注：燃料费用、人工费用、电费等运行中以实际市场价格为准做相应调整。

由表3可知，一台58MW的新型高效煤粉工业锅炉比链条锅炉年运行成本约降低770万元。经济效益显著。

（三）关键技术装备

新型工业锅炉系统成套装备是包括煤粉仓、旋转卸料阀、中间粉仓、螺旋给料机、一次风机、二次风机、煤粉燃烧器、锅炉主机、省煤器、除尘器、引风机、吹灰器、自动控制设备等在内的完整配套装备。传统工业锅炉设备组成如图3所示；新型工业锅炉设备组成如图4所示。

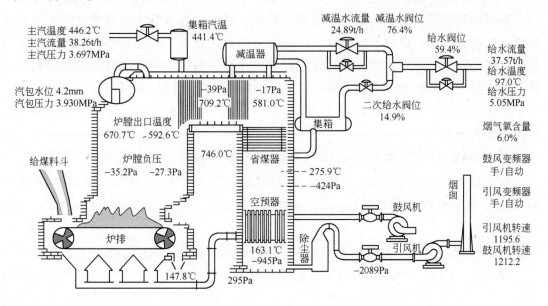

图3 传统工业锅炉设备组成图

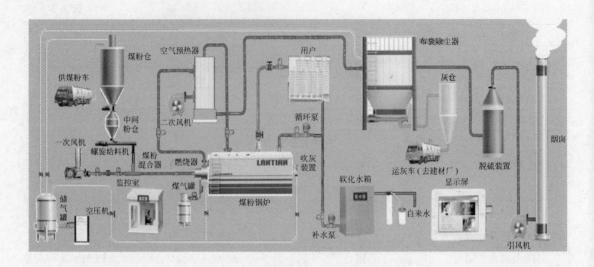

图4 新型工业锅炉设备组成图

新型工业锅炉整体采用卧式和立式两种结构，布置紧凑。与相同容量的链条锅炉相比，在保证受热面积相同的情况下，该锅炉能节省钢材30%。由于系统阻力减少，因此耗电量也减少。

旋流燃烧器具有分级供气、稳燃、低氮、高效、适合负荷大幅度变化和多煤种的特点，可广泛应用于燃煤工业窑炉、环保高效煤粉工业锅炉。

（四）水平评价

下面介绍科技成果鉴定情况。

1. 新型高效煤粉工业锅炉系统技术鉴定

该锅炉系统带有流化功能的小型常压粉仓、锅壳式和水管式新型煤粉锅炉、自预热旋流煤粉燃煤器，集成了运行自动控制等关键单元技术，将这些技术与煤粉制备及配送、布袋除尘、烟气脱硫、控制等过程有机结合，形成了新型高效节能型煤粉工业锅炉系统技术。该技术具有自主知识产权，实现了技术创新。6t/h 蒸汽锅炉经检测，锅炉效率为87%；排烟含尘浓度为28mg/m^3，节能减排效果显著。鉴定认为该技术达到国内领先水平。

2. 14MW 双炉膛带转折式燃烬室卧式水管煤粉锅炉技术鉴定

测试结果如下：锅炉出力可达14.18MW，燃烧效率为98%，锅炉效率达到89.71%，排烟含尘浓度为26mg/m^3，加装烟气脱硫后 SO_2 排放浓度为95mg/m^3，达到国内领先水平。

3. 29MW 新型高效煤粉工业锅炉及系统技术鉴定

2010 年11月，"29MW 煤粉工业锅炉及其系统技术研究"通过中国环境科学学会鉴定，鉴定结果为"该锅炉及系统技术设计新颖，结构紧凑、制造成本低，总体达到国际先进水平，其中部分关键技术达到国际领先水平"。

4. 新型高效煤粉工业锅炉——污染物脱除成套技术鉴定

2012 年，"新型高效煤粉工业锅炉——污染物脱除成套技术"通过中国资源综合利用协会鉴定，认为通过示范运行和污染物监测，达到排放指标严格地区的排放标准，鉴定结果为"该成果综合技术经济效益显著，市场前景好，总体达到国际先进水平"。

5. 58MW 新型高效煤粉工业锅炉及其烟气净化技术鉴定

2013 年，"58MW 新型高效煤粉工业锅炉及其烟气净化技术"通过中国机械工业联合会鉴定，认为 58MW 锅炉为我国目前最大的热水锅炉，该技术指标先进，在煤粉热水锅炉领域达到了国际领先水平。

下面介绍热工性能及环保性能测试情况。

1. 58MW 锅炉热工性能及环保性能测试

2013 年 1 月，中国特种设备检测研究院和国家锅炉压力容器质量监督检验中心对 58MW 新型高效煤粉工业锅炉进行热工测试。

测试结论为：在测试条件下，锅炉产品热效率达到设计要求；排烟处锅炉空气系数、排烟温度等均符合 TSG G0002—2010《锅炉节能技术监督管理规程》规定的要求。锅炉出力 59.30MW，达到设计要求，锅炉热效率为 91.77%。

2013 年 3 月 25 日、26 日，忻府区环境保护监测站对 58MW 新型高效煤粉工业锅炉进行了环保测试。

测试结论：本次监测锅炉的烟尘排放浓度为 $40.7mg/m^3$，二氧化硫排放浓度为 $90.6mg/m^3$，氮氧化物排放浓度为 $235mg/m^3$，烟气黑度为 1，未超过《煤粉工业锅炉大气污染物排放标准》（DB14/625—2011）标定限制。

2. 29MW 锅炉热工性能测试

2012 年 3 月，山西省锅炉压力容器监督检验研究所对 29MW 新型高效煤粉工业锅炉进行了热工测试。测试结论为：锅炉出力为 28.72MW，锅炉热效率为 91.38%，排烟处过量空气系数为 1.31，排烟温度为 153.88℃，符合 TSG《锅炉节能技术监督管理规程》（G0002—2010）规定的要求，达到设计要求。

3. 14MW 锅炉热工性能及环保性能测试

2012 年 3 月，山西省锅炉压力容器监督检验研究所对 14MW 新型高效煤粉工业锅炉进行了热工测试。测试结论为：锅炉出力为 13.73MW，锅炉热效率为 90.76%，排烟处过量空气系数为 1.33，排烟温度为 159.04℃，符合 TSG《锅炉节能技术监督管理规程》（G0002—2010）规定的要求，达到设计要求。

四、行业推广

（一）技术适用范围

该技术适用于建筑物供暖，以及冶金、化工、交通、食品等工业生产用汽。既可用于新建项目，也可用于老旧锅炉改造项目。

（二）技术投资分析

建成一套58MW新型高效环保型煤粉工业锅炉，需投资约2300万元，其一年的运行成本费约1500万元。一台58WM可实现供暖面积为80万 m^2。以沈阳市为例，其供暖收费标准为28元/m^2。其年供暖费为2240万元，故其投入运行后约2年可收回成本，且盈利约680万元。此后，年盈利约950万元。污染物经处理后均能达标排放。

（三）技术行业推广情况分析

新型煤粉工业锅炉及污染物脱除成套技术装备具有节能高效、环保清洁的特点，已在山西、新疆等地建有新型节能环保煤粉工业锅炉示范基地，长期以来运行稳定，效果良好，得到用户的一致好评：

（1）锅炉热效率高，供暖效果明显优于传统的燃煤锅炉，采暖用户无投诉；

（2）燃料的燃烬率高，产生的灰量非常少，大幅度降低了人工除渣劳动强度；

（3）污染物排放低于国家和地方的环保标准，同时有利于减少PM2.5的排放；

（4）点火停炉可达到即开即停的效果，操作简单方便，断电后不会发生锅炉水气化现象，运行安全可靠；

（5）节煤显著，达30%以上；

（6）无需建储煤场和渣场，在节约土地资源的同时，降低了土建投资费用。

新型高效煤粉工业锅炉系统技术在燃煤工业锅炉领域具有清洁、高效等优势，完全符合我国建设资源节约型社会、建设生态文明城市、建设美丽中国等的方针要求。发展新型高效煤粉工业锅炉系统技术，对于实现我国经济社会的可持续发展具有十分重要的推动作用。

案例 62　大型复合材料船艇清洁化成型技术

——船舶制造业清洁生产关键共性技术案例

一、案例概述

技术来源：威海中复西港船艇有限公司

技术示范承担单位：威海中复西港船艇有限公司

中国造船业近年发展迅速，步入了自身发展的黄金时期。造船业的兴起，带动了一系列的产业链，成为我国国民经济增长的推动力量，但是我国自身技术力量无法跟进国际市场及国际技术力量发展，制约我国玻璃钢船舶制造业的发展。如何制造出质量优良、使用周期长的船舶，同时也能够缩短生产周期、节省生产资源（包括人力、物力、财力），改善生产条件，更好做到节能减排，更快适应现代社会经济发展对船舶产业发展的要求成为亟待解决的问题，而解决这些问题很重要的一点是采用更科学更有效的船体成型技术，船体成型技术是船舶建造的关键环节。从这一点来讲，复合材料船艇真空树脂导入成型技术的研究是非常必要的。

由于真空树脂导入成型技术拥有传统成型技术不可替代的优越性，解决了很多企业在寻找可以替代传统成型方式的新型工艺的瓶颈问题，这必将激发玻璃钢船舶企业开发新产品的积极性，为玻璃钢船舶制造企业的发展和玻璃钢船舶制作业的繁荣开辟一条新的途径，从而能使船舶企业能够尽快适应经济社会发展的需求。

复合材料船艇成型工艺几十年来有很大发展，主要成型工艺有以下几种：手糊法、模压法以及注射法等。

（一）手糊法

该方法的劳动强度大，生产条件差，生产效率较低，影响质量的因素多，操作人员必须具有一定的技术素质和熟练程度才能胜任。

（二）模压法

该方法要求必须制备耐压耐温的金属对模（图1），费用高，并要配备适用的压机，一次投资大，且由于受压机台面尺寸的限制，只适合于生产较小的产品，无法生产大尺度的船。

（三）喷射法

该方法的树脂含量高，制品强度较低，只适用于强度要求不高的产品；产品只能做到表面光滑。在船艇生产中只能取代玻璃纤维毡层，不能取代玻璃布层；作业时有树脂雾状逸散，污染环境，需做好现场劳动防护工作。

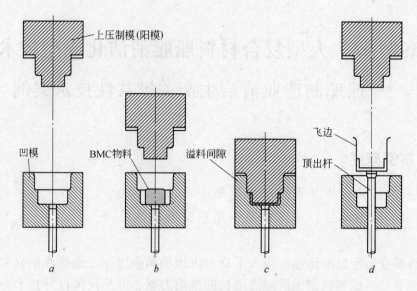

图1 16BMC模塑料压制成型过程

a—模具敞开、清模；b—投放物料；c—闭模、加压、固化；d—开模、顶出制品

喷射法工艺过程见图2。

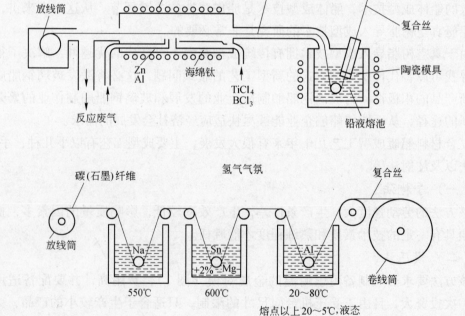

图2 喷射法成型工艺过程

（四）注射法

该方法在技术上要求对模密闭性好，这有一定难度，另外，还要要求模具有较高的刚度。目前国内尚未在船艇生产中应用。注射模如图3所示。

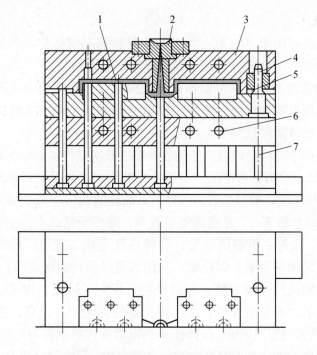

图3 典型的热固性塑料注射模

1—推杆；2—主流道衬套；3—凹模；4—导柱；5—型芯；6—加热元件；7—复位杆

真空树脂导入工艺是公司研究的低成本、清洁化制造技术，能够有效解决传统工艺缺陷问题，制造产品性能优良，成品率高，产品强度、刚度及其他的物理特性可提高 30%~50%；质量稳定，重复性好，成品率可接近 100%；抗疲劳性能提高，可减轻结构质量 20% 左右；环境友好，产品制作过程挥发性有机物和有毒空气污染物均被密闭；产品整体性好；减少原材料使用，减少用工，尤其在成型大型复杂几何形状的夹芯和加筋结构件时，材料和人工的节省更为可观；制品精度好，偏差与手糊成型工艺相比减少 50%。

此外，该技术的研制成功，有效解决 30m 以上大型玻璃钢船艇一次成型难的问题，真空辅助成型技术及在线质量检测与控制技术，突破工程化生产过程产品的质量均匀性、性能指标的离散性，实现清洁化生产。

二、技术内容

（一）基本原理

真空树脂导入成型技术是借助真空的驱动，把树脂注入预制成型的增强材料中，模具由柔性模和刚性半模组成。由于增强材料为真空所压紧，树脂的渗透速度一般较慢，要依靠导流介质（导流布或导流管）的帮助，利用导流介质在部件表面形成高流速的渗透区，使树脂迅速达到产品的整个表面，浸渍主要是通过厚度方向来实现，从而大幅度缩短了树脂的渗透途径和时间，依靠高真空度，制品的孔隙率可达到 1%~1.5%，纤维体积分数为 50%~70%。

（二）工艺技术

该项目工艺主要应用于 30m 以上大型复合材料船舶清洁化生产过程中，因此需要将该工艺与船舶本身相结合进行研究，以渔船为例主要包括：

（1）提高渔船能源利用率和降低渔船消耗的设计。在渔船设计阶段就应将整艘渔船作为一个能量利用系统加以综合考虑，根据渔船不同作业方式的特点，在设计的各个环节都应充分考虑节能降耗问题。

（2）研究船艇的节能降耗问题。渔船各种节能技术最终可归结为从渔船阻力、渔船推进和船用设备系统三个方面考虑。一是减小渔船阻力，降低能源消耗。比如采用轻型船体材料，合理选择尺度，船型系数和线型，提高建造精度，减少固定压载，减小船体表面粗糙度，采用球鼻艏等。二是提高推进效率，降低能耗成本。主要包括主机节能设计，主机余热利用，改善主机燃烧状况，合理选择主机工况点，船机桨最佳配合，采用多速比齿轮箱，采用导管桨、调距桨，采用大直径低转速螺旋桨，采用经济航速等。三是选用节能设备和设计节能系统，包括渔捞、保鲜、冷藏、加工、助渔、导航等方面。比如配备先进的助渔导航仪器，推广使用低能耗的制冷设备，鱼舱使用高效保温材料，减小网具阻力，推广冷海水保鲜技术，以塑管代替钢管等。

（3）研究节能渔船的线型以及真空辅助成型工艺，研究设计组合式真空辅助成型用模具，研究更加可靠高效的树脂分配及注入系统，设计开发经济实用的纤维增强材料及预铺敷技术。

产品技术路线见图 4。

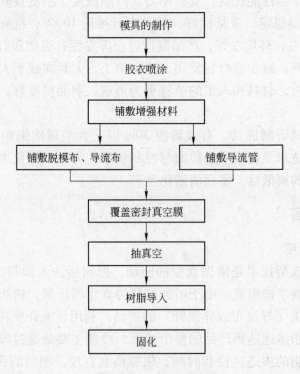

图4　产品技术路线图

清洁化成型工艺流程见图5。

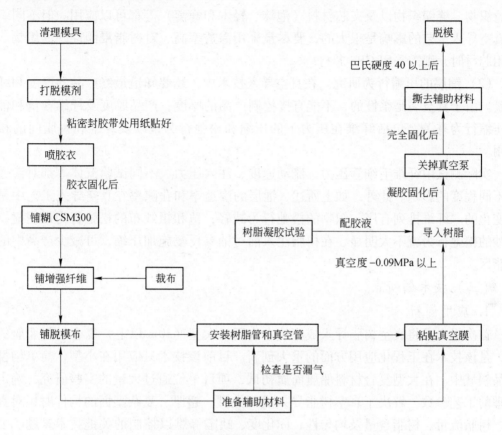

图5 清洁化成型工艺流程

重点成型技术研究介绍如下：

（1）船体构件一体成型技术研究。该项目通过将构件角材增强材料由方格布改为缝编布，选用较大硬度的泡沫作为芯材，在芯材上开槽打孔，并在芯材底部增加导流强芯毡等技术手段，使构件与船体一次真空导入成型。采用构件与船体一体成型结构设计，解决了分次成型、成型面之间的粘接问题，增加了构件的强度、刚度，提高了构件角材与船壳板的连接强度与抗疲劳性能，从而保证了30m以上大型艇体的整体力学性能，同时节省了工作量，降低了劳动强度。

材料研究对于树脂体系的各种组分，如树脂、固化剂、促进剂、阻聚剂、色浆和填料等，都要开展相应的树脂流动性、黏度和固化反应动力学的研究，以保证工艺的可靠性。

真空导入工艺生产中使用的树脂要求如下：

1）低黏度。一般为$100 \sim 400$mPa·s。最好不高于200mPa·s；2）适当的放热峰温度，一般不高于80℃；3）在使用温度达到60℃前，玻璃钢层材仍有合适的强度；4）长期在潮湿环境下（相对湿度95%），仍与所选玻璃纤维有很好的结合强度；5）可在常温下固化；6）有足够长的凝胶时间，保证工艺的完成，最后能完全固化且固化收缩率低；7）耐气候性好；8）耐油脂性好；9）阻燃性好；10）价格低等。

对于使用的增强材料，一般来说，如短切毡、长丝毡、无捻粗纱织物（方格布）、加捻织物、缝编织物以及夹芯材料（泡沫、轻木和蜂窝）等都可以应用。但不同织物对真空导入工艺的影响是很大的，要尽量采用渗透率高、对树脂浸润性好的织物。在采用芯材时，则需采用 GPS 芯材。

（2）铺层的压缩行为研究。在真空导入技术中，还要知道最终产品的厚度和纤维含量。由于真空袋是柔性的，不能直接控制产品的厚度，产品厚度及纤维含量和铺层的压缩行为有关，包括纤维在压力下的压缩和松弛行为，以及纤维和树脂间的相互作用。

实际测试中纤维毛细管压力、流动速度、注入压力、不同试验流体等都对渗透率有不同程度的影响。此外，如上所述，铺层的渗透率和孔隙率在真空导入工艺中是发生变化的。纤维排列有序，织物的松弛行为减轻，毡和粗纱布的松弛行为最明显，单向纱的松弛行为就不太明显，在树脂注入前对铺层反复施加压缩，可减少产品中的富树脂区。

（三）技术创新点

1. 应用创新

首次提出了将真空树脂导入成型技术应用于大型（30m 以上）复合材料船艇的制造，是该技术在工程化应用方面的重大创新。目前该技术只应用在小型、简单构型的制品领域中。在大型复合材料船艇尚属初试，项目单位通过大量的实验研究，确定了合理的工艺参数，解决了真空树脂导入成型大型、超厚、复杂型面的构件时，对真空度、树脂流量、树脂含量及均匀性、固化度、缺陷等难以控制的关键技术难题。公司已经成功采用真空树脂导入成型技术完成 34.46m 船体的成型作业，开了运用这一先进工艺技术建造大型复合材料船艇的先河。该船船体结构材料力学性能提高了 20% ~ 30%，原材料节省 25% 左右，建造周期缩短 20%，人工节省 20%，有害气体的挥发显著减少，劳动环境显著改善，节能减排效果显著。

2. 技术创新

（1）在线自动实时监测控制技术。率先利用传感器、电脑程控系统，树脂在预制件中的流动模型、预制件在真空压力下的压缩和松弛行为模型及树脂黏度和固化反应动力学模型。通过该技术可以快速、准确地发现局部的缺陷，如真空导入成型出现树脂未达到、树脂未完全浸透等典型缺陷，通过调整成型时的真空度、树脂导入速度和导入量，从而控制树脂体系的充模时间，达到消除缺陷的目的，以保证艇体的整体力学性能。

（2）首次采用实验数据定量分析进行流道设计。国内采用真空树脂导入成型复合材料船艇的厂家在实际生产过程中，船体成型时树脂流道的布置方式、距离、进料口的数量、距离等基本参数均凭经验布置，为了保证成型的顺利实施，管道布置总是倾向于保守，造成一定程度的浪费，而且存在一定的风险。该项目采用通过树脂的流动距离与凝胶时间确定树脂的平均流速，然后通过试验确定树脂在不同部位的流动速度，则树脂在超过平均流速范围内的流动距离即为树脂管道的间距。

3. 工艺创新

率先确定了真空树脂导入成型技术在成型大型船艇的各项工艺参数：

（1）成型环境温度。在复合材料成型过程中，环境温度对成型工艺有重要的影响，温度升高，树脂黏度降低，凝胶时间缩短。研究发现，真空导入用树脂在20℃以上树脂的黏度较低，在300mPa·s左右，30℃以下真空导入用树脂凝胶时间较长，一般为50~80min。所以20~30℃温度段是最适宜真空导入成型的温度。

（2）真空度。成型过程中的真空度既是树脂导入过程中的驱动力，同时也将纤维压实，降低纤维的渗透率。研究发现，在完全真空度下树脂的流动速度最大，随着真空度的加大，树脂的流动速度基本呈增加趋势，所以在真空导入成型中，尽可能加大真空度有利于树脂的流动。随着真空度的增大，试板的树脂含量变化不大，但是离散系数减小。所以，为了提高树脂的流速，真空度最好选用 - 100kPa，但实船制作中常由于模具及真空袋膜等原因真空度无法达到 - 100kPa，但不得低于 - 85kPa。

4. 结构创新

首次在实船上采用构件与船体一体成型结构设计，解决了分次成型的成型面之间的粘接问题，从而保证了艇体的整体力学性能。因为船体表面较大，曲面复杂，真空导入成型难度较大，所以在国内现有的真空导入成型复合材料中，均是真空导入成型船体壳板，构件采用手糊成型，采用该结构设计，在相同厚度的情况下，构件角材的纤维数量增加，构件的强度、刚度增大；省去了手糊成型中的二次胶结，提高了构件角材与船壳板的连接强度与抗疲劳性能，同时节省了工作量，降低了劳动强度，这些都是手糊成型构件所无法实现的。

三、实施效果

（一）环境效益

该项目清洁化成型工艺是一种闭模工艺，挥发性有机物和有毒空气污染物均被局限于真空袋中，其中 VOC 排量小于 5×10^{-6}，改善了操作人员的工作环境。

（二）经济效益

该项目研究成功大型复合材料船艇清洁化成型技术，共投资350万元，与传统工艺相比，该项目工艺的原材料节省25%左右，建造周期缩短20%，20m 以上单艘船总成本可节约15%，节能减排效果明显。在应用该生产工艺的情况下，预计可实现年销售收入6000万元，毛利率可达到20%，年完成净利润720万元，缴纳税金180万元。

（三）关键技术装备

关键技术装备见图6~图9。

图6 传统手糊工艺1

图7 传统手糊工艺2

（四）水平评价

　　该项目技术是具有我国自主知识产权的重大原创技术，拥有1项国家发明专利授权和发明专利申请1项，项目成果通过山东省科技成果鉴定，经鉴定，该成果填补了国内空白，达到了国内领先水平，得到国内同行的广泛关注和高度认可。

图 8　清洁化成型工艺 1

图 9　清洁化成型工艺 2

四、行业推广

(一) 技术适用范围

采用真空树脂导入成型技术建造的船体结构优良，产品质量高，生产周期短，能适应各种船型建造，能有效扩大生产范围，现已广泛应用于航空航天、风力叶片、汽车制品、火车部件、运动器材等产品的制造。在船舶建造领域还属初试，因此该技术在船舶建造领域将会大范围推广应用，产业化前景非常可观。

(二) 技术投资分析

以公司利用该技术生产的 36.6m 渔船为例，单船造价 1008.4 万元，销售价格 1344.5 万元，每艘船可为公司赚利润 336.1 万元，按照实现年销售收入 6000 万元，毛利率可达到 20%，年完成净利润 720 万元，缴纳税金 180 万元，该技术投资为 350 万元，投资利润率约 205.7%，投资利税率约 257.1%，技术市场前景广阔。

(三) 技术行业推广情况分析

公司已将该项目技术作为一种应用在复合材料船艇工业中的新技术产品投入市场，受到诸多船东及造船企业的青睐。项目技术推广范围广泛，产业化前景非常可观，经济效益显著。

环境效益方面，由于该技术大幅度降低了有机物的挥发率，从而很大程度上减轻了对操作人员的健康危害，突出表现了该技术的人性化特征；从长远来看，低有机物挥发更符合环保方面的要求，对保护环境，促进经济、社会、环境可持续发展也同样具有深远的意义。因此，该项目技术在复合材料产品制造领域的应用范围将会越来越广泛，其产生的社会效益也是难以估量的。

第八章　纺织行业

案例 63　牛仔布无水液氨丝光整理技术
——纺织印染行业清洁生产关键共性技术案例

一、案例概述

技术来源：意大利拉发公司

技术示范承担单位：开平奔达纺织有限公司

　　牛仔裤原是19世纪美国人为了应付繁重的日常劳作而设计出的一种作业服。当年粗重的劳动装，如今跻身时装界，巧妙地迎合了流行和时尚，不断地变换出新的款式，在时装领域占据一席之地。时至今日，牛仔产品不仅仅局限于牛仔裤，还扩展到衬衫、裙子等品种，呈现多元化的发展。据不完全统计，中国每年生产的牛仔布已达20亿m，占世界的1/4，牛仔服装也在25亿件以上。我国已成为国际上牛仔布的重要生产国。牛仔布丝光后使布面光泽，毛效、手感均有很大的改变，备受市场欢迎。

　　牛仔布行业的发展带来了一系列的环境污染问题。尤其是传统的牛仔布丝光整理时，产生大量废碱无法回收利用，造成了极大的浪费和环境污染，给社会、企业都带来了负面影响。

　　与碱丝光相比较，氨处理不会降低纤维的强度，反而纤维的机械特性（如耐磨性、抗拉性、抗撕裂性）得以加强。氨比氢氧根更容易渗入织物的内部，使得氨处理变得更加均匀、规则、有效和同质。水洗时织物也不会逐渐收缩，颜色也不会改变。氨处理使得纤维产生了轻微的膨胀，处理过的织物在经受由磨损和多次水洗所带来的应力时，展现了更强的塑性和延展性，从而使服装的寿命和"新的"外观得以延长和保持。碱丝光使织物表面产生发亮的光泽。而氨处理使织物表面产生绸缎的效果，具有更好的手感和柔软性。

　　第一代氨丝光工艺是用液氨作为丝光液，开了氨丝光的先河，提高了棉织物的整理的质量。然而，第一代氨丝光仍存在耗水量大和丝光废水处理的问题。第一代氨丝光工艺中，残余的氨是用硫酸中和而去除的，通过加入硫酸与残留的氨进行反应，最后达到去除氨的目的。该工艺的缺点是耗水量大，废水中氨的浓度大，不容易达标，处理费用也大。在生产过程中，还存在氨泄漏的问题。

　　开平奔达纺织有限公司引进了意大利拉发（LAFER）的无水液氨整理机，属于第二代氨丝光机。第二代氨丝光工艺不仅保持了氨丝光的效果，还有效地解决了丝光耗水和废水处理的问题。第二代氨丝光工艺不需要用水，是通过加热从织物中去除氨，还将会促进Ⅲ型纤维素的形成。

奔达公司结合设备的特性、生产产品的特性和质量的要求，制定符合我国牛仔布生产特点的液氨无水丝光工艺，经多年生产实践，达到预期的效果。氨的回收和循环利用率达到95%以上。

二、技术内容

（一）基本原理

织物纤维在液氨作用下产生了轻微的膨胀，从而使织物表面产生绸缎的效果。织物在经受由磨损和多次水洗所带来的应力时，具有更好的手感和柔软性。展现了更强的塑性和延展性，从而使服装的寿命和"新的"外观得以延长和保持。

设备真正密封的循环系统保证最高等级的安全系数。整个处理过程处于密封的空间里，水、空气和氨气在真空隔离间很容易地分离并回收。

（二）工艺技术

1. 传统丝光工艺

传统丝光工艺是以浓碱（氢氧化钠）液体作为丝光处理液，在常温以及有张力的作用下，碱液与棉纤维进行反应。反应后，用酸中和以及用水洗去残余的碱。传统丝光工艺见图1。

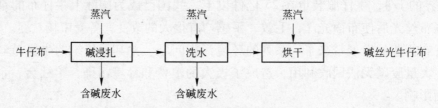

图1　传统碱丝光生产工艺流程

第一代氨丝光工艺是用氨替代碱，而氨的去除仍然是采用酸中和和水洗方式。因此，在第一代氨丝光工艺中，除了丝光工序外，其余的工序与传统丝光工艺基本相同，同样存在着用水量大的问题。

2. 液氨无水丝光工艺

液氨无水丝光以热蒸发去除氨，从而大幅度地减少了水的耗量以及废水量。图2为液氨无水丝光生产设备图。

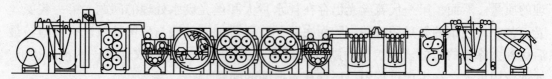

图2　液氨无水丝光生产设备图

从图 2 可见，整个生产线是密封的。液氨无水丝光工艺流程见图 3。

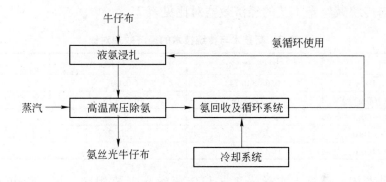

图 3　液氨无水丝光生产工艺流程

液氨无水丝光生产过程可以分为织物丝光、除氨、氨回收和循环、冷却系统以及控制系统等部分。

（三）技术创新点

与传统碱丝光相比，该技术的技术创新点为：

（1）以氨替代碱作为丝光液；

（2）用高温高压除氨替代酸中和和水洗除氨，减少了水耗；

（3）整个系统处于密闭的状态，氨回收率达 95% 以上，并循环使用；

（4）处理后牛仔布织物具有更好的质量；

（5）较大幅度地降低了原材料的成本和生产过程污染对环境的危害。

三、实施效果

（一）环境效益

从使用工艺的对比，可以得到使用液氨无水丝光的环境效益。

表 1　新工艺与传统丝光工艺对比

项　目	碱丝光	液氨无水丝光	备　注
烧碱浓度/g·L^{-1}	220～250	—	
烧碱用量/kg·(100m)$^{-1}$	30～35	—	
用水量/m^3·(100m)$^{-1}$	1.3～1.4	0.014	液氨丝光是冷却水
液氨用量/kg·(100m)$^{-1}$	—	3.66	
烧碱量排放量/kg·(100m)$^{-1}$	3.2～8.1	—	
废水的 pH 值	>12	—	
废水的 COD/mg·L^{-1}	2000～3000	—	

与传统的碱丝光工艺相比，氨丝光的污染物排放接近于零排放。每 100m 减少 1.3m^3 水，减少 COD 的排放 0.1～0.13kg。若一家牛仔布生产厂年产 1300 万 m，每年可减少水耗 16.8 万 m^3，减少废水产生量 16.8 万 m^3，减少 COD 排放 15.6t，具有显著的环境效益。

（二）经济效益

新技术与传统碱丝光工艺的经济效益对比见表 2。

表 2　新技术与传统技术的经济效益对比

项　目	烧 碱 丝 光	液氨无水丝光	备　注
水耗费用/元·(100m)$^{-1}$	0.68 ~ 0.74	0.007	
电费用/元·(100m)$^{-1}$	2.2 ~ 2.6	16.3 ~ 18.9	
热能费用/元·(100m)$^{-1}$	28.8 ~ 30.6	11.8 ~ 13.8	
原材料费用/元·(100m)$^{-1}$	30 ~ 35	20.3	含生产助剂和废水处理材料
人工费用/元·(100m)$^{-1}$	0.32 ~ 0.55	0.29	

综合各种费用，液氨无水丝光工艺与传统丝光工艺相比，每 100m 布降低生产成本 14.95 元。若年产 1300 万 m，则年节约生产成本 194.35 万元。

（三）关键技术装备

该技术的关键装备见图 4 ~ 图 7。

图 4　生产线

图 5　氨回收系统

图 6　丝光槽

图 7　液氨储罐

（四）水平评价

液氨无水丝光技术达到国际先进水平，也是世界上唯一采用液氨回收的氨丝光整理机。该技术的使用不仅减少了资源和能源的消耗，提高了生产的自动化水平，减少了污染物的产生和排放，还具有较高的安全性能。开平奔达纺织有限公司应用的该项目技术，获得了 2013 年中国纺织工业联合会环资委授予的"纺织行业节能减排技术应用示范企业"的称号。

四、行业推广

（一）技术适用范围

该技术所属行业为纺织染整行业清洁生产关键共性技术。该项目技术经过开平奔达纺织有限公司的消化吸收，已经形成成熟稳定的工艺流程、设备配套以及操作管理流程，可以在牛仔布整理企业中进行推广应用，适用范围广泛。

（二）技术投资分析

该技术设备总投资 2000 多万元，包括整体生产设备、氨回收循环设备等（蒸汽、水和电供应系统未计）。按一台设备年产能力 1300 万 m 计算，每年可减少生产成本 194.35 万元，产品附加值增加 3200 万元。预计投资回收期在 1 年左右。

（三）技术行业推广情况分析

几年来，开平奔达纺织有限公司应用无水液氨丝光整理技术，从使用情况来看，该技术在行业中推广和应用，基本上不存在技术难题。如果在牛仔布行业中广泛推广和应用该技术，将会生产可观的经济效益和环境效益。

环境效益：按我国每年有 3 亿 m 高档牛仔布采用该技术进行生产，可减少水的耗量 390 万 m^3，减少废水产生量 390 万 m^3，减少 COD 排放 360t。

经济效益：按我国每年有 3 亿 m 高档牛仔布采用该技术进行生产，可降低生产成本 14.85 亿元，增加产品附加值 7.38 亿元。

案例64 十四效闪蒸一步法提硝处理酸浴清洁工艺技术

——粘胶行业酸浴处理清洁生产共性关键技术案例

一、案例概述

技术来源：大连南北化工新技术有限公司

技术示范承担单位：唐山三友集团兴达化纤有限公司

粘胶纤维属再生纤维素纤维，是利用自然界中的纤维素（如棉短绒、木材等）为原料，经过化学处理和机械加工而制得的纤维。粘胶纤维不仅可以在数量上补充天然纤维的不足，而且在质量上的某些方面优于天然纤维和合成纤维。它不仅可以作为衣服用料，丰富编织品的花色品种，而且在工业、农业、国防和科研等方面都有广泛用途。其原料可再生、成品可降解，与合成纤维发展相比，具有绿色资源优势，但其加工流程复杂，生产过程需要消耗大量的水、电、汽。

粘胶纤维生产包括三个过程：

（1）粘胶原液的制备：通过化学方法处理浆粕中的纤维素，制造成可供纺丝用的粘胶原液。

（2）纤维的成型：纺丝原液经喷丝头形成的粘胶流在酸浴中凝固成再生纤维素。

（3）纤维后处理：为使纤维的性能达到要求而做必要的加工。

在纤维生产过程中，需要向纺丝机连续不断地供给一定量符合工艺要求的酸浴（一种硫酸、硫酸锌和硫酸钠的混合溶液）。在丝条成型过程中，纤维素黄酸酯与硫酸反应析出纤维素，反应过程中生成硫酸钠；粘胶中的碱与硫酸反应生成硫酸钠和水，造成酸浴中水含量增高，硫酸和硫酸锌浓度降低，硫酸钠浓度增高，酸浴循环过程中除了要补充硫酸和硫酸锌外，还要蒸发水分，去除硫酸钠。因此如何降低酸浴处理的能耗，实现酸浴、硫酸钠及反应生成水的再利用，是粘胶行业节能降耗的关键。

为了保持纺丝浴组成在循环中平衡，传统工艺采用多效闪蒸蒸发去除水，在闪蒸蒸发的基础上，对部分酸浴进行蒸浓，将蒸浓母液通过连续结晶将硫酸钠以十水硫酸钠的形式析出，再通过焙烧工艺去除十水硫酸钠中的结晶水，制得元明粉出售。该工艺设备占地面积大、台（套）数多、工艺流程长，同时需要大量的蒸汽和低温冷却水。

二、技术内容

（一）基本原理

该技术属粘胶行业清洁生产技术。利用硫酸钠在32.4℃以上析出时不含有结晶水的特性，在闪蒸后酸浴浴温不低于 35℃ 的情况下，将酸浴增浓，使其达到硫酸钠的饱和浓度，从而能保障硫酸钠在 32.4℃ 以上析出。将析出的硫酸钠直接进行分离烘干，获得元明粉。工艺设计上取消结晶和焙烧工序，大幅度降低新鲜蒸汽消耗；元明粉综合能耗明显降低，减少因制取蒸汽而产生的碳排放量，是粘胶纤维行业酸浴元明粉短流程清洁生产技术。

（二）工艺技术

粘胶传统工艺（工艺流程见图 1），闪蒸将酸浴中的部分水分蒸发后，再采用结晶、焙烧两步法工艺去除酸浴中多余的硫酸钠。结晶过程采用的设备为连续真空结晶机。通过降低酸浴沸点，迅速蒸发水分并带走潜热，在 15~20℃ 析出硫酸钠结晶。结晶的硫酸钠含 10 个结晶水，称为芒硝。芒硝经过焙烧系统的加热、浓缩去除结晶水后形成硫酸钠的盐浆，通过离心机分离后，制得无水硫酸钠，即元明粉。

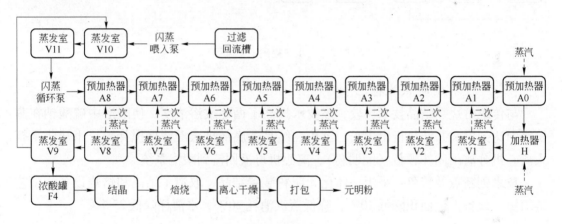

图 1　传统闪蒸、结晶、焙烧工艺流程

一步法提硝（工艺流程见图 2）技术，通过闪蒸系统直接结晶生产元明粉，取消结晶和焙烧工序，大幅度缩短工艺流程，同时降低了能耗。

该技术的内容包括：来自纺丝机底槽的酸浴，经过滤系统、闪蒸系统处理后进入浓酸罐 F4。F4 酸浴通过提硝喂入泵进入蒸发器 V14，另一部分酸浴通过反吸管路由澄清罐吸入 V14（V14 的蒸发沸点为 45~46℃）；V14 落酸进入 UP 泵，然后由 UP 泵将 240m³/h 的酸浴依次打入预热器 A11、A10、A9、A8、A7、A6、A5、A4、A3、A2、A1（各级预加热器温度梯度为 4~5℃），最后通过加热器 H，这样经过各级的加热浴液温度由 45℃ 升至 105℃。酸浴由加热器 H 进入闪蒸室 V1、V2，在此，酸浴在真空下被喷成雾状，经过闪点降温，部分水分被蒸发。按此方式，酸浴再依次通过蒸发室 V3、V4、V5、V6、V7、V8、V9、V10、V11、V12、V13（各级蒸发器温度梯度为 4~5℃），进一步使水分蒸发，酸浴降温至工艺所需温度和浓度。最后浓酸浴落入澄清罐生成硫酸钠盐浆，经过提硝盐浆泵达到增浓器将硫酸钠母液增浓，增浓后的母液自流至离心机分离出固体颗粒，此时无水硫酸钠含水率小于 5%。然后经干燥系统处理后得到含水率小于 0.02% 的无水硫酸钠。离心机母液回流到酸浴循环系统。

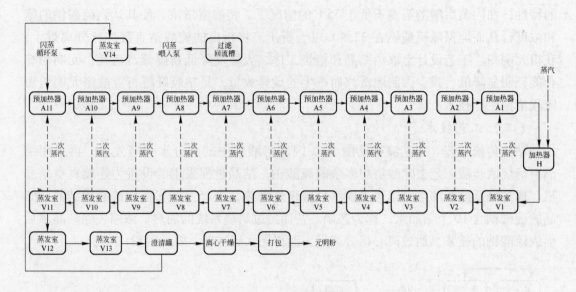

图 2　一步法提硝工艺流程

（三）技术创新点及特色

与传统焙烧、结晶技术比较，该技术提高了循环酸浴浓度，使酸浴中硫酸钠在蒸发室中达到饱和并结晶析出生长，沉积在结晶器底部排入澄清桶搅拌罐。用盐浆泵打入离心机分离出固体颗粒（元明粉），离心机母液回流到酸浴系统。

技术创新点及特色：采用一体化元明粉装置结晶，取消了结晶和焙烧设备，工艺链缩短。设备占地面积降低 40%，降低蒸汽消耗 20%，水消耗降低 25%。

三、实施效果

（一）环境效益

一步法提硝技术生产 1t 元明粉，节省蒸汽 4.60 - 3.28 = 1.32t；按年产元明粉 16万 t 计算，每年可少消耗蒸汽 21.12 万 t，折合标煤为 21.12 × 0.1128 = 2.38 万 t。生产元明粉综合能耗下降 15kg(标煤)/t。一步法提硝技术与传统技术（十一效闪蒸）的关键指标对比见表 1 和表 2。

该技术已建成的 80000t/a 粘胶短纤维生产线，与传统技术比较，从生产源头减少了蒸汽的使用量，降低了因制取蒸汽产生的碳排放量，从而减轻了对人体健康和生态环境的危害，环境效益显著。

表 1　工艺消耗对比

传统工艺		一步提硝工艺	
工序	蒸汽	工序	蒸汽
（十一效）闪蒸/t·h^{-1}	4.0	（十四效）一步提硝/t·h^{-1}	6.25
结晶/t·h^{-1}	2.2		

续表 1

传统工艺		一步提硝工艺	
工　序	蒸　汽	工　序	蒸　汽
焙烧/t·h^{-1}	1.5		
合计/t·h^{-1}	7.7	合计/t·h^{-1}	6.25
元明粉产量/t·h^{-1}	1.67	元明粉产量/t·h^{-1}	1.91
元明粉耗汽/t·t^{-1}	4.60	元明粉耗汽/t·t^{-1}	3.28

表 2　工艺能力对比

传统工艺				一步提硝工艺			
工　序	汽水比	蒸发能力/t·h^{-1}	耗汽量/t·h^{-1}	工　序	汽水比	蒸发能力/t·h^{-1}	耗汽量/t·h^{-1}
（十一效）闪蒸	0.32	12.5	4.0	（十四效）一步提硝	0.25	25	6.25

一套一步提硝设备的效果等同于传统工艺的一套闪蒸设备、一套结晶设备和一套焙烧设备。

（二）经济效益

一步法提硝技术生产 1t 元明粉，节省蒸汽 4.60 – 3.28 = 1.32t，每年可节约蒸汽采购费用（以年产元明粉 16 万 t 计）：1.32 吨/吨 × 16 万吨 × 130 元/吨 = 2745 万元。

（三）关键技术装备

该技术采用一体化装置提硝，与传统技术（十一效闪蒸、结晶、焙烧）的设备装置对比见表 3。

表 3　设备装置对比

传统工艺			一步提硝法		
工　序	设备名称	数　量	工　序	设备名称	数　量
（十一效）闪蒸	加热器	1 个	（十四效）一步提硝	加热器	2 个（一开一备）
	预加热器	9 个		预加热器	9 个
	蒸发器	11 个		蒸发器	11 个
	混合冷凝器	2 个		混合冷凝器	2 个
	辅助冷凝器	1 个		辅助冷凝器	1 个
	喂入泵	2 台（一开一备）		喂入泵	2 台（一开一备）
	循环泵	2 台（一开一备）		循环泵	2 台（一开一备）
结晶	预结晶器	3 个		澄清罐	1 个
	结晶器	3 个		盐浆泵	2 台（一开一备）
	喂入泵	2 台（一开一备）		离心机	1 个
	岩浆泵	2 台（一开一备）			
	浴液冷凝器	3 个			
	辅助冷凝器	2 个			
	增浓器	1 个			
	离心脱水机	1 个			

传 统 工 艺			一步提硝法		
工 序	设备名称	数 量	工 序	设备名称	数 量
焙 烧	喂入泵	2个（一开一备）			
	岩浆泵	2个（一开一备）			
	循环泵	1个			
	蒸发结晶机	1个			
	熔融槽	1个			
	增浓器	1个			
	离心脱水机	1个			
	加热器	1个			

与传统技术相比，生产等量的元明粉，一步提硝工艺设备能力相当于一套闪蒸设备、一套结晶、一套焙烧设备的总和。

该技术的关键装备包括：（1）蒸发设备；（2）提硝设备。

图3和图4分别为传统工艺设备装置图和一步提硝工艺设备装置图。

a   *b*

c

图3　传统工艺设备装置图

a—十一效闪蒸连续；*b*—真空结晶；*c*—焙烧

a   b

图4 一步提硝工艺装置图

a—十四效蒸发设备；b—十四效提硝设备

（四）水平评价

该技术是粘胶纤维酸浴处理流程的重大变革，对于酸站车间的技术创新具有里程碑式的意义。以该技术为核心技术之一的"高效节能环保粘胶纤维成套装备及关键技术集成开发"项目获中国纺织工业联合会科学技术进步一等奖。该技术在国内粘胶生产领域首次应用，处于国内同行业领先水平。

四、行业推广

（一）技术适用范围

该技术所属行业为粘胶纤维生产行业，工艺采用一体化装置提硝，不需要结晶设备，由闪蒸系统直接结晶产出元明粉。设备数量少、占地面积小，设备投资和土建投资低。所选用的全部设备均在国内制造；对厂房、设备、原辅材料等均没有特殊要求。去除酸浴中多余的硫酸钠是粘胶行业一大难题，十四效一步提硝技术大幅度降低了酸浴中去除硫酸钠的成本，且运行稳定，在粘胶行业具有广阔的应用前景。

（二）技术投资分析

建设一套十四效闪蒸带一步提硝的装置，每套提硝装置年产元明粉以1.6万t计，每年可节约蒸汽采购费用274万元。一次性建设投资成本875万元，维修费为10万元/a，设备折旧费为87.5万元/a，投资回收期为875/（274－10－87.5）＝4.96年。

（三）技术行业推广情况分析

十四效一步闪蒸提硝自 2011 年投入使用以来，运行稳定。并于 2012 年在远达化纤公司二期工程推广应用，彻底取消了结晶和焙烧系统的设备，节约设备采购成本约 420 万元，目前的运行情况比较稳定。

1t 元明粉可节省蒸汽 1.32t，按年产元明粉 16 万 t 计算，节约标煤 2.4 万 t，减少碳排放 4.8 万 t，经济效益和环境效益明显。

第九章　电子信息行业

案例 65　印制电路文字喷印清洁生产集成技术

——PCB 行业清洁生产关键共性技术案例

一、案例概述

技术来源：江苏汉印机电科技发展有限公司

技术实施单位：胜宏科技（惠州）股份有限公司

印制电路板（printed circuit board，PCB）是信息工业最基础的电子产品，它作为电子元器件二级封装用的载板，广泛应用于 PCB 的终端应用市场，包括计算机、通信、消费电子、汽车、工业、医疗、军事、航空及半导体封装等，已经成为信息产业界的重要产业。我国是世界上 PCB 生产大国，年产值达到 1100 多亿元人民币，产能接近世界总产能的 40%。但我国 PCB 生产中采用的工艺基本上都是传统减成法，它以覆铜箔层压板为基板，经过丝网印刷或光刻成像等方式形成抗腐蚀的图层，用化学蚀刻的方法得到导电线路；如果生产的是双层或多层 PCB，则还要经过孔金属化和电镀，以实现层与层之间的电路互连。由于采用了化学蚀刻等方法，导致生产过程中会产生大量废水，严重污染水体、土壤和大气，污染事故频发，每年产生的工艺重金属、高 COD 废水约 3 亿 t，被列入高能耗、高污染的重点监控序列，成为社会广泛关注的焦点。长期实行的末端治理路线导致行业污染态势严峻，亟待建立引领行业的清洁生产新装备、新技术。

PCB 制造的关键部分主要涉及导电线路与线宽的加工、孔金属化的成型，以及互连线图形之间的制作和转移等。传统的 PCB 制造方法是通过蚀刻减成法制备的。其缺点是生产工序多、材料消耗大、废液排放高、环保压力重，而且每层基板的制作都需要用预制的不同掩膜来实现导电图形的转移以及随后的光阻材料的剥离；就多层和积层 PCB 而言，其缺点是重复加工工作量很大，而且每层均涉及十几道工序，效率低，浪费大，污染重，成本高。而采用喷墨印制加成法制造 PCB 时，其生产工序减少，一般只需四道工序就行了，即基板布图、表面处理、喷墨印制、热固化成型。

该技术的工业实施与运行结果表明：它在 PCB 字符喷印中，具有工序短、无需网印、不用掩膜、操作灵活、几乎无三废、线条精细等特点，可适用于刚性板和挠性基体。此外，还具有可用卷曲生产方式、能高度自动化、多喷头并行动作、可获得高生产能力、可用于三维封装、可实现有源和无源等功能件的集成等优势。采用"喷墨打印技术"直接形成抗蚀/抗镀的图形和阻焊图形与字符，可以减少传统"图形转移"、"阻焊"、"字符"工艺 60% 以上的生产过程，可以节省 60% 左右的抗蚀、抗镀的墨水和干膜及阻焊的油墨，减少 60% 以上有机废水的处理与排放，并可提高产品的合格率（明显提高图形的位置精度和层间对位度）和缩短生产周期，降低图形转移和"阻焊"的成本。该技术从生产源头上解决了 PCB 行业重金属污染和水污染的环保难题，打破国外公司对我国的技术封锁和产业垄断，获得了国家相关部门和行业企业的广泛认可，排除了对 PCB 行业可持续发展的困扰，对推进我国绿色产业革命具有重要的引领和带动作用。

二、技术内容

（一）基本原理

印制电子文字喷印技术是采用加成法的微滴喷墨技术，借助喷墨头将所需的"墨水"通过微细喷嘴喷射到基材上，形成 PCB 板上的字符、阻焊层、抗蚀刻层和电路图形。它是一种无接触、无压力、无印版的印刷技术，其工作过程是先将计算机存储的图文信息输入喷墨印刷机，再通过特殊的装置，在计算机的控制下，由喷嘴向承印物表面有选择地喷射雾状墨滴，在承印物表面直接成像，得到最终的 PCB 板。生产过程中避免了传统的"图形转移"，甚至消除了底片制作、拉网、曝光、显影等一系列的设备和工艺过程，不仅可实现"非接触式"形成线路和图形，而且明显提高了位置精度，既达到快速、低成本化，又有利于"降污减排"的环境保护，是一种 PCB 文字喷印简短流程清洁生产技术。

（二）工艺技术

与传统 PCB 文字印刷技术（工艺流程见图 1）比较，新技术（工艺流程见图 2）在原辅料、产品路线、固废产出等方面均实现了较大的改进和提升。

该技术采用全自动打印式喷墨印刷技术，通过减少网版制作和底片制作流程，减少两次烘烤，提高生产效率和降低生产成本。该项目技术直接通过导入底片制作的资料，在印刷线路板上喷涂打印所需字符内容，实现字符工艺制作，如图 2 所示。

（三）技术创新点及特色

与传统 PCB 文字印刷技术比较，该技术创新点及特色见表 1。

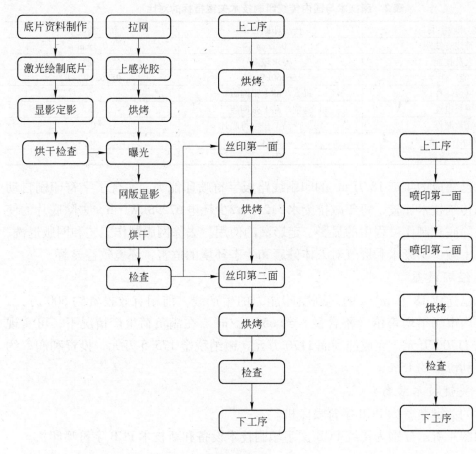

图 1　传统 PCB 字符印刷技术工艺流程简图　　　　图 2　新技术工艺流程简图

表 1　技术创新点及特色

序　号	技术创新点及特色
1	采用 PCB 文字喷印技术大幅度地缩短了 PCB 生产制造的过程，如图形转移制造过程，至少可节省 60% 以上的工序和设备，显著地简化了生产过程
2	采用 PCB 文字喷印技术加成法消除了传统的底片（菲林）的图形转移等一系列工艺过程，明显提高了图形的位置度和精确度等，有利于高密度化
3	工艺过程极大地改善了生产环境及其生态化，由于简化或消除了"图形转移"工艺，彻底解决了有机污染废水的问题
4	首家采用 UV-LED 紫外固化装置，即时固化喷印字符，大幅度节省了作业时间。同时，成本降低，高效节能，比起行业内常用 UV 汞灯，同样的价格却获得 10 倍的使用寿命

三、实施效果

（一）环境效益

按生产 18 万 m^2 印制线路板计算，该技术与国内传统印刷技术关键指标对比见表 2。

表2 新技术与国内传统印刷技术关键指标的对比

技术指标	传统印刷技术	新技术
字符线宽线距	0.1mm	0.1mm
人员技能	要求较高	一般
能耗	166060kW·h	98762kW·h
网版制作	每款产品1张网版	0
网版退洗	每款产品1张网版	0
底片制作	每款产品1张字符底片	0
废水产生量	312t	0
废气排放量	大量	无

该技术已建成的年产18万 m² 的印刷线路板字符喷印能力，实现了字符印刷自动化操作，与传统技术比较，每年减排废水312t，减少耗电67298kW·h，去除底片的使用，以及去除底片制作过程中的显影、定影液的使用，去除网版制作工艺和网版退洗，从生产源头上减少了废水和废气对人体健康和生态环境的危害，环境效益显著。

（二）经济效益

该技术已建成18万 m²/a 的印刷喷印能力的生产线，前期有效投资约500万元，在过去5年内市场平均售价（不含税）约650元/m²。在满负荷生产情况下，可实现年销售收入11700万元，完成纯利润1170万元，缴纳税金175.5万元，投资利润率约10%，投资利税率约15%。

（三）关键技术装备

该技术的关键装备为PCB字符喷印机。

图3和图4所示分别为传统PCB文字印刷技术设备和新技术PCB字符喷印机。

底片绘制

丝印机

曝光设备

网版制作

显影设备

图3 传统PCB文字印刷所需设备

图 4　新技术 PCB 字符喷印设备

（四）水平评价

该技术为具有我国自主知识产权的重大原创技术，拥有 10 余项国家发明专利授权和 1 项软件著作权，曾获 2011 年度中国电子发展基金与江苏省重大科技成果转化项目资金支持。该产品技术通过科技成果鉴定，其喷印技术与产品为国内首创，达到国际先进水平，填补了我国印制电子行业国内空白，被称为 PCB 行业绿色制造的一次"技术革命"。

四、行业推广

（一）技术使用范围

该技术所属行业为 PCB 行业，主要产品为 PCB 文字喷印设备，可完全替代传统的 PCB 文字印刷技术。大部分原、辅料在国内均能生产；所选用的大部分零部件在国内均能制造；对厂房、设备、原辅材料及公用设施等均没有特殊要求。

（二）技术投资分析

按试点单位目前 PCB 年产能 180 万 m^2 计算，建设一套年印刷生产能力与之配套的技术设备需投资约 4000 万元。建成后销售额约 11.7 亿元，利税总额约 1.3 亿元。

（三）技术行业推广情况分析

我国是世界 PCB 生产大国。PCB 行业是国民经济、国家安全和人民生活不可替代的电子信息基础行业，产品市场相对稳定。目前应用该技术的胜宏科技（惠州）股份有限公司建成了年产 18 万 m^2 的 PCB 示范性绿色清洁生产设备，现已实现了连续稳定的经济运行。

该技术可完全替代以丝网印刷的传统生产技术，按目前 PCB 国内生产情况以及新技术设备产能分析，新技术每年可替代 PCB 传统丝网印刷产量 450 万 m^3。随着后续技术的成熟设备产能的提高，后续替代传统丝网印刷产量将会更高，该技术目前按此份额推广应用后，可产生良好的资源、环境和经济效益。

资源效益：与丝网印刷技术比较，每年可减少电耗 2018940kW·h，减少使用对环境有污染的消耗品（感光胶、去膜粉、香蕉水、稀释剂）4514t；

环境效益：该技术可实现 PCB 文字喷印绿色清洁生产，工艺过程不产生其他废气和废液，与传统生产技术相比，减少废水放量 7800t/a。

经济效益：可实现年销售收入 29.25 亿元，完成利税 3.16 亿元。

案例66　非铬酸系列电子新材料清洁工艺与技术

——电子铝箔行业清洁生产关键共性技术案例

一、案例概述

技术来源：新疆众和股份有限公司

技术示范承担单位：新疆众和股份有限公司

新疆众和股份有限公司（以下简称公司）于1996年在上海证券交易所上市，是新疆维吾尔自治区第一家上市的工业企业，是全球产量最大的高纯铝生产基地和最大的电子铝箔研发和生产企业之一，产品工艺技术和质量均达到世界先进水平。

公司从市场的需求和自身的原料、技术优势出发，自主开发了适用于非铬酸腐蚀工艺的电子铝箔生产技术，产品既不会产生环保问题，又提高了质量性能。2004年，公司拥有自主知识产权的电子用高纯铝产能达到了2.5万t，占到全国市场的80%以上，成功实现了从铝冶炼行业向电子材料制造业的转变，已经形成国内最大的高纯铝电子新材料生产基地。

不仅如此，公司还成功抓住研发的"非铬酸腐蚀体系适用于电子铝箔技术"，使公司成为首家进入欧盟电子铝箔市场的中国企业。铝电解电容器用电子铝箔生产工艺可以分为铬酸腐蚀体系适用和非铬酸腐蚀体系适用两种类型，由于传统国产电子铝箔不能满足非铬酸腐蚀工艺，因此国内普遍采用的是铬酸腐蚀工艺，但铬酸是有污染的，会对人体健康和环境造成危害，产品也不能达到欧盟ROHS指令的要求。所以，公司自主研发的非铬酸腐蚀工艺用电子铝箔，是符合全球电子铝箔技术发展趋势的。据了解，目前全球能掌握这项技术的企业不到5家，此项高技术的掌握使公司的产品已经打入日本和欧盟、东南亚等电子铝箔国际市场。产品能适用于非铬酸腐蚀工艺，在电子铝箔行业是一项很大的进步。这不但使整个铝电解电容器生产流程绿色环保化，而且提高了电子铝箔的产品质量和适用范围。

公司是中国最大的高纯铝生产企业和中国唯一专业生产铝电解电容器用电子铝箔的企业。高纯铝生产能力和市场占有率居全国首位。公司高纯铝三层液电解法、偏析法生产工艺和设备，获得了国家发明专利；公司又进行了电子铝箔下游产品电极箔的研制和开发，采用了自主研发的"非铬酸腐蚀工艺用电子铝箔"技术，使公司位于全球电子铝箔市场企业的前列，实现企业高纯铝-高纯铝板锭-非铬酸电子铝箔-非铬酸电极箔的优势产业链，对我国高科技产业发展起到了促进和示范的作用。

二、技术内容

（一）基本原理

公司拥有自主研发的世界最大槽型电解槽，产品各项技术指标远远领先于国内同行业，达到了世界先进水平；电子铝箔产品占国内市场总量的75%以上，是国内唯一专业生产铝电解电容器用铝箔的企业。公司拥有高纯铝、电子铝箔、电极箔一体化铝深加工自主知识产权的核心技术，实现了特色资源向高附加值的高科技新材料的转换链。公司一贯本着生产与环境保护并重的原则，推行清洁生产，调整产品结构，淘汰落后的生产工艺，以提高环境质量，实现生产的持续发展和提高环境质量为己任，加大环境保护基础设施投资的力度。

电子铝箔生产工艺分为铬酸体系和非铬酸体系，国内普遍采用的是铬酸体系，铬酸体系以重铬酸盐腐蚀技术生产电子铝箔。由于重铬酸污染严重，其对人体健康和环境会造成严重危害，而且，当含有残留六价铬的电容器装入电子产品，流入市场，用户消费后报废时，残留六价铬对该电子产品的废弃处理仍会产生严重影响。

（二）工艺技术

公司在非铬酸环保型电子铝箔生产技术和工艺方面取得了重大突破，形成了具有自主知识产权的核心技术，在本行业处于领先水平。

1. 铬酸工艺流程（图1）

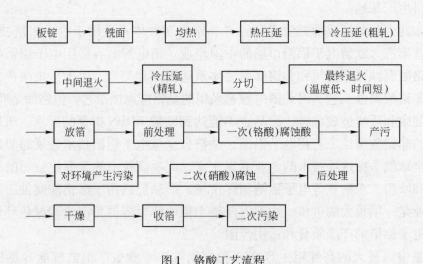

图1　铬酸工艺流程

2. 非铬酸工艺流程（图2）

（三）技术创新点及特色

该项目采用的适用于非铬酸腐蚀工艺的电子铝箔生产技术与传统国产电子铝箔生产技术相比，具有以下特点：

（1）在电子铝箔中加入少量的特殊微量元素，使电子铝箔的表面性质有本质上的

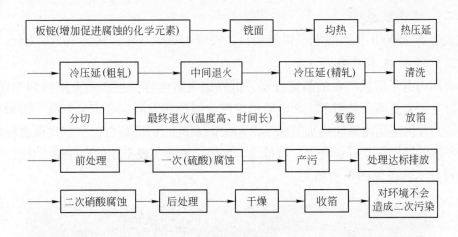

图2 非铬酸工艺流程

改善，添加的微量元素在铝箔表面富集，使铝箔在腐蚀过程中能均匀发孔，并获得高的比电容。

（2）通过改变轧辊磨削加工工艺，磨削出粗糙度均匀、微观形貌可控的轧辊，通过微观形貌的改善，减少了轧制出的铝箔表面在腐蚀过程中出现不均匀腐蚀的现象，同时，也提高了最终再结晶退火后的立方织构含量。

（3）通过改变冷轧工艺，保证均匀变形，减少剪切织构的出现，从而保证了铝箔在500mm整幅宽度上立方织构的均匀性，最终提高了腐蚀过程中腐蚀的均匀性。

（4）在生产流程中增加了清洗工序，经过清洗除油处理后的铝箔腐蚀后比容显著提高，均匀性也大幅度提升。这主要是因为清洗处理使铝箔退火后氧化膜形成更加均匀，减少了因为氧化膜的不均匀造成腐蚀过程的不均匀。

通过以上区别于传统电子铝箔生产技术的应用，在国内首先生产出适合非铬酸腐蚀工艺的环保型电子铝箔产品，最终获得高比容、高综合性能的电子铝箔，填补了我国生产非铬酸腐蚀工艺适用电子铝箔的空白。

三、实施效果

（一）环境效益

非铬酸腐蚀工艺加快了电子铝箔行业的发展，产品能适用于非铬酸腐蚀工艺，在电子铝箔行业是一项很大的进步。这不但使整个铝电解电容器生产流程绿色环保化，而且提高了电子铝箔的产品质量和适用范围，使公司成为首家进入欧盟电子铝箔市场的中国企业。铝电解电容器用电子铝箔生产工艺可以分为铬酸腐蚀体系适用和非铬酸腐蚀体系适用两种类型。由于传统国产电子铝箔不能满足非铬酸腐蚀工艺要求，因此国内普遍采用的是铬酸腐蚀工艺，但铬酸是有污染的，对人体健康和环境会造成危害，即使废料全部循环再利用，同时减少二氧化硫的排放，产品也不能达到欧盟RoHS指令的要求。

（二）经济效益

建设年产 15000t 非铬酸电子铝箔项目，投资 45000 万元，利润 10526 万元。

（三）关键技术装备

随着国内电子信息产业的高速发展，世界铝电解电容器生产企业陆续向中国转移，带动了对电子铝箔的大量需求。而电子铝箔产业的快速发展，必定会刺激上游原材料行业的发展，并促进国内高纯铝加工和下游相关产业链的积极整合，更好地促进铝的下游深加工产业的发展以及行业健康、可持续的发展，最终实现企业的利润最大化。

关键技术装备见图 3 和图 4。

图 3 关键技术装备外观

图 4 电子铝箔生产车间与产品

（四）水平评价

目前世界上能掌握这一技术的企业不到 5 家，公司采用该项高技术，产品已经打入日本和欧盟、东南亚等电子铝箔国际市场。

四、行业推广

(一) 技术使用范围

该项目采用的是适用于非铬酸腐蚀工艺的电子铝箔生产技术。

(二) 技术投资分析

公司通过优化现行电子铝箔成分、铸造工艺、均匀化工艺、热轧、冷轧、中间退火、成品轧制、清洗、成品退火工艺、复卷技术，研究全套生产工艺的合理配制，并最终研制出能在非铬酸腐蚀体系中腐蚀后容量达到 $0.68\mu F/cm^2$（测试电压520V）的电子铝箔产品。

(三) 技术行业推广情况分析

公司经过多年的科技攻关和试验，电子铝箔的技术开发不断取得突破，"高比容电子铝箔的研究开发与应用"列入国家高技术"863"计划项目，并于2005年底通过了验收；"国产化高压电子铝箔的工业化应用"列入乌鲁木齐市科技局2004年重点支持项目。公司在研发资金上给予了大力支持，并在研究技术上取得了重大突破，成功研究出适用于非铬酸腐蚀工艺的立方织构为95%的电子铝箔产品，填补了国内行业空白。

第十章 医药行业

案例 67 分离浓缩法黄姜皂素清洁生产集成技术
——黄姜皂素行业清洁生产关键共性技术案例

一、案例概述

技术来源：中国环境科学研究院/环保部清洁生产中心

实施单位：山阳县金川封幸化工有限责任公司

黄姜，学名盾叶薯蓣，是我国用来提取皂素的最主要的植物，国际医药界把黄姜称为"药用黄金"。近十年来，我国黄姜皂素产业发展较快，年产皂素近 5000t，已超过墨西哥，成为全球最大的皂素生产国和出口国。黄姜皂素产业虽然总体规模较小，但其分布区域均为国家级贫困区，该产业作为地方几十年形成的特色支柱产业，是当地上百万种植黄姜农民的主要现金收入来源，事关当地农民的基本生活保障问题。

我国黄姜皂素生产基本上采用的都是"黄姜破碎-发酵-酸解-皂素水解物-皂素提取"的传统工艺。采用该工艺，每生产 1t 皂素需消耗鲜黄姜 150～180t，消耗 98%工业硫酸 18～20t，平均排放污水近 4000m³，产生 COD 30～35t、残酸约 15t。按照全国年产皂素约 5000t 的规模计算，则产生废水高达 2000 万 m³、COD 15～18 万 t、残酸超过 7 万 t。由于处理难度大、成本高，这些废水大都未经处理直接排入汉江、丹江及其支流，成为国家南水北调工程中线水源的最大工业污染源。

针对黄姜皂素产业的严重污染问题，2005 年 5 月时任总理温家宝在《国内动态清样》（1261 期）上曾经批示陕西省："要及早改进黄姜加工工艺，实现清洁生产，保护南水北调水源地不受污染。"为了认真贯彻该批示精神，中国环境科学研究院联合环保部清洁生产中心，自 2005 年起开展黄姜皂素清洁生产加工工艺的研究和示范工作。

联合该行业众多专家和单位，在总结了该行业近二十年来清洁生产经验的基础上，经过长达 7 年的持续研究，最终建立了以物理法为基础的分离浓缩法黄姜皂素清洁生产工艺技术路线。采用该技术路线，于 2012 年在陕西省山阳县建成年产 200t 黄姜皂素清洁生产示范工程，并通过陕西省环保厅组织的科技验收，2013 年初又建成年产 700t 黄姜皂素清洁生产示范工程，并于 2013 年 4 月开始进行试生产。

该技术工业实施与运行结果表明：通过酸解前淀粉和纤维素的分离和回收，削减废水中 COD 在 70% 以上；通过浆料浓缩和酸解废酸液循环使用，减少酸耗 80% 以上，减少废水中残酸 90% 以上；通过采用新型洗涤工艺，削减新鲜水用量和废水产生量 90% 以上；通过采用热量回收等相关节能措施，煤耗由吨产品 25.4t 降低到 18t；通过淀粉的回收精制和酸耗、水耗的降低，与传统工艺相比，吨产品综合经济效益增加约 5 万元。示范工程中黄姜皂素加工废水采用现有成熟的处理工艺即可实现经济可行的达标排放。此外，该清洁生产工艺的研发，将黄姜皂素产业由传统的作坊式加工提升为机械化、自动化的现代化生产方式，实现了该产业的跨越式发展。

二、技术内容

（一）基本原理

该技术属黄姜皂素清洁生产技术。研究结果显示，黄姜经破碎后分离为纤维素、淀粉、上清液、悬浊液 4 个组分，分别测定每个组分的皂素含量，结果在纤维素、淀粉、上清液中均未有显著皂素含量检出。说明在适宜的预处理条件下，纤维素、淀粉、上清液中皂素含量甚微，皂素主要集中在悬浊液中；且皂贰元并非以化学键方式与淀粉和纤维素相连，在不影响皂素回收的情况下，可以采用物理方式分离和回收黄姜中的淀粉和纤维素。鉴于此，项目组建立了基于物理法的分离浓缩法黄姜皂素清洁生产集成技术。

（二）工艺技术

分离浓缩法黄姜皂素清洁生产工艺技术与传统工艺技术对比如图 1 所示。

与传统工艺相比，分离浓缩法清洁生产工艺在资源利用、工艺路线、设备集成等方面均实现了较大的改进。其以物理分离法为核心，具体工艺流程为：合格的鲜黄姜原料进厂，经电子地磅计量后卸入黄姜堆场备用；鲜黄姜经铲车送入原料加工车间，进行除泥和清洗；经过清洗后的黄姜经由皮带输送进入破碎机进行破碎，之后流入缓冲槽；对破碎后的黄姜采用带式压滤和离心筛过滤，经过过滤后的黄姜浆料送至卧螺离心机，粗纤维送入酸解车间酸解；粗纤维加入酸解液（或酸解废酸液），经搅拌后进入酸解车间酸解，然后经板框压滤后得到木质素和酸解废酸液，木质素备用，酸解废酸液收集后回用于酸解；黄姜浆料直接进入卧螺离心机进行分离，离心浆液进入浆料收集池，进入发酵工段，由卧螺离心机分离出的粗淀粉进入淀粉精制工段；卧螺离心机分离出的浆料进入发酵池，在 48℃ 下发酵 12h；发酵好的浆料和单独酸解制得的木质素助滤剂在搅拌池中按照一定比例混合，进行板框浓缩，分别得到浓缩滤饼和浓缩液，浓缩液直接进入废水处理系统；经板框浓缩后得到的浓缩滤饼加入酸解液（或酸解废酸液）进入酸解车间酸解；通过隔膜压滤机过滤收集酸解废酸液，滤饼采用清水在线原位洗涤，直至 pH 值达到工艺要求；将洗涤合格后的水解物进行破碎，用螺旋将其输送至烘干机中烘干，即得到皂素水解干燥物，进而进行皂素提取；卧螺离心出来的粗淀粉经旋流站精制、离心脱水、气流干燥后，即得到成品淀粉。

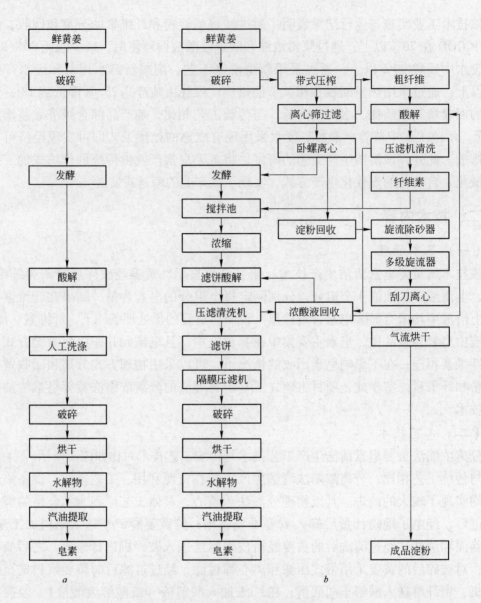

图1 黄姜皂素生产工艺对比
a—传统工艺；b—清洁生产工艺

（三）技术创新点及特色

与传统黄姜皂素生产技术比较，新技术的创新点及特色为：

（1）淀粉、纤维素的分离与回收。在鲜姜破碎后以物理方法分别分离出淀粉和纤维素，实现了鲜姜中淀粉和纤维素资源的再利用，同时避免其在后段被水解，削减废水中COD70%以上。

（2）浆料浓缩及酸解废酸液循环利用。发酵后的浆料与单独酸解粗纤维后得到的木质素混合，在板框压滤机中进行过滤浓缩，浓缩滤饼进入酸解步骤，收集酸解废酸液，并将其用于下个酸解阶段。该步骤是分离浓缩工艺的核心步骤，通过板框压滤机实现浆料的浓缩，并将酸解废酸液循环利用，减少酸耗 80% 以上，减少废水中残酸 90% 以上。

（3）水解物机械化洗涤及节水。将浓缩后的水解物输送至隔膜压滤清洗机中，过滤分离酸解废酸液，再进行在线原位清水洗涤，直至 pH 值达到工艺要求。采用该先进洗涤方式，可以提高洗涤效率，削减新鲜水用量和废水产生量 90% 以上。

（4）原料上料洗涤过程的机械化。为进一步节约能源和人力资源，加快黄姜皂素清洁生产工艺自动化进程，项目组对整个生产线的机械化进行了研究开发。先后实现了原料上料、洗涤等过程的机械化操作，并对各工段中间衔接过程进行了机械化匹配，实现了整个工艺过程机械化运行，彻底改变了传统工艺"脏、乱、差"的生产和工作环境。

（5）水解物的烘干工艺。传统工艺对水解物烘干采用烘干房方式，需要人工搬运水解物，物料损失大，能耗高，烘干效率低，新技术中采用一体式烘干设备，对水解物进行连续烘干，既提高了烘干效率，减少了能耗，又节省了人力。

三、实施效果

（一）环境效益

以生产 1t 皂素产品计，新技术与国内外同类技术的关键指标对比见表 1。

表 1　新技术与国内外同类技术的关键指标对比

技 术 指 标	传 统 工 艺	新 技 术 工 艺
吨皂素鲜黄姜消耗/t	160	160
吨皂素新水消耗/m³	3888	288
吨皂素酸耗/t	18	3
吨皂素燃煤消耗/t	25.4	18
吨皂素 COD 产生量/t	30	9
吨皂素工艺废水产生量/m³	4000	400
吨皂素废酸残留量/t	15	0.8

该技术已建成 200t/a 及 700t/a 示范工程，其黄姜皂素加工废水采用现有成熟的处理工艺即可实现经济可行的达标排放，环境效益显著。

（二）经济效益

该技术已建成的 700t/a 示范装置前期有效投资约 18353 万元，皂素产品生产成本约 580609 元/t（含税），比传统加工工艺节约成本 5 万元/t。吨产品盈利约 11.63 万元，其中纯利润约 8.7 万元，各种税金约 3.67 万元。在满负荷生产情况下，可实现年销售收入 55588 万元，完成纯利润 6103 万元，缴纳税金 2571 万元，投资利润率约 33.25%，投资利税率约 47.26%。

（三）关键技术装备

该技术的关键装备包括：（1）浆料浓缩及酸解废酸液循环利用装置（图2）；（2）淀粉分离及精制装置（图3）；（3）水解物机械化在线原位洗涤装置（图4）；（4）水解物一体化烘干装置（图5）。

（四）水平评价

该技术为具有我国自主知识产权的原创技术，拥有1项国家发明专利授权，正在申请3项国家发明专利，成果达到国际领先水平，所建成的示范工程达到世界最大规模，有效促进了该行业的跨越式发展。

图2 浆料浓缩及酸解废酸液循环利用装置
（传统工艺中无此过程）

图3 淀粉分离及精制装置（传统工艺中无此过程）

传统工艺

清洁生产工艺

图4 水解物机械化在线原位洗涤装置（与传统工艺对比）

传统工艺

清洁生产工艺

图 5　水解物一体化烘干装置（与传统工艺对比）

四、行业推广

（一）技术使用范围

该技术所属行业为黄姜皂素行业，主要产品为黄姜皂素，副产品黄姜淀粉也可作为商品出售，可完全替代黄姜皂素传统生产技术。所选用的全部设备在国内均能制造；对厂房、设备、原辅材料及公用设施等均没有特殊要求。

（二）技术投资分析

按照建设一条年产 400t 黄姜皂素生产线计，约需投资 1.3 亿元。建成后每年可加工黄姜皂素 400t，实现年销售收入 3.2 亿元，纯利润 3500 万元，缴纳税金 1000 万元，完成利税总额 4500 万元，投资利润率约 26.9%。

（三）技术行业推广情况分析

目前应用该技术的山阳县金川封幸化工有限责任公司，于 2012 年建成了年产 200t 黄姜皂素清洁生产示范工程，于 2013 年建成了年产 700t 黄姜皂素清洁生产示范工程，现分别实现了两年和一年的连续稳定运行。

该技术可完全替代黄姜皂素传统生产技术，按目前黄姜皂素国内生产情况分析，该技术每年可生产黄姜皂素 5000t。该技术推广应用后可产生良好的资源、环境和经济效益。

资源效益：与传统工艺比较，每年可减少硫酸消耗 7.5 万 t、清水耗量 1800 万 m³，回收淀粉 7.5 万 t；

环境效益：与传统工艺比较，每年可减少 COD 产生量 10.5 万 t，废水产生量 1500 万 t，废水采用现有成熟的处理工艺即可实现经济可行的达标排放。

经济效益：实现年销售收入 40 亿元，完成利税 5.625 亿元。

案例 68　注射用泮托拉唑钠等产品专利技术与清洁工艺

——医药行业清洁生产关键共性技术案例

一、案例概述

技术来源：河南辅仁怀庆堂制药有限公司

技术示范承担单位：河南辅仁怀庆堂制药有限公司

我国医药行业和制药工业经过近 60 年的发展，取得了很大的成就，对保障人民群众用药安全发挥了重要作用。巨大的市场需求和利润空间导致各地大量新建药厂，在不到 10 年的时间里，中国制药工业企业数量由最初的几百家上升到 5000 多家。长期无序发展导致国内药品生产企业存在 "一小、二多、三低" 的问题，即企业规模小、企业数量多、产品重复多，产品的科技含量低、管理水平低、生产能力利用率低。随着国家颁布新版 GMP 标准及各项政策和医药专项的出台和实施，使医药企业在研发、生产、营销等各环节上的运作方式都面临重大调整，行业资源将进一步向优势企业集中，提高行业进入门槛，加快产业结构的调整优化，对行业的未来发展将产生深远影响。企业为谋求发展，必须在科研投入上，研究新产品、新技术、新工艺，降低生产成本，提高产品附加值，从而保证企业可持续发展。

下面介绍新的技术开发前的产品医药市场技术背景。

1. 注射用泮托拉唑钠

公司及国内其他厂家生产该产品一般采用的生产工艺是将金属络合剂与辅料一起溶解，且配制过程中未充氮保护。采用以上工艺生产时，原料在配制过程中易氧化，导致含量下降多，原料利用率低。公司通过研究实验发现，要提高原料利用率，需要攻克的难题是药液配制过程中的稳定性问题。为此，公司研发了新的生产工艺，大幅度提高了原辅料利用率。

2. 盐酸川芎嗪注射液

目前国内生产该产品一般采用脱炭法生产工艺，对药液的 pH 值规定较高。采用以上工艺生产时，原料药利用率较低，产品低温易结晶。公司通过研究实验发现，要提高原料利用率，需要攻克的难题是药液的配制降点问题，必须在配制工艺上加强质量控制点。经过深入研究，公司研发了新生产工艺，不仅提高了产品质量稳定性，而且提高了原料药利用率，降低了生产成本。

3. 曲克芦丁注射液

国内同行业生产该产品一般采用的生产工艺是浓配脱炭法，对药液的 pH 值规定范围比较大，采用以上工艺生产时，药液的色泽和澄清度差，导致废品率高，原料利用率较低。公司通过研发新工艺使灯检废品率降到 1.0% 以下（平均值为 0.95%），比原工艺的灯检废品率降低了 1.8% 以上，原料利用率将同时提高约两个百分点。

总之，这些专利技术实施后，新生产工艺的原料收得率可平均提高 6 个百分点，并按工艺配套生产设备后可节水 50%，节电 20%，环境和社会效益显著。

二、技术内容

（一）基本原理

该清洁生产示范项目所采用的专利技术均是通过改进产品传统生产工艺，使之成为一种新的生产工艺。其主要内容如下：

（1）注射用泮托拉唑钠是在配置过程中将原工艺在辅料中加入金属络合离子，改为先溶解辅料，在原料溶液中直接加入金属络合离子，再将辅料溶液加入原料溶液中。整个过程采用充氮配制。

（2）盐酸川芎嗪注射液是采用超滤除热原技术替代配制过程中的活性炭吸附除热原。另外，重新调整了半成品的 pH 值控制，由原来的 2.5 ~ 2.7 调整为 2.2 ~ 2.4，避免了产品在低温贮运过程中的结晶现象。

（3）曲克芦丁注射液是将稀配煮沸法应用于曲克芦丁注射液的配制工艺，半成品的 pH 值严格控制为 6.3 ~ 6.4。加入药用炭后将溶液煮沸 30min，最终用 0.45μm 和 0.22μm 的微孔滤膜过滤，检验半成品合格后放行。执行新工艺后灯检废品率降到 1.0% 以下（平均值为 0.95%），比原工艺的灯检废品率降低了 1.8% 以上，原料利用率将同时提高约两个百分点。

（二）工艺技术

公司推广的专利技术都属于改进生产工艺，工艺流程不变，只是改变了配制方法和检验方法。另外，由于产品为药品，工艺流程全部按药典实施，无法更改。

1. 注射用泮托拉唑钠为冻干粉针剂

其工艺流程见图 1。

2. 盐酸川芎嗪注射液和曲可芦丁注射液（同属小容量注射剂）

其工艺流程图见图 2。

（三）技术创新点

1. 注射用泮托拉唑钠

该产品是一种新型的抗溃疡药，其直接作用于胃黏膜壁细胞，从而抑制胃酸分泌，适用于治疗胃溃疡、十二指肠溃疡等。临床主要用于闭塞综合征、血栓性静脉炎、毛细血管出血等。主要技术及创新点为：将原工艺在辅料中加入金属络合离子，改为先溶解辅料，在原料溶液中直接加入金属络合离子，再将辅料溶液加入原料溶液中。整个过程采用充氮配制。按新工艺生产，产品的收得率与原工艺相比，提高了 10 个百分点，同时保证了产品稳定性。

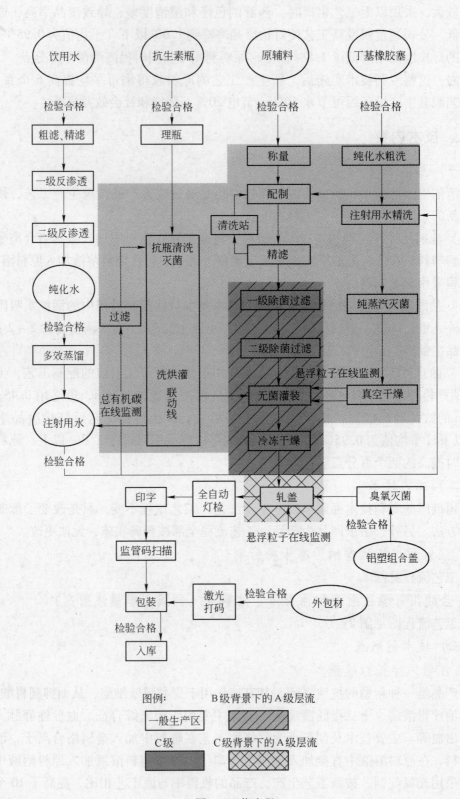

图 1　工艺流程

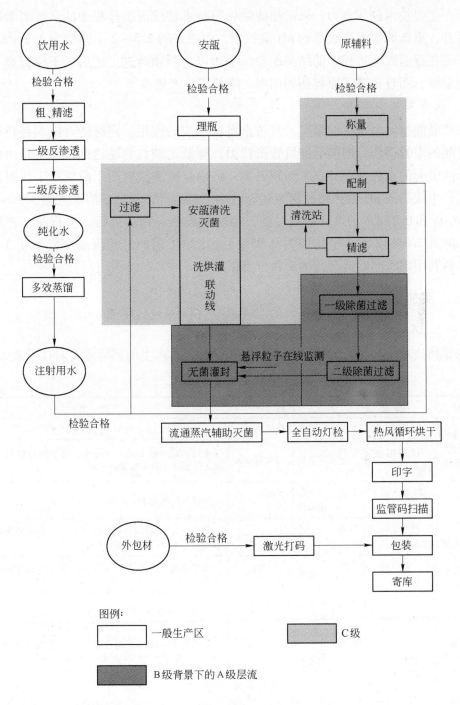

图2　工艺流程

2. 盐酸川芎嗪注射液

该产品主要功能为抑制血小板的聚集,有防止血栓形成的作用。同时能对抗5-羟色胺、缓激肽引起的血管损伤,增加毛细血管抵抗力,降低毛细血管通透性,可防止由血管通透性升高引起的水肿。临床主要用于闭塞综合征、血栓性静脉炎、毛细血管出血等。主要技术创新点为：采用超滤除热原技术替代配制过程中的活性炭吸附除热原。另外，重新调整了半成品的 pH 值控制，由原来的 2.5 ~ 2.7 调整为 2.2 ~ 2.4，避免了产品在低温贮运过程中的结晶现象。采用以上两项改进工艺后，不仅提高了产品质量稳定性，而且提高了原料药利用率，降低了生产成本。

3. 曲克芦丁注射液

该产品能抑制血小板的聚集，有防止血栓形成的作用。同时能对抗 5-羟色胺、缓激肽引起的血管损伤，增加毛细血管抵抗力，降低毛细血管通透性，可防止由血管通透性升高引起的水肿。主要技术创新点为：将稀配煮沸法应用于曲克芦丁注射液的配制工艺，半成品的 pH 值严格控制为 6.3 ~ 6.4。加入药用炭后将溶液煮沸 30min，最终用 0.45μm 和 0.22μm 的微孔滤膜过滤，检验半成品合格后放行。执行新工艺后灯检废品率降到 1.0% 以下（平均值为 0.95%），比原工艺的灯检废品率降低了 1.8% 以上，原料利用率将同时提高约两个百分点。

三、实施效果

（一）环境效益

按专利技术生产工艺实施，并配套生产设备后，产生的环境效益对比见表1。

表1　环境效益对比

项　目	改 造 前	改 造 后	效　果
小容量注射剂生产工艺单机改联动	洗瓶洗5次甩5次	立式洗瓶机	年节纯化水13.2万t，注射用水5.04万t
	没采用公司专利技术	采用公司专利技术	平均提高原辅料收得率5%，可节约原辅料2000kg，基本相当于1亿支原辅料用量
冻干粉针剂生产工艺单机改联动	洗瓶、烘干、灌装分开操作	洗瓶烘干灌装一体化操作	年可节约纯化水2.4万t
	没采用公司专利技术	采用公司专利技术	平均提高原辅料收得率7%，可节约原辅料560kg，基本相当于1400万支原辅料用量
	报废率高达0.93%	报废率为0.23%	报废率降低了0.7个百分点，相当于年增加成品140万支
	单工序操作人数为16人	单工序操作人数为6人	节约10个劳动力
真空冷冻干燥机改造	一个冻干周期为44h	一个冻干周期为37h	单机功率444kW，两台冻干机一个周期可节电6216kW·h，年节电93.24万kW·h
制水系统改造	制水率为50%，年用新水为230万t	理论制水效率为75%，实际生产可达70%以上，年用新水为164万t	提高20个百分点，节约用新水66万t
电机变频改造	年用电量为733.44万kW·h	节电为20%，年用电量为586.75kW·h	年节电146.69万kW·h
锅炉改造	2台20t/h燃煤蒸汽锅炉	2台20t/h循环流化床锅炉	节煤3629t，折标煤2592.1t

（二）经济效益

该项目总投资 11503.14 万元，对 20 亿支小容量注射剂及 2 亿支冻干粉针剂生产系统进行清洁生产技术改造。项目实施后，正常年份节约 2931.40 万元，为纯利润。

（三）关键技术装备

改造前所使用生产设备均为单机生产，生产烦琐，并容易产生人为污染及交叉污染。其主要设备有灯检机和灌封机（分别见图 3 和图 4）以及包装机等。

图 3　灯检机

图 4　灌封机

改造后所使用生产设备全部为联动线，减少了人为操作，污染较少，并能大幅度降低成本。其主要设备有安瓿洗烘灌联动线（图 5）、立式洗瓶机（图 6）等。

图 5　安瓿洗烘灌联动线

图 6　立式洗瓶机

（四）水平评价

该技术获得国家发明专利，经河南省科学技术成果鉴定，工艺水平处于全国领先水平。

四、行业推广

（一）试用范围

该技术属制药行业，生产产品均在国内销售，原辅料也全部在国内生产，厂房设备全部与国家新版药品 GMP 一致。

（二）技术投资分析

该技术项目投资 11503.14 万元，对 20 亿支小容量注射剂及 2 亿支冻干粉针剂生产系统进行清洁生产技术改造。项目实施后，正常年份节约 2931.40 万元（为纯利润），投资利润率为 25.48%。

（三）技术行业推广情况分析

该技术项目在河南辅仁怀庆堂制药有限公司以及辅仁药业集团有限公司所属子公司已开始运行，运行效果良好。

环境效益：项目实施后可节水 50%，节电 20%，节能 20%，环境效益显著。

经济效益：实现净利润 1.8 亿元，税收 3000 多万元。

第十一章 屠宰及肉类行业

案例 69 现代化生猪屠宰成套设备与技术
——生猪屠宰行业清洁生产关键共性技术案例

一、案例概述

技术来源：南京市宏伟屠宰制造有限公司
实施单位：新余润合肉类食品有限公司

20 世纪六七十年代，我国各地肉联厂积极开展技术革新和技术革命，研制了许多生猪屠宰加工设备，如烫猪机、螺旋式刮毛机、桥式电锯、猪剥皮机、头蹄刮毛机和一些副产品清洗整理设备等。但自 1985 年生猪放开经营以来，私宰点的大量增加，导致了整个行业技术更新停滞不前。尽管研制和使用了一些自动化程度较高的浸烫刮毛装置，但是未能解决猪胴体的二次污染问题。

目前，我国的生猪屠宰设备和工艺总体上较为落后，与国家提出的"实施食品放心工程"和出口的需要存在较大差距，主要表现为生猪饲养不规范，屠宰交叉污染大，间歇式操作，工人劳动强度大，卫生检疫落后等。

近几年，在国内肉类加工企业中，已经形成河南双汇、南京雨润、山东金锣、山东得利斯等企业为第一集团，河南众品、北京顺义等 20 来家企业为第二集团的格局，引进了多条荷兰及德国的先进屠宰生产线和分割线。特别是近几年，生猪屠宰加工行业整合非常快，一批优势企业快速成长，肉类加工的集中度不断提高，建成了一些具有一定规模效益的现代化的肉类加工企业，从而极大地推动了生猪屠宰新技术、新设备的研制、开发和应用。

新余润合肉类食品有限公司的年 100 万头生猪屠宰生产线总投资为 2.9 亿元，采用多项（如生猪喷淋、麻电、全自动清洗和蒸汽烫毛、分割、冷却等）国内一流的先进技术。目前公司清洁生产技改工作正在实施之中。技改后，公司将形成从生猪收购、屠宰加工到冷却肉专卖的立体式发展格局，实现从源头到餐桌一步到位，为人们提供健康、环保、放心的肉类食品。

公司现有生产线建成时间较早，其配置合理性、工艺先进性、能源消耗情况与现在的先进工艺相比，存在一定差距。公司现有生产线在生产过程中产生的猪毛用推车运送至污物储存处，在运送过程中存在遗洒现象；麻电方式落后，生猪麻电后出现荐骨、尾骨断裂，"PSE 肉"等应激反应；热水烫毛废水产生量大，烫猪水反复使用造成交叉污染；脱毛效果较差；脱毛中会出现打烂猪的现象，且脱毛不干净，脱毛率只有 80%；人工挂猪方式较落后，劳动强度大。

先进的屠宰生产线引进后，利用该生产线设备精良、生产流程模切程序化控制，可将打毛率提高到 98% 以上，皮肤破损率降低到 1% 以下，同时可保证兽医检验人员必要的检验时间和肉品质量。此外，该先进生产线每小时生猪屠宰量可达 300 头，生产线为连续流水作业，与国内大多间隔生产的屠宰线相比，每头猪屠宰可节水 100kg，如按企业年屠宰 100 万头计，全年可节水 10 万 t，同时年减少废水排放量 10 万 t，大幅度节约废水处理费用，可为企业带来显著的经济效益和社会效益。为了减轻对环境的危害程度，减少物耗、能耗、水耗和降低成本，安徽省福润肉类加工有限公司应用了该清洁生产技术。

二、技术内容

（一）基本原理

新余润合肉类食品有限公司生猪屠宰线是目前国内先进的屠宰生产线。该生产线设备制造精良、生产流程模切程序化控制，采用全自动高频电击晕机、同步连续式真空采血装置，自动控温蒸汽烫毛隧道、履带式 U 形打毛机和同步卫检系统等。整个操作过程规范、卫生、安全，产品质量可达到向欧盟出口的要求。

屠宰生产线运行速度为 250~300 头/h，活猪平均质量为 100kg/头，白条猪平均质量为 72kg/头。

（二）工艺技术

传统生猪屠宰工艺流程如图 1 所示，现代化生猪屠宰工艺流程如图 2 所示。

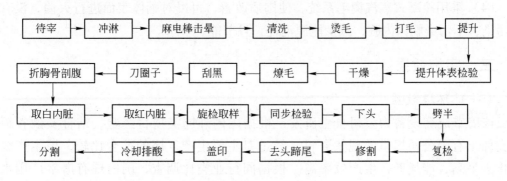

图 1　传统生猪屠宰工艺流程

（三）技术创新点及特色

该成套设备为公司自主研发，装置技术成熟，经测试，设备使用可靠，操作简便。改造后的屠宰线具有以下优点：

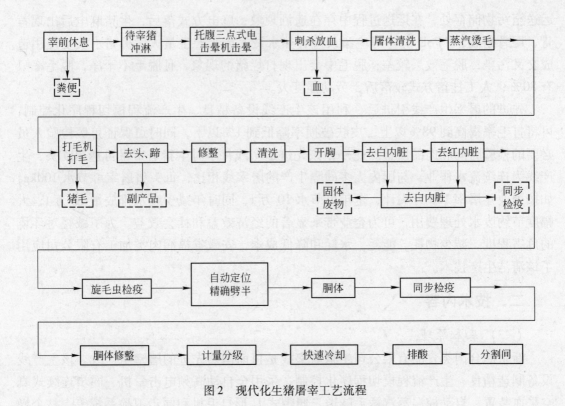

图 2　现代化生猪屠宰工艺流程

（1）猪逃逸率低，提高工效；断尾、断骨减少一半，控制在千分之三以内，提高肉品质量；猪应激反应降低，减少血斑产生，提高肉品质量。

（2）不用人工提挂猪，减少人工岗位 2 人；使用变频控制，速度提高 30%。

（3）与以前相比，大幅度降低了打烂猪的现象，且打毛效果好，打毛率从原来的 80% 提高到 98%。

（4）采用冷凝式蒸汽烫毛系统，使肉质改善，可以对胴体表面进行灭菌，没有交叉污染，不污染胴体内脏，减少能源消耗，且节能、节水。

三、实施效果

（一）环境效益

该屠宰成套设备为公司自主研发。根据国内外同类项目经验，结合安徽省福润肉类加工有限公司提供的现状资料，经过对主要生产工序的综合比较，该生产线自动化水平高，能耗低，生产效率高。根据同行业类比调查，国内现有屠宰厂用水量平均为 0.8～1.0t/头猪，国内最先进的屠宰厂用水量为 0.5t/头猪，国外用水量为 0.2～0.8t/头，《安徽省行业用水定额》（DB34/T 679—2007）规定生猪屠宰用水定额为 0.6～1.0t/头猪，该技术实施前安徽省福润肉类加工有限公司生猪屠宰耗水量为 0.47t/头猪，实施后的用水量为 0.35t/头猪（如表 1 所示），比安徽省地方标准节水达到 250kg/头猪。

表1　改造前后每头猪能源消耗指标对比

项　目	改造前	改造后	增　量
每头猪汽耗/kg	7.5	2.0	−5.5
每头猪电耗/kW·h	8.6	8.6	0
每头猪水耗/t	0.47	0.35	−0.12

　　屠宰车间原耗水量为4715t/d，耗汽量为75t/d，脱毛工段脱猪毛量为7.8t/d，该技术实施后用水量为3545t/d，耗汽量为20t/d，脱毛工段脱猪毛量为9.6t/d。屠宰生产线改造后，年节水量为35.1万t，年节汽量为16500t（企业年生产天数为300天），脱毛工段脱毛效率由原来的80%提高到98%，成品肉的品质比以前有较大的提高。

　　（二）经济效益

　　该技术与国内大多间隔生产的屠宰线相比，每头猪屠宰可节水按100kg计算，企业年屠宰猪按100万头计算，全年可节水10万t，同时每年减少废水排放量10万t，大幅度节约废水处理费用，有效提高了企业市场竞争力。此外，由图3和图4可以看出，该技术实施前脱毛工段每天脱毛7.8t，回收4.68t，废弃3.12t，猪毛回收率为60%；实施后脱毛工段每天脱毛9.6t，回收9.12t，废弃0.48t，猪毛回收率为95%。因此，年减少废弃物排放量792t，年回收猪毛量增加了1332t（企业年生产天数为300天），可为企业增加附加价值，同时减少环境污染。

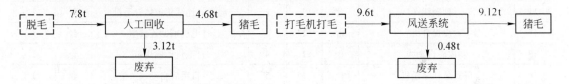

图3　清洁生产技术实施前脱毛工段物料平衡图　　图4　清洁生产技术实施后脱毛工段物料平衡图

　　（三）关键技术装备

　　生猪屠宰线为目前国内先进的屠宰生产线。与传统生猪屠宰工艺相比，该生产线设备制造精良，生产流程模切程序化控制。与传统生产线设备相比，该生产线采用全自动高频电击晕机代替麻电棒击晕器；放血方式改为同步连续式真空采血装置替代；烫毛隧道采用自动控温蒸汽烫毛隧道以及履带式U形打毛机和同步卫检系统等。目前该生产线主要仪器设备如表2所示。

　　（四）水平评价

　　该技术设备是南京市宏伟屠宰制造有限公司在吸收引进荷兰和德国先进的生猪屠宰线基础上开发研制的。该技术在国内配套尚属试用推广阶段。

四、行业推广

　　（一）技术使用范围

　　该技术集成了肉类行业多项清洁生产新技术，适用于每年屠宰50万~150万头生猪屠宰线，对国内众多中小型的肉类加工企业具有良好的示范带动作用，具有良好的环境、社会、经济效益。

表 2　现代化生猪屠宰工艺设备

序号	设备名称	单位	数量	序号	设备名称	单位	数量
（一）托腹三点式电击晕机				16	平板输送带 1.5 米	套	1
1	托腹三点式电击晕机	台	1	17	后腿输送带	套	1
2	预清洗机	台	1	18	中段输送带	套	1
（二）卧式悬挂输送机				19	前腿输送带	套	1
1	毛猪输送带	套	1	20	1 号肉输送带（3 层）	套	1
2	毛猪提升机	台	1	21	2 号肉输送带（3 层）	套	1
3	毛猪自动线	套	1	22	3 号肉输送带（3 层）	套	1
4	光猪输送带	台	1	23	4 号肉输送带（3 层）	套	1
5	光猪提升机	台	1	24	自动洗框输送带（2 层）	套	1
6	成膜保鲜机	台	1	（三）冷凝式蒸汽烫毛隧道机			
7	白脏线	套	1	1	烫毛线	套	1
8	红脏线	套	1	2	冷凝式蒸汽烫毛隧道	套	1
9	白脏盘清洗机	台	1	（四）隧道式连续猪胴体打毛机			
10	回空线清洗机	台	1	1	刮毛机	台	2
11	预剥线	套	2	2	隧道式连续猪胴体打毛机	台	1
12	剥皮提升机	台	1	3	打毛机辅助连接座	台	1
13	剥皮后自动线	套	1	4	打毛机后输送带	套	1
14	卧式悬挂输送机	台	1	5	打毛后自动线	套	1
15	液压自动升降机	台	1	6	刮毛后清洗机	台	1

（二）技术投资分析

公司新厂设计加工能力为年屠宰生猪 100 万头，计划 3～5 年内全面达产，达产后可实现年销售收入 30 亿元、利税 2 亿元以上。

该技术实施后，可使猪毛回收率达到 95% 以上，肠胃内容物回收率达到 80%，并且可减少屠宰过程中污染物的排放量，单位减排 COD 为 7.5kg/t（活屠宰），氨氮为 0.4kg/t（活屠量）。同时，与国内大多间隔生产的屠宰线相比，每头猪屠宰可节水 100kg，按企业年屠宰 100 万头计，全年可节水 10 万 t，同时每年减少废水排放量 10 万 t，大幅度节约废水处理费用，有效地提高了企业市场竞争力。

（三）技术行业推广情况分析

该技术采用的肉类行业多项清洁生产新技术，适用于年屠宰 50 万～150 万头生猪屠宰线，对国内众多中小型的肉类加工企业具有良好的示范带动作用，具有良好的环境、社会和经济效益。该技术实施后脱毛、回收率可由原来的 80% 提高到 98% 左右；肠胃内容物在密封管道中运至污物储存处的输送系统，有效地解决了污染物对肉品的二次污染问题，减少了进入冲洗水中的污染物质；全年可节水约 10 万 t，可为企业、社会和环境带来间接效益。

为加快清洁生产先进技术的应用和推广，提高工业清洁生产水平，新余润合肉类食品有限公司全面推行清洁生产，积极吸收应用国内外最新的生产技术、设备和先进的屠宰工艺，实行从源头抓起，生产全过程控制，污染物被最大限度地消除在生产过程中，不仅使环境状况从根本上得到改善，而且能源、原材料和生产成本均降低，企业经济效益逐年提高，实现经济效益与环境效益"双赢"，走出一条可持续发展之路。

第十二章　包装行业

案例70　冷热联供干燥节能技术
——软包装行业清洁生产关键共性技术案例

一、案例概述

技术来源单位：广东芬尼克兹节能设备有限公司

技术示范承担单位：广东万昌印刷包装有限公司

我国是世界包装制造和消费大国。软包装在包装产业中总产值占比大，成为包装产业的生力军，在食品、饮料、日用品及工业生产各个领域发挥着不可替代的作用。国内软包装行业的进步极大地促进了食品、日化等行业的发展，这些行业的发展反过来又进一步拉动了对软包装市场的需求，使软包装行业获得了巨大的市场动力。随着技术的进步和市场的发展，企业之间竞争日益加剧，加上政治、经济和社会环境的巨大变化，使得国内软包装行业逐渐变成完全竞争性行业。整个行业的盈利空间越来越小，亏损企业不断增加。软包装印刷行业面临两大困境：其一，产品生产过程中产生大量的有机废气，对环境造成了严重的污染和危害；第二，行业面临着能耗高、车间工作环境差导致招工难等问题。该技术采用冷热联供热泵，解决印刷烘干能耗高的问题，同时提供冷气到车间，降低车间温度，改善车间环境。

在软包装行业，普遍采用凹版印刷机、复合机、涂布机等设备。这类设备都需要使用大量热风对产品进行干燥。目前制成热风的方法基本采取电热管加热或通过燃烧煤炭、燃油和天然气的方式。由于国家对燃烧所产生排放物的管制，锅炉、导热油炉、热风炉等设备的使用已受到很大的限制，而通过电加热的方法则需要支付昂贵的电费和增容费用。所以，对大量使用热风干燥的企业，急需寻求一条既环保又低成本的途径。

传统的电热管加热，其能效比在90%左右，即用1kW的电功率可以产生0.9kW左右的热量，采用热泵制热，1kW的用电功率可产生3kW的热量，其能效比为3.0。而且热泵的蒸发器还可以产生相当的冷量，该冷量也能充分利用，综合节能效益更高。

冷热联供热泵烘干技术应用于广东万昌印刷包装有限公司的4台凹版印刷机的烘干加热系统，加热部分每年可节约用电量150万kW·h，与传统电热管加热系统相比，节电高达 55%；同时，伴生的冷量相当于 60 匹空调产生的冷量，每年节约用电量 20 万 kW·h。"冷热联供热泵烘干技术"的推广应用将对节能减排、改善环境、能量的综合利用、提升行业清洁生产水平以及软包装行业的可持续发展起到重大的推动作用。

二、技术内容

（一）基本原理

该冷热联供热泵烘干技术，其主要原理是：印刷烘干专业热泵机组主要由蒸发器、压缩机、冷凝器、节流阀四部分组成。热泵机组工作时，制冷剂被压缩机加压，成为高温高压气体，进入冷凝器，制冷剂冷凝液化放热，同时将空气加热用于印刷烘干，制冷剂流过节流阀变成低温低压的液体，低温低压的液体在蒸发器里蒸发吸热变成低温低压的气体，产生的冷量给车间降温，改善了车间的工作环境。

（二）工艺技术

1. 传统的工艺

软包装行业使用的凹版印刷机、复合机、熟化室的加热系统一般的热源有电热管、燃气锅炉、太阳能几种。传统印刷行业烘干系统，由烘干出来的热风不进行回收，直接排放到室外，其能量传递流程见图 1。

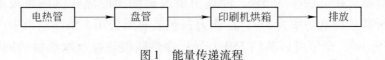

图 1　能量传递流程

2. 新技术工艺流程

冷热联供热泵制成 80℃左右的热水和 10℃左右的冷水，输送到车间及设备需要热源或冷源的地方进行循环热交换，所提供的热水很大程度上替代原来的电热管和导热油的供热方式，冷水可替代冷却塔或其他制冷系统用于设备冷却或空调。热泵系统是采用独立热泵站制成热水和冷水，配合相关热交换技术，实现对空气同时进行加热和冷却处理，处理后的空气可分别用于产品干燥和环境降温除湿。

冷热联供热泵产生热量和冷量的传递流程见图 2。

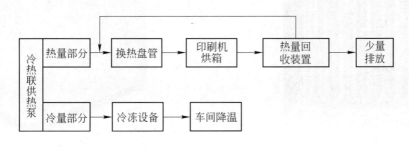

图 2　热量和冷量的传递流程

（三）技术创新点

（1）跨行业创新，冷热联供热泵在软包装行业上的应用，颠覆了软包装行业过去的用能模式。

（2）冷热联供热泵提供热源的同时伴生冷量送到车间，能源利用率大大提高。

（3）对排放的尾气进行全热回收循环利用。

（4）研发了与上述技术配套的创新设备。

三、实施效果

（一）环境效益

该技术及相关装备应用于广东万昌印刷包装有限公司的 4 条生产线后，取得了良好效果，每年可以节约用电量 150 万 kW·h，使用全热换热器尾气回收装置，循环利用尾气中的剩余能量，大幅度提高了能量使用率，降低了单位产品的能耗，清洁生产效果显著。冷热联供热泵提供热量的同时也伴生相当冷量，送到胶印车间，改善了车间环境。

（二）经济效益

在广东万昌包装有限公司使用过程中，测得使用传统电加热烘干技术印制每 $1m^2$ 的包装材料所需总耗电功率为 5W，经过节能改造使用冷热联供热泵技术后，每 $1m^2$ 的包装材料所需总耗电功率为 3W，广东万昌包装有限公司 4 条印刷机生产线，每月需要生产 8000 万 m^2，全年可以节约 150 万元；冷热联供热泵制取热量的同时伴生冷量，可免费提供空调主机冷量，每年可以节约空调费用 20 万元，全年可节约电费 170 万元，按实际使用，投资回报期约为 1.5 年。

（三）关键技术装备

该技术的关键装备包括：冷热联供热泵机组、换热盘管；全热换热器热回收装置。图 3 所示为传统电加热装置，图 4 所示为冷热联供热泵机组。

图 3　传统电加热装置　　　　　　　　　图 4　冷热联供热泵机组

（四）水平评价

该技术应用在软包装行业中，得到软包装行业一致认可，解决了软包装行业干燥能耗大的问题，同时也改善了夏季车间环境。使用全热换热器回收热量，循环利用能源，经济、社会和环境效益显著，颠覆了软包装行业过去的用能模式，达到了国际领先水平。

四、行业推广

（一）技术适用范围

该技术适用于软包装行业凹版印刷机、复合机、涂布机、熟化室的加热干燥系统。该技术的应用降低了印刷行业的加热系统能耗，通过全热换热器对尾气进行回收利用，大幅度提高了能源使用效率，大幅度降低了能耗成本。

（二）技术投资分析

以1台十色印刷机（速度为200m/min）为例，该印刷机在华南区域的平均加热量在200kW左右，则选用两台芬尼克兹高温冷热联供热泵即可满足系统的全年的加热要求，对比天然气和电加热运行费用（见表1），按实际使用，投资回报期约1.5年。

表1　不同热源运行费用分析

供热方式	天然气	电加热	PHNIX 冷热联供热泵
燃料单价/元·(kW·h)$^{-1}$ /元·m^{-3}(标准)	4.5	0.8	0.8
燃值/kcal	8600	860	860
加热量/kW	200	200	200
能效比	0.85	1	3
单位时间耗能/kcal·(kW·h)$^{-1}$ /kcal·m^{-3}	860	8600	860
日运行时间/h	15	15	15
日运行费用/元	1588	2400	800
年运行时间/天	300	300	300
年运行费用/万元	47.6	72	24

（三）技术行业推广情况分析

该技术已在全国多家软包装企业使用，如浙江金石包装有限公司、浙江慈溪市新华包装有限公司、广东江门祥利包装有限公司、广东万昌印刷包装有限公司、东莞浦发包装有限公司等知名企业，系统至今运转良好，所有客户在试用过首套系统后，已对剩余部分设备全部进行改造，获得了良好的经济效益。目前该系统在华南地区、华东地区运行效果非常好，经济效益达到预期值。目前，全国软包装彩印企业有2万多家，按每家2条生产线计算，全部采用冷热联供热泵技术改造，每年节约用电量可高达800亿kW·h。

经济效益：以广东万昌包装有限公司为例，每年节约用电量190万kW·h，同时每天免费提供的空调冷量，可节约空调用电量38万kW·h。

冶金工业出版社部分图书推荐

书　名	定价(元)
冶金工业节水减排与废水回用技术指南	79.00
冶金工业节能与余热利用技术指南	58.00
钢铁工业废水资源回用技术与应用	68.00
焦化废水无害化处理与回用技术	28.00
固体废弃物资源化技术与应用	65.00
高浓度有机废水处理技术与工程应用	69.00
环保设备材料手册(第2版)	178.00
钢铁冶金的环保与节能(第2版)	56.00
铝合金生产安全及环保技术	29.00
中国钢铁工业环保工作指南	180.00
环保工作者实用手册(第2版)	118.00
金属矿山环境保护与安全	35.00
矿山环境工程(第2版)	39.00
钢铁产业节能减排技术路线图	32.00
中国钢铁工业节能减排技术与设备概览	220.00
工业废水处理工程实例	28.00
冶金过程废水处理与利用	30.00
现代采矿环境保护	32.00
冶金企业环境保护	23.00
冶金企业污染土壤和地下水整治与修复	29.00
冶金资源综合利用	46.00
矿山固体废物处理与资源化	26.00
绿色冶金与清洁生产	49.00
湿法冶金污染控制技术	38.00
钢铁行业清洁生产培训教材	45.00
工业水再利用的系统方法	14.00